Handbuch Eurocode 1 Band 3

Jetzt diesen Titel zusätzlich als E-Book downloaden und 70 % sparen!

Als Käufer dieses Buchtitels haben Sie Anspruch auf ein besonderes Kombi-Angebot: Sie können den Titel zusätzlich zum Ihnen vorliegenden gedruckten Exemplar für nur 30 % des Normalpreises als E-Book beziehen.

Der BESONDERE VORTEIL: Im E-Book recherchieren Sie in Sekundenschnelle die gewünschten Themen und Textpassagen. Denn die E-Book-Variante ist mit einer komfortablen Volltextsuche ausgestattet!

Deshalb: Zögern Sie nicht. Laden Sie sich am besten gleich Ihre persönliche E-Book-Ausgabe dieses Titels herunter.

In 3 einfachen Schritten zum E-Book:

❶ Rufen Sie die Website **www.beuth.de/e-book** auf.

❷ Geben Sie hier Ihren persönlichen, nur einmal verwendbaren E-Book-Code ein:

21402F1F9C85523

❸ Klicken Sie das „Download-Feld“ an und gehen dann weiter zum Warenkorb. Führen Sie den normalen Bestellprozess aus.

Hinweis: Der E-Book-Code wurde individuell für Sie als Erwerber dieses Buches erzeugt und darf nicht an Dritte weitergegeben werden. Mit Zurückziehung dieses Buches wird auch der damit verbundene E-Book-Code für den Download ungültig.

Handbuch Eurocode 1 Einwirkungen
Band 3: Brückenlasten

Handbuch Eurocode 1 Einwirkungen
Band 3: Brückenlasten

Grundlagen der Tragwerksplanung
und Einwirkungen auf Brücken

Vom DIN autorisierte Fassung

1. Auflage 2013

Herausgeber:
DIN Deutsches Institut für Normung e. V.

Beuth Verlag GmbH · Berlin · Wien · Zürich

Herausgeber: DIN Deutsches Institut für Normung e. V.

Berlin · Wien · Zürich
Am DIN-Platz
Burggrafenstraße 6
10787 Berlin

Telefon: +49 30 2601-0
Telefax: +49 30 2601-1260
Internet: www.beuth.de
E-Mail: info@beuth.de

Titelbild: © pedrosala, Benutzung unter Lizenz von shutterstock.com
Satz: B & B Fachübersetzergesellschaft mbH, Berlin
Druck: AZ Druck und Datentechnik GmbH, Berlin
Gedruckt auf säurefreiem, alterungsbeständigem Papier nach DIN EN ISO 9706.

ISBN 978-3-410-21402-1
ISBN (E-Book) 978-3-410-21403-8

Vorwort

Die europaweit einheitlichen Regeln für die Bemessung und Konstruktion von Ingenieurbauwerken werden Eurocodes genannt. Die vorliegenden Eurocode-Handbücher wurden im Normenausschuss Bauwesen (NABau) im DIN e. V. erarbeitet.

In den einzelnen Bänden dieser Handbücher werden themenspezifisch die Eurocodes mit den jeweils zugehörigen Nationalen Anhängen sowie einer eventuell vorhandenen Restnorm zu einem in sich geschlossenen Werk und mit fortlaufend lesbarem Text zusammengefügt, so dass der Anwender die jeweils relevanten Textpassagen auf einen Blick und an einer Stelle findet.

Die Eurocodes gehen auf ein Aktionsprogramm der Kommission der Europäischen Gemeinschaft aus dem Jahr 1975 zurück. Ziel dieses Programms ist die Beseitigung von Handelshemmnissen für Produkte und Dienstleistungen in Europa und die Vereinheitlichung technischer Regelungen im Baubereich. Diese einheitlichen Regelungen sollten eine Alternative zu den in den jeweiligen europäischen Mitgliedsstaaten geltenden nationalen Regelungen darstellen, um diese später zu ersetzen.

Somit wurden in den zurückliegenden Jahrzehnten die Bemessungsregeln im Bauwesen europäisch genormt. Als Ergebnis dieser Arbeit sind die Eurocodes entstanden. Die Eurocodes bestehen aus 58 Normen, mit insgesamt über 5 200 Seiten, ohne Nationale Anhänge.

— Ziele dieser umfangreichen Normungsarbeiten waren und sind:

— Europaweit einheitliche Bemessungs- und Konstruktionskriterien

— Einheitliche Basis für Forschung und Entwicklung

— Harmonisierung national unterschiedlicher Regeln

— Einfacherer Austausch von Dienstleistungen im Bauwesen

— Ausschreibung von Bauleistungen europaweit vereinfachen.

Die beteiligten europäischen Mitgliedsstaaten einigten sich darauf, zu einigen Normeninhalten Öffnungsklauseln, sogenannte national festzulegende Parameter (en: nationally determined parameters, NDP), in den Eurocodes zuzulassen. Die entsprechenden Inhalte können national geregelt werden. Zu jedem Eurocode wird hierzu ein zugehöriger Nationaler Anhang erarbeitet, der die Anwendung der Eurocodes durch die Festlegung dieser Parameter ermöglicht. Vervollständigt werden die Festlegungen durch nicht widersprechende zusätzliche Regelungen (en: non-contradictory complementary information, NCI). Der jeweilige Eurocodeteil und der zugehörige Nationale Anhang sind dadurch ausschließlich im Zusammenhang lesbar und anwendbar.

Bis zum Jahr 2010 mussten von allen Europäischen Normungsinstituten die dem Eurocode entgegenstehenden nationalen Normen zurückgezogen werden. Damit finden in vielen europäischen Ländern die Eurocodes bereits heute ihre Anwendung.

Die Handbücher sind vom Normenausschuss Bauwesen (NABau) im DIN e. V. konsolidiert. Somit stellen die Handbücher ein für die Praxis sehr hilfreiches, effizientes neues Werk zur Verfügung, welches die Anwendung der Eurocodes für alle am Bauprozess Beteiligten wesentlich erleichtert.

Berlin, April 2013

DIN Deutsches Institut für Normung e. V.
Normenausschuss Bauwesen (NABau)

Inhalt

Einführung

Das Handbuch „Grundlagen der Tragwerksplanung und Einwirkungen für Brücken“ ist als Hilfsmittel für die Baupraxis gedacht. Es enthält auszugsweise wesentliche Regelungen der relevanten Eurocodes (EN) mit deren zugehörigen Nationalen Anhängen (NA). Das Handbuch ist kein Regelwerk und somit kein Ersatz für die jeweiligen Ursprungsdokumente (EN und NA). Es ist auch für die Inbezugnahme in Bauverträgen o. Ä. nicht geeignet.

Im Handbuch „Grundlagen der Tragwerksplanung und Einwirkungen für Brücken“ werden die einzelnen Regelungen der Nationalen Anhänge den jeweiligen EN-Regelungen direkt zugeordnet und zur Unterscheidung durch Umrahmungen gekennzeichnet.

Soweit Absätze und Abschnitte keinen direkten Bezug zu Regelungen für Brücken enthalten, wurden diese im Handbuch auch nicht aufgenommen.

Verweise in den ursprünglichen Regelwerken wurden beibehalten.

Die Absatz-, Gleichungs-, Abbildungs- und Tabellennummerierung der Ursprungsdokumente wurde beibehalten.

Kapitel I „Grundlagen der Tragwerksplanung“ enthält auszugsweise Regelungen aus:

— DIN EN 1990:2010-12: Eurocode 0: Grundlagen der Tragwerksplanung; Deutsche Fassung EN 1990:2002 + A1:2005 + A1:2005/AC:2010

— DIN EN 1990/NA:2010-12: Nationaler Anhang — National festgelegte Parameter — Eurocode: Grundlagen der Tragwerksplanung

— DIN EN 1990/NA/A1:2012-08: Nationaler Anhang — National festgelegte Parameter — Eurocode: Grundlagen der Tragwerksplanung; Änderung A1

Kapitel II „Wichten, Eigengewichte“ enthält auszugsweise Regelungen aus

— DIN EN 1991-1-1:2010-12: Eurocode 1: Einwirkungen auf Tragwerke — Teil 1-1: Allgemeine Einwirkungen auf Tragwerke — Wichten, Eigengewicht und Nutzlasten im Hochbau; Deutsche Fassung EN 1991-1-1:2002 + AC:2009

— DIN EN 1991-1-1/NA:2010-12: Nationaler Anhang — National festgelegte Parameter — Eurocode 1: Einwirkungen auf Tragwerke — Teil 1-1: Allgemeine Einwirkungen auf Tragwerke — Wichten, Eigengewicht und Nutzlasten im Hochbau

Kapitel III „Verkehrslasten auf Brücken“ enthält auszugsweise Regelungen aus

— DIN EN 1991-2:2010-12: Eurocode 1: Einwirkungen auf Tragwerke — Teil 2: Verkehrslasten auf Brücken; Deutsche Fassung EN 1991-2:2003 + AC:2010

— DIN EN 1991-2/NA:2012-08: Nationaler Anhang — National festgelegte Parameter — Eurocode 1: Einwirkungen auf Tragwerke — Teil 2: Verkehrslasten auf Brücken

Kapitel IV „Windeinwirkungen“ enthält auszugsweise Regelungen aus

— DIN EN 1991-1-4:2010-12: Eurocode 1: Einwirkungen auf Tragwerke — Teil 1-4: Allgemeine Einwirkungen — Windlasten; Deutsche Fassung EN 1991-1-4:2005 + A1:2010 + AC:2010

— DIN EN 1991-1-4/NA:2010-12: Nationaler Anhang — National festgelegte Parameter — Eurocode 1: Einwirkungen auf Tragwerke — Teil 1-4: Allgemeine Einwirkungen — Windlasten

Kapitel V „Temperatureinwirkungen“ enthält auszugsweise Regelungen aus

- DIN EN 1991-1-5:2010-12: Eurocode 1: Einwirkungen auf Tragwerke — Teil 1-5: Allgemeine Einwirkungen — Temperatureinwirkungen; Deutsche Fassung EN 1991-1-5:2003 + AC:2009

- DIN EN 1991-1-5/NA:2010-12: Nationaler Anhang — National festgelegte Parameter — Eurocode 1: Einwirkungen auf Tragwerke — Teil 1-5: Allgemeine Einwirkungen — Temperatureinwirkungen

Kapitel VI „Außergewöhnliche Einwirkungen“ enthält auszugsweise Regelungen aus

- DIN EN 1991-1-7:2010-12: Eurocode 1: Einwirkungen auf Tragwerke — Teil 1-7: Allgemeine Einwirkungen — Außergewöhnliche Einwirkungen; Deutsche Fassung EN 1991-1-7:2006 + AC:2010

- DIN EN 1991-1-7/NA:2010-12: Nationaler Anhang — National festgelegte Parameter — Eurocode 1: Einwirkungen auf Tragwerke — Teil 1-7: Allgemeine Einwirkungen — Außergewöhnliche Einwirkungen

Das Handbuch „Grundlagen der Tragwerksplanung und Einwirkungen für Brücken“ wurde von Mitgliedern des NA 005-57-03 AA „Lastannahmen für Brücken“ des NA 005 Normenausschuss Bauwesen (NABau) im DIN Deutsches Institut für Normung e. V. geprüft und bestätigt.

Berlin, April 2013

DIN Deutsches Institut für Normung e. V.
Normenausschuss Bauwesen (NABau)
Andreas Schleifer
NA 005-57-03 AA
„Lastannahmen für Brücken“

Benutzerhinweise

Grundlage des vorliegenden Normen-Handbuchs bildet der Text, auch auszugsweise, der DIN EN 1990, DIN EN 1991-1-1, DIN EN 1991-2, DIN EN 1991-1-4, DIN EN 1991-1-5 und DIN EN 1991-1-7. Die Festlegungen aus den Nationalen Anhängen DIN EN 1990/NA, DIN EN 1991-1-1/NA, DIN EN 1991-2/NA, DIN EN 1991-1-4/NA, DIN EN 1991-1-5/NA und DIN EN 1991-1-7/NA wurden immer an die zugehörige Stelle in den entsprechenden Eurocode-Teilen eingefügt.

Die Herkunft der jeweiligen Regelung im Normen-Handbuch ist wie folgt gekennzeichnet:

a) Regelungen aus DIN EN 1990, DIN EN 1991-1-1, DIN EN 1991-1-4 und DIN EN 1991-1-5, DIN EN 1991-1-7 und DIN EN 1991-2:

Diese Regelungen sind schwarzer Fließtext.

b) Regelungen aus DIN EN 1990/NA, DIN EN 1990/NA/A1, DIN EN 1991-1-1/NA, DIN EN 1991-1-4/NA und DIN EN 1991-1-5/NA, DIN EN 1991-1-7/NA und DIN EN 1991-2/NA:

Bei den national festzulegenden Parametern (en: *National determined parameters*, NDP) wurde der Vorsatz „NDP" übernommen.

Bei den ergänzenden, nicht widersprechenden Angaben (en: *non-contradictory complementary information*, NCI) wurde der Vorsatz „NCI" übernommen.

Diese Regelungen sind umrandet.

NDP Zu bzw. NCI Zu

Gegenüber den einzelnen Normen wurden beim Zusammenfügen dieser Dokumente folgende Änderungen vorgenommen:

a) Die Anmerkung zur Freigabe von Festlegungen durch den Nationalen Anhang wurde nicht übernommen.

b) Die Kennzeichnungen [AC) (AC] und [A1) (A1] aus eingearbeiteten Berichtigungen oder Änderungen wurden entfernt.

Kapitel I

Grundlagen der Tragwerksplanung

Inhalt

DIN EN 1990 einschließlich Nationaler Anhang und Änderung A1 – Auszug –

Seite

6 Nachweisverfahren mit Teilsicherheitsbeiwerten

6.1 Allgemeines

(1)P Bei Nachweisverfahren mit Teilsicherheitsbeiwerten ist zu zeigen, dass in allen maßgebenden Bemessungssituationen bei Ansatz der Bemessungswerte für Einwirkungen oder deren Auswirkungen und für Tragwiderstände keiner der maßgebenden Grenzzustände überschritten wird.

(2) In den gewählten Bemessungssituationen und den maßgebenden Grenzzuständen sollten die einzelnen Einwirkungen für die kritischen Lastfälle nach den Regelungen dieses Abschnitts kombiniert werden, um zu den kritischen Lastfällen zu gelangen. Einwirkungen, die z. B. aus physikalischen Gründen nicht gleichzeitig auftreten können, brauchen in der Kombination nicht berücksichtigt zu werden.

(3) Die Bemessungswerte sollten aus den

— charakteristischen Werten oder

— anderen repräsentativen Werten und den Teilsicherheitsbeiwerten und gegebenenfalls weiteren Faktoren, die in diesem Abschnitt und in EN 1991 bis EN 1999 angegeben sind, ermittelt werden.

(4) Es kann auch zweckmäßig sein, die Bemessungswerte auf der sicheren Seite direkt festzulegen.

(5)P Bemessungswerte, die direkt statistisch bestimmt werden, müssen für die verschiedenen Grenzzustände mindestens die gleiche Zuverlässigkeit wie bei Anwendung der Teilsicherheitsbeiwerte nach dieser Norm bewirken.

6.2 Einschränkungen

(1) Die Anwendungsregeln in EN 1990 sind auf Tragfähigkeits- und Gebrauchstauglichkeitsnachweise für Tragwerke mit statischer Belastung beschränkt. Dies schließt quasi-statische Ersatzlasten und statische Lasten mit Schwingbeiwerten für dynamische Lasten, z. B. für Wind- oder Verkehrslasten ein. Für nicht-lineare Berechnungen sowie für Ermüdungsnachweise gelten die Regeln in EN 1991 bis EN 1999.

6.3 Bemessungswerte

6.3.1 Bemessungswerte für Einwirkungen

(1) Der Bemessungswert F_{d} einer Einwirkung F kann allgemein wie folgt dargestellt werden:

$$F_{\text{d}} = \gamma_{\text{f}}\, F_{\text{rep}} \tag{6.1a}$$

mit:

$$F_{\text{rep}} = \psi F_{\text{k}} \tag{6.1b}$$

Dabei ist

F_{k} der charakteristische Wert der Einwirkung;

F_{rep} der maßgebende repräsentative Wert der Einwirkung;

γ_{f} der Teilsicherheitsbeiwert für die Einwirkung, der die Möglichkeit ungünstiger Größenabweichungen der Einwirkung berücksichtigt;

ψ entweder der Wert 1,00 oder ψ_0, ψ_1 oder ψ_2.

(2) Der Bemessungswert A_{Ed} für Erdbebeneinwirkung wird unter Berücksichtigung des Tragwerksverhaltens und anderer Kriterien nach EN 1998 bestimmt.

6.3.2 Bemessungswerte für Auswirkungen von Einwirkungen

(1) Für einen bestimmten Lastfall können die Bemessungswerte der Auswirkungen E_d von Einwirkungen allgemein wie folgt dargestellt werden:

$$E_d = \gamma_{Sd} \, E \, \{\gamma_{f,i} \, F_{rep,i} \, ; \, a_d\} \; i \geq 1 \tag{6.2}$$

Dabei ist

a_d Bemessungswerte der geometrischen Größen (siehe 6.3.4);

γ_{Sd} der Teilsicherheitsbeiwert zur Berücksichtigung von Unsicherheiten:

— im Berechnungsmodell der Auswirkungen;

— im Berechnungsmodell der Einwirkungen.

ANMERKUNG Im Allgemeinen hängen die Auswirkungen auch von der Bauart ab.

(2) In der Regel kann wie folgt vereinfacht werden:

$$E_d = E \, \{\gamma_{F,i} \, F_{rep,i} \, ; \, a_d\} \; i \geq 1 \tag{6.2a}$$

mit:

$$\gamma_{F,i} = \gamma_{Sd} \times \gamma_{f,i} \tag{6.2b}$$

ANMERKUNG In einigen Fällen, z. B. wenn geotechnische Einwirkungen zu berücksichtigen sind, können die Teilsicherheitsbeiwerte γ_{Fi} auf die Auswirkungen der einzelnen Einwirkungen angebracht werden, oder es kann nur ein globaler Teilsicherheitsbeiwert auf die Auswirkung der Kombination der Einwirkungen mit den jeweiligen Teilsicherheitsbeiwerten angewendet werden.

NCI 6.3.2(2)

Bei der Betrachtung einer Einwirkungskombination (siehe 6.4 und 6.5) wird der Bemessungswert einer Beanspruchung E_d (z. B. Schnittkräfte, Schnittmomente, Spannungen, Dehnungen oder Verschiebungen) in der Regel wie folgt aus Gleichung (6.2a) hergeleitet:

$$E_d = E \, (\gamma_{F,1} \cdot F_{rep,1}; \; \gamma_{F,2} \cdot F_{rep,2}; \; \ldots \; a_{d,1}; \; a_{d,2}; \; \ldots \,) \tag{6.2c}$$

Bei linear-elastischer Berechnung des Tragwerks ergeben sich die Bemessungswerte der unabhängigen Auswirkungen $E_{Fd,i}$ analog zu den Bemessungswerten der unabhängigen Einwirkungen $F_{d,i}$ (siehe 6.3.1):

$$E_{Fd,i} = \gamma_F \cdot E_{rep,i} \; (i \geq 1) \tag{6.2d}$$

In diesem Fall darf der Bemessungswert einer Beanspruchung E_d an Stelle von Gleichung (6.2c) durch Superposition der Bemessungswerte der unabhängigen Auswirkungen $E_{Fd,i}$ berechnet werden:

$$E_d = E_{Fd,1} + E_{Fd,2} + \ldots. \tag{6.2e}$$

(3)P Wenn zwischen günstigen und ungünstigen Auswirkungen einer ständigen Einwirkung unterschieden werden muss, sind zwei Teilsicherheitsbeiwerte ($\gamma_{G,inf}$ und $\gamma_{G,sup}$) zu verwenden.

(4) Bei Anwendung nichtlinearer Verfahren der Schnittgrößenberechnung (d. h. wenn die Auswirkungen nicht proportional zu den Einwirkungen sind) dürfen im Falle einer vorherrschenden Einwirkung die folgenden vereinfachten Regeln verwendet werden:

a) Wenn die Auswirkung stärker als die Einwirkung ansteigt, wird der Teilsicherheitsbeiwert γ_F auf den repräsentativen Wert der Einwirkung angewendet.

b) Wenn die Auswirkung geringer als die Einwirkung ansteigt, wird der Teilsicherheitsbeiwert γ_F auf die Auswirkung infolge des repräsentativen Wertes der Einwirkung angewendet.

ANMERKUNG Sieht man von Seil- und Membrankonstruktionen ab, fallen die meisten Tragwerke in die Kategorie a).

NCI 6.3.2(4)

Bei der Anwendung nichtlinearer Verfahren der Schnittgrößenberechnung dürfen bei der Kombination der Einwirkungen die folgenden vereinfachten Regeln angewendet werden:

a) Wenn die vorherrschende Auswirkung überproportional ansteigt, wird der Bemessungswert der Beanspruchung nach Gleichung (6.2c) berechnet.

b) Wenn die vorherrschende Auswirkung unterproportional ansteigt, werden die Bemessungswerte der unabhängigen Einwirkungen durch den Teilsicherheitsbeiwert $\gamma_{F,1}$ der vorherrschenden unabhängigen Einwirkung dividiert. Die daraus resultierende Beanspruchung wird mit $\gamma_{F,1}$ multipliziert:

$$E_d = \gamma_{F,1} \cdot E\,[F_{rep,1};\ (\gamma_{F,2} / \gamma_{F,1}) \cdot F_{rep,2};\ \dots\ a_{d,1};\ a_{d,2};\ \dots\ ] \quad (6.2f)$$

Für die Anwendung der vereinfachten Regelungen a) oder b) sind die bauartspezifischen Regelungen in DIN EN 1992 bis DIN EN 1999 maßgebend.

(5) Soweit in den maßgebenden Normen EN 1991 bis EN 1999 besondere Regeln zur Behandlung nicht linearer Verfahren angeben sind (z. B. für vorgespannte Konstruktionen), sind diese der Regelung 6.3.2(4) vorzuziehen.

6.3.3 Bemessungswerte für Eigenschaften von Baustoffen, Bauprodukten und Bauteilen

(1) Der Bemessungswert X_d einer Baustoff- oder Produkteigenschaft kann allgemein wie folgt beschrieben werden:

$$X_d = \eta \frac{X_k}{\gamma_m} \quad (6.3)$$

Dabei ist

X_k der charakteristische Wert einer Baustoff- oder Produkteigenschaft (siehe 4.2(3));

η der Umrechnungsbeiwert zwischen Probeneigenschaften und maßgebenden Eigenschaften im Bauteil, der die Auswirkung von

— Volumen- und Maßstabseffekten,

— Feuchtigkeits- und Temperaturauswirkungen, und

— anderen maßgebenden Parameter im Mittel berücksichtigt;

γ_m der Teilsicherheitsbeiwert für die Baustoff- oder Produkteigenschaft, der Folgendes abdeckt:

— die Möglichkeit ungünstiger Abweichungen der Baustoff- oder Produkteigenschaft vom charakteristischen Wert,

— die Streuung des Umrechnungsbeiwertes η.

(2) In einigen Fällen wird der Umrechnungsbeiwert η

— implizit im charakteristischen Wert X_k selbst oder

— durch Verwendung von γ_M anstelle von γ_m berücksichtigt (siehe Gleichung (6.6b)).

ANMERKUNG Der Bemessungswert von X_d kann über

— empirische Beziehungen zwischen Messwerten an Proben und im Bauteil,

— aus Vorkenntnissen oder

— aufgrund von Angaben in Europäischen Normen

— oder geeigneten anderen Unterlagen ermittelt werden.

6.3.4 Bemessungswerte geometrischer Größen

(1)*) Die Bemessungswerte von geometrischen Größen, wie Abmessungen von Bauteilen, die für die Bestimmung der Schnittgrößen oder Tragwiderstände benutzt werden, dürfen durch Nennwerte wiedergegeben werden:

$$a_d = a_{nom} \tag{6.4}$$

(2)P Wenn Abweichungen bei den geometrischen Größen (z. B. durch Ungenauigkeit der Krafteinleitungsstelle oder der Auflagerpunkte) wesentlich für die Zuverlässigkeit des Tragwerks sind (z. B. bei Theorie 2. Ordnung), sind die geometrischen Bemessungswerte wie folgt festzulegen:

$$a_d = a_{nom} \pm \Delta_a \tag{6.5}$$

Dabei berücksichtigt Δ_a:

— die Möglichkeit ungünstiger Abweichungen von charakteristischen Werten oder Nennwerten;

— kumulative Wirkungen anderer Abweichungen.

ANMERKUNG 1 a_d kann auch geometrische Imperfektionen darstellen, wobei gilt $a_{nom} = 0$ (d. h. $\Delta_a \neq 0$).

ANMERKUNG 2 EN 1991 bis EN 1999 liefern weiter gehende Angaben.

(3) Die Wirkung anderer geometrischer Abweichungen wird durch

— den Teilsicherheitsbeiwert γ_F auf der Einwirkungsseite oder

— den Teilsicherheitsbeiwert γ_M auf der Tragsicherheitsseite

abgedeckt.

ANMERKUNG Toleranzen sind in den Ausführungsnormen, auf die EN 1990 bis EN 1999 Bezug nehmen, festgelegt.

6.3.5 Bemessungswert der Tragfähigkeit

(1) Der Bemessungswert R_d der Tragfähigkeit kann wie folgt ausgedrückt werden:

$$R_d = \frac{1}{\gamma_{Rd}} R\{X_{d,i}\,;\,a_d\} = \frac{1}{\gamma_{Rd}} R\left\{\eta_i \frac{X_{k,i}}{\gamma_{m,i}}\,;\,a_d\right\} \quad i \geq 1 \tag{6.6}$$

Dabei ist

γ_{Rd} der Teilsicherheitsbeiwert für die Unsicherheit des Widerstandsmodells, einschließlich geometrischer Abweichungen, soweit diese nicht explizit berücksichtigt sind (siehe 6.3.4(2));

$X_{d,i}$ der Bemessungswert einer Baustoff- oder Produkteigenschaft i.

---

*) Redaktionell: .....wiedergegeben..... ((statt wiedergeben))

(2) Der Ausdruck (6.6) darf wie folgt vereinfacht werden:

$$R_d = R\left\{\eta_i \frac{X_{k,i}}{\gamma_{M,i}}\ ;\ a_d\right\} i \geq 1 \tag{6.6a}$$

wobei:

$$\gamma_{M,i} = \gamma_{Rd} \times \gamma_{m,i} \tag{6.6b}$$

ANMERKUNG In $\gamma_{M,i}$ darf η_i enthalten sein, siehe 6.3.3(2).

(3) Der Bemessungswert der Tragfähigkeit darf auch direkt mit dem charakteristischen Wert der Tragfähigkeit eines Bauproduktes oder Bauteils ohne Bezugnahme auf die Bemessungswerte einzelner Basisvariablen bestimmt werden.

$$R_d = \frac{R_k}{\gamma_M} \tag{6.6c}$$

ANMERKUNG Diese Beziehung gilt für Produkte und Bauteile aus einem Baustoff und wird auch im Anhang D „Versuchsgestützte Bemessung" benutzt.

(4) Bei Bauprodukten oder Bauteilen aus mehreren Baustoffen (z. B. Verbundbauteilen) oder bei geotechnischen Nachweisen darf der Bemessungswert der Tragfähigkeit auch wie folgt bestimmt werden:

$$R_d = \frac{1}{\gamma_{M,1}} R\left\{\eta_1 X_{k,1}\ ;\ \eta_i X_{k,i(i>1)} \frac{\gamma_{m,1}}{\gamma_{m,i}}\ ;\ a_d\right\} \tag{6.6d}$$

ANMERKUNG In einigen Fällen können die Teilsicherheitsbeiwerte γ_M auch direkt auf mehrere Einzelfestigkeiten angewendet werden.

6.4 Nachweise für Grenzzustände der Tragfähigkeit

6.4.1 Allgemeines

(1)P Bei der Tragwerksplanung sind Nachweise für folgende Grenzzustände der Tragfähigkeit erforderlich:

a) EQU: Verlust der Lagesicherheit des Tragwerks oder eines seiner Teile betrachtet als starrer Körper, bei dem:

— kleine Abweichungen der Größe oder der räumlichen Verteilung der ständigen Einwirkungen, die den gleichen Ursprung haben; und

— die Festigkeit von Baustoffen und Bauprodukten oder des Baugrunds im Allgemeinen keinen Einfluss hat;

b) STR: Versagen oder übermäßige Verformungen des Tragwerks oder seiner Teile einschließlich der Fundamente, Fundamentkörper, Pfähle, wobei die Tragfähigkeit von Baustoffen und Bauteilen entscheidend ist;

c) GEO: Versagen oder übermäßige Verformungen des Baugrundes, bei der die Festigkeit von Boden oder Fels wesentlich an der Tragsicherheit beteiligt sind;

d) FAT: Ermüdungsversagen des Tragwerks oder seiner Teile.

ANMERKUNG Für den Ermüdungsnachweis werden die Kombinationen der Einwirkungen in EN 1992 bis EN 1995, EN 1998 und EN 1999 angegeben.

e) UPL: Verlust der Lagesicherheit des Tragwerks oder des Baugrundes aufgrund von Hebungen durch Wasserdruck (Auftriebskraft) oder sonstigen vertikalen Einwirkungen;

ANMERKUNG Siehe EN 1997.

f) HYD: hydraulisches Heben und Senken, interne Erosion und das Rohrleitungssystem im Baugrund aufgrund von hydraulischen Gradienten.

ANMERKUNG Siehe EN 1997.

(2)P Für die Bemessungswerte für Einwirkungen gilt der Anhang A.

6.4.2 Nachweis der Lagesicherheit und der Tragfähigkeit

(1)P Beim Nachweis der Lagesicherheit des Tragwerks (EQU) ist zu zeigen, dass

$$E_{\mathrm{d,dst}} \leq R_{\mathrm{d,stb}} \quad (6.7)$$

Dabei ist

$E_{\mathrm{d,dst}}$ der Bemessungswert der Auswirkung der destabilisierenden Einwirkungen;

$R_{\mathrm{d,stb}}$ der Bemessungswert der Auswirkung der stabilisierenden Einwirkungen.

(2) Die Grenzzustandsgleichung für die Lagesicherheit kann durch weitere Elemente ergänzt werden, z. B. bei Einfluss von Reibung zwischen Starrkörpern.

(3)P Beim Nachweis für Grenzzustände der Tragfähigkeit eines Querschnitts, Bauteils oder einer Verbindung (STR oder GEO) ist zu zeigen, dass

$$E_{\mathrm{d}} \leq R_{\mathrm{d}} \quad (6.8)$$

Dabei ist

E_{d} der Bemessungswert der Auswirkung der Einwirkungen;

R_{d} der Bemessungswert der zugehörigen Tragfähigkeit.

ANMERKUNG 1 Einzelheiten zu dem Verfahren STR und GEO sind im Anhang A angegeben.

ANMERKUNG 2 Der Ausdruck (6.8) deckt nicht alle Nachweisformen, z. B. solche mit Interaktionsformeln ab, siehe EN 1992 bis EN 1999.

6.4.3 Kombinationsregeln für Einwirkungen (ohne Ermüdung)

6.4.3.1 Allgemeines

(1)P Für jeden kritischen Lastfall sind die Bemessungswerte E_{d} der Auswirkungen der Kombination der Einwirkungen zu bestimmen, die entsprechend den nachfolgenden Regeln als gleichzeitig auftretend angenommen werden.

(2) Jede Einwirkungskombination sollte eine

— dominierende Einwirkung (Leiteinwirkung), oder

— eine außergewöhnliche Einwirkung ausweisen.

(3) Die Kombination der Einwirkungen sollte nach 6.4.3.2 bis 6.4.3.4 erfolgen.

(4)P Wenn der Nachweis sehr empfindlich auf die räumliche Verteilung einer ständigen Einwirkung reagiert, sind die ungünstig wirkenden und die günstig wirkenden Teile dieser Einwirkung getrennt zu erfassen.

ANMERKUNG Dies trifft vor allem beim Nachweis der Lagesicherheit und ähnlich gelagerten Grenzzuständen zu, siehe 6.4.2(2).

(5) Wenn mehrere Auswirkungen aus einer Einwirkung (z. B. Biegemoment und Normalkraft infolge Eigengewicht) nicht voll korreliert sind, sollte der Teilsicherheitsbeiwert der günstig wirkenden Auswirkung abgemindert werden.

ANMERKUNG Weitere Hinweise sind in EN 1992 bis EN 1999 angegeben.

(6) Eingeprägte Verformungen sollten nur berücksichtigt werden, wenn sie Einfluss haben.

ANMERKUNG Weitere Hinweise siehe 5.1.2.4(P) und EN 1992 bis EN 1999.

6.4.3.2 Kombinationen von Einwirkungen bei ständigen oder vorübergehenden Bemessungssituationen (Grundkombinationen)

(1) Zur Bestimmung der Auswirkung der Einwirkungen sollte die allgemeine Kombination

$$E_d = \gamma_{Sd} E\{\gamma_{g,j} G_{k,j} ; \gamma_p P ; \gamma_{q,1} Q_{k,1} ; \gamma_{q,i} \psi_{0,i} Q_{k,i}\} \; j \geq 1 ; i > 1 \qquad (6.9a)$$

angewendet werden.

(2) Die Kombinationen der Auswirkung sollte aus

— dem Bemessungswert der dominierenden veränderlichen Einwirkung (Leiteinwirkung) und

— den Bemessungswerten der Kombinationswerte der begleitenden veränderlichen Einwirkungen (Begleiteinwirkungen) wie folgt ermittelt werden:

$$E_d = E\{\gamma_{g,j} G_{k,j} ; \gamma_p P ; \gamma_{Q,1} Q_{k,1} ; \gamma_{Q,i} \psi_{0,i} Q_{k,i}\} \; j \geq 1 ; i > 1 \qquad (6.9b)$$

ANMERKUNG siehe auch 6.4.3.2(4).

(3) Die Kombination der Einwirkungen in Klammern { } in (6.9b) darf entweder durch

$$\sum_{j\geq 1} \gamma_{G,j} G_{k,j} "+" \gamma_P P "+" \gamma_{Q,1} Q_{k,1} "+" \sum_{i>1} \gamma_{Q,i} \psi_{0,i} Q_{k,i} \qquad (6.10)$$

ausgedrückt werden oder für Nachweise STR und GEO durch die ungünstigere der beiden Kombinationen

$$\begin{cases} \sum_{j\geq 1} \gamma_{G,j} G_{k,J} "+" \gamma_P P "+" \gamma_{Q,1} \psi_{0,1} Q_{k,1} "+" \sum_{i\geq 1} \gamma_{Q,i} \psi_{0,i} Q_{k,i} \\ \sum_{j\geq 1} \xi_j \gamma_{G,j} G_{k,J} "+" \gamma_P P "+" \gamma_{Q,1} Q_{k,1} "+" \sum_{i\geq 1} \gamma_{Q,i} \psi_{0,i} Q_{k,i} \end{cases} \qquad (6.10a)/(6.10b)$$

Dabei bedeuten:

„+“ „ist zu kombinieren“

Σ „gemeinsame Auswirkung von“

ξ der Reduktionsbeiwert für ungünstig wirkende ständige Einwirkungen G.

ANMERKUNG Weitere Angaben zur Wahl der Methode sind im Anhang A zu finden.

NCI zu 6.4.3.2(3)

Die Kombination von Einwirkungen nach Gleichung (6.9b) ist durch den in Gleichung (6.10) dargestellten Ansatz zu berücksichtigen. Die Verwendung der Gleichung (6.10a) und Gleichung (6.10b) ist nicht zulässig.

Bei linear-elastischer Berechnung des Tragwerks darf sich die Gleichung (6.9b) entweder auf Einwirkungen oder auf Auswirkungen beziehen, d. h. auf Schnittgrößen oder auch auf innere Kräfte bzw. Spannungen in einem Querschnitt, die von mehreren Schnittgrößen (z. B. Interaktion von Längskraft und Biegemoment) abhängen. In diesem Fall dürfen die Bemessungswerte der Beanspruchungen auf der Grundlage von Gleichung (6.2e) dieses Anhangs wie folgt berechnet werden:

$$E_d = \sum_{j\geq 1} \gamma_{G,j} \cdot E_{Gk,j} + \gamma_P \cdot E_{Pk} + \gamma_{Q,1} \cdot E_{Qk,1} + \sum_{i>1} \gamma_{Q,i} \cdot \psi_{0,i} \cdot E_{Qk,i} \quad (6.10c)$$

Der charakteristische Wert der vorherrschenden unabhängigen veränderlichen Auswirkung $E_{Qk,1}$ lässt sich dann wie folgt bestimmen:

$$\gamma_{Q,1} \cdot (1 - \psi_{0,1}) \cdot E_{Qk,1} = \text{max. oder min.} \{\gamma_{Q,i} \cdot (1 - \psi_{0,i}) \cdot E_{Qk,i}\} \quad (6.10d)$$

(4) Wenn die Beziehung zwischen den Einwirkungen und den Auswirkungen der Einwirkungen nicht linear ist, sollten die Beziehungen (6.9a) oder (6.9b) je nach Typ der Nichtlinearität (unterlinearer oder überlinearer Anstieg der Schnittgrößen) direkt angewendet werden (siehe auch 6.3.2(4)).

6.4.3.3 Kombinationen von Einwirkungen bei außergewöhnlichen Bemessungssituationen

(1) Zur Bestimmung der Auswirkung der Einwirkungen sollte die allgemeine Kombination

$$E_d = E \{G_{k,j} ; P ; A_d ; (\psi_{1,1} \text{ oder } \psi_{2,1}) Q_{k,1} ; \psi_{2,i} Q_{k,1}\} \; j \geq 1 ; i > 1 \quad (6.11a)$$

angewendet werden.

(2) Die Kombination der Einwirkungen in Klammern { } kann durch:

$$\sum_{j\geq 1} G_{k,j} \text{"+"} P \text{"+"} A_d \text{"+"} (\psi_{1,1} \text{ oder } \psi_{2,1}) Q_{k,1} \text{"+"} \sum_{i\geq 1} \psi_{2,i} Q_{k,i} \quad (6.11b)$$

ausgedrückt werden.

(3) Die Wahl zwischen $\psi_{1,1} Q_{k,1}$ oder $\psi_{2,1} Q_{k,1}$ hängt von der maßgebenden außergewöhnlichen Bemessungssituation ab (Anprall, Brandbelastung oder Überleben nach einem außergewöhnlichen Ereignis).

ANMERKUNG In den maßgebenden Teilen von EN 1991 bis EN 1999 sind Hilfestellungen enthalten.

NCI zu 6.4.3.3(2)

Bei linear-elastischer Berechnung des Tragwerks darf sich die Gleichung (6.11a) entweder auf Einwirkungen oder auf Auswirkungen beziehen, d. h. auf Schnittgrößen oder auch auf innere Kräfte bzw. Spannungen in einem Querschnitt, die von mehreren Schnittgrößen (z. B. Interaktion von Längskraft und Biegemoment) abhängen. In diesem Fall dürfen die Bemessungswerte der Beanspruchungen auf der Grundlage von Gleichung (6.2e) wie folgt berechnet werden:

$$E_{dA} = \sum_{j\geq 1} \gamma_{GA,j} \cdot E_{Gk,j} + E_{Pk} + E_{Ad} + \gamma_{QA,1} \cdot \psi_{1,1} \cdot E_{Qk,1} + \sum_{i>1} \gamma_{QA,i} \cdot \psi_{2,i} \cdot E_{Qk,i} \quad (6.11c)$$

Der charakteristische Wert der vorherrschenden unabhängigen veränderlichen Auswirkung $E_{Qk,1}$ lässt sich dann wie folgt bestimmen:

$$\gamma_{QA,1} \cdot (\psi_{1,1} - \psi_{2,1}) \cdot E_{Qk,1} = \text{max. oder min.} \{\gamma_{QA,i} \cdot (\psi_{1,i} - \psi_{2,i}) \cdot E_{Qk,i}\} \quad (6.11d)$$

ANMERKUNG In der Geotechnik werden in einigen außergewöhnlichen Bemessungssituationen Teilsicherheitsbeiwerte γ_{QA} verwendet, die von 1,00 verschieden sind (siehe DIN 1054).

NCI zu 6.4.3.3(3)

Im Allgemeinen wird der häufige Wert der vorherrschenden veränderlichen Einwirkung $\psi_{1,1} \cdot Q_{k,1}$ in den Nachweisen verwendet. Anderenfalls wird Gleichung (6.10c) ersetzt durch

$$E_{dA} = \sum_{j\geq 1} \gamma_{GA,j} \cdot E_{Gk,j} + E_{Pk} + E_{Ad} + \sum_{i>1} \gamma_{QA,i} \cdot \psi_{2,i} \cdot E_{Qk,i} \quad (6.11e)$$

(4) Die Einwirkungskombinationen für außergewöhnliche Bemessungssituationen sollten entweder

— explizit eine außergewöhnliche Einwirkung A (Brandbelastung oder Anprall) enthalten oder

— eine Situation nach dem außergewöhnlichen Ereignis erfassen ($A = 0$).

Für die Brandbemessung sollte A_d neben den Temperaturauswirkungen auf die Baustoffeigenschaften auch den Bemessungswert der indirekten Auswirkungen der thermischen Einwirkung des Brandes bezeichnen.

6.4.3.4 Kombinationen von Einwirkungen für Bemessungssituationen bei Erdbeben

(1) Zur Bestimmung der Auswirkung der Einwirkungen sollte die allgemeine Kombination

$$E_d = E\{G_{k,j}\,;\,P\,;\,A_{Ed}\,;\,(\psi_{2,1}\,Q_{k,1}\}\;j \geq 1\,;\,i > 1 \qquad (6.12a)$$

angewendet werden.

(2) Die Kombination der Einwirkungen in Klammern { } kann durch:

$$\sum_{j\geq 1} G_{k,j} \text{ "+" } P \text{ "+" } A_{Ed} \text{ "+" } \sum_{i\geq 1} \psi_{2,i}\, Q_{k,i} \qquad (6.12b)$$

ausgedrückt werden.

NCI zu 6.4.3.4(2)

Bei linear-elastischer Berechnung des Tragwerks darf sich die Gleichung (6.12a) entweder auf Einwirkungen oder auf Auswirkungen beziehen, d. h. auf Schnittgrößen oder auch auf innere Kräfte bzw. Spannungen in einem Querschnitt, die von mehreren Schnittgrößen (z. B. Interaktion von Längskraft und Biegemoment) abhängen. In diesem Fall dürfen die Bemessungswerte der Beanspruchungen auf der Grundlage von Gleichung (6.2e) wie folgt berechnet werden:

$$E_{dE} = \sum_{j\geq 1} E_{Gk,j} + E_{Pk} + E_{AEd} + \sum_{i\geq 1} \psi_{2,i} \cdot E_{Qk,i} \qquad (6.12c)$$

6.4.4 Teilsicherheitsbeiwerte für Einwirkungen und Kombinationen von Einwirkungen

(1) Die Zahlenwerte für die Teilsicherheitsbeiwerte und Kombinationsbeiwerte für Einwirkungen sollten EN1991 und Anhang A entnommen werden.

NCI zu 6.4.4(1)

Für den Faktor γ_P sind die bauartspezifischen Festlegungen in DIN EN 1992 bis DIN EN 1999 maßgebend.

Für den Faktor $\gamma_{GA,j}$ sind die Festlegungen in Anhang A.1 zu beachten.

6.4.5 Teilsicherheitsbeiwerte für Eigenschaften von Baustoffen, Bauprodukten und Bauteilen

(1) Die Teilsicherheitsbeiwerte für Eigenschaften von Baustoffen, Bauprodukten und Bauteilen sollten EN 1992 bis EN 1999 entnommen werden.

6.5 Nachweise für Grenzzustände der Gebrauchstauglichkeit

6.5.1 Nachweise

(1)P Es ist nachzuweisen, dass:

$$E_d \leq C_d \qquad (6.13)$$

Dabei ist

C_d der Bemessungswert der Grenze für das maßgebende Gebrauchstauglichkeitskriterium;

E_d der Bemessungswert der Auswirkung der Einwirkungen in der Dimension des Gebrauchstauglichkeitskriteriums aufgrund der maßgebenden Einwirkungskombination nach 6.5.3.

6.5.2 Gebrauchstauglichkeitskriterien

(1) In den Anhängen A1, A2 usw. werden für die dort behandelten Arten von Bauwerken Hinweise zu Verformungen angegeben, die als Gebrauchstauglichkeitskriterien angesehen und für die Grenzwerte vereinbart werden können.

ANMERKUNG Weitere Gebrauchstauglichkeitskriterien, wie Rissbreite, Spannungs- oder Dehnungsbegrenzungen, Gleitwiderstand sind in EN 1991 bis EN 1999 geregelt.

6.5.3 Kombination der Einwirkungen

(1) Die Kombination der Einwirkungen sollte sich an dem Bauwerksverhalten und an den Gebrauchstauglichkeitskriterien orientieren.

(2) Die Kombinationen für Einwirkungen, die für Gebrauchstauglichkeitsnachweise in Frage kommen, sind durch die folgenden Beziehungen symbolisch definiert (siehe auch 6.5.4):

ANMERKUNG In diesen Gleichungen werden alle Teilsicherheitsbeiwerte zu 1,0 angenommen, siehe Anhang A und EN 1991 bis EN 1999.

a) Charakteristische Kombination:

$$E_d = E\{G_{k,j} ; P ; Q_{k,1} ; \psi_{0,i} Q_{k,1}\} \; j \geq 1 ; i > 1 \qquad (6.14a)$$

in der die Kombination der Einwirkungen in der Klammer { } durch

$$\sum_{j\geq 1} G_{k,j} \text{ "+" } P_k \text{ "+" } Q_{k,1} \text{ "+" } \sum_{i>1} \Psi_{0,i} Q_{k,i} \qquad (6.14b)$$

ausgedrückt werden kann.

ANMERKUNG Die charakteristische Kombination wird i. d. R. für nicht umkehrbare Auswirkungen am Tragwerk verwendet.

b) Häufige Kombination:

$$E_d = E\{G_{k,j} ; P ; \psi_{1,1} Q_{k,1} ; \psi_{2,i} Q_{k,1}\} \; j \geq 1 ; i > 1 \qquad (6.15a)$$

in der die Kombination der Einwirkungen in der Klammer { } durch:

$$\sum_{j\geq 1} G_{k,j} \text{ "+" } P \text{ "+" } \psi_{1,1} Q_{k,1} \text{ "+" } \sum_{i>1} \psi_{2,i} Q_{k,i} \qquad (6.15b)$$

ausgedrückt werden kann.

ANMERKUNG Die häufige Kombination wird i. d. R. für umkehrbare Auswirkungen am Tragwerk verwendet.

c) Quasi-ständige Kombination:

$$E_d = E\{G_{k,j} ; P ; \psi_{2,i} Q_{k,1}\} \; j \geq 1 ; i > 1 \qquad (6.16a)$$

in der die Kombination der Einwirkungen in der Klammer { } durch:

$$\sum_{j\geq 1} G_{k,j} \text{ "+" } P \text{ "+" } \sum_{i\geq 1} \psi_{2,i} Q_{k,i} \qquad (6.16b)$$

ausgedrückt werden kann. Die Bezeichnungen sind in 1.6 angegeben.

ANMERKUNG Die quasi-ständige Kombination wird i. d. R. für Langzeitauswirkungen, z. B. für das Erscheinungsbild des Bauwerks verwendet.

NCI zu 6.5.3(2)

Bei linear-elastischer Berechnung des Tragwerks dürfen sich die Gleichungen (6.14a), (6.15a) und (6.16a) entweder auf Einwirkungen oder auf Auswirkungen beziehen, d. h. auf Schnittgrößen oder auch auf innere Kräfte bzw. Spannungen in einem Querschnitt, die von mehreren Schnittgrößen (z. B. Interaktion von Längskraft und Biegemoment) abhängen. In diesem Fall dürfen die Bemessungswerte der Beanspruchungen auf der Grundlage von Gleichung (6.2e) berechnet werden.

Zu (2a): **Charakteristische Kombination**

Bei linear-elastischer Berechnung dürfen die Bemessungswerte der Beanspruchungen auf der Grundlage von Gleichung (6.2e) wie folgt berechnet werden:

$$E_{d,char} = \sum_{j\geq 1} E_{Gk,j} + E_{Pk} + E_{Qk,1} + \sum_{i>1} \psi_{0,i} \cdot E_{Qk,i} \qquad (6.14c)$$

Der charakteristische Wert der vorherrschenden unabhängigen veränderlichen Auswirkung $E_{Qk,1}$ lässt sich dann wie folgt bestimmen:

$$(1-\psi_{0,1}) \cdot E_{Qk,1} = \text{max. oder min.} \{(1-\psi_{0,i}) \cdot E_{Qk,i}\} \qquad (6.14d)$$

Zu (2b): **Häufige Kombination**

Bei linear-elastischer Berechnung dürfen die Bemessungswerte der Beanspruchungen für die häufige Kombination auf der Grundlage von Gleichung (6.2e) wie folgt berechnet werden:

$$E_{d,frequ} = \sum_{j\geq 1} E_{Gk,j} + E_{Pk} + \psi_{1,1} \cdot E_{Qk,1} + \sum_{i>1} \psi_{2,i} \cdot E_{Qk,i} \qquad (6.15c)$$

Der charakteristische Wert der vorherrschenden unabhängigen veränderlichen Auswirkung $E_{Qk,1}$ lässt sich dann wie folgt bestimmen:

$$(\psi_{1,1} - \psi_{2,1}) \cdot E_{Qk,1} = \text{max. oder min.} \{(\psi_{1,1} - \psi_{2,i}) \cdot E_{Qk,i}\} \qquad (6.15d)$$

Zu (2c): **Quasi-ständige Kombination**

Bei linear-elastischer Berechnung dürfen die Bemessungswerte der Beanspruchungen auf der Grundlage von Gleichung (6.2e) wie folgt berechnet werden:

$$E_{d,perm} = \sum_{j\geq 1} E_{Gk,j} + E_{Pk} + \sum_{i\geq 1} \psi_{2,i} \cdot E_{Qk,i} \qquad (6.16c)$$

(3) Zur Definition der repräsentativen Werte für die Einwirkung aus Vorspannung (z. B. P_k oder P_m) wird auf die Regelung in den Eurocodes für den entsprechenden Typ der Vorspannung hingewiesen.

(4)P Die Auswirkungen von eingeprägten Verformungen sind, sofern wesentlich, zu berücksichtigen.

ANMERKUNG In einigen Fällen benötigen die Gleichungen (6.14) und (6.16) Modifizierungen. Hinweise dazu sind den maßgebenden Teilen von EN 1991 bis EN 1999 zu entnehmen

6.5.4 Teilsicherheitsbeiwerte für Eigenschaften von Baustoffen, Bauprodukten und Bauteilen

(1) Für Gebrauchstauglichkeitsnachweise sind die Teilsicherheitsbeiwerte γ_M für die Baustoff-, Bauprodukt- und Bauteileigenschaften mit 1,0 anzunehmen, wenn in den EN 1992 bis EN 1999 keine gegenteiligen Angaben gemacht werden.

Anhang A2
(normativ)

Anwendung für Brücken

A2.1 Anwendungsbereich

(1) Anhang A2 zur EN 1990 liefert Regelungen und Verfahren zur Erstellung der Einwirkungskombinationen für Nachweise für die Grenzzustände der Gebrauchstauglichkeit und der Tragfähigkeit (außer Ermüdungsnachweise) zusammen mit den empfohlenen Bemessungswerten für ständige, veränderliche und außergewöhnliche Einwirkungen sowie den ψ-Faktoren für Straßenbrücken, Fußgängerbrücken und Eisenbahnbrücken. Er gilt auch für die Einwirkungen während der Bauausführung. Zum Nachweis von bauweisenunabhängigen Grenzzuständen der Gebrauchstauglichkeit werden ebenfalls Verfahren und Regelungen angegeben.

1 Änderung zu NA 1 Anwendungsbereich

Ergänze als neuen zweiten Absatz:

„Dieser Nationale Anhang enthält darüber hinaus nationale Festlegungen zu Einwirkungskombinationen für Nachweise für die Grenzzustände der Gebrauchstauglichkeit und der Tragfähigkeit (außer Ermüdungsnachweise) zusammen mit den empfohlenen Bemessungswerten für ständige, veränderliche und außergewöhnliche Einwirkungen sowie den ψ-Faktoren für Straßenbrücken, Fußgängerbrücken und Eisenbahnbrücken, die bei der Anwendung von DIN EN 1991-2:2010-12 in Deutschland zu berücksichtigen sind."

ANMERKUNG 1 Symbole, Bezeichnungen, Lastmodelle und Lastgruppen sind die gleichen, wie sie in den maßgebenden Abschnitten der EN 1991-2 verwendet oder definiert sind.

ANMERKUNG 2 Symbole, Bezeichnungen und Lasten während der Bauausführung entsprechen den Definitionen in EN 1991-1-6.

ANMERKUNG 3 Im Nationalen Anhang können Hinweise zur Anwendung der Tabelle 2.1*) (Planungswerte der Nutzungsdauer) gegeben werden.

NDP zu A2.1 (1) Anmerkung 3

Die Werte in Tabelle 2.1 sind anzuwenden (Lager und Übergangskonstruktionen sind in Klasse 3 einzuordnen).

ANMERKUNG 4 Die meisten der in den Abschnitten A2.2.2 bis A2.2.5 definierten Kombinationsregeln stellen Vereinfachungen dar, um unnötig komplizierte Berechnungen zu vermeiden. Sie können, wie in den Abschnitten A2.2.1 bis A2.2.5 beschrieben, im Nationalen Anhang oder für das Einzelprojekt geändert werden.

ANMERKUNG 5 Anhang A2 zur EN 1990 enthält keine Regelungen zur Bestimmung der Einwirkungen auf Lager (Kräfte und Momente) sowie der zugehörigen Lagerbewegungen, und es werden auch keine Regelungen für die Berechnung von Brücken mit Einfluss der Boden-Bauwerk-Interaktion, die von den Bewegungen und Verformungen der Lager abhängig sein können, angegeben.

(2) Die in diesem Anhang A2 von EN 1990 angegebenen Regelungen können unvollständig sein für:

— Brücken, die nicht in der EN 1991-2 behandelt werden (z. B. Brücken unter einer Start- bzw. Landebahn von Flugzeugen, bewegliche Brücken, überdachte Brücken, Brücken für Wasserwege etc.),

— Brücken mit gleichzeitigem Straßen- und Schienenverkehr,

— andere bauliche Anlagen mit Verkehrsbelastungen (z. B. für die Hinterfüllung von Stützwänden).

---

*) Siehe DIN EN 1990

NCI zu A2.1 Anwendungsbereich

(NA.3) Grundlegende Anforderungen an Lagerungssysteme von Brückentragwerken enthält Anhang NA.E.

A2.2 Einwirkungskombinationen

A2.2.1 Allgemeines

(1) Einflüsse aus Einwirkungen, die aus physikalischen oder funktionalen Gründen nicht gleichzeitig auftreten können, brauchen nicht zusammen kombiniert zu werden.

(2) Kombinationen mit Einwirkungen, die außerhalb des Geltungsbereiches der EN 1991 liegen (z. B. Bodensenkungen in Bergbaugebieten, besondere Einflüsse aus Wind, Wasser, Treibgut, Überflutung, Schlamm- und Schneelawinen, Brand und Eisdruck), sollten in Übereinstimmung mit EN 1990, 1.1(3), besonders definiert werden.

ANMERKUNG 1 Die Kombinationen der Einwirkungen können im Nationalen Anhang oder für das Einzelprojekt festgelegt werden.

NDP zu A2.2.1 (2) Anmerkung 1

Es werden keine alternativen Kombinationen der Einwirkungen festgelegt.

ANMERKUNG 2 Zu Einwirkungen infolge Erdbeben siehe EN 1998.

ANMERKUNG 3 Zu Einwirkungen aus Wasserströmungen oder Treibgut siehe auch EN 1991-1-6.

(3) Für Tragfähigkeitsnachweise sollten die in den Gleichungen (6.9a) bis (6.12b) angegebenen Einwirkungskombinationen benutzt werden.

ANMERKUNG Die Gleichungen (6.9a) bis (6.12b) gelten nicht für Ermüdungsnachweise. Zu Ermüdungsnachweisen siehe EN 1991 bis EN 1999.

(4) Für Gebrauchstauglichkeitsnachweise sollten die in den Gleichungen (6.14a) bis (6.16b) angegebenen Einwirkungskombinationen benutzt werden. In A2.4 sind zusätzliche Regelungen zu Verformungs- und Schwingungsnachweisen angegeben.

(5) Die veränderlichen Einwirkungen aus Verkehr sollten, wenn gefordert, gleichzeitig mit den anderen Einwirkungen in Übereinstimmung mit den maßgebenden Abschnitten der EN 1991-2 berücksichtigt werden.

(6)P Es sind die maßgebenden Bemessungssituationen während der Bauausführung zu berücksichtigen.

(7)P Es sind die maßgebenden Bemessungssituationen zu berücksichtigen, wenn eine Brücke abschnittsweise zur Nutzung freigegeben wird.

(8) Es sind gegebenenfalls besondere Lasten aus der Bauausführung gleichzeitig in angemessenen Einwirkungskombinationen zu berücksichtigen.

ANMERKUNG Wenn durch geeignete Kontrollmaßnahmen Lasten aus der Bauausführung nicht gleichzeitig wirken können, so brauchen sie nicht in die Einwirkungskombinationen übernommen zu werden.

(9)P Bei der Kombination der veränderlichen Einwirkungen aus Verkehr mit anderen veränderlichen Einwirkungen, die in anderen Teilen der EN 1991 festgelegt sind, ist jede Lastgruppe, die nach EN 1991-2 verwendet wird, als eine einzelne veränderliche Einwirkung zu behandeln.

(10) Schneelasten und Windeinwirkungen brauchen nicht gleichzeitig mit aus Bauaktivitäten resultierenden Verkehrslasten Q_{ca} kombiniert zu werden (z. B. Lasten durch Baustellenpersonal).

ANMERKUNG Für die Anforderungen zur gleichzeitigen Berücksichtigung von Schnee- und Windeinwirkungen mit anderen Lasten aus der Bauausführung (z. B. schweres Gerät oder Kran), die während einer vorübergehenden Bemessungssituation zu berücksichtigen sind, kann es für ein Einzelprojekt erforderlich werden, eine Zustimmung einzuholen. Siehe auch EN 1991-1-3, EN 1991-1-4, EN 1991-1-6.

(11) Die Einwirkungen aus der Bauausführung sollten, gegebenenfalls, mit den Einwirkungen aus Wasser und Temperatur kombiniert werden. Bei der Festlegung dieser Kombinationen sollten die verschiedenen Parameter, die die Wassereinwirkungen und Temperatureinwirkungen bestimmen, beachtet werden.

(12) Die Kombination mit Einwirkungen aus Vorspannung sollte in Übereinstimmung mit A2.3.1(8) und EN 1992 bis EN 1999 erfolgen.

(13) Einflüsse aus ungleichmäßigen Setzungen sollten berücksichtigt werden, wenn sie im Vergleich zu den direkten Einwirkungen nicht zu vernachlässigen sind.

ANMERKUNG Für das Einzelprojekt können spezielle Grenzen für die Gesamtsetzungen und die Setzungsdifferenzen festgelegt werden.

(14) Wenn das Tragwerk sehr empfindlich auf ungleichmäßige Setzungen reagiert, sollte die bei der Setzungsbestimmung vorhandene Vorhersagensungenauigkeit berücksichtigt werden.

(15) Ungleiche Setzungen des Tragwerks infolge Bodensenkung sollten als ständige Einwirkung G_{set} klassifiziert werden und in die Kombinationen für die Grenzzustände der Tragfähigkeit und Gebrauchstauglichkeit eingeschlossen werden. G_{set} sollte als Gruppe von Werten spezifiziert werden, die den Setzungsdifferenzen (bezogen auf ein Bezugsniveau) zwischen verschiedenen Einzelfundamenten oder Teilen einer Gründung $d_{\mathrm{set},i}$ (i ist die Nummer des Einzelfundamentes oder Gründungsteils) entsprechen.

ANMERKUNG 1 Setzungen werden hauptsächlich durch ständige Lasten und Hinterfüllungen verursacht. Die Berücksichtigung veränderlicher Einwirkungen kann bei bestimmten Einzelprojekten notwendig sein.

ANMERKUNG 2 Setzungen sind monoton zeitabhängig (in einer Richtung wirkend) und brauchen nur von dem Zeitpunkt an berücksichtigt zu werden, von dem an sie einen Einfluss auf die Tragwerksbeanspruchung haben (z. B. nachdem das Tragwerk oder Teile des Tragwerks statisch unbestimmt werden). Des Weiteren kann bei Tragwerken oder Tragwerksteilen aus Stahlbeton eine Interaktion zwischen der Entwicklung der Setzungen und dem Kriechen der Betonteile auftreten.

(16) Die Setzungsdifferenzen zwischen Einzelfundamenten oder Teilen des Gründungskörpers $d_{\mathrm{set},i}$ sollten als wahrscheinliche Werte entsprechend EN 1997 und unter Beachtung des Bauablaufes angegeben werden.

ANMERKUNG Verfahren zur Bestimmung der Setzungen sind in EN 1997 angegeben.

(17) Wenn keine besonderen Messungen durchgeführt werden, sollte die ständige Einwirkung aus Setzung wie folgt bestimmt werden:

— wahrscheinliche Werte $d_{\mathrm{set},i}$ für alle Einzelfundamente oder Teile des Gründungskörpers,

— zwei Einzelfundamenten oder Teile eines einzelnen Gründungskörpers, die nach ungünstigster Wirkung ausgesucht werden, werden die Setzungen $d_{\mathrm{set},i} \pm \Delta d_{\mathrm{set},i}$ zugeordnet, wobei $\Delta d_{\mathrm{set},i}$ die Ungenauigkeit der Setzungsvorhersage berücksichtigt.

A2.2.2 Kombinationsregeln für Straßenbrücken

(1) Die „nicht-häufigen" Werte der veränderlichen Einwirkungen sind für bestimmte Grenzzustände der Gebrauchstauglichkeit von Betonbrücken vorgesehen.

ANMERKUNG Der Nationale Anhang kann auf die „nicht-häufige" Kombination der Einwirkungen verweisen. Die Gleichung für diese Einwirkungskombination lautet:

$$E_{\mathrm{d}} = E\left\{G_{\mathrm{k},j}\,;\,P\,;\,\psi_{1,\mathrm{infq}}\,Q_{\mathrm{k},1}\,;\,\psi_{1,i}\,Q_{\mathrm{k},i}\right\} \quad j \geq 1\,;\,i > 1 \tag{A2.1a}$$

wobei der Klammerausdruck { } folgende Einwirkungskombination enthält:

$$\sum_{j\geq 1} G_{\mathrm{k},j} \text{ "+" } P \text{ "+" } \psi_{1,\mathrm{infq}}\,Q_{\mathrm{k},1} \text{ "+" } \sum_{i>1} \psi_{1,i}\,Q_{\mathrm{k},i} \tag{A2.1b}$$

NDP zu A2.2.2 (1)

Es werden keine ergänzenden Regelungen festgelegt.

(2) Lastmodell 2 (oder der zugehörigen Lastgruppe gr1b) und die konzentrierte Last Q_{fwk} (siehe 5.3.2.2 in EN 1991-2) auf Gehwegen brauchen nicht mit irgendeiner anderen veränderlichen Einwirkung kombiniert zu werden.

(3) Schneelasten und Einwirkungen aus Wind brauchen nicht kombiniert zu werden mit:

— Brems- und Beschleunigungskräften oder Zentrifugalkräften oder der zugehörigen Lastgruppe gr2,

— Lasten auf Geh- und Radwegen oder der zugehörigen Lastgruppe gr3,

— Menschenansammlungen (Lastmodell 4) oder der zugehörigen Lastgruppe gr4.

ANMERKUNG Die Regeln für die Kombination von Spezialfahrzeugen (siehe EN 1991-2, Anhang A) mit normalem Verkehr (abgedeckt durch LM1 und LM2) und anderen veränderlichen Einwirkungen können im Nationalen Anhang festgelegt oder für das Einzelprojekt vereinbart werden.

NDP zu A2.2.2 (3)

Es werden keine ergänzenden Regelungen festgelegt.

(4) Schneelasten brauchen nicht mit den Lastmodellen 1 und 2 oder mit den zugehörigen Lastgruppen gr1a und gr1b kombiniert zu werden, es sei denn, es gibt andere Festlegungen für spezielle Schneegebiete.

ANMERKUNG Gebiete, in denen Schneelasten mit Lastgruppen gr1a und gr1b möglicherweise zu kombinieren sind, können im Nationalen Anhang festgelegt werden.

NDP zu A2.2.2 (4)

Es werden keine ergänzenden Regelungen festgelegt.

(5) Mit dem Lastmodell 1 oder mit der zugehörigen Lastgruppe gr1 sollten keine Windeinwirkungen größer als der kleinere Wert von F_W^* oder $\psi_0 F_{Wk}$ kombiniert werden.

ANMERKUNG Zu Windeinwirkungen siehe EN1991-1-4.

(6) Einwirkungen aus Wind und Temperatur brauchen nicht gleichzeitig berücksichtigt zu werden, es sei denn, es gibt andere Festlegungen für lokale Klimaverhältnisse.

ANMERKUNG Abhängig von den lokalen Klimaverhältnissen kann für ein Einzelprojekt eine abweichende Regelung für die gleichzeitige Einwirkung aus Wind und Temperatur definiert werden.

NDP zu A2.2.2 (6)

Es werden keine ergänzenden Regelungen festgelegt.

A2.2.3 Kombinationsregeln für Fußgängerbrücken

(1) Die Verkehrslast aus der konzentrierten Last Q_{fwk} braucht nicht mit einer anderen veränderlichen Einwirkung kombiniert zu werden.

(2) Einwirkungen aus Wind und Temperatur brauchen nicht gleichzeitig berücksichtigt zu werden, es sei denn, es gibt andere Festlegungen für lokale Klimaverhältnisse.

ANMERKUNG Abhängig von den lokalen Klimaverhältnissen kann für ein Einzelprojekt eine abweichende Regelung für die gleichzeitige Einwirkung aus Wind und Temperatur definiert werden.

NDP zu A2.2.3 (2)

Es werden keine ergänzenden Regelungen festgelegt.

(3) Schneelasten brauchen nicht mit den Lastgruppen gr1 und gr2 kombiniert zu werden, es sei denn, es gibt andere Festlegungen für einzelne Gebiete oder bestimmte Typen von Fußgängerbrücken.

ANMERKUNG Gebiete oder bestimmte Typen von Fußgängerbrücken, bei denen die Schneelasten mit Lastgruppen gr1a und gr2 in Einwirkungskombinationen zu berücksichtigen sind, können im Nationalen Anhang festgelegt werden.

NDP zu A2.2.3 (3) Anmerkung

Die Regelungen gelten mit Ausnahme von überdachten Brücken.

Bei überdachten Fußgängerbrücken ist Schnee und Verkehr voll zu überlagern.

ANMERKUNG Die Verweildauer des Schnees kann bis zu 3 Monate betragen.

(4) Für Fußgängerbrücken, bei denen der Fußgänger- und Radverkehr vor Witterungseinflüssen geschützt ist, sollten spezielle Kombinationsregeln festgelegt werden.

ANMERKUNG Diese Einwirkungskombinationen können im Nationalen Anhang festgelegt, oder für das Einzelprojekt vereinbart werden. Es wird empfohlen, ähnliche Kombinationsregeln wie im Hochbau anzuwenden (siehe Anhang A1), indem die Nutzlasten durch die maßgebende Verkehrslastgruppe ersetzt werden und die ψ-Faktoren der Verkehrseinwirkung aus der Tabelle A2.2 verwendet werden.

NDP zu A2.2.3 (4)

Es werden keine ergänzenden Regelungen festgelegt.

A2.2.4 Kombinationsregeln für Eisenbahnbrücken

(1) In Einwirkungskombinationen für ständige oder vorübergehende Bemessungssituationen, die nach Fertigstellung der Brücke auftreten, brauchen Schneelasten nicht berücksichtigt zu werden, es sei denn, es gibt Festlegungen für besondere Schneegebiete oder bestimmte Typen von Eisenbahnbrücken.

ANMERKUNG Gebiete oder bestimmte Typen von Eisenbahnbrücken, bei denen die Schneelasten in den Einwirkungskombinationen möglicherweise zu berücksichtigen sind, sind im Nationalen Anhang festzulegen.

NDP zu A2.2.4 (1) Anmerkung

Es werden keine allgemeinen ergänzenden Regelungen festgelegt. Für das Einzelprojekt können ergänzende Regelungen festgelegt werden.

(2) Die Kombinationen der Einwirkungen aus Verkehrslasten und Einwirkungen aus Wind sollten enthalten:

— vertikale Einwirkungen aus Schienenverkehr einschließlich des dynamischen Faktors und horizontale Einwirkung aus Schienenverkehr und Wind, wobei jede dieser Einwirkungen jeweils als Leiteinwirkung anzusetzen ist;

— vertikale Einwirkungen aus Schienenverkehr ohne dynamische Faktoren und Seitenkräfte aus dem Lastbild „unbeladener Zug“, definiert in EN 1991-2 (6.3.4 und 6.5) mit Windkräften zum Nachweis der Stabilität.

(3) Windeinwirkungen brauchen nicht kombiniert zu werden mit:

— Lastgruppen gr 13 oder gr 23;

— Lastgruppen gr 16, gr 17, gr 26, gr 27 und Lastmodell SW/2 (siehe EN 1991-2, 6.3.3).

(4) Windeinwirkungen größer als der kleinere Wert von F_W^{**} oder $\psi_0 F_{Wk}$ sollten nicht zusammen mit Verkehrslasten kombiniert werden.

ANMERKUNG Der Nationale Anhang kann Grenzwerte für die größtmögliche Windgeschwindigkeit angeben, bei denen der Schienenverkehr noch möglich ist und für die F_W^{**} bestimmt wird. Siehe auch 1991-1-4.

NDP zu A2.2.4 (4) Anmerkung

Es werden keine ergänzenden Regelungen festgelegt.

(5) Einwirkungen infolge aerodynamischer Wirkung des Schienenverkehrs (siehe EN 1991-2, 6.6) und Windeinwirkungen sollten miteinander kombiniert werden. Jede dieser Einwirkungen sollte jeweils als Leiteinwirkung angesetzt werden.

(6) Falls ein tragendes Bauteil nicht direkt der Windeinwirkung ausgesetzt ist, sollte die Einwirkung q_{ik} infolge der aerodynamischen Wirkungen mit der Summe aus Zuggeschwindigkeit und Windgeschwindigkeit bestimmt werden.

(7) Wenn für Einwirkungen aus Schienenverkehr keine Lastgruppen benutzt werden, sollte die gesamte Einwirkung aus Schienenverkehr als eine einzige mehrkomponentige veränderliche Einwirkung angesehen werden, deren Einzelkomponenten mit maximalen (ungünstigen) oder minimalen (günstigen) Werten je nach Situation anzusetzen sind.

A2.2.5 Kombination der Einwirkungen in außergewöhnlichen Bemessungssituationen (ohne Erdbeben)

(1) Wenn es nötig ist, eine außergewöhnliche Einwirkung zu berücksichtigen, braucht in der außergewöhnlichen Einwirkungskombination keine weitere außergewöhnliche Einwirkung und auch keine Windeinwirkung oder Schneelast berücksichtigt zu werden.

(2) In einer außergewöhnlichen Bemessungssituation mit Fahrzeuganprall (Straße oder Schiene) unter einer Brücke sollten Verkehrslasten auf der Brücke als begleitende Einwirkungen mit ihrem häufigen Wert berücksichtigt werden.

ANMERKUNG 1 Zu Einwirkungen aus Fahrzeuganprall siehe EN 1991-1-7.

ANMERKUNG 2 Weitere Kombinationen mit außergewöhnlichen Einwirkungen (z. B. Kombinationen mit Lawinen, Überflutung oder Unterspülung) sind für ein Einzelprojekt mit dem Auftraggeber oder der zuständigen Behörde zu vereinbaren.

ANMERKUNG 3 Zu (1) siehe auch Tabelle A2.1.

(3) Bei außergewöhnlichen Einwirkungen aus der Entgleisung eines Zuges auf einer Brücke sollte der Schienenverkehr auf den anderen Gleisen als begleitende Einwirkung mit zugehörigen Kombinationsbeiwerten berücksichtigt werden.

ANMERKUNG 1 Zu Einwirkungen aus Fahrzeuganprall siehe EN 1991-1-7.

ANMERKUNG 2 Die außergewöhnlichen Einwirkung aus Fahrzeuganprall auf der Brücke schließt Einwirkungen aus Entgleisung nach EN 1991-2, 6.7.1, ein.

(4) Außergewöhnliche Bemessungssituationen aus Schiffskollision mit den Brückenpfeilern sollten besonders festgelegt werden.

ANMERKUNG Diese Bemessungssituationen können für das Einzelprojekt festgelegt werden, siehe EN 1991-1-7.

A2.2.6 Zahlenwerte für ψ-Faktoren

(1) Die Zahlenwerte für ψ-Faktoren sind festzulegen.

ANMERKUNG 1 Die ψ-Faktoren können im Nationalen Anhang festgelegt werden. Empfehlungen für die Zahlenwerte der ψ-Faktoren für Verkehrslastgruppen und weitere gebräuchliche Einwirkungen werden in folgenden Tabellen angegeben:

— Tabelle A2.1 für Straßenbrücken,

— Tabelle A2.2 für Fußgängerbrücken,

— Tabelle A2.3 für Eisenbahnbrücken, sowohl für Lastgruppen als auch für die einzelnen Komponenten der Gesamteinwirkung des Verkehrs.

NDP zu A2.2.6 (1) Anmerkung 1

Bei Straßenbrücken ist $\psi_2 = 0{,}2$ für gleichmäßig verteilte Last und für Doppelachse zu verwenden.

Tabelle A2.1 — Empfehlung für die Zahlenwerte der ψ-Faktoren für Straßenbrücken

Einwirkung	Bezeichnung		ψ_0	ψ_1	ψ_2 *)
Verkehrslasten (siehe EN 1991-2, Tabelle 4.4)	gr1a (LM1+Lasten auf Gehwegen oder Radwegen)[a]	Doppelachse	0,75	0,75	0
		Gleichmäßig verteilte Last	0,40	0,40	0
		Gehweg- und Radwegbelastung[b]	0,40	0,40	0
	gr1b (Einzelachse)		0	0,75	0
	gr2 (Horizontalkräfte)		0	0	0
	gr3 (Gehwegbelastung)		0	0,40	0
	gr4 (LM4 – Menschengedränge)		0	—	0
	gr5 (LM3 – Spezialfahrzeuge)		0	—	0
Windkräfte	F_{Wk}				
	Ständige Bemessungssituationen		0,6	0,2	0
	Bauausführung		0,8	—	0
	F_{W}^{*}		1,0	—	—
Temperatureinwirkungen	T_{k}		0,6[c]	0,6	0,5
Schneelasten	$Q_{\mathrm{Sn,k}}$ (während der Bauausführung)		0,8	—	—
Lasten aus Bauausführung	Q_{c}		1,0		1,0

a Die empfohlenen Werte für ψ_0, ψ_1, ψ_2 für gr1a und gr1b gelten für Straßenverkehr, der den Anpassungsfaktoren α_{Qi}, α_{qi}, α_{qr} und β_{Q} gleich 1 entspricht.

Die Werte für die gleichmäßig verteilte Last entsprechen seltenen Verkehrssituationen mit normalem Verkehr und Anhäufung von LKWs. Für andere Straßenklassen oder ungewöhnliche Verkehrssituationen können in Verbindung mit der Wahl der α-Faktoren andere Zahlenwerte zutreffend sein.

Zum Beispiel kann für die gleichmäßig verteilte Last im System LM1 ein Wert ψ_2 ungleich Null angenommen werden, wenn die Brücke ständig durch einen kontinuierlich fließenden Schwerverkehr beansprucht wird. Siehe auch EN 1998.

b Der Kombinationswert für Gehweg- und Radwegbelastung, aufgeführt in Tabelle 4.4a der EN 1991-2, ist ein „abgeminderter Wert". Die ψ_0- und ψ_1-Faktoren sind auf diesen Wert anwendbar.

c Der empfohlene Zahlenwert für ψ_0 für Temperatureinwirkungen darf für die Grenzzustände der Tragfähigkeit EQU, STR und GEO in den meisten Fällen auf 0 abgemindert werden. Siehe auch die Eurocodes für die Bemessung.

ANMERKUNG 2 Wenn der Nationale Anhang für einige Grenzzustände der Gebrauchstauglichkeit für Stahlbetonbrücken auf „nicht häufige" Kombinationen von Einwirkungen verweist, können darin auch die Zahlenwerte von $\psi_{1,\mathrm{infq}}$ festgelegt werden. Die empfohlenen Zahlenwerte von $\psi_{1,\mathrm{infq}}$ sind:

— 0,80 für gr1a (LM1), gr1b (LM2), gr3 (Gehwegbelastung), gr4 (LM4, Menschengedränge) und T (Temperatureinwirkungen);

— 0,60 für F_{W} in ständigen Bemessungssituationen;

— 1,00 in anderen Fällen (d. h. der charakteristische Wert wird als „nicht häufiger" Wert verwendet).

*) Hinweis: NDP zu A2.2.6 (1) Anmerkung 1 ist zu beachten.

NDP zu A2.2.6 (1) Anmerkung 2

Es werden keine ergänzenden Regelungen festgelegt.

ANMERKUNG 3 Die charakteristischen Werte für Einwirkungen aus Wind und Schnee während der Bauausführung sind in EN 1991-1-6 definiert. Gegebenenfalls können repräsentative Werte für Einwirkungen infolge Wasser (F_{wa}) im Nationalen Anhang oder für ein Einzelprojekt definiert werden.

NDP zu A2.2.6 (1) Anmerkung 3

Es werden keine ergänzenden Regelungen festgelegt.

Tabelle A2.2 — Empfehlung für die Zahlenwerte der ψ-Faktoren für Fußgängerbrücken

Einwirkung	Bezeichnung	ψ_0	ψ_1	ψ_2
Verkehrslasten	gr1	0,40	0,40	0
	Q_{fwk}	0	0	0
	gr2	0	0	0
Windkräfte	F_{Wk}	0,3	0,2	0
Temperatur	T_k	0,6[a]	0,6	0,5
Schneelasten	$Q_{Sn,k}$ (während der Bauausführung)	0,8	—	0
Lasten aus Bauausführung	Q_c	1,0		1,0

[a] Der empfohlene Zahlenwert für ψ_0 für thermische Einwirkungen kann für die Grenzzustände der Tragfähigkeit EQU, STR und GEO in den meisten Fällen auf 0 abgemindert werden. Siehe auch Eurocodes für die Bemessung.

ANMERKUNG 4 Für Fußgängerbrücken ist der „nicht häufige“ Wert der veränderlichen Einwirkungen nicht maßgebend.

Tabelle A2.3 — Empfehlung für die Zahlenwerte der ψ-Faktoren für Eisenbahnbrücken

Einwirkungen			ψ_0	ψ_1	ψ_2[d]
Komponente der Verkehrseinwirkung[e]	LM 71		0,80	a	0
	SW/0		0,80	a	0
	SW/2		0	1,00	0
	Unbeladener Zug		1,00	–	–
	HSLM		1,00	1,00	0
	Anfahr- und Bremskräfte Zentrifugalkraft Interaktionskräfte infolge von Verformungen unter vertikalen Verkehrslasten		Für einzelne Komponenten der mehrkomponentigen Verkehrseinwirkung, die an Stelle von Lastgruppen als Leiteinwirkung verwendet werden, sollten die ψ-Faktoren verwendet werden, die für die zugehörigen vertikalen Lasten empfohlen werden.		
	Seitenstoß		1,00	0,80	0
	Lasten auf Dienstwege		0,80	0,50	0
	Betriebslastenzug		1,00	1,00	0
	Horizontaler Erddruck infolge Überschreitung der Verkehrslasten		0,80	a	0
	Aerodynamische Wirkungen		0,80	0,50	0
Einwirkung des Hauptverkehrs (Lastgruppen)	gr11 (LM71 + SW/0)	Max. vertikal 1 mit max. längs	0,80	0,80	0
	gr12 (LM71 + SW/0)	Max. vertikal 2 mit max. quer			
	gr13 (Bremsen/Anfahren)	Max. längs			
	gr14 (Zentrifugalkraft/Seitenstoß)	Max. seitlich			
	gr15 (unbeladener Zug)	Seitenstabilität mit „unbeladenen Zug“			
	gr16 (SW/2)	SW/2 mit max. längs			
	gr17 (SW/2)	SW/2 mit max. quer			
	gr21 (LM71 + SW/0)	Max. vertikal 1 mit max. längs	0,80	0,70	0
	gr22 (LM71 + SW/0)	Max. vertikal 2 mit max. quer			
	gr23 (Bremsen/Anfahren)	Max. längs			
	gr24 (Zentrifugalkraft/Seitenstoß)	Max. zur Seite			
	gr26 (SW/2)	SW/2 mit max. längs			
	gr27 (SW2)	SW/2 mit max. quer			
	gr31 (LM71 + SW/0)	Zusätzliche Lastfälle	0,80	0,60	0
Andere Einwirkungen aus Betrieb	Aerodynamische Wirkung		0,80	0,50	0
	Allgemeine Lasten aus Instandhaltung für Dienstgehwege		0,80	0,50	0
Windkräfte[b]	F_{Wk}		0,75	0,50	0
	F_W^{**}		1,00	0	0

Tabelle A2.3 *(fortgesetzt)*

Einwirkungen		ψ_0	ψ_1	ψ_2 [d]
Temperatur [c]	T_k	0,60	0,60	0,50
Schneelasten	$Q_{Sn,k}$ (während der Bauausführung)	0,8	—	0
Lasten aus Bauausführung	Q_c	1,0		1,0

a 0,8 wenn nur 1 Gleis belastet wird
0,7 wenn 2 Gleise gleichzeitig belastet werden
0,6 wenn 3 oder mehr Gleise gleichzeitig belastet werden

b Wenn Windkräfte gleichzeitig mit Verkehrseinwirkungen wirken, sollte die Windkraft ψ_0 F_{Wk} nicht größer als F_W^{**} (siehe EN 1991-1-4) angenommen werden. Siehe A2.2.4(4)

c Siehe EN 1991-1-5

d Falls Verformungen aus ständigen oder vorübergehenden Bemessungssituationen berücksichtigt werden, sollte ψ_2 für Einwirkungen aus Schienenverkehr mit 1,00 angenommen werden. Für seismische Bemessungssituationen siehe Tabelle A2.5.

e Die kleinste, gleichzeitig mit den einzelnen Verkehrslastkomponenten wirkende günstige vertikale Last (z. B. Zentrifugalkraft, Traktion oder Bremsen) ist 0,5 LM71 usw.

ANMERKUNG 5 Für spezielle Bemessungssituationen (z. B. Berechnung der Brückenüberhöhung aus gestalterischen Gründen oder für die Entwässerung oder die Einhaltung des Lichtraumes) können die Anforderungen für die hierzu anzuwendenden Einwirkungskombinationen für das Einzelprojekt definiert werden.

ANMERKUNG 6 Bei Eisenbahnbrücken wird der „nicht häufige" Wert von veränderlichen Einwirkungen nicht verwendet.

(2) Im Falle von Eisenbahnbrücken sollte für jeweils eine Lastgruppe, wie in EN 1991-2 definiert, ein einheitlicher ψ-Wert angewendet werden; dieser sollte dem für die führende Komponente der Lastgruppe geltenden ψ-Wert entsprechen.

(3) Im Falle von Eisenbahnbrücken sollten für die Bemessung mit Lastgruppen die in EN 1991-2, 6.8.2, Tabelle 6.11 festgelegten Lastgruppen verwendet werden.

(4) Falls maßgebend, sollten für Eisenbahnbrücken Kombinationen einzelner Verkehrseinwirkungen (einschließlich einzelner Komponenten) angewendet werden. Einzelne Verkehrseinwirkungen können auch z. B. für die Bemessung der Lager, für die Bestimmung der maximalen seitlichen und minimalen vertikalen Lasten aus Verkehr, für Lagerzwängungen, für den Lagesicherheitsnachweis an Widerlagern (speziell bei mehrfeldrigen Brücken) usw. maßgebend werden, siehe Tabelle A2.3.

ANMERKUNG Einzelne Komponenten des Verkehrs können auch z. B. für die Bemessung der Lager, für die Bestimmung der maximalen seitlichen und minimalen vertikalen Lasten aus Verkehr, für Lagerzwängungen, für den Lagesicherheitsnachweis an Widerlagern (speziell bei mehrfeldrigen Brücken) usw. maßgebend werden, siehe Tabelle 2.3.

A2.3 Grenzzustände der Tragfähigkeit

ANMERKUNG Ohne Ermüdungsnachweise

A2.3.1 Bemessungswerte der Einwirkungen in ständigen und vorübergehenden Bemessungssituationen

(1) Die Bemessungswerte der Einwirkungen für die Grenzzustände der Tragfähigkeit in ständigen und vorübergehenden Bemessungssituationen (Gleichungen (6.9a) bis (6.10b)) sollten den Tabellen A2.4(A) bis (C) entsprechen.

ANMERKUNG Die in den Tabellen A2.4 ((A) bis (C)) angegebenen Werte können im Nationalen Anhang (z. B. bei abweichenden Zuverlässigkeitsanforderungen, siehe Abschnitt 2 und Anhang B) geändert werden.

NDP zu A2.3.1 (1) Anmerkung

Die γ-Werte für die Einwirkungen in den entsprechenden Bemessungssituationen sind der Tabelle NA.A2.1 zu entnehmen.

Tabelle NA.A2.1

Einwirkung	Bezeichnung	γ-Werte für die Einwirkungen in den entsprechenden Bemessungssituationen nach Tabelle A.2.4 (A) EQU		Tabelle A.2.4 (B) STR/GEO	Tabelle A.2.5 Außergewöhnlich
		S/V	B	S/V	A
Ständige Einwirkungen					
Ungünstig	$\gamma_{G,sup}$	1,05	1,05	1,35[b]	1,0
Günstig	$\gamma_{G,inf}$	0,95[a]	0,95[a]	1,0	1,0
Vorspannung[h]					
Ungünstig	γ_{Psup}	1,0[i]/1,2[j]	1,0[i]/1,2[j]	1,0[i]/1,2[j]	1,0
Günstig	γ_{Pinf}	1,0[i]/0,8[j]	1,0[i]/0,8[j]	1,0[i]/0,8[j]	1,0
Setzungen[e]	γ_{Gset}	–	–	1,2[g]/1,35[h]	–
Einwirkungen aus Straßen- und Fußgängerverkehr					
Ungünstig	$\gamma_{Q,sup}$	1,35	–	1,35	1,0
Günstig	$\gamma_{Q,inf}$	0	–	0	0
Einwirkungen aus Schienenverkehr					
Ungünstig	$\gamma_{Q,sup}$	1,45	–	1,45[c]/1,2[d]	1,0
Günstig	$\gamma_{Q,inf}$	0	–	0	0
Lasten aus der Bauausführung					
Ungünstig	$\gamma_{Q,sup}$	–	1,35	–	1,0
Günstig	$\gamma_{Q,inf}$	–	0	–	0
Temperatur					
Ungünstig	$\gamma_{Q,sup}$	1,35	1,35	1,35	1,0
Günstig	$\gamma_{Q,inf}$	0	0	0	0
Alle anderen veränderlichen Einwirkungen					
Ungünstig	$\gamma_{Q,sup}$	1,5	1,5	1,5	1,0
Günstig	$\gamma_{Q,inf}$	0	0	0	0

Tabelle NA.A2.1 *(fortgesetzt)*

Einwirkung	Bezeichnung	Bemessungssituation			
		Tabelle A.2.4 (A) EQU		Tabelle A.2.4 (B) STR/GEO	Tabelle A.2.5 Außergewöhnlich
		S/V	B	S/V	A
		0	0	0	0
Außergewöhnliche Einwirkungen	γ_A	–	–	–	1,0

EQU Verlust der Lagesicherheit des Tragwerks oder eines seiner Teile betrachtet als starrer Körper
STR Versagen oder übermäßige Verformungen des Tragwerks oder seiner Teile einschließlich der Fundamente, Fundamentkörper, Pfähle, wobei die Tragfähigkeit von Baustoffen und Bauteilen entscheidend ist
GEO Versagen oder übermäßige Verformungen des Baugrundes, bei der die Festigkeit von Boden oder Fels wesentlich an der Tragsicherheit beteiligt ist
S/V Ständige und vorübergehende Bemessungssituation
B Bauausführung, wenn die Ausführung ausreichend im Hinblick auf die Verteilung der ständigen Lasten kontrolliert wird
A Außergewöhnliche Bemessungssituation

[a] Beim Verwenden von Gegengewichten zur Sicherstellung der Lagesicherheit können eine oder beide der folgenden Empfehlungen verwendet werden:
- Anwendung eines Faktors $\gamma_{G,inf}$ = 0,8, wenn das Eigengewicht nicht besonders genau definiert ist (z. B. bei Containern);
- Berücksichtigung der Streuung der für das Projekt festgelegten Position durch einen geometrischen Wert, der proportional zur Abmessung der Brücke festgelegt wird, wenn die Größe des Gegengewichtes genau definiert ist. Bei der Bauausführung von Stahlbrücken wird häufig der Streubereich der Position des Gegengewichtes mit ± 1 m angenommen.

[b] Dieser Wert gilt für Eigengewicht von tragenden und nicht tragenden Bauteilen, Schotterbett, Boden, Grundwasser und frei fließendes Wasser, bewegliche Lasten usw.

[c] Infolge Schienenverkehr in Form der Lastgruppen 11 bis 31 (außer 16, 17, 26[k]) und 27[k])), Lastmodellen LM71, SW/0 und HSLM und wirklichen Zügen, wenn diese als einzelne Leiteinwirkung aus Verkehr berücksichtigt werden.

[d] Infolge Schienenverkehr in Form der Lastgruppen 16 und 17 und SW/2.

[e] In Bemessungssituationen mit ungünstiger Wirkung der Einwirkungen aus ungleichmäßigen Setzungen. In Bemessungssituationen, in denen Einwirkungen aus ungleichmäßigen Setzungen günstige Wirkung erzeugen, sind diese Einwirkungen nicht zu berücksichtigen. Siehe auch DIN EN 1991 bis DIN EN 1999 zu γ-Faktoren, die für eingeprägte Verformungen zu berücksichtigen sind.

[f] im Falle von linearen elastischen Berechnungen.

[g] im Falle von nicht linearen elastischen Berechnungen.

[h] Faktor, der in den Eurocodes für die Bemessung empfohlen wird, hier aus DIN EN 1992-1-1 mit DIN EN 1992-1-1/NA

[i] lineares Verfahren mit ungerissenen Querschnitten

[j] nichtlineares Verfahren

[k] Bei Schienenverkehrseinwirkungen in Form der Lastgruppen 26 und 27 darf γ_Q = 1,20 auf einzelne Komponenten der Einwirkungen aus SW/2 und γ_Q = 1,45 auf einzelne Komponenten der Einwirkungen aus den Lastmodellen LM 71, SW/0 und HSLM usw. angewendet werden.

(2) Bei Anwendung der Tabellen A2.4(A) bis A2.4(C) sollte in Fällen, in denen der Grenzzustand sehr empfindlich auf die Veränderung der Größe der ständigen Einwirkungen reagiert, entsprechend 4.1.2(2)P der obere und untere charakteristische Wert dieser Einwirkungen benutzt werden.

(3) Die Lagesicherheit der Brücken (EQU, siehe 6.4.1 und 6.4.2(2)) sollte mit den in Tabelle A2.4(A) angegebenen Bemessungswerten der Einwirkungen nachgewiesen werden.

(4) Tragsicherheitsnachweise (STR, siehe 6.4.1) für Bauteile ohne geotechnische Einwirkungen sollten mit den in Tabelle A2.4(B) angegebenen Bemessungswerten der Einwirkungen durchgeführt werden.

(5) Tragsicherheitsnachweise (STR) für Bauteile (Gründungskörper, Gründungspfähle, Pfeiler, Seitenwände, Flügelmauern, Seiten- und Stirnwände von Widerlagern, Schotterrückhaltewände, usw.) mit geotechnischen Einwirkungen und Bodenwiderständen (GEO, siehe 6.4.1) sollten mit einem der drei folgenden Verfahren, mit Bestimmung der geotechnischen Einwirkungen und Bodenbeanspruchbarkeiten nach EN 1997, nachgewiesen werden:

— Verfahren 1: Es werden für das Tragwerk Doppelnachweise, einmal mit den Bemessungswerten nach Tabelle A2.4(C) und zum anderen mit den Bemessungswerten nach Tabelle A2.4(B) für die geotechnischen Einwirkungen und die sonstigen Einwirkungen geführt.

— Verfahren 2: Für das Tragwerk werden sowohl für die geotechnischen Einwirkungen als auch für die sonstigen Einwirkungen ausschließlich die Werte aus der Tabelle A2.4(B) verwendet.

— Verfahren 3: Für das Tragwerk werden gemischt für die geotechnischen Einwirkungen die Werte der Tabelle A2.4(C) und gleichzeitig für die sonstigen Einwirkungen die Werte der Tabelle A2.4(B) verwendet.

ANMERKUNG Die Auswahl eines der Verfahren 1, 2 oder 3 kann im Nationalen Anhang erfolgen.

NDP zu A2.3.1 (5) Anmerkung

Es ist das Verfahren 2 anzuwenden (wie A2.3.1 verfahren).

(6) Die Stabilität des Baugrundes (z. B. Stabilität eines Hanges, auf dem ein Brückenpfeiler steht) sollte nach EN 1997 nachgewiesen werden.

(7) Hydraulisch (HYD) und durch Auftriebskräfte (UPL) verursachter Grundbruch (z. B. für die Sohle von Baugruben) sollte nach EN 1997 nachgewiesen werden.

ANMERKUNG Zu Einwirkungen aus Wasser und Treibgut siehe EN 1991-1-6. Nachweise für die allgemeine und örtliche Auskolkung können für ein Einzelprojekt notwendig werden. Anforderungen zur Berücksichtigung des Eisdruckes auf Brückenpfeiler usw. können im Nationalen Anhang oder für das Einzelprojekt festgelegt werden.

NDP zu A2.3.1 (7) Anmerkung

Es werden keine Regelungen festgelegt. Für das Einzelprojekt können Regelungen festgelegt werden.

(8) Die γ_P-Faktoren, die auf Einwirkungen aus Vorspannung anzuwenden sind, sollten für die maßgebenden repräsentativen Werte dieser Einwirkungen entsprechend EN 1990 bis EN 1999 festgelegt werden.

ANMERKUNG Wenn keine γ_P-Faktoren in den Eurocodes für die Bemessung bereitgestellt werden, können diese Werte im Nationalen Anhang oder für das Einzelprojekt festgelegt werden. Sie hängen unter anderem ab von:

— der Art der Vorspannung (siehe Anmerkung zu 4.1.2(6));

— der Klassifikation der Vorspannung als direkte oder indirekte Einwirkung (siehe 1.5.3.1);

— der Art der Tragwerksberechnung (siehe 1.5.6);

— dem ungünstigen oder günstigen Einfluss der Einwirkungen aus Vorspannung und der Verwendung als Leit- oder Begleitwirkung in der Kombination.

Bauausführung siehe auch EN 1991-1-6.

NDP zu A2.3.1 (8)

Es werden keine Regelungen festgelegt.

Tabelle A2.4(A) — Bemessungswerte der Einwirkungen (EQU) (Gruppe A)

Ständige und vorübergehende Bemessungssituationen	Ständige Einwirkungen		Vorspannung	Leiteinwirkung[a]	Begleiteinwirkungen[a]	
	Ungünstig	Günstig			Vorherrschende (gegebenenfalls)	Weitere
(Gleichung 6.10)	$\gamma_{G,j,sup}\ G_{k,j,sup}$	$\gamma_{G,j,inf}\ G_{k,j,inf}$	$\gamma_P\ P$	$\gamma_{Q,1}\ Q_{k,1}$		$\gamma_{Q,i}\ \psi_{0,i}\ Q_{k,i}$

ANMERKUNG 1 Die γ-Werte für die ständigen und vorübergehenden Bemessungssituationen können im Nationalen Anhang festgelegt werden.

NDP zu A2.3.1 Tabelle A2.4 (A) Anmerkung 1

Es gelten die angegebenen Empfehlungen. Siehe A2.3.1 (1) Anmerkung.

Für die ständigen Bemessungssituationen werden die folgenden γ-Werte empfohlen:

$\gamma_{G,sup} = 1,05$

$\gamma_{G,inf} = 0,95^{(1)}$

$\gamma_Q = 1,35$ für Einwirkungen aus Straßen- und Fußgängerverkehr bei ungünstiger Wirkung (0 bei günstiger Wirkung)

$\gamma_Q = 1,45$ für Einwirkungen aus Schienenverkehr bei ungünstiger Wirkung (0 bei günstiger Wirkung)

$\gamma_Q = 1,50$ für alle anderen veränderlichen Einwirkungen in ständigen Bemessungssituationen bei ungünstiger Wirkung (0 bei günstiger Wirkung)

γ_P = Empfehlungswert, der im einschlägigen Eurocode für die Bemessung angegeben ist.

Für den Lagesicherheitsnachweis in vorübergehenden Bemessungssituationen bezeichnet $Q_{k,1}$ die vorherrschende destabilisierende veränderliche Einwirkung und $Q_{k,i}$ die maßgebenden begleitenden destabilisierenden veränderlichen Einwirkungen.

Für die Bauausführung werden die folgenden γ-Werte empfohlen, wenn die Ausführung ausreichend im Hinblick auf die Verteilung der ständigen Lasten kontrolliert wird:

$\gamma_{G,sup} = 1,05$

$\gamma_{G,inf} = 0,95^{(1)}$

$\gamma_Q = 1,35$ für Lasten aus der Bauausführung (0 bei günstiger Wirkung)

$\gamma_Q = 1,50$ für alle anderen veränderlichen Einwirkungen bei ungünstiger Wirkung (0 bei günstiger Wirkung)

(1) Die veränderlichen Merkmale von Gegengewichten können berücksichtigt werden, indem eine oder beide der folgenden Empfehlungen verwendet werden:

— Anwendung eines Teilsicherheitsbeiwerts $\gamma_{G,inf} = 0,8$, wenn das Eigengewicht nicht besonders genau definiert ist (z. B. bei Containern);

— Berücksichtigung der Streuung der für das Projekt festgelegten Position durch einen geometrischen Wert, der proportional zur Abmessung der Brücke festgelegt wird, wenn die Größe des Gegengewichtes genau definiert ist. Bei der Bauausführung von Stahlbrücken wird häufig der Streubereich der Position des Gegengewichtes mit ± 1 m angenommen.

ANMERKUNG 2 Für den Nachweis der Lagerhebung bei mehrfeldrigen Brücken oder in Fällen, in denen der Lagesicherheitsnachweis auch die Beanspruchbarkeiten von tragenden Bauteilen enthält (z. B. wenn die Lagesicherheit durch aussteifende Systeme oder Bauteile, wie z. B. Anker, Abspannungen, Hilfsstützen, erreicht wird), darf alternativ zu zwei getrennten Nachweisen nach den Tabellen A2.4 (A) und A2.4 (B) auch ein kombinierter Nachweis mit der Tabelle A2.4 (A) durchgeführt werden. Die γ-Werte können im Nationalen Anhang festgelegt werden. Die folgenden γ-Werte werden empfohlen:

$\gamma_{G,sup} = 1,25$

$\gamma_{G,inf} = 1,25$

$\gamma_Q = 1,35$ für Einwirkungen aus Straßen- und Fußgängerverkehr bei ungünstiger Wirkung (0 bei günstiger Wirkung)

$\gamma_Q = 1,45$ für Einwirkungen aus Schienenverkehr bei ungünstiger Wirkung (0 bei günstiger Wirkung)

$\gamma_Q = 1,50$ für alle anderen veränderlichen Einwirkungen in ständigen Bemessungssituationen bei ungünstiger Wirkung (0 bei günstiger Wirkung)

$\gamma_Q = 1,35$ für alle anderen veränderlichen Einwirkungen bei ungünstiger Wirkung (0 bei günstiger Wirkung)

vorausgesetzt, dass der Nachweis mit $\gamma_{G,inf} = 1,00$ sowohl für den günstigen als auch für den ungünstigen Teil der ständigen Einwirkungen keine ungünstigere Wirkung erzeugt.

NDP zu A2.3.1 Tabelle A2.4 (A) Anmerkung 2

Für den Nachweis der Lagesicherheit ist für Einwirkungen aus Schienenverkehr bei insgesamt ungünstiger Wirkung $\gamma_Q = 1,45$ anzusetzen, d. h. wenn die Wirkung einer Lastgruppe nach DIN EN 1991-2:2010-12, Tabelle 6.11 insgesamt ungünstig ist. Für die Temperatur darf $\gamma_{Qsup} = 1,35$ verwendet werden. Siehe A2.3.1 (1) Anmerkung.

[a] Die veränderlichen Einwirkungen sind die in den Tabellen A2.1 bis A2.3 angegebenen.

Tabelle A2.4(B) — Bemessungswerte der Einwirkungen (STR/GEO) (Gruppe B)

Ständige und vorüber-gehende Bemes-sungs-situationen	Ständige Einwirkungen		Vor-spannung	Leit-ein-wirkung[a]	Begleiteinwirkungen[a]	
	Ungünstig	Günstig			Vorherr-schende (gegebe-nenfalls)	Weitere
(Gleichung 6.10)	$\gamma_{G,j,sup}\ G_{k,j,sup}$	$\gamma_{G,j,inf}\ G_{k,j,inf}$	$\gamma_P\ P$	$\gamma_{Q,1}\ Q_{k,1}$		$\gamma_{Q,i}\ \psi_{0,i}\ Q_{k,i}$

Ständige und vor-über-gehende Bemes-sungs-situationen	Ständige Einwirkungen		Vor-span nung	Leit-ein-wirkung[a]	Begleiteinwirkungen[a]	
	Ungünstig	Günstig		Ein-wirkung	Vorherr-schende	Weitere
(Gleichung 6.10 a))	$\gamma_{G,j,sup}\ G_{k,j,sup}$	$\gamma_{G,j,inf}\ G_{k,j,inf}$	$\gamma_P\ P$		$\gamma_{Q,1}\psi_{0,1}Q_{k,1}$	$\gamma_{Q,i}\ \psi_{0,i}\ Q_{k,i}$
(Gleichung 6.10 b))	$\xi\gamma_{G,j,sup}\ G_{k,j,sup}$	$\gamma_{G,j,inf}\ G_{k,j,inf}$	$\gamma_P\ P$	$\gamma_{Q,1}\ Q_{k,1}$		$\gamma_{Q,i}\ \psi_{0,i}\ Q_{k,i}$

ANMERKUNG 1 Die Auswahl zwischen 6.10, oder 6.10 a) und 6.10 b) kann im Nationalen Anhang erfolgen. Im Fall der Wahl von 6.10 a) und 6.10 b) kann der Nationale Anhang in 6.10 a) nur ständige Einwirkungen vorsehen.

> **NDP zu A2.3.1 Tabelle A2.4 (B) Anmerkung 1**
> Es gilt die Gleichung 6.10. Siehe A2.3.1 (1) Anmerkung.

ANMERKUNG 2 Die γ- und ξ-Faktoren können im Nationalen Anhang festgelegt werden. Die folgenden Werte für γ und ξ werden für die Ausdrücke 6.10, oder 6.10 a) und 6.10 b) empfohlen:

$\gamma_{G,sup} = 1{,}35$[1)] $\gamma_{G,inf} = 1{,}00$

$\gamma_Q = 1{,}35$ wenn Q die ungünstige Einwirkung infolge Straßen- oder Fußgängerverkehr darstellt (0 bei günstiger Einwirkung)

$\gamma_Q = 1{,}45$ wenn Q die ungünstige Einwirkung infolge Schienenverkehr in Form der Lastgruppen 11 bis 31 (außer 16, 17, 26[3)] und 27[3)]), Lastmodellen LM71, SW/0 und HSLM und wirklichen Zügen darstellt, wenn diese als einzelne Leiteinwirkung aus Verkehr berücksichtigt werden (0 bei günstiger Einwirkung)

$\gamma_Q = 1{,}20$ wenn Q die ungünstige Einwirkung infolge Schienenverkehr in Form der Lastgruppen 16 und 17 und SW/2 darstellt (0 bei günstiger Einwirkung)

$\gamma_Q = 1{,}50$ für andere Einwirkungen aus Verkehr und andere veränderliche Einwirkungen[2)]

$\xi = 0{,}85$ (so dass $\xi\gamma_{G,sup} = 0{,}85 \times 1{,}35 \cong 1{,}15$).

$\gamma_{Gset} = 1{,}20$ im Falle von linearen elastischen Berechnungen, und $\gamma_{Gset} = 1{,}35$ im Falle von nicht linearen elastischen Berechnungen, in Bemessungssituationen mit ungünstiger Wirkung der Einwirkungen aus ungleichmäßigen Setzungen. In Bemessungssituationen, in denen Einwirkungen aus ungleichmäßigen Setzungen günstige Wirkung erzeugen, sind diese Einwirkungen nicht zu berücksichtigen. Siehe auch EN 1991 bis EN 1999 zu γ-Werten, die für eingeprägte Verformungen zu berücksichtigen sind.

γ_P = Empfehlungswert, der im einschlägigen Eurocode für die Bemessung angegeben ist.

1) Dieser Wert gilt für das Eigengewicht von tragenden und nicht tragenden Bauteilen, Schotterbett, Boden, Grundwasser und frei fließendes Wasser, bewegliche Lasten usw.

2) Dieser Wert gilt für veränderliche horizontale Erddrücke, Grundwasser, frei fließendes Wasser und Schotterbett, Verkehrslasten auf Hinterfüllungen, die Erddruck erzeugen, aerodynamische Wirkungen des Verkehrs, Einwirkungen aus Wind und Temperatur, usw.

3) Bei Schienenverkehrseinwirkungen in Form der Lastgruppen 26 und 27 darf $\gamma_Q = 1{,}20$ auf einzelne Komponenten der Einwirkungen aus SW/2 und $\gamma_Q = 1{,}45$ auf einzelne Komponenten der Einwirkungen aus den Lastmodellen LM71, SW/0 und HSLM usw. angewendet werden.

> **NDP zu A2.3.1 Tabelle A2.4 (B) Anmerkung 2**
> Die Beiwerte der Tabelle sind anzuwenden. Für die Temperatur darf $\gamma_{Qsup} = 1{,}35$ verwendet werden. Siehe A2.3.1 (1) Anmerkung

ANMERKUNG 3 Die charakteristischen Werte aller ständigen Einwirkungen, die den gleichen Ursprung besitzen, werden als Ganzes, wenn ihre Auswirkung ungünstig ist, mit $\gamma_{G,sup}$ multipliziert und mit $\gamma_{G,inf}$, wenn ihre Auswirkung günstig ist. Zum Beispiel dürfen alle Einwirkungen aus dem Eigengewicht des Tragwerks als aus einem Ursprung herrührend betrachtet werden; dies gilt auch bei Verwendung unterschiedlicher Materialien. Siehe aber A2.3.1 (2).

ANMERKUNG 4 Bei bestimmten Nachweisen dürfen die Werte γ_G und γ_Q in γ_g und γ_q und die Werte γ_{Sd} für die Modellunsicherheit aufgeteilt werden. In den meisten Fällen kann für γ_{Sd} ein Wert im Bereich von 1,05 bis 1,15 verwendet werden, wobei diese Festlegung im Nationalen Anhang geändert werden kann.

> **NDP zu A2.3.1 Tabelle A2.4 (B) Anmerkung 4**
> Weiterführende Regelungen zur Berücksichtigung von Modellungenauigkeiten sind nicht vorgegeben. Siehe A2.3.1 (1) Anmerkung.

ANMERKUNG 5 Für Einwirkungen aus Wasser, die nicht durch EN 1997 abgedeckt werden (d. h. bei fließendem Gewässer), kann die zu verwendende Einwirkungskombination für das Einzelprojekt festgelegt werden.

a Die veränderlichen Einwirkungen sind die in den Tabellen A2.1 bis A2.3 angegebenen.

Tabelle A2.4(C) — Bemessungswerte der Einwirkungen (STR/GEO) (Gruppe C)

Ständige und vorübergehende Bemessungssituation	Ständige Einwirkungen		Vorspannung	Leiteinwirkung[a]	Begleiteinwirkungen[a]	
	Ungünstig	Günstig			Vorherrschende (gegebenenfalls)	Weitere
(Gleichung 6.10)	$\gamma_{G,j,sup}\ G_{k,j,sup}$	$\gamma_{G,j,inf}\ G_{k,j,inf}$	$\gamma_P P$	$\gamma_{Q,1}\ Q_{k,1}$		$\gamma_{Q,i}\ \psi_{0,i}\ Q_{k,i}$

ANMERKUNG Die γ-Werte können im Nationalen Anhang festgelegt werden. Folgende Werte werden empfohlen:

$\gamma_{G,sup} = 1{,}00$

$\gamma_{G,inf} = 1{,}00$

$\gamma_{Gset} = 1{,}00$

$\gamma_Q = 1{,}15$ für Einwirkungen aus Straßen- und Fußgängerverkehr bei ungünstiger Wirkung (0 bei günstiger Wirkung)

$\gamma_Q = 1{,}25$ für Einwirkungen aus Schienenverkehr bei ungünstiger Wirkung (0 bei günstiger Wirkung)

$\gamma_{Q,i} = 1{,}30$ für die veränderlichen Teile des horizontalen Erddrucks von Erdkörper, Grundwasser, frei fließendem Gewässer oder Schotter, für Verkehrslasten auf Hinterfüllungen, die horizontalen Erddruck erzeugen, bei ungünstiger Wirkung (0 bei günstiger Wirkung)

$\gamma_Q = 1{,}30$ für alle anderen veränderlichen Einwirkungen bei ungünstiger Wirkung (0 bei günstiger Wirkung)

$\gamma_{Gset} = 1{,}00$ im Falle von linearen elastischen Berechnungen oder nicht linearen elastischen Berechnungen, in Bemessungssituationen, in denen Einwirkungen aus ungleichmäßigen Setzungen ungünstige Einflüsse erzeugen. In Bemessungssituationen, in denen Einwirkungen aus ungleichmäßigen Setzungen günstige Einflüsse erzeugen, sind diese Einwirkungen nicht zu berücksichtigen.

γ_P = Empfehlungswert, der im einschlägigen Eurocode für die Bemessung angegeben ist.

NDP zu A2.3.1 Tabelle A2.4 (C) Anmerkung

In A2.3.1 (5) wurde das Verfahren 2 gewählt, die Tabelle A2.4 (C) ist nicht anzuwenden. Siehe A2.3.1 (1) Anmerkung.

[a] Die veränderlichen Einwirkungen sind die in den Tabellen A2.1 bis A2.3 angegebenen.

A2.3.2 Bemessungswerte der Einwirkungen in außergewöhnlichen Bemessungssituationen und bei Erdbeben

(1) Die γ-Faktoren für Einwirkungen in Tragsicherheitsnachweisen für außergewöhnliche Bemessungssituationen und Erdbeben (Ausdrücke 6.11a bis 6.12b) werden in der Tabelle A2.5 angegeben. Die ψ-Faktoren sind in den Tabellen A2.1 bis A2.3 definiert.

ANMERKUNG Für Bemessungssituationen mit Erdbeben siehe auch EN 1998.

Tabelle A2.5 — Bemessungswerte der Einwirkungen in außergewöhnlichen Einwirkungskombinationen und Kombinationen für Erdbeben

Bemessungssituation	Ständige Einwirkungen		Vorspannung	Leiteinwirkung, außergewöhnliche Einwirkungen, Einwirkung von Erdbeben	Veränderliche Begleiteinwirkungen[b]	
	Ungünstig	Günstig			Vorherrschende (gegebenenfalls)	Weitere
Außergewöhnlich[a] (Gleichung 6.11 a)/b)	$G_{k,j,sup}$	$G_{k,j,inf}$	P	A_d	$\psi_{1,1} Q_{k,1}$ oder $\psi_{2,1} Q_{k,1}$	$\psi_{2,i} Q_{k,i}$
Erdbeben[c] (Gleichung 6.12 a)/b)	$G_{k,j,sup}$	$G_{k,j,inf}$	P	$A_{Ed} = \gamma_I A_{Ek}$	$\psi_{2,i} Q_{k,i}$	

[a] Im Falle außergewöhnlicher Bemessungssituationen darf die vorherrschende veränderliche Einwirkung mit ihrem häufigen Wert verwendet werden oder wie bei Erdbeben mit ihrem quasi-ständigen Wert. Die Festlegung erfolgt für die verschiedenen außergewöhnlichen Einwirkungen im Nationalen Anhang.

NDP zu A2.3.2 Tabelle A2.5 Fußnote ([a])

In außergewöhnlichen Bemessungssituationen ist die vorherrschende Begleiteinwirkung mit dem häufigen Wert, d. h. ψ_1, anzusetzen.

[b] Die veränderlichen Einwirkungen sind die in den Tabellen A2.1 bis A2.3 angegebenen.

[c] Der Nationale Anhang oder ein Einzelprojekt kann besondere Bemessungssituationen für Erdbeben festlegen. Für Eisenbahnbrücken braucht nur eine Spur als belastet angenommen zu werden, und das Lastmodell SW/2 kann vernachlässigt werden.

NDP zu A2.3.2 Tabelle A2.5 Fußnote ([c])

Es werden keine ergänzenden Regelungen festgelegt.

ANMERKUNG Die in dieser Tabelle A2.5 angegebenen Bemessungswerte dürfen im Nationalen Anhang geändert werden. Für alle nicht seismischen Einwirkungen wird ein Wert von $\gamma = 1{,}0$ empfohlen.

(2) Sind in speziellen Fällen eine oder mehrere veränderliche Einwirkungen gleichzeitig mit außergewöhnlichen Einwirkungen zu berücksichtigen, sollten auch ihre repräsentativen Werte festgelegt werden.

ANMERKUNG Zum Beispiel können für Brücken mit Fertigteilen Lasten aus der Bauausführung mit Einwirkungen kombiniert werden, die sich bei einem Unfall mit Herunterfallen eines Fertigteils ergeben. Die maßgebenden repräsentativen Werte können für das Einzelprojekt festgelegt werden.

(3) Besteht während der Bauausführung die Gefahr des Verlustes der Lagesicherheit, sollten die Einwirkungen wie folgt kombiniert werden:

$$\sum_{j\geq 1} G_{kj,sup} \text{"+"} \sum_{j\geq 1} G_{kj,inf} \text{"+"} P \text{"+"} A_d \text{"+"} \psi_2 Q_{c,k} \qquad \text{(A2.2)}$$

Dabei ist

$Q_{c,k}$ der charakteristische Wert der in EN 1991-1-6 definierten Lasten aus Bauausführung (z. B. der charakteristische Wert der maßgebenden Kombination der Lastgruppen Q_{ca}, Q_{cb}, Q_{cc}, Q_{cd}, Q_{ce} und Q_{cf}).

A2.4 Grenzzustände der Gebrauchstauglichkeit und andere spezielle Grenzzustände

A2.4.1 Allgemeines

(1) Für den Grenzzustand der Gebrauchstauglichkeit sollten, wenn nicht anders in EN 1991 bis EN 1999 festgelegt, die Bemessungswerte der Einwirkungen der Tabelle A2.6 genommen werden.

ANMERKUNG 1 Für den Grenzzustand der Gebrauchstauglichkeit können die γ-Faktoren für Einwirkungen aus Verkehr und anderen Einwirkungen im Nationalen Anhang festgelegt werden. Empfohlen werden die in der Tabelle A2.6 angegebenen Bemessungswerte, für die alle γ-Faktoren zu 1,0 angesetzt sind.

NDP zu A2.4.1 (1) Anmerkung 1

Für Eisenbahnbrücken wird kein alternativer γ-Beiwert angenommen.

Tabelle A2.6 — Bemessungswerte der Einwirkungen bei den Einwirkungskombinationen

Kombination	Ständige Einwirkungen G_d		Vorspannung	Veränderliche Einwirkungen Q_d	
	Ungünstig	Günstig		Leiteinwirkung	Weitere
Charakteristisch	$G_{k,j,sup}$	$G_{k,j,inf}$	P	$Q_{k,1}$	$\psi_{0,i}\, Q_{k,i}$
Häufig	$G_{k,j,sup}$	$G_{k,j,inf}$	P	$\psi_{1,1}\, Q_{k,1}$	$\psi_{2,i}\, Q_{k,i}$
Quasi-ständig	$G_{k,j,sup}$	$G_{k,j,inf}$	P	$\psi_{2,1}\, Q_{k,1}$	$\psi_{2,i}\, Q_{k,i}$

ANMERKUNG 2 Der Nationale Anhang kann auch auf die „nicht häufige“ Kombination der Einwirkungen verweisen.

NDP zu A2.4.1 (1) Anmerkung 2

Es werden keine weiteren Regelungen festgelegt.

(2) Die Kriterien für die Gebrauchstauglichkeit sollten entsprechend den in 3.4 und in EN 1992 bis EN 1999 enthaltenen Anforderungen an die Gebrauchstauglichkeit festgelegt werden. Verformungen sollten entsprechend EN 1991 bis EN 1999 berechnet werden, wobei die Einwirkungskombinationen nach Gleichungen (6.14a) bis (6.16b) (siehe Tabelle A2.6) entsprechend den Anforderungen an die Gebrauchstauglichkeit und der Unterscheidung zwischen umkehrbaren und nicht umkehrbaren Grenzzuständen benutzt werden sollten.

ANMERKUNG Anforderungen und Kriterien für die Gebrauchstauglichkeit können im Nationalen Anhang oder für das Einzelprojekt festgelegt werden.

NDP zu A2.4.1 (2) Anmerkung

Es werden keine weiteren Regelungen festgelegt.

A2.4.2 Gebrauchstauglichkeitskriterien für die Verformungen und Schwingungen von Straßenbrücken

(1) Gegebenenfalls sollten für Straßenbrücken die folgenden Anforderungen und Kriterien definiert werden:

— Abheben des Brückenüberbaus an den Lagern,

— Schädigung der Lager.

ANMERKUNG Das Abheben des Überbaus am Brückenende kann die Verkehrssicherheit gefährden und Schäden an tragenden und nicht tragenden Bauteilen verursachen. Für das Abheben kann ein höheres Sicherheitsniveau gefordert werden, als normalerweise für den Grenzzustand der Gebrauchstauglichkeit akzeptiert wird.

(2) Grenzzustände der Gebrauchstauglichkeit während der Bauausführung sollten in Übereinstimmung mit EN 1990 bis EN 1999 festgelegt werden.

(3) Für Straßenbrücken sollten, gegebenenfalls, Anforderungen und Kriterien für die Verformungen und Schwingungen festgelegt werden.

ANMERKUNG 1 Gebrauchstauglichkeitsnachweise mit Grenzzuständen der Verformungen und Schwingungen sind nur in Ausnahmefällen für Straßenbrücken zu führen. Für den Nachweis der Verformungen wird die häufige Kombination der Einwirkung empfohlen.

ANMERKUNG 2 Schwingungen von Straßenbrücken können unterschiedliche Ursachen haben, besonders Einwirkungen aus Verkehr und Wind. Zu Schwingungen aus Windeinwirkungen siehe EN 1991-1-4. Bei Schwingungen hervorgerufen durch Verkehr sollten die Komfortkriterien berücksichtigt werden. Ermüdung sollte gegebenenfalls berücksichtigt werden.

A2.4.3 Schwingungsnachweise für Fußgängerbrücken bei Fußgängeranregung

ANMERKUNG Zu Schwingungen infolge Windeinwirkung siehe EN 1991-1-4.

A2.4.3.1 Bemessungssituationen in Verbindung mit Belastungsannahmen aus Verkehr

(1) Für den Fußgängerverkehr sollten die Bemessungssituationen (siehe 3.2) ausgewählt werden, die für die Nutzungszeit der Fußgängerbrücke zugelassen werden sollen und vorhersehbar sind.

ANMERKUNG Die Bemessungssituationen können die Art und Weise berücksichtigen, wie der Verkehr für ein Einzelprojekt ausgewiesen, reguliert und begrenzt werden soll.

(2) In Abhängigkeit von der Brückenfläche und den betroffenen Bauteilen sollte eine Personengruppe, bestehend aus 8 bis 15 normal gehenden Personen, als ständige Bemessungssituation betrachtet werden.

(3) Weitere ständige, vorübergehende oder außergewöhnliche Bemessungssituationen sollten in Abhängigkeit von der Brückenfläche und den betroffenen Bauteilen unter Beachtung folgender Ereignisse festgelegt werden:

— Fußgängerströme (wesentlich mehr als 15 Personen);

— Menschenansammlungen bei gelegentlichen „festlichen" oder „sportlichen" Ereignissen.

ANMERKUNG 1 Diese Verkehrssituationen können für ein Einzelprojekt vereinbart werden, besonders bei Brücken im innerstädtischen Bereich, in der Nachbarschaft von Bahnhöfen, Schulen, öffentlichen Gebäuden und anderen öffentlichen Plätzen.

ANMERKUNG 2 Die Definition der Bemessungssituationen, die im Zusammenhang mit gelegentlichen festlichen oder sportlichen Ereignissen stehen, hängen davon ab, wie diese Ereignisse durch den zuständigen Eigentümer oder die zuständige Behörde geregelt werden können. In der vorliegenden Norm werden dazu keine Regeln angegeben. Hierzu können spezielle Untersuchungen notwendig werden.

A2.4.3.2 Komfortkriterien für Fußgänger (für die Gebrauchstauglichkeit)

(1) Als Komfortkriterien sollten die größten zulässigen Beschleunigungen an der ungünstigsten Stelle des Überbaus definiert werden.

ANMERKUNG Die Kriterien können im Nationalen Anhang oder für das Einzelprojekt festgelegt werden. Die folgenden maximalen Beschleunigungen (m/s^2) werden empfohlen:

— 0,7 für vertikale Schwingungen,

— 0,2 für horizontale Schwingungen bei normaler Nutzung,

— 0,4 für außergewöhnliche Menschenansammlungen.

NDP zu A2.4.3.2 (1)

Der Nationale Anhang legt keine Komfortkriterien fest, diese können für das Einzelprojekt festgelegt werden.

(2) Ein Nachweis der Komfortkriterien sollte durchgeführt werden, wenn die Grundfrequenz des Überbaus kleiner ist als:

— 5 Hz für Vertikalschwingungen,

— 2,5 Hz für Horizontal-(Seiten-) und Torsionsschwingungen.

ANMERKUNG Die in den Berechnungen benutzten Eingangswerte, und daher auch die Ergebnisse, enthalten sehr große Ungenauigkeiten. Wenn die Komfortkriterien nur knapp erfüllt werden, kann es notwendig sein, bereits beim Entwurf Möglichkeiten der Einrichtung von Dämpfern vorzusehen, die nach Fertigstellung des Tragwerks eingebaut werden können. In solchen Fällen sollte der Tragwerksplaner Messungen am Bauwerk einplanen.

A2.4.4 Verformungsnachweise und Schwingungsnachweise bei Eisenbahnbrücken

A2.4.4.1 Allgemeines

(1) Dieser Abschnitt enthält Grenzwerte für Verformungen und Schwingungen, die bei dem Entwurf neuer Eisenbahnbrücken zu berücksichtigen sind.

ANMERKUNG 1 Übermäßige Brückenverformungen können den Verkehr gefährden, indem unzulässige Veränderungen der vertikalen und horizontalen Gleislage, vergrößerte Schienenspannungen und Schwingung des Brückentragwerks auftreten. Zu große Schwingungen können zur Instabilität des Schotters führen, und die Rad-Schiene-Kontaktkräfte können unzulässig klein werden. Übermäßige Verformungen können auch zu vergrößerten Lasten für das Gleis/Brücken-System führen und den Reisendenkomfort beeinträchtigen.

ANMERKUNG 2 Die Grenzwerte für die Verformungen und Schwingungen sind entweder explizit angeben oder implizit in den Steifigkeitskriterien für die Brücke nach A2.4.4.1(2)P enthalten.

ANMERKUNG 3 Der Nationale Anhang kann Grenzen für die Verformungen und Schwingungen für Hilfsbrücken festlegen. Der Nationale Anhang kann besondere Anforderungen für Hilfsbrücken angeben, die von den geplanten Nutzungsbedingungen abhängen (z. B. besondere Anforderungen für schiefe Brücken).

NDP zu A2.4.4.1 (1) Anmerkung 3

Für die Anforderungen an Hilfsbrücken gelten die entsprechenden bauaufsichtlich eingeführten Technischen Baubestimmungen.

(2)P Nachweise der Brückenverformungen für die Verkehrssicherheit sind für folgende Punkte durchzuführen:

— vertikale Beschleunigung des Überbaus (um Instabilität des Schotters und unzulässige Abminderung der Rad-Schiene-Kontaktkräfte zu verhindern – siehe A2.4.4.2.1),

— vertikale Durchbiegung des Brückenüberbaus für einzelne Felder (um angemessene vertikale Gleisradien und eine allgemeine Tragwerkssteifigkeit sicherzustellen – siehe A2.4.4.2.3(3)),

— unbehindertes Abheben an den Lagern (um vorzeitiges Versagen der Lager zu verhindern),

— vertikale Durchbiegung am Überbauende, das über die Lager auskragt, (um eine Destabilisierung der Gleise zu verhindern und die Abhebekräfte auf die Schienenbefestigung und zusätzliche Schienenspannungen zu begrenzen – siehe A2.4.4.2.3(1) und EN 1991-2, 6.5.4.5.2),

— Verdrehung des Überbaus bezogen auf die Gleisachse zwischen Auffahrt und Brückenmitte (um das Risiko der Zugentgleisung zu minimieren – siehe A2.4.4.2.2),

ANMERKUNG A2.4.4.2.2 enthält eine Mischung von Kriterien, die die Anforderungen an die Betriebssicherheit und den Reisendenkomfort erfüllen.

— Verdrehung der Überbauenden um die Querachse am Brückenende oder resultierende Gesamtverdrehung zwischen zwei aneinander angrenzenden Überbauenden (um zusätzliche Schienenspannungen (siehe EN 1991-2, 6.5.4), Abhebekräfte bei Schienenbefestigungen und Winkelabweichungen an Schienenauszügen und Weichenelementen zu begrenzen – siehe A2.4.4.2.3(2)),

— Längsverschiebung der Oberkante der Überbauenden infolge Verformungen in Längsrichtung und Verdrehung des Überbauendes (um zusätzliche Schienenspannungen zu begrenzen und Störungen des Schotters und der Gleislage zu minimieren – siehe EN 1991-2, 6.5.4.5.2),

— horizontale Querverschiebung (um zulässige horizontale Gleisradien sicherzustellen – siehe A2.4.4.2.4, Tabelle A2.8),

— horizontale Verdrehung der Überbauenden um die vertikale Achse (um die horizontale Gleisgeometrie und den Reisendenkomfort sicherzustellen – siehe A2.4.4.2.4 Tabelle A2.8),

— Begrenzung der ersten Eigenfrequenz der seitlichen Schwingungen des Feldes, um das Auftreten von Resonanz zwischen der seitlichen Bewegung der Fahrzeuge in ihren Aufhängungen und der Bewegung der Brücke zu vermeiden – siehe A2.4.4.2.4(3).

ANMERKUNG Es gibt weitere Steifigkeitskriterien, die implizit in der Begrenzung der Eigenfrequenzen der Brücken in EN 1991-2, 6.4.4 und in der Bestimmung der dynamischen Faktoren für Betriebslastenzüge nach EN 1991-2, 6.4.6.4 und EN 1991-2 Anhang C enthalten sind.

(3) Nachweise der Brückenverformungen sollten für den Reisendenkomfort durchgeführt werden, z. B. vertikale Durchbiegungen des Überbaus, um die Beschleunigungen der Wagenkästen nach A2.4.4.3 zu begrenzen.

(4) Die in A2.4.4.2 und A2.4.4.3 angegebenen Grenzen berücksichtigen bereits die Einflüsse der Gleisinstandhaltung (z. B. durch Vernachlässigung der Einflüsse von Setzungen der Gründungen, Kriechen usw.).

A2.4.4.2 Kriterien für die Betriebssicherheit

A2.4.4.2.1 Vertikale Beschleunigung des Überbaus

(1)P Um die Betriebssicherheit sicherzustellen, ist in den Fällen, in denen eine dynamische Berechnung erforderlich ist, der Nachweis des Spitzenwertes der Beschleunigung des Überbaus infolge Einwirkungen des Schienenverkehrs durchzuführen. Dieser Nachweis für den Grenzzustand der Gebrauchstauglichkeit dient der Vermeidung von Gleisinstabilität.

(2) Ob eine dynamische Berechnung notwendig ist, kann nach EN 1991-2, 6.4.4 entschieden werden.

(3)P Wenn eine dynamische Berechnung notwendig ist, ist diese nach EN 1991-2, 6.4.6 durchzuführen.

ANMERKUNG Im Allgemeinen brauchen nur die charakteristischen Einwirkungen aus Schienenverkehr nach EN 1991-2, 6.4.6.1 berücksichtigt zu werden.

(4)P Die maximalen Spitzenwerte der Beschleunigungen des Brückenüberbaus müssen entlang jedes Gleises die folgenden Grenzwerte einhalten:

i) γ_{bt} bei Schotteroberbau;

ii) γ_{df} bei direkt befestigten Gleisen und Bauteilen für Hochgeschwindigkeitsverkehr.

Diese Grenzen gelten für alle Bauteile, die Gleise tragen, wobei die Frequenzen (und die zugehörigen Eigenformen) bis zu dem größeren der Werte

i) 30 Hz;

ii) 1,5fache Frequenz der ersten Eigenform (Grundschwingung) des betrachteten Bauteils;

iii) die Frequenz der dritten Eigenform des betrachteten Bauteils

berücksichtigt werden müssen.

ANMERKUNG Die Grenzwerte und zugehörigen Frequenzen können im Nationalen Anhang festgelegt werden. Es werden die folgenden Werte empfohlen:

$\gamma_{bt} = 3{,}5\ m/s^2$

$\gamma_{df} = 5\ m/s^2$

NDP zu A2.4.4.2.1 (4) P Anmerkung

Es werden keine weiteren Regelungen festgelegt.

A2.4.4.2.2 Verwindung des Überbaus

(1)P Die Verwindung des Brückenüberbaus ist für die charakteristischen Werte des Lastmodells 71 sowie falls erforderlich SW/0 oder SW/2, multipliziert mit Φ und α, und das Lastmodell HSLM einschließlich der Einflüsse aus Fliehkraft, alle nach EN 1991-2, 6, zu berechnen. Die Verwindung muss an der Auffahrt zur Brücke, im Verlauf der Brücke und am Brückenende überprüft werden (siehe A2.4.4.1(2)P).

(2) Die maximale Verwindung t [mm/3 m] der Spurweite eines Gleises s [m] von 1,435 m, gemessen über die Länge von 3 m (Bild A2.1), sollte die in Tabelle A2.7 angegebenen Werte nicht überschreiten.

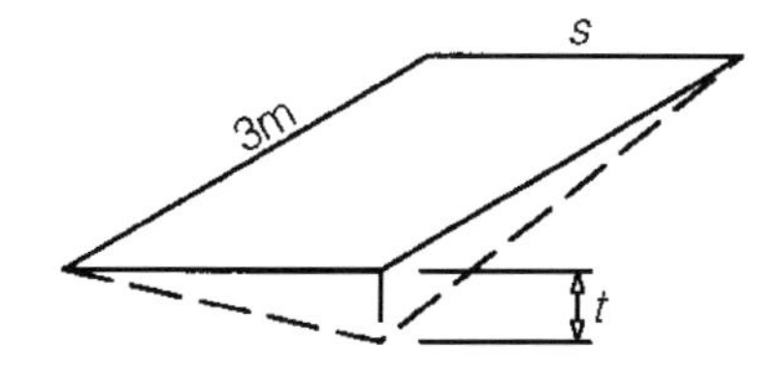

Bild A2.1 — Definition der Verwindung des Überbaus

Tabelle A2.7 — Grenzwerte für die Verwindung des Überbaus

Geschwindigkeitsbereiche V (km/h)	**Maximale Verwindung** t (mm/3 m)
$V \leq 120$	$t \leq t_1$
$120 < V \leq 200$	$t \leq t_2$
$V > 200$	$t \leq t_3$

ANMERKUNG Die Werte für t können im Nationalen Anhang festgelegt werden.

Es werden die folgenden Werte für t empfohlen:

$t_1 = 4{,}5$

$t_2 = 3{,}0$

$t_3 = 1{,}5$

Werte für Gleise mit anderen Spurweiten können im Nationalen Anhang festgelegt werden.

NDP zu A2.4.4.2.2 (2) Tabelle 2.7 Anmerkung

Die empfohlenen Werte sind anzuwenden.

(3)P Die Gesamtverdrehung der Gleise aus der ständigen Verdrehung ohne Einwirkung des Schienenverkehrs (z. B. in einer Übergangskurve) und der Verdrehung der Gleise aus den Brückenverformungen infolge des Schienenverkehrs darf den Wert t_T nicht überschreiten.

ANMERKUNG Die Werte für t_T können im Nationalen Anhang festgelegt werden. Der empfohlene Wert für t_T ist 7,5 mm/3 m.

NDP zu A2.4.4.2.2 (3) P Anmerkung

Der empfohlene Wert ist anzuwenden.

A2.4.4.2.3 Vertikale Verformungen des Überbaus

(1) Bei allen Tragwerkssystemen, deren charakteristische vertikale Lasten nach EN 1991-2, 6.3.2 (und gegebenenfalls bei SW/0 und SW/2 nach EN 1991-2, 6.3.3) klassifiziert sind, sollte die maximale gesamte vertikale Verformung infolge Einwirkungen aus Schienenverkehr, gemessen entlang irgendeines Gleises, den Wert L/600 nicht überschreiten.

ANMERKUNG Zusätzliche Anforderungen zur Begrenzung der vertikalen Verformungen können für Brücken mit und ohne Schotterbett im Nationalen Anhang oder für das Einzelprojekt festgelegt werden.

NDP zu A.2.4.4.2.3 (1) Anmerkung

Es werden keine zusätzlichen Anforderungen festgelegt.

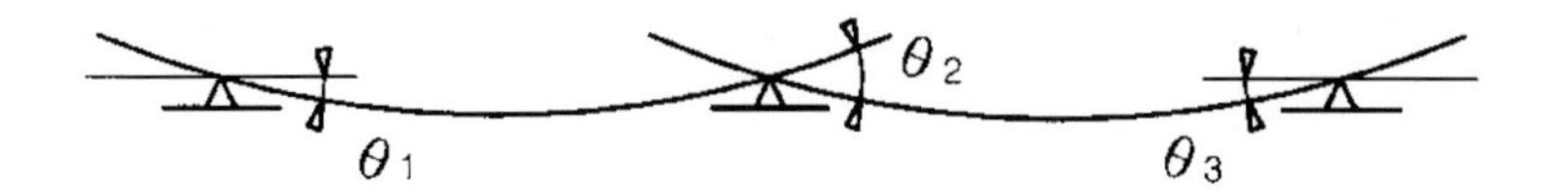

Bild A2.2 — Definition von Endverdrehungen von Überbauten

(2) Begrenzungen der Verdrehung der Überbauenden von Brücken mit Schotteroberbau sind implizit in EN 1991-2, 6.5.4 enthalten.

ANMERKUNG Die Anforderungen für nicht geschotterte Tragwerke können im Nationalen Anhang festgelegt werden.

NDP zu A2.4.4.2.3 (2) Anmerkung

Für die Anforderungen an Feste Fahrbahn gelten die entsprechenden bauaufsichtlich eingeführten Technischen Baubestimmungen.

(3) Es sollten zusätzliche Grenzen für die Verdrehungen an den Überbauenden in der Nähe von Schienenauszügen, Weichen und Kreuzungen usw. festgelegt werden.

ANMERKUNG Die zusätzlichen Grenzen der Verdrehungen können im Nationalen Anhang oder für das Einzelprojekt festgelegt werden.

NDP zu A2.4.4.2.3 (3) Anmerkung

Schienenauszüge und Gleisverbindungen sollen vermieden werden, ansonsten erfolgen Festlegungen im Einzelfall.

(4) Begrenzungen der vertikalen Verschiebungen an den Brückenenden, die über die Lager auskragen, sind in EN 1991-2, 6.5.4.5.2 angegeben.

A2.4.4.2.4 Querverformungen und Querschwingungen des Überbaus

(1)P Die Querverformungen und Querschwingungen des Überbaus sind für die charakteristische Kombination von Lastmodell 71 und erforderlichenfalls SW/0, multipliziert mit dem zugehörigen dynamischen Faktor Φ und mit α (bzw. dem Betriebslastenzug mit dem zugehörigen dynamischen Faktor), mit den Windlasten, Seitenstoß und Zentrifugalkräften nach EN 1991-2, 6 und den Einflüssen aus Temperaturunterschieden in Querrichtung der Brücke zu überprüfen.

(2) Die Querverformung δ_h auf der Oberseite des Überbaus sollte begrenzt werden, um sicherzustellen, dass:

— der horizontale Rotationswinkel am Brückenende um die vertikale Achse nicht größer als die Werte in Tabelle A2.8 ist, oder

— der Radiuswechsel der Spur im Überbau nicht größer als die Werte in Tabelle A2.8 ist, oder

— am Überbauende die Differenz der Querverformung zwischen dem Überbau und der angrenzenden Spur oder zwischen angrenzenden Überbauten nicht den festgelegten Wert überschreitet.

ANMERKUNG Der Höchstwert der Differenz der Querverformung darf im Nationalen Anhang oder für ein Einzelprojekt festgelegt werden.

Tabelle A2.8 — Maximale horizontale Rotation und größte Änderung des Krümmungsradius

Geschwindigkeitsbereiche V (km/h)	**Maximale horizontale Rotation** (rad)	**Größte Änderung des Krümmungsradius** (m)	
		Einfeldträger	**Mehrfeldträger**
$V \leq 120$	α_1	r_1	r_4
$120 < V \leq 200$	α_2	r_2	r_5
$V > 200$	α_3	r_3	r_6

ANMERKUNG 1 Die Änderung des Krümmungsradius kann wie folgt bestimmt werden:

$$r = \frac{L^2}{8\delta_h} \tag{A2.7}$$

ANMERKUNG 2 Die Querverformungen setzen sich aus den Verformungen des Brückenüberbaus und der Unterbauten (einschließlich Pfeiler, Stützen und Gründungen) zusammen.

ANMERKUNG 3 Die Werte für α_i und r_i können im Nationalen Anhang definiert werden.

Es werden die folgenden Werte empfohlen:

$\alpha_1 = 0{,}003\,5$; $\alpha_2 = 0{,}002\,0$; $\alpha_3 = 0{,}001\,5$;

$r_1 = 1\,700$; $r_2 = 6\,000$; $r_3 = 14\,000$;

$yr_4 = 3\,500$; $r_5 = 9\,500$; $r_6 = 17\,500$

NDP zu A2.4.4.2.4 (2) Tabelle A2.8 Anmerkung 3

Die Werte der Tabelle sind anzuwenden.

(3) Die erste Eigenfrequenz für seitliche Schwingungen eines Brückenfeldes sollte mindestens f_{h0} betragen.

ANMERKUNG Der Wert für f_{h0} kann im Nationalen Anhang definiert werden. Es wird der folgende Wert empfohlen:

$f_{h0} = 1{,}2$ Hz.

NDP zu A2.4.4.2.4 (3) Anmerkung

Der Nachweis bezüglich seitlicher Schwingung ist nur für eingleisige Stahlüberbauten anzuwenden.

Für eingleisige Stahlüberbauten ist die Mindestquerbiegesteifigkeit nachzuweisen, wenn die „horizontale Stützweite“ L größer ist als die untere Stützweitengrenze L_0 nach der folgenden Tabelle NA 2.

Für Durchlaufträger mit fester Zwischenlagerung und Einzelstützweiten L_i ($i = 1, 2, ..., n$) gilt

$L = \max. (L_1, L_2, ..., L_n)$.

Die Mindestquerbiegesteifigkeit ist ausreichend, wenn für die 1. Biegeeigenfrequenz f_h der horizontalen Querschwingung die Bedingungen nach Tabelle NA.A2.8.1 eingehalten sind.

Die Regelungen gelten für Reisezüge mit Geschwindigkeiten $v \leq 300$ km/h und für Güterzüge mit $v \leq 140$ km/h.

Tabelle NA.A2.8.1 — Bedingungen für die 1. Biegeeigenfrequenz f_h von eingleisigen Stahlüberbauten

„Horizontale Stützweite“ L in m	1. Biegeeigenfrequenz f_h in Hz der horizontalen Querschwingung
L_0[a] $< L \leq 60$	$f_h \geq 120/L$
$60 < L < 130$	$f_h \geq 210/(L + 45)$
$L \geq 130$	$f_h \geq 1{,}2$

a Für die untere Stützweitengrenze gelten die Angaben der Tabelle NA.A2.8.2.

Tabelle NA.A2.8.2 — Untere Grenzen L_0 für die „horizontalen Stützweiten“

Art der Fahrbahn	Lage der Fahrbahn	L_0 in m
Schotterbett/ Feste Fahrbahn	obenliegend	15
	unten-/zwischenliegend	30
Offene Fahrbahn/ Direkte Schienenauflagerung	obenliegend	24
	unten-/zwischenliegend	48

Für Einfeldträger kann die 1. Biegeeigenfrequenz f_h in Hz berechnet werden aus

$$f_h = \frac{1}{2\pi}\sqrt{2\frac{C_h}{m}} \qquad \text{(NA.A2.3)}$$

Dabei ist

C_h die äquivalente Federsteifigkeit des Überbaus in horizontaler Richtung in kN/m;

m die Gesamtmasse von Überbau und Fahrbahn in t.

A2.4.4.2.5 Längsverschiebungen des Überbaus

(1) Die Begrenzung der Längsverschiebungen an den Brückenenden ist in EN 1991-2, 6.5.4.5.2 angegeben.

ANMERKUNG Siehe auch A2.4.4.2.3.

A2.4.4.3 Grenzwerte für die maximale vertikale Durchbiegung für den Reisendenkomfort

A2.4.4.3.1 Komfortkriterien

(1) Der Reisendenkomfort hängt von den vertikalen Beschleunigungen b_v ab, die in einem Fahrzeug bei der Fahrt über die Brücke und deren Übergangsbereiche auftreten.

(2) Die Komfortkategorien und die zugehörigen Grenzwerte für die vertikalen Beschleunigungen sollten festgelegt werden.

ANMERKUNG Die Komfortkategorien und die zugehörigen Grenzwerte für die vertikalen Beschleunigungen können für das Einzelprojekt festgelegt werden. Empfehlungen für Komfortkategorien sind in Tabelle A2.9 angegeben.

Tabelle A2.9 — Empfehlungen für Komfortkategorien

Komfortkategorien	Vertikale Beschleunigungen b_v (m/s²)
sehr gut	1,0
gut	1,3
ausreichend	2,0

A2.4.4.3.2 Verformungskriterien zum Nachweis des Reisendenkomforts

(1) Um die vertikalen Fahrzeugbeschleunigungen auf die in Tabelle A2.4.4.3.1(2) angegebenen Werte zu begrenzen, liefert dieser Abschnitt die maximal zulässigen vertikalen Verformungen δ entlang der Gleisachse als Funktion der:

— Feldlänge L [m];

— Zuggeschwindigkeit V [km/h];

— Anzahl der Felder und

— Tragwerkssystem der Brücke (Einfeldträger, Durchlaufträger).

Alternativ kann die vertikale Beschleunigung b_v durch eine dynamische Berechnung unter Berücksichtigung der Fahrzeug-Brücke-Interaktion (siehe A2.4.4.3.3) bestimmt werden.

(2) Die vertikale Verformung δ sollte mit dem Lastmodell 71, multipliziert mit dem Faktor Φ und mit dem Wert $\alpha = 1,0$ nach EN 1991-2, Abschnitt 6, bestimmt werden.

Bei Brücken mit zwei oder mehr Gleisen sollte nur ein Gleis belastet werden.

(3) Bei außergewöhnlichen Tragwerken, z. B. Durchlaufträgern mit sehr unterschiedlichen Feldlängen oder Brückenfeldern mit starken Steifigkeitssprüngen, sollte eine besondere dynamische Berechnung durchgeführt werden.

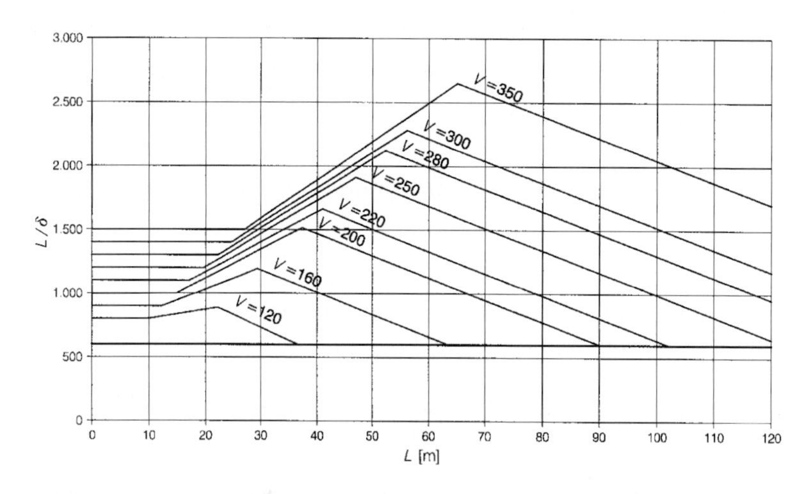

Die Faktoren, die in A2.4.4.3.2(5) angegeben sind, sollten nicht angewendet werden, wenn damit die Grenze $L/\delta = 600$ überschritten wird.

Bild A2.3 — Maximale zulässige vertikale Verformung δ für Eisenbahnbrücken mit 3 oder mehr aufeinander folgenden Einfeldträgern entsprechend einer zulässigen vertikalen Beschleunigung von $b_v = 1$ m/s² in einem Wagen für die Geschwindigkeiten V [km/h].

(4) Die in Bild A2.3 angegebenen Grenzwerte L/δ gelten für $b_v = 1{,}0$ m/s², das der Komfortkategorie „sehr gut" entspricht. Für andere Komfortkategorien und zugehörige maximale zulässige vertikale Beschleunigungen $b'v$ dürfen die in Bild A2.3 angegebenen Werte für L/δ durch b'_v [m/s²] geteilt werden.

(5) Die in Bild A2.3 angegebenen Werte L/δ gelten für drei oder mehr aufeinander folgende Einfeldträger. Für die Anwendung auf Brücken aus einem Einfeldträger oder aus zwei hintereinander liegenden Einfeldträgern oder einem zweifeldrigen Durchlaufträger sollten die in Bild A2.3 angegebenen Werte L/δ mit 0,7 multipliziert werden. Bei drei- oder mehrfeldrigen Durchlaufträgern sollten die in Bild A2.3 angegebenen Werte L/δ mit 0,9 multipliziert werden.

(6) Die in Bild A2.3 angegebenen Werte L/δ sind für Spannweiten bis zu 120 m gültig. Bei größeren Spannweiten ist eine spezielle Berechnung erforderlich.

ANMERKUNG Die Anforderungen für den Reisendenkomfort für Hilfsbrücken kann im Nationalen Anhang oder für das Einzelprojekt festgelegt werden.

NDP zu A2.4.4.3.2 (6) Anmerkung

Für die Anforderungen an Hilfsbrücken gelten die entsprechenden bauaufsichtlich eingeführten technischen Baubestimmungen

A2.4.4.3.3 Anforderungen an dynamische Berechnungen mit Berücksichtigung der Fahrzeug-Brücke-Interaktion für den Komfortnachweis

(1) Bei einer dynamischen Berechnung unter Berücksichtigung der Fahrzeug-Brücke-Interaktion sollten folgende Punkte beachtet werden:

i) ein ausreichender Geschwindigkeitsbereich bis zur festgelegten maximalen Geschwindigkeit,

ii) charakteristische Belastung des Betriebslastenzuges, festgelegt für das Einzelprojekt in Übereinstimmung mit EN 1991-2, 6.4.6.1.1,

iii) dynamische Masseninteraktion zwischen den Fahrzeugen des Betriebslastenzuges und dem Tragwerk,

iv) die Dämpfung- und Steifigkeitseigenschaften der Fahrzeugaufhängungen,

v) ausreichende Anzahl von Fahrzeugen, um die maximale Lastwirkung im längsten Feld zu erzeugen,

vi) eine ausreichende Anzahl von Feldern in einem Mehrfeldbauwerk, um Resonanzwirkungen in den Fahrzeugaufhängungen zu erzeugen.

ANMERKUNG Die Anforderung an die Gleisrauigkeit für die dynamische Berechnung unter Berücksichtigung der Fahrzeug-Brücke-Interaktion kann für das Einzelprojekt festgelegt werden.

NCI

Anhang NA.E
(normativ)

Grundlegende Anforderungen an Lagerungssysteme von Brückentragwerken

NA.E.1 Allgemeines

(1) Dieser Anhang enthält Hinweise für die Planung des Lagerungssystems von Brückentragwerken sowie für die Bemessung der Lager nach der Normenreihe DIN EN 1337.

(2) Die nach diesem Anhang zu ermittelnden Lagerspezifikationen (Kräfte und Bewegungen) bilden die Planungsgrundlage für den Lagerhersteller. Sie müssen daher alle erforderlichen Angaben enthalten, damit die gelieferten Lager die bauwerksspezifischen Anforderungen erfüllen.

(3) Vom Lagerhersteller werden die nachfolgenden grundsätzlichen Anforderungen benötigt:

— die Bedeutung des Lagers für die an das Gesamttragwerk gestellten Anforderungen. Der Grad der Bedeutung ist mit „kritisch" oder „unkritisch" zu klassifizieren;

ANMERKUNG Für Brückentragwerke ist die Klassifizierung „unkritisch" nicht zulässig.

— die tiefste wirksame Einsatztemperatur des Lagers;

— die höchste wirksame Einsatztemperatur des Lagers;

— die Klasse des akkumulierten Verschiebeweges bei Topflagern.

ANMERKUNG Die Größenklasse des akkumulierten Verschiebeweges der Innendichtung ist ein Maß für die Dauerhaftigkeit. Sie kann vereinfacht nach DIN EN 1337-5:2005-07, Tabelle G.1 bestimmt werden.

NA.E.2 Grundsätze

(1) Das Lagerungssystem ist so zu entwerfen, dass die ermittelten Bewegungen des Bauwerks mit geringsten Reaktionskräften möglich sind.

(2) Lagerungssysteme sind in der Regel so zu planen, dass einzelne Lager nicht durch Zugkräfte beansprucht werden und infolge von Einbautoleranzen keine unplanmäßigen Lastumlagerungen zu anderen Lagern erfolgen.

(3) Lager und Lagerungen sind so zu entwerfen, dass die Lager oder einzelne Teile geprüft, gewartet und gegebenenfalls ausgewechselt werden können.

(4) Für einen Austausch des Lagers oder einzelner Lagerteile ist das Tragwerk so auszubilden, dass es mittels Pressen um ein festgelegtes Maß angehoben werden kann. Das Anhebemaß sollte 10 mm nicht unterschreiten, sofern in anderen technischen Spezifikationen keine anderen Werte angegeben werden.

(5) Gegebenenfalls erforderliche Voreinstellungen der Lager müssen in der Regel im Herstellerwerk erfolgen. Sind Voreinstellungen auf der Baustelle unvermeidlich, so dürfen diese nur vom Hersteller des Lagers oder unter seiner Aufsicht erfolgen.

(6) Die Einbaubedingungen mit Einzelheiten des Bauablaufs und andere zeitveränderliche Bedingungen sind beim Entwurf festzulegen und mit dem Hersteller der Lager zu vereinbaren. Bei Lagerungssystemen, bei denen Einbautoleranzen zu großen Veränderungen der Lagerkräfte führen können (z. B. bei mehreren eng nebeneinander liegenden Lagern in einer Auflagerlinie), ist ein spezielles Einlagerungskonzept für das Brückentragwerk mit Kontrolle der Lagerkräfte unter Berücksichtigung von Einbautoleranzen und den Auswirkungen aus klimatischen Temperatureinwirkungen erforderlich.

ANMERKUNG Es ist üblicherweise schwierig, die Bedingungen zur Zeit des Einbaus vorherzusagen und daraus genaue Angaben über die zu berücksichtigenden Bewegungen abzuleiten. Es sollten daher für die Bemessung und Auslegung des Lagers auf der sicheren Seite liegende Annahmen hinsichtlich der Einbaubedingungen getroffen werden.

(7) Zur Vermeidung von unplanmäßigen Verformungen und zur Herstellung eines gleichmäßigen Kontakts zwischen Lager und Tragwerk sind entsprechende Maßnahmen zu treffen. Kontaktbereiche mit ungleicher Drucksteifigkeit sind zu vermeiden. Der Ausgleich von Toleranzen sollte in der Regel durch Vermörtelung, Verpressen oder durch andere geeignete Maßnahmen erfolgen. Weitere Details zum Lagereinbau sind in DIN EN 1337-1 angegeben.

(8) Die Anforderungen an die Lagerausstattung sind in gesonderten technischen Spezifikationen geregelt. Für die Brückenprüfungen sind Lager in der Regel mit Lagerstellungsanzeigen (Messleiste und Zeiger) auszurüsten, die Markierungen für die zulässigen Endstellungen der Bewegungen haben.

NA.E.3 Bautechnische Unterlagen

NA.E.3.1 Lagerungsplan

(1) Es ist ein Lagerungsplan (Ausführungszeichnung des Lagerungssystems) zu erstellen, der bei Verwendung der Formelzeichen und Bezeichnungen nach DIN EN 1337-1:2001-02, Tabelle 1, folgende Angaben enthalten muss:

a) eine vereinfachte allgemeine Darstellung der Brücke im Grundriss, auf der die Lager zu erkennen sind,

b) eine eindeutige Bezeichnung des Lagertyps an jedem Lagerungspunkt,

c) eine Tabelle, in der die einzelnen Anforderungen für jedes Lager aufgelistet sind,

d) maximal zulässige Werte für das Anheben des Tragwerks,

e) Details der Pressenansatzpunkte und Angaben zu den Pressenkräften und zur Anordnung der Pressen,

f) Erläuterungen zum Ausbau des Lagers.

NA.E.3.2 Lagerversetzplan

(1) Es ist ein Lagerversetzplan mit den nachfolgenden Angaben zu erstellen:

a) Lagertyp, Lagerabmessungen und verwendete Werkstoffe,

b) Details der Lagerungspunkte (z. B. Aussparungen und Bewehrung),

c) Befestigungsdetails und Angaben zum Lagerverguss,

d) Einbauhöhen,

e) Neigungen in Längs- und Querrichtung,

f) Keilplattenabmessungen,

g) Geometrische Toleranzanforderungen und Angaben zu den Grenzwerten von klimatischen Temperatureinwirkungen beim Einbau,

h) Angaben zur Lagervoreinstellung in Abhängigkeit von der Bauwerkstemperatur beim Einbau der Lager.

Der Lagerversetzplan darf mit dem Lagerungsplan kombiniert werden.

NA.E.3.3 Lagerliste

(1) Für die Bemessung des Lagers ist vom Tragwerksplaner eine Lagerliste mit den folgenden Angaben zu erstellen:

— charakteristische Werte der Lagerkräfte und Bewegungen aus jeder Einzeleinwirkung (siehe Tabelle NA.E.1). Wenn seitens des Lagerherstellers zugehörige Werte benötigt werden, sind in Tabelle NA.E.1 für die veränderlichen Einwirkungen jeweils die einzelnen Lagerkräfte mit den zugehörigen weiteren Kräften und Bewegungen sowie die einzelnen Bewegungen mit den zugehörigen Kräften und weiteren Bewegungen anzugeben,

— Bemessungswerte der Lagerwege und Lagerkräfte für die maßgebende Kombination im Grenzzustand der Tragfähigkeit (Tabelle NA.E.2),

— Lagerwege und Lagerkräfte für die maßgebende Kombination im Grenzzustand der Gebrauchstauglichkeit (Tabelle NA.E.2),

— weitere funktionelle und bauliche Merkmale.

(2) Die für die Bemessung des Lagers maßgebenden Kräfte und Bewegungen sind mit der Einwirkungskombination nach E.5.2 zu ermitteln. Wenn die Lagerbemessung mit nicht zugehörigen Extremwerten der Kräfte und Bewegungen erfolgt, sind nur die Angaben in den grau hinterlegten Feldern der Tabelle NA.E.2 erforderlich. Dies gilt nicht für planmäßig auf Zug beanspruchte Lager. Falls notwendig, ist die Tabelle NA.E.2 für die außergewöhnliche Kombination oder für die maßgebenden Kombinationen bei Erdbebenbelastung zu erweitern.

Dem Anwender der Formblätter Tabelle NA.E.1 und Tabelle NA.E.2 ist unbeschadet der Rechte des DIN an der Gesamtheit des Dokumentes die Vervielfältigung der Formblätter gestattet.

Tabelle NA.E.1 — Typische Lagerliste mit Angabe der charakteristischen Werte der Einzeleinwirkungen

		Bauvorhaben: Lager Nr.:	Diese Liste beinhaltet alle Reaktionen und Bewegungen im Endzustand. Werden Lager während der Bauphase eingebaut und überschreiten dann die Reaktionen und Bewegungen die Werte des Endzustandes, müssen die maßgebenden Werte im Bauzustand separat ausgewiesen werden.															
			Lagerreaktionen und Verformungen															
			N [kN]		V_x [kN]		V_y [kN]		M_x [kNm]		v_x [mm]		v_y [mm]		φ_x [mrad]		φ_y [mrad]	
			max	min	max	min	max	min	max	min	max	min	max	min	max	min	max	min
1.1	ständige Einwirkungen (G und P)	Eigengewicht																
1.2		Zusatzgewicht																
1.3		Vorspannung																
1.4		Kriechen																
1.5		Schwinden																
2.1	Veränderliche Einwirkungen (Q)	Verkehrslasten																
2.2		Spezialfahrzeuge und/oder 2.1																
2.3		Zentrifugalkräfte																
2.4		Seitenstoß																
2.5		Bremsen und Anfahren																
2.6		Gehwegbelastung																
2.7		Wind ohne Verkehr																
2.8		Wind mit Verkehr																
2.9		Temperaturschwankung																
2.10		vertikaler Temperaturgradient																
2.11		horizontaler Temperaturgradient																
2.12		Baugrundbewegungen																
2.13		Lagerwiderstand/Reibung																
2.14		Lagerwechsel																
2.15		Druck- und Sogeinwirkung aus Verkehr																
3.1	Erdbeben-belastung	Teilversagen ohne Gesamtversagen																
3.2		Schadensminimierung																
4.1	Außergewöhnliche Einwirkungen (A)	Entgleisung																
4.2		Anprall																
4.3																		

Tabelle NA.E.2 — Typische Lagerliste mit Angabe der Lagerkräfte und Bewegungen für die Grenzzustände der Tragfähigkeit und der Gebrauchstauglichkeit

Bauvorhaben:										
Lager Nr.:										
			Diese Liste beinhaltet alle Reaktionen und Bewegungen im Endzustand. Werden Lager während der Bauphase eingebaut und überschreiten dann die Reaktionen und Bewegungen die Werte des Endzustandes, müssen die maßgebenden Werte im Bauzustand separat ausgewiesen werden.							
			zugehörige Bemessungswerte der Lagerkräfte und Bewegungen							
			N	V_x	V_y	M_x	v_x	v_y	φ_x	φ_y
			[kN]	[kN]	[kN]	[kNm]	[mm]	[mm]	[mrad]	[mrad]
Lagerkräfte und Bewegungen im Grenzzustand der Tragfähigkeit										
Lagerkräfte für die Grundkombination nach Abschnitt NA.E.5										
1.1		max N_{Ed}								
1.2		min N_{Ed}								
1.3		max $V_{x,Ed}$								
1.4		min $V_{x,Ed}$								
1.5		max $V_{y,Ed}$								
1.6		min $V_{y,Ed}$								
1.7		max $M_{x,Ed}$								
1.8		min $M_{x,Ed}$								
Bewegungen für die Grundkombination nach Abschnitt NA.E.5										
2.1		max $v_{x,d}$								
2.2		min $v_{x,d}$								
2.3		max $v_{y,d}$								
2.4		min $v_{y,d}$								
2.5		max $\varphi_{x,d}$								
2.6		min $\varphi_{x,d}$								
2.7		max $\varphi_{y,d}$								
2.8		min $\varphi_{y,d}$								
Lagerkräfte und Bewegungen im Grenzzustand der Gebrauchstauglichkeit										
Lagerkräfte für die charakteristische Kombination nach DIN EN 1990, 6.5.3(2)										
3.1		max N_k								
3.2		min N_k								
3.3		max $V_{x,k}$								
3.4		min $V_{x,k}$								
3.5		max $V_{y,k}$								
3.6		min $V_{y,k}$								
3.7		max $M_{x,k}$								
3.8		min $M_{x,k}$								
Bewegungen für die charakteristische Kombination nach DIN EN 1990, 6.5.3(2)										
4.1		max $v_{x,k}$								
4.2		min $v_{x,k}$								
4.3		max $v_{y,k}$								
4.4		min $v_{y,k}$								
4.5		max $\varphi_{x,k}$								
4.6		min $\varphi_{x,k}$								
4.7		max $\varphi_{y,k}$								

NA.E.4 Einwirkungen

NA.E.4.1 Einwirkungen für ständige und vorübergehende Bemessungssituationen

(1) Die charakteristischen Werte der Einwirkungen können den in Tabelle NA.E.3 aufgeführten Eurocodes sowie den zugehörigen Nationalen Anhängen entnommen werden.

Tabelle NA.E.3 — Charakteristische Werte der Einwirkungen im Endzustand

Nr.	Einwirkung	nach
	Referenztemperatur T_0	DIN EN 1991-1-5
1.1	Eigengewicht	DIN EN 1991-1-7[a]
1.2	Ausbaulasten	DIN EN 1991-1-7[a]
1.3	Vorspannung	DIN EN 1992-1-1, DIN EN 1992-2 und DIN EN 1994-2
1.4	Kriechen	DIN EN 1992-1-1 und DIN EN 1992-2
1.5	Schwinden	DIN EN 1992-1-1 und DIN EN 1992-2
2.1	Verkehrslasten	DIN EN 1991-2
2.2	Spezialfahrzeuge	DIN EN 1991-2
2.3	Zentrifugalkräfte	DIN EN 1991-2
2.4	Seitenstoß	DIN EN 1991-2
2.5	Bremsen und Anfahren	DIN EN 1991-2
2.6	Gehwegbelastung	DIN EN 1991-2
2.7	Wind auf Tragwerk ohne Verkehrsband	DIN EN 1991-1-4
2.8	Wind auf Tragwerk und Verkehrsband	DIN EN 1991-1-4
2.9	Konstanter Temperaturanteil	DIN EN 1991-1-5:2010-12, 6.1.3 und 6.1.5
2.10	Vertikaler veränderlicher Temperaturanteil	DIN EN 1991-1-5:2010-12, 6.1.4 und 6.1.5
2.11	Horizontaler veränderlicher Temperaturanteil	DIN EN 1991-1-5:2010-12, 6.1.4 und 6.2
2.12	Baugrundbewegungen	DIN EN 1997-1
2.13	Lagerwiderstand/Reibung	DIN EN 1337-2 bis DIN EN 1337-8
2.14	Lagerwechsel	DIN EN 1991-2
2.15	Druck- und Sogeinwirkungen aus Verkehr	DIN EN 1991-2
2.16	Wind während der Montage	DIN EN 1991-1-4 und DIN EN 1991-1-6
2.17	Montagelasten	DIN EN 1991-1-6
2.18	Außergewöhnliche Einwirkungen	DIN EN 1991-1-7

[a] Hinweis: Es gilt DIN EN 1991-1-1.

NA.E.4.2 Lagerwechsel und andere vorübergehende Bemessungssituationen

(1) Für vorübergehende Bemessungssituationen dürfen aufgrund der begrenzten Dauer der Bemessungssituation die charakteristischen Werte der veränderlichen Einwirkungen abgemindert werden.

(2) DIN EN 1991-2:2010-12, 4.5.3 enthält Hinweise zur Verkehrsbelastung in vorübergehenden Bemessungssituationen.

(3) Bei Stahlbrücken sollten auch die Auswirkungen aus dem Heißeinbau des Asphaltbelages als vorübergehende Bemessungssituation betrachtet werden. Eine Überlagerung der Einwirkungen aus Wind und klimatischen Temperatureinwirkungen mit den Beanspruchungen aus dem Asphalteinbau ist nicht erforderlich. Für die Verkehrslasten gilt (2). Angaben zu den anzusetzenden Temperatureinwirkungen sind anderen technischen Spezifikationen zu entnehmen.

NA.E.4.3 Einwirkungen in außergewöhnlichen Bemessungssituationen

(1) Die Einwirkungen für außergewöhnliche Bemessungssituationen sind in DIN EN 1991-1-7 geregelt.

(2) Die Bewegungsmöglichkeiten der Brücke sind für außergewöhnliche Einwirkungen in der Regel durch konstruktive Maßnahmen, z. B. durch Anschlagmöglichkeiten an den Widerlagern, zu begrenzen.

NA.E.4.4 Bemessungssituationen unter Erdbebenlasten

(1) DIN EN 1998-1 und DIN EN 1998-2 geben Hinweise zur Bestimmung von Lagerkräften und Lagerbewegungen unter Erdbebenlasten.

NA.E.4.5 Lagerwiderstände und Exzentrizitäten aus Bewegungen

(1) Die Widerstände aus Bewegungen sind den entsprechenden Normen der Reihe DIN EN 1337 zu entnehmen bzw. den gültigen Zulassungen.

(2) Für Gleitteile gelten die Regelungen nach DIN EN 1337-2:2004-08, 6.7 und in Führungslagern und Festhaltekonstruktionen für Gleitpaarungen Stahl auf Stahl die Regelungen nach DIN 4141-13:2008-02. Für die Gleitpaarung Stahl/Stahl von allseits festen Kalottenlagern gilt μ =0,4.

(3) Für die Reaktionskräfte und Exzentrizitäten von Rollenlagern gilt DIN EN 1337-4:2004-08, 6.9 und 6.10. Siehe hierzu auch NA.E.5.2.4(1).

(4) Für die Roll- und Gleitwiderstände mehrerer Lager gilt DIN EN 1337-1:2001-02, 6.2.

(5) Für Elastomerlager gilt DIN EN 1337-3:2005-07, 5.3.3.7.

(6) Die Regelungen nach (4) dürfen sinngemäß auch für Elastomerlager angewendet werden. Siehe hierzu auch NA.E.5.2.4(2).

(7) Für Topflager gelten die Regelungen nach DIN EN 1337-5:2005-07, 6.1.3 und 6.1.6.

(8) Für Kipplager gelten die Regelungen nach DIN EN 1337-6:2004-08, 6.6.

(9) Für Kalotten- und Zylinderlager mit PTFE gilt DIN EN 1337-7:2004-08, Anhang A.

NA.E.5 Bemessungswerte der Bewegungen und Lagerkräfte

NA.E.5.1 Allgemeines

(1) Die Lagerkräfte und Bewegungen sind für die charakteristischen Werte jeder Einzeleinwirkung anzugeben. Siehe Tabelle NA.E.1.

(2) Wenn Lager vor der Fertigstellung der Brücke eingebaut und/oder wenn die Verformungen bei der Ermittlung der Lagerkräfte und Bewegungen berücksichtigt werden müssen, ist zwischen den nachfolgenden Zuständen zu unterscheiden:

a) *Vorübergehende Bemessungssituation:* Zustände bis zur Fertigstellung der Brücke bzw. bis zum Einbau der Lager, die zur endgültigen Form des Tragwerks bei der Aufstelltemperatur T_0 führen.

b) *Ständige Bemessungssituation:* Zustände infolge von veränderlichen und zeitabhängigen Einwirkungen nach Fertigstellung der Brücke und Einbau der Lager.

NA.E.5.2 Ermittlung der Bemessungswerte der Bewegungen und Lagerkräfte

NA.E.5.2.1 Grundsätze

(1) Die Bemessungswerte der Bewegungen und Lagerkräfte ergeben sich aus der charakteristischen Kombination nach DIN EN 1990:2010-12, 6.5.3(2), wobei jedoch die aus den einzelnen Einwirkungen resultierenden Kräfte und Bewegungen mit dem Teilsicherheitsbeiwert für die jeweilige Einwirkung nach DIN EN 1990:2010-12, A.2 zu vergrößern sind. Für die Bemessungswerte der Kräfte und Bewegungen aus klimatischen Temperatureinwirkungen gelten zusätzlich die Regelungen nach NA.E.5.2.2.

(2) Die Bemessungswerte der Bewegungen an Lagern aus Kriechen und Schwinden ergeben sich durch Vergrößerung der in DIN EN 1992-2 bzw. DIN EN 1994-2 angegebenen Mittelwerte mit dem Faktor 1,35.

(3) Beim Nachweis der Lagesicherheit (Nachweis gegen Abheben von Lagern) und beim Nachweis der Verankerungen von zugbeanspruchten Lagern sind die charakteristischen Werte der ständigen Einwirkungen aus Eigengewicht und Ausbaulasten feldweise konstant bei ungünstiger Auswirkung um 0,05 G_k zu erhöhen und bei günstiger Auswirkung um 0,05 G_k abzumindern.

(4) Bei Eisenbahnbrücken sind bei der Ermittlung der ständigen Einwirkungen aus dem Schottergewicht die Einflüsse aus dem Verdichtungsgrad des Schotters zu berücksichtigen. Wenn keine genauere Ermittlung des Schottereigengewichtes erfolgt, ist in der Regel beim Nachweis der Lagesicherheit ein spezifisches Gewicht von 16,0 kN/m^3 zugrunde zu legen.

(5) Wenn die Verformungen der Gründung, der Pfeiler und der Lager zu den Lagerkräften und Lagerbewegungen beitragen, sind diese in der Regel in das Berechnungsmodell einzubeziehen. Siehe hierzu DIN EN 1991-2:2010-12, 6.5.4.2.

(6) Die Anteile der Bewegungen und Lagerkräfte, die aus der Verformung von Pfeilern nach dem Einbau der Lager entstehen, sind mit der Einwirkungskombination nach NA.E 5.2.1 (1) nach Theorie II. Ordnung zu ermitteln, wenn für die Pfeiler für diese Einwirkungskombination die Bedingungen für eine Berechnung nach Theorie I. Ordnung nach DIN EN 1992-1-1:2010-12, 5.8.2(6) nicht eingehalten werden. Bei der Berechnung der Pfeilerverformung dürfen die in DIN EN 1992-1-1:2010-12, 5.2 angegebenen geometrischen Ersatzimperfektionen mit dem Faktor $k_\varphi = 0{,}5$ abgemindert werden.

NA.E.5.2.2 Klimatische Temperatureinwirkungen

(1) Die bei Einlagerung des Tragwerks bestehenden Unsicherheiten der genauen Position der beweglichen Lager, bezogen auf die Position der festen Lager, hängen von folgenden Punkten ab:

a) der Art und Weise des Lagereinbaus,

b) der mittleren Bauwerkstemperatur (Aufstelltemperatur T_0) beim Einbau der Lager,

c) der Genauigkeit, mit der die mittlere Bauwerkstemperatur bestimmt wird.

(2) Die Bemessungswerte des maximalen $T_{ed,max}$ und des minimalen konstanten Temperaturanteils $T_{ed,min}$ ergeben sich für den Nachweis von Lagern und Fahrbahnübergängen zu:

$$T_{ed,min} = T_0 - \gamma_F \, \Delta T_{N,con} - \Delta T_0 \qquad \text{(NA.E.1)}$$

$$T_{ed,max} = T_0 + \gamma_F \, \Delta T_{N,exp} + \Delta T_0 \qquad \text{(NA.E.2)}$$

Dabei ist

$\Delta T_{N,con}$ die maximale negative Änderung (Verkürzung) des konstanten Temperaturanteils nach DIN EN 1991-1-5:2010-12, 6.1.3.3;

$\Delta T_{N,exp}$ die maximale positive Änderung (Ausdehnung) des konstanten Temperaturanteils nach DIN EN 1991-1-5:2010-12, 6.1.3.3;

T_0 die Aufstelltemperatur (mittlere Bauwerkstemperatur) des Tragwerks;

ΔT_0 ein zusätzliches Sicherheitselement zur Erfassung der Unsicherheit der Lagerposition bei der Aufstelltemperatur T_0 nach Tabelle NA.E.4;

γ_F der Teilsicherheitsbeiwert für klimatische Temperatureinwirkungen mit $\gamma_F = 1{,}35$.

Tabelle NA.E.4 — Empfohlene Zahlenwerte für ΔT_0

Fall	Einbau der Lager	ΔT_0 °C		
		Stahlbrücken	Verbund-brücken	Massiv-brücken
1	mit Messung der mittleren Bauwerks-temperatur T_0 und gegebenenfalls mit Korrektur der Lagereinstellung	0	0	0
2	mit Temperaturschätzung für die mittlere Bauwerkstemperatur T_0 und ohne Korrektur der Lager	10	10	10
3	mit Temperaturschätzung für die mittlere Bauwerkstemperatur T_0 sowie ohne Korrek-tur und einer oder mehrerer Veränderun-gen der Position des festen Lagers	25	20	20

ANMERKUNG Werden die Einwirkungen auf Lager und die Lagerbewegungen aus einer nichtlinearen Berechnung des Gesamttragwerks einschließlich der Lager bestimmt und werden schrittweise Berechnungen notwendig, darf der Bemessungswert der positiven oder negativen Temperaturschwankung des konstanten Temperaturanteils ΔT_d durch $\Delta T_d = \gamma_T \, \Delta T_N$ ausgedrückt werden, wobei γ_T der Teilsicherheitsbeiwert für die Temperatur ist, der sich aus dem charakteristischen Wert ΔT_N nach DIN EN 1991-1-5:2010-12, 6.1.3.3(3) und dem Bemessungswert $\Delta T_d = T_{ed,max} - T_{ed,min}$ nach NA.E.5.2.2(2), Gleichungen (NA.E.1) und (NA.E.2) ergibt.

(3) Wenn die Temperatur keine Leiteinwirkung ist, ist der Kombinationsbeiwert ψ_0 für klimatische Temperatureinwirkungen mit $\psi_0 = 0{,}8$ zu berücksichtigen.

(4) Bei der Ermittlung der Bewegungen und Kräfte sind Verformungen aus linearen Temperaturunterschieden in Pfeilern nach DIN EN 1991-1-5: 2010-12, 6.2.2 zu berücksichtigen.

(5) Für die Überlagerung von Bewegungen und Kräften aus der Schwankung des konstanten Temperaturanteils nach DIN EN 1991-1-5:2010-12, 6.1.3.3(3) und des vertikalen Temperaturunterschieds nach DIN EN 1991-1-5:2010-12, 6.1.4.1 gelten die Regelungen nach DIN EN 1991-1-5:2010-12, 6.1.5. Bewegungen aus linearen horizontalen Temperaturunterschieden sind insbesondere bei Brücken mit Nord-Süd-Ausrichtung zu berücksichtigen.

(6) Bei Tragwerken mit statisch unbestimmter Lagerung des Überbaus in Längsrichtung (z. B. Festpfeilergruppen) sind bei der Ermittlung der horizontalen Lagerkräfte aus Temperaturschwankungen des Überbaus die Unsicherheiten aus der Differenz zwischen tatsächlicher und angenommener Aufstelltemperatur beim Einbau der Festlagergruppe zu berücksichtigen. Wenn keine besonderen Maßnahmen erfolgen, ist für die Ermittlung der horizontalen Lagerkräfte aus Schwankungen des konstanten Temperaturanteils zusätzlich zu den Werten nach DIN EN 1991-1-5:2010-12, 6.1.3.3 ein additives Sicherheitselement $\Delta T_L = 15$ K für Stahlbrücken und $\Delta T_L = 10$ K für Verbund- und Massivbrücken zu berücksichtigen.

NA.E.5.2.3 Überbauten mit elastischer Lagerung

(1) Bei Überbauten mit elastischer Lagerung mittels bewehrter Elastomerlager sind die Bewegungen aus Temperatur, Kriechen und Schwinden, Bremsen und Anfahren sowie aus dem Widerstand des Lagerungssystem beidseits des Verformungsruhepunktes ungünstig mit den Schubmoduli $G_{inf} = 0{,}75$ N/mm^2 und $G_{sub} = 1{,}05$ N/mm^2 nach DIN EN 1337-3:2005-07, 4.3.1.1 zu ermitteln.

(2) Der Verformungsruhepunkt darf vereinfachend mit G_{sup} und G_{inf} beidseits des Brückenmittelpunktes bestimmt werden, wenn die Einflüsse aus den Verformungen der Unterbauten vernachlässigt werden können. Andernfalls ist der Verformungsruhepunkt unter Berücksichtigung der Nachgiebigkeit der Unterbauten in Übereinstimmung mit DIN EN 1991-2:2010-12, 6.5.4.2(1c) zu ermitteln.

NA.E.5.2.4 Reaktionskräfte an Festpunkten aus dem Widerstand des Lagerungssystems

(1) Bei Verwendung von Gleit- und Verformungslagern ergibt sich bei Tragwerken, bei denen die Horizontalverformungen der Unterbauten am Festlager vernachlässigt werden können, die am Festpunkt des Lagerungssystems angreifende Horizontalkraft F_{Hd} aus dem Widerstand des gesamten Lagerungssystems mit der Horizontallast Q_{lk} aus Anfahren und Bremsen als vorherrschende veränderliche Einwirkung zu:

$$F_{Hd} = \gamma_Q Q_{lk} + \begin{bmatrix} \mu_a \left[\sum \gamma_{G,j,sup} G_{kj} + \gamma_P P_k + \gamma_Q \psi_1 Q_{k1} + \sum \gamma_{Qi} \psi_{oi} Q_{ki}\right] \\ -\mu_r \left[\sum \gamma_{G,j,inf} G_{kj} + \gamma_P P_k\right] \end{bmatrix} \quad \text{(NA.E.3)}$$

Dabei ist

Q_{lk} der charakteristische Wert der Horizontalkraft aus Anfahren und Bremsen;

G_{kj} der charakteristische Wert der vertikalen Auflagerkraft aus Eigengewicht bzw. ständigen Einwirkungen;

P_k der charakteristische Wert der vertikalen Auflagerkraft aus Vorspannung;

$\psi_1 Q_{k1}$ der charakteristische Wert der vertikalen Auflagerkraft, ermittelt mit den zur Leiteinwirkung Q_{lk} zugehörigen vertikalen Einwirkungen der betrachteten Verkehrslastgruppe;

$\Sigma \psi_{oi} Q_{ki}$ die vertikalen Auflagerkräfte infolge weiterer veränderlicher Einwirkungen;

μ_a, μ_r ungünstig und günstig wirkende Reibungszahl nach DIN EN 1337-1:2001-02, 6.2. Die zur Ermittlung von μ_a und μ_r nach DIN EN 1337-1:2001-02, 6.2, erforderlichen maximalen Reibungszahlen μ_{max} sind den entsprechenden Teilen der Normenreihe DIN EN 1337 oder der Zulassung zu entnehmen. Bei PTFE-Gleitlagern darf unabhängig von der Lagerpressung mit $\mu_{max} = 0{,}03$ gerechnet werden. Bei der Verwendung von anderen Gleitwerkstoffen ist die Reaktionskraft mit den Reibungsbeiwerten nach nationalen oder europäischen bauaufsichtlichen Zulassungen zu entnehmen.

(2) Bei Verwendung von bewehrten Elastomerlagern aus unterschiedlicher Herstellung gilt bei der Ermittlung der Reaktionskräfte DIN EN 1337-1:2001-02, 6.2, wobei bei der Ermittlung der ungünstig und günstig wirkenden Rückstellkräfte die Schubmoduli G_{sup} und G_{inf} zu berücksichtigen sind. Die am Festpunkt des Lagerungssystems angreifende Horizontallast F_{Hd} aus dem Widerstand des gesamten Lagerungssystems ergibt sich bei Tragwerken, bei denen die Horizontalverformungen der Unterbauten am Festlager vernachlässigt werden können, mit der Horizontallast Q_{lk} aus Anfahren und Bremsen als vorherrschende veränderliche Einwirkung zu:

$$F_{Hd} = \gamma_Q Q_{lk} + G_{sup} \sum A_{sup} \varepsilon_{q,d,sup} - G_{inf} \sum A_{inf} \varepsilon_{q,d,inf} \quad \text{(NA.E.4)}$$

Dabei ist

Q_{lk} der charakteristische Wert der Horizontalkraft aus Anfahren und Bremsen;

G_{sup}, G_{inf} Rechenwerte des Schubmodul für die jeweils ungünstig und günstig wirkenden Lagerrückstellkräfte mit G_{sup} = 1,05 N/mm^2 und G_{inf} = 0,75 N/mm^2;

A_{sup}, A_{inf} Grundfläche der Lager mit jeweils ungünstig und günstig wirkenden Rückstellkräften;

$\varepsilon_{q,d,sup}$ $\varepsilon_{q,d,inf}$ ungünstig und günstig wirkende Schubverformung des Lagers aus Bewegungen parallel zu Lagerebene nach DIN EN 1337-3:2005-07, 5.3.3.3, ermittelt mit den Bemessungswerten der Lagerbewegung.

Bei der Ermittlung von F_{Hd} ist in der Regel von „unterschiedlicher Herstellung der Lager" auszugehen, wenn die bewehrten Elastomerlager aus verschiedenen Chargen der Grundmischung stammen. Wenn die Lager aus „gleicher Herstellung" stammen, darf bei der Ermittlung der Last F_{Hd} aus dem Widerstand des Lagerungssystems anstelle von G_{sup} und G_{inf} ein für die jeweilige Klasse maßgebender einheitlicher Nennwert des Schubmoduls G_g = 0,9 N/mm^2 nach DIN EN 1337-3:2005-07, 4.3.1.1, zugrunde gelegt werden.

(3) Werden in einem Lagerungssystem Verformungs- und Gleitlager verwendet, so ist bei der Ermittlung der am Festpunkt angreifenden Horizontallast F_{Hd} auch der Fall zu untersuchen, dass der Widerstand des Lagerungssystems nur durch die Gleitlager hervorgerufen wird.

(4) Bei Tragwerken mit größeren Horizontalverschiebungen des Festpunktes (z. B. bei Festlagern oder Festpfeilergruppen auf hohen Pfeilern) infolge Bremsen und Anfahren oder Wind- und Temperatureinwirkungen sind die Bewegungswiderstände aus dem Lagerungssystem unter Berücksichtigung der Horizontalverformungen des Festpunktes zu ermitteln.

(5) Bei Tragwerken nach (4) dürfen die Kräfte aus dem Bewegungswiderstand an den beweglichen Lagern bei der Überlagerung mit Anfahr- und/oder Bremskräften sowie Wind- und Temperatureinwirkungen um den Betrag reduziert werden, um den sich infolge der gesamten horizontalen Überbaubewegung die jeweiligen horizontalen Auflagerkräfte entsprechend ihrer horizontalen Auflagersteifigkeit vermindern. Die Kraft aus dem jeweiligen Bewegungswiderstand am einzelnen Unterbau darf nicht um mehr als ihren größten Betrag aus ständigen Einwirkungen abgemindert werden.

ANMERKUNG Bei Anordnung der festen Lager auf waagerecht elastischen Stützungen erzeugt die Anfahr- und/oder Bremskraft Pfeilerverformungen, die zu einer Abminderung der horizontalen Reaktionskräfte gegenüber der Summe aus Bewegungswiderständen der Lager und Anfahr- und/oder Bremslasten führen. Ist der Verformungsanteil beweglicher Lager groß gegenüber der Unterbauverformung, so sind dagegen nur geringe Abminderungen der Reaktionskräfte aus Bewegungswiderständen der Lager zu erwarten. Bei der Berechnung der Horizontalverformungen ist gegebenenfalls bei Eisenbahnbrücken das Zusammenwirken zwischen Brückentragwerk, Oberbau und Schiene zu berücksichtigen.

(6) Bei der Ermittlung der Reaktionskräfte an den Festpunkten von Eisenbahnbrücken ist eine Überlagerung der Reaktionskräfte aus den Bewegungswiderständen der Lager mit den Längskräften aus Bremsen und Anfahren nicht erforderlich

— bei Brücken, die aus einem oder mehreren Einfeldträgern bestehen,

— bei Durchlaufträgern mit einer Länge $l \leq$ 120 m vom festen Lager aus gemessen,

— bei Durchlaufträgern mit einer Länge $l >$ 120 m vom festen Lager aus gemessen, wenn an den beweglichen Lagern die Horizontalverschiebung δ der Unterbauten infolge des Bewegungswiderstandes aus ständigen Einwirkungen den Grenzwert δ = 2 mm nicht überschreitet. Für die Ermittlung der Verschiebung δ gelten die Regelungen nach DIN EN 1991-2:2010-12, 6.5.4.2(1c).

ANMERKUNG Die Regelungen gelten nicht für den Nachweis von Längskraftkopplungen.

NA.E.6 Ergänzende Angaben zur Lagerbemessung

NA.E.6.1 Grundsätze

(1) Für die Bemessung der Lager und die Ermittlung der Bewegungskapazität gelten die Regelungen der entsprechenden Normen der Reihe DIN EN 1337.

(2) Bei der Ermittlung der Bewegungskapazität von Bewegungslagern sind die Bewegungszuschläge nach DIN EN 1337-1:2001-02, 5.4, und beim statischen Nachweis von Bewegungs- und Verformungslagern die Mindestbewegungen DIN EN 1337-1:2001-02, 5.5, zu berücksichtigen.

(3) Wenn für Gleit- und Rollenlager eine Voreinstellung erfolgt, ist der Lagerweg aus dem Bemessungswert der Temperaturschwankung ΔT_{d} in der Regel etwa gleichmäßig in Erwärmung und Abkühlung aufzuteilen. Verformungen infolge von Kriechen und Schwinden dürfen wie zusätzliche Temperaturen (in der Regel wie Abkühlung) behandelt werden.

(4) Für die Verankerung von Lagern (Gleitsicherheit in Fugen) gilt DIN EN 1337-1:2001-02, 5.2. Bei Verwendung von Schrauben sind gleitfeste Verbindungen des Typs B oder C oder Passverbindungen des Typs A nach DIN EN 1993-1-8 vorzusehen. Für Kopfbolzendübel gilt DIN 4141-13, wenn die Lagerfuge überdrückt ist, d. h. in den Kopfbolzendübeln im Grenzzustand der Tragfähigkeit keine planmäßigen Zugkräfte auftreten. Die Höhe der Kopfbolzendübel ist so festzulegen, dass unter Berücksichtigung von Toleranzen beim Lagerverguss und bei Futterplatten eine ausreichende Einbindetiefe in die Bewehrung des Lagersockels sichergestellt ist. Siehe hierzu DIN CEN/TS 1994-2.

ANMERKUNG Wenn für Kopfbolzendübel die Anforderungen an die Randabstände nach DIN 4141-13 nicht eingehalten werden können, darf der Nachweis nach DIN CEN/TS 1994-2 erfolgen.

(5) Eine ungewollte Mitwirkung von einbetonierten Muttern unter Lagerplatten an der Abtragung von horizontalen Lagerlasten sollte durch geeignete konstruktive Maßnahmen vermieden werden. Beim Nachweis der Verdübelung und der Bewehrung in den Lagersockeln sind neben den horizontalen Rückstellkräften auch die Rückstellmomente zu berücksichtigen.

(6) Hinsichtlich der Einflüsse aus dem Lagerspiel gilt DIN EN 1337-1:2001-02, 7.1.

NA.E.6.2 Auswirkung aus behinderten Lagerbewegungen

(1) Bei der Verwendung von Linienkipplagern und einfachen Rollenlagern ist in der Regel die über die Länge der Rolle bzw. Linienkipp- oder Zylinderlagers verhinderte Lagerverdrehung bei der Planung des Tragwerks und bei der Bemessung des Lagers zu berücksichtigen. Dies gilt insbesondere bei

a) gekrümmten Überbauten,

b) Tragwerken mit schlanken Pfeilern,

c) querträgerlosen Überbauten,

d) Bauwerken mit Querträgern, bei denen das Linienkipplager, Zylinderlager oder Rollenlager als direkte Auflagerung des Querträgers dienen,

e) Bauwerken mit vertikalen linearen Temperaturunterschieden in Querrichtung.

(2) Wenn die Ausführung von Linienlagerungen nicht vermieden werden kann, sind für die Lager Werkstoffe mit ausreichender Duktilität zu verwenden. Die Duktilitätsanforderungen gelten bei Rollenlagern als erfüllt, wenn Werkstoffe der Klassen A und B nach DIN EN 1337-4:2004-08, Tabelle A.1, verwendet werden. Für Linienkipplager gelten die Klassen A und B nach DIN EN 1337-6:2004-08, Anhang A. Für Zylinderlager gelten bezüglich der Duktilitätsanforderungen die Regelungen in nationalen oder europäischen bauaufsichtlichen Zulassungen.

NA.E.6.3 Zusätzliche Regelungen für bestimmte Lagertypen

NA.E.6.3.1 Gleitteile

(1) Die Lasteinleitung in das Lager ist in der Regel so auszubilden, dass die Verformungsgrenzen für die Trägerplatten nicht überschritten werden. Für Trägerplatten in Kombination mit PTFE-Gleitflächen gilt DIN EN 1337-2:2004-07, 6.9. Bei Verwendung anderer Gleitwerkstoffe gelten die Regelungen in nationalen oder europäischen bauaufsichtlichen Zulassungen

NA.E.6.3.2 Elastomerlager

(1) Kräfte, Momente und eingeprägte Verformungen, die von Elastomerlagern auf das Bauwerk übertragen werden, ergeben sich nach DIN EN 1337-3:2005-07, 5.3.3.7.

(2) Bei der Ermittlung der Rückstellkräfte und Rückstellmomente von Elastomerlagern zum Nachweis eines gegebenenfalls anschließenden Gleitteils sowie der angrenzenden Bauteile und Verankerungen sind die Einflüsse aus dem Verhalten des Elastomers bei tiefen Temperaturen, die Einflüsse aus der Belastungsgeschwindigkeit bei kurzzeitigen Einwirkungen und der Abbau der Beanspruchungen aus ständigen Einwirkungen infolge von Kriechen und Relaxation zu berücksichtigen.

(3) Die Rückstellkräfte und Rückstellmomente des Lagers aus ständigen Einwirkungen sowie aus den zeitabhängigen Wirkungen infolge von Kriechen und Schwinden des Betons sind mit dem Schubmodul $G_g = 0{,}9$ N/mm² zu ermitteln.

(4) Wenn kein genauerer Nachweis nach (2) geführt wird, dürfen die Rückstellkräfte und Rückstellmomente des Lagers aus veränderlichen Einwirkungen bei Betrachtung der Kombination mit der Temperatureinwirkung $\Delta T_{N,con}$ nach DIN EN 1992-1-5:2010-12, 6.1.3.3(3) mit dem Rechenwert des Schubmoduls $G_g = 2{,}0$ N/mm² ermittelt werden. Bei Betrachtung der Kombination mit $\Delta T_{N,con}$ ist die Temperatureinwirkung als Leiteinwirkung anzunehmen. Für die Überlagerung der Schwankung des konstanten Temperaturanteils und des vertikal linear veränderlichen Anteils gilt DIN EN 1993-1-5:2010-12, 6.1.5.

NA.E.6.3.3 Rollenlager

(1) Die Exzentrizität infolge der Differenzbewegung zwischen der oberen und unteren Lagerplatte kann durch Rollenreibung und bei mehrfachen Rollen durch zusätzliche Kippelemente vergrößert werden.

(2) Bei Rollenlagern sind in der Regel die in NA.E.6.2 gegebenen Hinweise zu Exzentrizitäten in Querrichtung aus der verhinderten Lagerverdrehung zu beachten.

NA.E.6.3.4 Topflager

(1) Für den akkumulierten Gleitweg der Innendichtung gilt DIN EN 1337-5:2005-07, 6.1.2.3, und NA.E.1. Der Korrekturfaktor c nach DIN EN 1337-5:2005-07, 6.1.2.3, Gleichung (3) darf für Straßenbrücken mit $c = 5$ und für Eisenbahnbrücken mit $c = 1$ angenommen werden.

NA.E.6.3.5 Kipplager

(1) Exzentrizitäten, die aus Bewegungen von Linien- und Punktkipplagern herrühren, sind in DIN EN 1337-6:2004-08, 6.6, spezifiziert.

(2) Bei Linienkipplagern sind in der Regel die in NA.E.6.2 gegebenen Hinweise zur Verdrehungsbehinderung in Querrichtung zu beachten.

NA.E.6.3.6 Kalotten- und Zylinderlager

(1) Zulässige Verformungen von Trägerplatten sind in NA.E.6.3.1 angegeben. Die Bewegungskapazität des Lagers ist unter Berücksichtigung des Verschleißes der Gleitflächen zu ermitteln.

(2) Bei Zylinderlagern sind in der Regel die in NA.E.6.2 gegebenen Hinweise zu Verdrehungsbehinderung in Querrichtung zu beachten.

Kapitel II

Wichten, Eigengewichte

Inhalt

DIN EN 1991-1-1 einschließlich Nationaler Anhang
– Auszug –

Seite

4 Wichten für Baustoffe und Lagergüter

4.1 Allgemeines

(1) Die charakteristischen Werte für die Wichten von Baustoffen und Lagergütern sollten festgelegt werden. Als charakteristische Werte sollten Mittelwerte verwendet werden, siehe jedoch auch 4.1(2) und 4.1(3).

ANMERKUNG Die Werte im Anhang A für Wichte und Böschungswinkel stellen Mittelwerte dar. Wird ein Bereich angegeben, so ist vorausgesetzt, dass der Mittelwert stark von der Materialherkunft abhängig ist und deshalb für das jeweilige Projekt gewählt werden sollte.

(2) Für Stoffe, die nicht in den Tabellen des Anhanges A enthalten sind (z. B. neuartige Stoffe), sollte der charakteristische Wert der Wichte in Übereinstimmung mit EN 1990, 4.1.2 für das jeweilige Projekt bestimmt werden.

(3) Wenn die verwendeten Stoffe eine erhebliche Streuung ihrer Wichte je nach Herkunft, Wassergehalt usw. aufweisen, sollte der charakteristische Wert dieser Wichte nach EN 1990, 4.1.2 bestimmt werden.

(4) Werden die Wichten zuverlässig direkt bestimmt, dürfen diese Werte verwendet werden.

ANMERKUNG EN 1990, Anhang D kann hierzu verwendet werden.

Anhang A
(informativ)

Nennwerte für Wichten von Baustoffen und Nennwerte für Wichten und Böschungswinkel für Lagergüter

Tabelle A.1 — Baustoffe: Beton und Mörtel

Baustoffe	**Wichte** γ kN/m³
Beton (siehe EN 206)	
Leichtbeton	
Rohdichteklasse LC 1,0	9,0 bis 10,0 [a, b]
Rohdichteklasse LC 1,2	10,0 bis 12,0 [a, b]
Rohdichteklasse LC 1,4	12,0 bis 14,0 [a, b]
Rohdichteklasse LC 1,6	14,0 bis 16,0 [a, b]
Rohdichteklasse LC 1,8	16,0 bis 18,0 [a, b]
Rohdichteklasse LC 2,0	18,0 bis 20,0 [a, b]
Normalbeton	24,0 [a, b]
Schwerbeton	> 24,0 [a, b]
Mörtel	
Zementmörtel	19,0 bis 23,0
Gipsmörtel	12,0 bis 18,0
Kalkzementmörtel	18,0 bis 20,0
Kalkmörtel	12,0 bis 18,0
ANMERKUNG Siehe Abschnitt 4.	

[a] Erhöhung um 1 kN/m³ bei üblichem Bewehrungsgrad für Stahlbeton und Spannbeton.

[b] Erhöhung um 1 kN/m³ als Frischbetonzuschlag.

Tabelle A.2 — Baustoffe: Mauerwerk

Baustoffe	Wichte γ kN/m³
Steine	
Mauerziegel	siehe EN 771-1
Kalksandsteine	siehe EN 771-2
Betonsteine	siehe EN 771-3
Porenbetonsteine	siehe EN 771-4
Formsteine	siehe EN 771-5
Glassteine, hohl	siehe EN 1051
Terra-Cotta	21,0
Natursteine, siehe EN 771-6	
Granit, Syenit, Porphyr	27,0 bis 30,0
Basalt, Diorit, Gabbro	27,0 bis 31,0
Trachyt	26,0
Basalt	24,0
Grauwacke, Sandstein	21,0 bis 27,0
Dichter Kalkstein	20,0 bis 29,0
Kalkstein	20,0
Tuffstein	20,0
Gneis	30,0
Schiefer	28,0
ANMERKUNG Siehe Abschnitt 4.	

Tabelle A.3 — Baustoffe: Holz und Holzwerkstoffe

Baustoffe	Wichte γ kN/m³
Holz (Festigkeitsklassen, siehe EN 338)	
Festigkeitsklasse C14	3,5
Festigkeitsklasse C16	3,7
Festigkeitsklasse C18	3,8
Festigkeitsklasse C22	4,1
Festigkeitsklasse C24	4,2
Festigkeitsklasse C27	4,5
Festigkeitsklasse C30	4,6
Festigkeitsklasse C35	4,8
Festigkeitsklasse C40	5,0
Festigkeitsklasse D30	6,4
Festigkeitsklasse D35	6,7
Festigkeitsklasse D40	7,0
Festigkeitsklasse D50	7,8
Festigkeitsklasse D60	8,4
Festigkeitsklasse D70	10,8
Brettschichtholz (Festigkeitsklassen, siehe EN 1194)	
GL24h	3,7
GL28h	4,0
GL32h	4,2
GL36h	4,4
GL24c	3,5
GL28c	3,7
GL32c	4,0
GL36c	4,2
Sperrholz	
Weichholz-Sperrholz	5,0
Birken-Sperrholz	7,0
Laminate und Tischlerplatten	4,5
Spanplatten	
Spanplatten	7,0 bis 8,0
Zementgebundene Spanplatte	12,0
Sandwichplatten	7,0
Holzfaserplatten	
Hartfaserplatten	10,0
Faserplatten mittlerer Dichte	8,0
Leichtfaserplatten	4,0
ANMERKUNG Siehe Abschnitt 4.	

Tabelle A.4 — Baustoffe: Metalle

Baustoffe	Wichte γ kN/m³
Metalle	
Aluminium	27,0
Messing	83,0 bis 85,0
Bronze	83,0 bis 85,0
Kupfer	87,0 bis 89,0
Gusseisen	71,0 bis 72,5
Schmiedeeisen	76,0
Blei	112,0 bis 114,0
Stahl	77,0 bis 78,5
Zink	71,0 bis 72,0

Tabelle A.5 — Baustoffe: Weitere Stoffe

Baustoffe	Wichte γ kN/m³
Weitere Stoffe	
Glas, gekörnt	22,0
Glasscheiben	25,0
Kunststoffe	
Acrylscheiben	12,0
Polystyrol aufgeschäumt	0,3
Glasschaum	1,4

Tabelle A.6 — Baustoffe für Brücken

Baustoffe	Wichte γ kN/m³
Beläge von Straßenbrücken	
Gussasphalt und Asphaltbeton	24,0 bis 25,0
Asphaltmastix	18,0 bis 22,0
Heißgewalzter Asphalt	23,0
Schüttungen für Brücken	
Sand trocken	15,0 bis 16,0[a]
Schotter, Kies	15,0 bis 16,0[a]
Gleisbettunterbau	18,5 bis 19,5
Splitt	13,5 bis 14,5[a]
Bruchstein	20,5 bis 21,5
Lehm	18,5 bis 19,5
Beläge für Eisenbahnbrücken	
Betonschutzschicht	25,0
Normaler Schotter (z. B. Granit, Gneis, etc.)	20,0
Basaltschotter	26,0
	Gewicht je Gleis und Länge[b c] g_k kN/m
Gleise mit Schotterbett	
2 Schienen UIC60	1,2
Vorgespannte Betonschwellen mit Schienenbefestigung	4,8
Betonschwellen mit Stahlwinkelverbindern	—
Holzschwellen mit Schienenbefestigung	1,9
Direkte Schienenbefestigung	
2 Schienen UIC 60 mit Schienenbefestigung	1,7
2 Schienen UIC 60 mit Schienenbefestigung, Brückenträger und Schutzgeländer	4,9
ANMERKUNG 1 Die Werte für die Gleisgewichte sind auch außerhalb des Brückenbaus anwendbar. ANMERKUNG 2 Siehe Abschnitt 4.	
[a] Wird in anderen Tabellen als Lagerstoff geführt. [b] Ohne Schotterbett. [c] Angenommener Abstand 600 mm.	

Tabelle A.7 — Lagergüter: Baustoffe und Bauprodukte

Stoffe	Wichte γ kN/m³	Böschungswinkel ϕ °
Gesteinskörnung (siehe EN 206)		
für Leichtbeton	9,0 bis 20,0[a]	30
für Normalbeton	20,0 bis 30,0	30
für Schwerbeton	> 30,0	30
Kies und Sand, Schüttung	15,0 bis 20,0	35
Sand	14,0 bis 19,0	30
Hochofenschlacke		
Stücke	17,0	40
gekörnt	12,0	30
Hüttenbims	9,0	35
Ziegelsplitt, gemahlene oder gebrochene Ziegel	15,0	35
Vermiculit		
Blähglimmer als Zuschlag für Beton	1,0	—
Glimmer	6,0 bis 9,0	—
Bentonit		
lose	8,0	40
gerüttelt	11,0	—
Zement		
geschüttet	16,0	28
in Säcken	15,0	—
Flugasche	10,0 bis 14,0	25
Glas in Scheiben	25,0	—
Gips, gemahlen	15,0	25
Braunkohlenfilterasche	15,0	20
Kalkstein	13,0	25
Kalk, gemahlen	13,0	25 bis 27
Magnesit, gemahlen	12,0	—
Kunststoffe		
Polyäthylen, Polystyrol als Granulat	6,4	30
Polyvinylchlorid, gemahlen	5,9	40
Polyesterharze	11,8	—
Leimharze	13,0	—
Süßwasser	10,0	—
ANMERKUNG Siehe Abschnitt 4.		
[a] Zu Dichteklassen für Leichtbeton, siehe Tabelle A.1.		

Kapitel III

Verkehrslasten auf Brücken

Inhalt

DIN EN 1991-2 einschließlich Nationaler Anhang – Auszug –

Seite

Seite

Seite

1 Allgemeines

1.1 Anwendungsbereich

(1) EN 1991-2 definiert Nutzlasten (Modelle und repräsentative Werte) in Verbindung mit Straßenverkehr, Einwirkungen durch Fußgänger und Schienenverkehr. Diese Nutzlasten beinhalten, falls notwendig, dynamische Einflüsse und Fliehkräfte, Einwirkungen resultierend aus Bremsen und Anfahren sowie Einwirkungen für außergewöhnliche Bemessungssituationen.

(2) Die in der EN 1991-2 definierten Nutzlasten sollten bei der Bemessung neuer Brücken, einschließlich Pfeiler, Widerlager, Flügelwände, usw. und ihrer Gründungen angewendet werden.

(3) Die in der EN 1991-2 angegebenen Lastmodelle und Werte sollten bei der Bemessung von an Straßen- und Eisenbahnstrecken angrenzenden Stützwänden angewendet werden.

ANMERKUNG Nur für einige Modelle werden in der EN 1991-2 Anwendungsbedingungen definiert. Für die Bemessung von unterirdischen Tragwerken, Stützmauern und Tunnels können andere als in EN 1990 bis EN 1999 angegebene Vorschriften notwendig sein. Ergänzende Bedingungen dürfen im Nationalen Anhang oder für das Einzelprojekt definiert werden.

NDP zu 1.1 (3) Anmerkung

Ergänzende Vorschriften oder ergänzende Bestimmungen siehe Regelungen der Baulastträger bzw. der zuständigen Aufsichtsbehörde

(4) Es ist beabsichtigt, dass EN 1991-2 zusammen mit der EN 1990 (besonders Anhang A2) und den Normen EN 1991 bis EN 1999 angewendet wird.

(5) Abschnitt 1 enthält Definitionen und Symbole.

(6) In Abschnitt 2 sind Grundsätze für die Belastung von Straßenbrücken, Fußgängerbrücke (oder Radwegbrücken) sowie für Eisenbahnbrücken angegeben.

(7) Abschnitt 3 behandelt Bemessungssituationen und gibt Hinweise bezüglich der gleichzeitigen Berücksichtigung von Verkehrslastmodellen sowie zu der Kombination mit nicht aus Verkehr resultierenden Lasten.

(8) In Abschnitt 4 sind festgelegt:

— Nutzlasten (Modelle und repräsentative Werte) infolge der Verkehrseinwirkungen auf Straßenbrücken, einschließlich der Bedingungen zu ihrer gegenseitigen Berücksichtigung sowie zur Kombination mit Fußgänger- und Radfahrverkehr (siehe Abschnitt 5),

— weitere besondere Einwirkungen für Entwurf, Berechnung und Bemessung von Straßenbrücken.

(9) In Abschnitt 5 sind festgelegt:

— Nutzlasten (Modelle und repräsentative Werte) auf Fußgänger- und Radwegen sowie für Fußgängerbrücken,

— weitere besondere Einwirkungen für Entwurf, Berechnung und Bemessung von Fußgängerbrücken.

(10) Abschnitte 4 und 5 definieren auch die Lasten, die durch Fahrzeugrückhaltesysteme und Geländer in das Tragwerk eingeleitet werden.

(11) Abschnitt 6 definiert:

— Einwirkungen auf Eisenbahnbrücken aus dem Zugverkehr,

— weitere besondere Einwirkungen für Entwurf, Berechnung und Bemessung von Eisenbahnbrücken und an die Eisenbahn angrenzende Bauwerke.

1.2 Normative Verweise

Diese Europäische Norm enthält durch datierte oder undatierte Verweisungen Festlegungen aus anderen Publikationen. Diese normativen Verweisungen sind an den jeweiligen Stellen im Text zitiert, und die Publikationen sind nachstehend aufgeführt. Bei datierten Verweisungen gehören spätere Änderungen oder Überarbeitungen dieser Publikationen nur zu dieser Europäischen Norm, falls sie durch Änderung oder Überarbeitung eingearbeitet sind. Bei undatierten Verweisungen gilt die letzte Ausgabe der in Bezug genommenen Publikation (einschließlich Änderungen).

EN 1317-1, *Rückhaltesysteme an Straßen — Teil 1: Terminologie und allgemeine Kriterien für Prüfverfahren*

EN 1317-2, *Rückhaltesysteme an Straßen — Teil 2: Schutzeinrichtungen; Leistungsklassen, Abnahmekriterien für Anprallprüfungen und Prüfverfahren für Schutzeinrichtungen*

EN 1317-6, *Rückhaltesysteme an Straßen — Teil 6: Fußgängerrückhaltesysteme, Brückengeländer*

ANMERKUNG Die Eurocodes wurden als europäische Vornorm veröffentlicht. Die folgenden bereits veröffentlichten oder in Bearbeitung befindlichen Vornormen werden in den normativen Abschnitten oder in Anmerkungen zu den normativen Abschnitten zitiert.

EN 1990, *Eurocode: Grundlagen der Tragwerksplanung*

EN 1991-1-1, *Eurocode 1: Einwirkungen auf Tragwerke — Teil 1-1: Allgemeine Einwirkungen — Wichten, Eigenlasten, Nutzlasten für Gebäude*

EN 1991-1-3, *Eurocode 1: Einwirkungen auf Tragwerke — Teil 1-3: Allgemeine Einwirkungen — Schneelasten*

prEN 1991-1-4, *Eurocode 1: Einwirkungen auf Tragwerke — Teil 1-4: Allgemeine Einwirkungen — Windlasten*

prEN 1991-1-5, *Eurocode 1: Einwirkungen auf Tragwerke — Teil 1-5: Allgemeine Einwirkungen — Thermische Einwirkungen*

prEN 1991-1-6, *Eurocode 1: Einwirkungen auf Tragwerke — Teil 1-6: Allgemeine Einwirkungen — Einwirkungen während der Bauausführung*

prEN 1991-1-7, *Eurocode 1: Einwirkungen auf Tragwerke — Teil 1-7: Allgemeine Einwirkungen — Außergewöhnliche Einwirkungen*

EN 1992, *Eurocode 2: Entwurf, Berechnung und Bemessung von Stahlbetonbauten*

EN 1993, *Eurocode 3: Entwurf, Berechnung und Bemessung von Stahlbauten*

EN 1994, *Eurocode 4: Entwurf, Berechnung und Bemessung von Stahl-Beton-Verbundbauten*

EN 1995, *Eurocode 5: Entwurf, Berechnung und Bemessung von Holzbauten*

EN 1997, *Eurocode 7: Entwurf, Berechnung und Bemessung in der Geotechnik*

EN 1998, *Eurocode 8: Auslegung von Bauwerken gegen Erdbeben*

EN 1999, *Eurocode 9: Entwurf, Berechnung und Bemessung von Aluminiumkonstruktionen*

NCI zu 1.2

DIN EN 1990/NA/A1 Nationaler Anhang — National festgelegte Parameter — Eurocode: Grundlagen der Tragwerksplanung

1.3 Unterscheidung zwischen Prinzipien und Anwendungsregeln

(1) Abhängig vom Charakter der einzelnen Absätze wird in EN 1991-2 nach Prinzipien und Anwendungsregeln unterschieden.

(2) Die Prinzipien enthalten:

— allgemeine Bestimmungen und Begriffsbestimmungen, die immer gelten;

— Anforderungen und Rechenmodelle, die immer gültig sind, soweit auf die Möglichkeit von Alternativen nicht ausdrücklich hingewiesen wird.

(3) Die Prinzipien werden durch den Buchstaben P nach der Absatznummer gekennzeichnet.

(4) Die Anwendungsregeln sind allgemein anerkannte Regeln, die den Prinzipien folgen und deren Anforderungen erfüllen.

(5) Von der EN 1991-2 abweichende Anwendungsregeln sind zulässig, wenn vom Aufsteller nachgewiesen werden kann, dass sie mit den maßgebenden Prinzipien übereinstimmen und im Hinblick auf die Bemessungsergebnisse bezüglich der Tragsicherheit, Gebrauchstauglichkeit und Dauerhaftigkeit, die bei Anwendung der Eurocodes erwartet werden, mindestens gleichwertig sind.

ANMERKUNG Wird bei dem Entwurf eine abweichende Anwendungsregel verwendet, kann keine vollständige Übereinstimmung mit EN 1991-2 erklärt werden, auch wenn die abweichende Anwendungsregel den Prinzipien in EN 1990 entspricht. Wird EN 1991-2 für eine Eigenschaft in Anhang Z einer Produktnorm oder einer ETAG[1)] verwendet, so kann die Anwendung einer abweichenden Anwendungsregel möglicherweise das CE-Zeichen ausschließen.

(6) In EN 1991-2 werden die Anwendungsregeln durch Absatznummern in Klammern, z. B. wie für diesen Absatz, gekennzeichnet

1.4 Begriffe

ANMERKUNG 1 Zur Anwendung dieser Europäischer Norm werden die allgemeinen Definitionen in EN 1990 bereitgestellt. Zusätzliche Definitionen, die speziell für diesen Teil gültig sind, werden nachfolgend aufgeführt.

ANMERKUNG 2 Begriffe für Rückhaltesysteme an Straßen werden aus der EN 1317-1 abgeleitet.

1.4.1 Harmonisierte Begriffsbestimmungen und allgemeine Begriffe

1.4.1.1 Überbau
durch Verkehrslasten beanspruchter Teil einer Brücke oberhalb von Pfeilern, Widerlagern und anderen Wänden; Pylone nicht eingeschlossen

1.4.1.2 Rückhaltesysteme an Straßen
allgemeine Bezeichnung für ein Fahrzeug- und Fußgängerrückhaltesystem an Straßen

ANMERKUNG Rückhaltesysteme an Straßen können, entsprechend der Anwendung, sein:

— dauernd (befestigt) oder temporär (demontierbar, d. h., sie sind abbaubar und werden bei zeitlich begrenzten Straßenbauarbeiten, Unfällen oder ähnlichen Gegebenheiten eingesetzt),

— verformbar oder starr,

— einseitig begrenzend (sie können Anprall nur von einer Seite her aufnehmen) oder beidseitig begrenzend (sie können beidseitig Anprall aufnehmen).

1.4.1.3 Schutzeinrichtung
ein Fahrzeug-Rückhaltesystem, das längsseits einer Straße oder im Mittelstreifen errichtet wird

---

1) ETAG: European Technical Approval Guideline

1.4.1.4 Schutzeinrichtung für Fahrzeuge
eine Schutzeinrichtung, die am Rand einer Brücke oder an einer Stützmauer oder einer vergleichbaren Konstruktion errichtet wird, an der sich ein plötzlicher Geländeabfall befindet, und die zusätzliche Schutz- und Rückhaltesysteme für Fußgänger oder andere Straßenbenutzer beinhalten kann

1.4.1.5 Fußgänger-Rückhaltesystem
ein System, das errichtet wird, um Fußgänger zurückzuhalten und zu leiten

1.4.1.6 Brüstung für Fußgänger
ein für Fußgänger oder für andere Straßenbenutzer errichtetes Rückhaltesystem entlang einer Brücke oder auf einer Stützmauer oder ähnlichen Konstruktionen, das nicht als Fahrzeug-Rückhaltesystem dient

1.4.1.7 Gehweggeländer
ein Rückhaltesystem für Fußgänger oder „andere Straßenbenutzer" längsseits des Randes eines Fußwegs oder -pfads, das Fußgänger oder andere Straßenbenutzer davon abhalten soll, eine Fahrbahn oder andere, möglicherweise gefährliche Flächen zu betreten oder zu überqueren

ANMERKUNG „Andere Straßenbenutzer" darf Vorkehrungen für Reiter, Radfahrer und freilaufendes Vieh einschließen.

1.4.1.8 Lärmschutzwand
eine Lärmschutzwand ist eine Abschirmung zur Verminderung der Geräuschausbreitung

1.4.1.9 Besichtigungssteg
ein Besichtigungssteg ist ein dauerhafter Zugang für die Inspektion, der nicht für den öffentlichen Verkehr freigegeben ist

1.4.1.10 Besichtigungswagen
von der Brücke getrennter Teil einer Besichtigungseinrichtung, der der Prüfung und Überwachung dient

1.4.1.11 Fußgängerbrücke
eine Fußgängerbrücke ist eine hauptsächlich dem Fußgänger- und/oder Radfahrverkehr dienende Brücke, auf der weder normaler Kraftfahrzeugverkehr noch Eisenbahnverkehr zulässig ist

1.4.2 Begriffsbestimmungen speziell für Straßenbrücken

1.4.2.1 Fahrbahn
die Fahrbahn ist (im Hinblick auf die Anwendung von Abschnitten 4 und 5) definiert als Teil der auf einem Einzelbauwerk (Überbau, Pfeiler usw.) befindlichen Straßenfläche, der alle physikalisch vorhandenen Fahrstreifen (d. h., sie können auf der Straßenoberfläche markiert sein), Standstreifen, Bankette und Markierungsstreifen umfasst, siehe 4.2.3 (1)

1.4.2.2 Standstreifen
ein Standstreifen ist ein Streifen, der an den äußersten Fahrstreifen angrenzt und nur in Notfällen oder bei Behinderung als Fahrstreifen benutzt wird

1.4.2.3 Bankett
ein Bankett ist ein Streifen zwischen Fahrstreifen und Schutzeinrichtungen mit einer Breite von weniger oder gleich 2 m

1.4.2.4 Mittelstreifen
Fläche zur Abtrennung der beiden Richtungsfahrbahnen. In der Regel umfasst er einen mittleren Streifen und seitliche Bankette, die von dem mittleren Streifen durch Schutzeinrichtungen getrennt sind

1.4.2.5 rechnerischer Fahrstreifen
ein rechnerischer Fahrstreifen ist ein Streifen der Fahrbahn, parallel zu einer Fahrbahnseite, der nach Abschnitt 4 ein Verkehrsband aufnimmt

1.4.2.6 Restfläche

falls vorhanden, ist die Restfläche die Differenz zwischen der Gesamtfläche der Fahrbahn und der Summe der Fläche der rechnerischen Fahrstreifen (siehe Bild 4.1)

1.4.2.7 Doppelachslast

eine Doppelachslast ist eine Anordnung von zwei hintereinander liegenden Achsen, die als gleichzeitig belastet angesehen werden

1.4.2.8 Sondertransportlasten

Fahrzeuglasten, die nicht ohne behördliche Erlaubnis auf einer Strecke verkehren dürfen

1.4.3 Begriffsbestimmungen speziell für Eisenbahnbrücken

1.4.3.1 Gleise

die Gleise umfassen Schienen und Schwellen. Sie liegen auf einem Schotterbett oder sind direkt mit dem Brückenüberbau verbunden. Die Gleise können mit Schienenauszügen an einer oder beiden Seiten des Überbaus versehen sein. Die Lage der Gleise und die Dicke des Schotterbettes dürfen zur Instandhaltung der Gleise während der Nutzungszeit der Brücke verändert werden

1.4.3.2 Dienstgehwege

Dienstgehwege sind die zwischen Gleisen und Geländern liegenden Streifen entlang der Gleise

1.4.3.3 Resonanzgeschwindigkeit

Verkehrsgeschwindigkeit, bei der die Frequenz der Belastung (oder ein Vielfaches davon) mit der Eigenfrequenz des Bauwerks (oder ein Vielfaches davon) übereinstimmt

1.4.3.4 häufig auftretende Betriebsgeschwindigkeit

am häufigsten vor Ort auftretende Geschwindigkeit eines Betriebszugs für ein Einzelprojekt (wird für Ermüdungsuntersuchungen benutzt)

1.4.3.5 örtlich zulässige Geschwindigkeit

maximale vor Ort für ein Einzelprojekt festgelegte zulässige Geschwindigkeit des Verkehrs (allgemein begrenzt durch die Eigenschaften der Infrastruktur oder die Anforderungen an die Betriebssicherheit der Eisenbahn)

1.4.3.6 zulässige Fahrzeughöchstgeschwindigkeit

zulässige Höchstgeschwindigkeit eines Betriebszugs, die durch die Eigenschaften der Fahrzeuge bestimmt ist und die allgemein unabhängig von der Infrastruktur ist

1.4.3.7 Streckenhöchstgeschwindigkeit

allgemein die höchste vor Ort vorhandene Streckengeschwindigkeit. Für ein Einzelprojekt darf eine reduzierte Geschwindigkeit festgelegt werden, um die maximal zugelassene Geschwindigkeit von einzelnen Betriebszügen überprüfen zu können

1.4.3.8 Maximale Entwurfgeschwindigkeit

allgemein 1,2 × Streckengeschwindigkeit

1.4.3.9 Abnahmegeschwindigkeit

maximale Geschwindigkeit, die bei einem Versuch für einen neuen Zug benutzt wird, bevor der Zug in den operativen Betrieb genommen wird, sowie für spezielle Tests usw. Im Allgemeinen überschreitet die Geschwindigkeit die zulässige Fahrzeughöchstgeschwindigkeit. Die zugehörigen Anforderungen sind für das Einzelprojekt festzulegen

1.5 Symbole und Formelzeichen

Im Sinne dieser Europäischen Norm gelten die folgenden Symbole und Formelzeichen:

1.5.1 Allgemeine Symbole

ANMERKUNG Symbole, die nur an einer Stelle verwendet werden, sind hier nicht nochmals systematisch aufgelistet.

Lateinische Großbuchstaben

L im Allgemeinen die Belastungslänge

Lateinische Kleinbuchstaben

gri Gruppe von Lasten, i ist eine Zahl von 1 bis n

r horizontaler Radius der Gradiente von Fahrbahn oder Gleisen, Abstand zwischen Radlasten, siehe Bild 6.3

1.5.2 Symbole speziell für Abschnitte 4 und 5

Lateinische Großbuchstaben

Q_{ak} charakteristischer Wert einer Einzelachslast (Lastmodell 2) für Straßenbrücken (siehe 4.3.3)

Q_{flk} charakteristische Horizontallast für Fußgängerbrücken

Q_{fwk} charakteristischer Wert einer horizontalen Einzellast (Radlast) für Fußgängerbrücken (siehe 5.3.2.2)

Q_{ik} Größe der charakteristischen Achslast (Lastmodell 1) für den rechnerischen Fahrstreifen Nummer i (i = 1, 2 ...) von Straßenbrücken

Q_{lk} Größe der charakteristischen Längskraft (Brems- und Anfahrkräfte) für Straßenbrücken

Q_{serv} Lastmodell für ein Wartungsfahrzeug bei Fußgängerbrücken

Q_{tk} Größe der charakteristischen Fliehkraft bei Straßenbrücken

Q_{trk} Bremslasten bei Straßenbrücken

TS Doppelachse bei Lastmodell 1

UDL gleichmäßig verteilte Last bei Lastmodell 1

Lateinische Kleinbuchstaben

f_{h} horizontale Eigenfrequenz der Brücke

f_{v} vertikale Eigenfrequenz der Brücke

n_1 Anzahl der rechnerischen Fahrstreifen bei Straßenbrücken

q_{eq} gleichmäßig verteilte Ersatzlast auf Hinterfüllungen (siehe 4.9.1)

q_{fk} charakteristisch gleichmäßig verteilte Vertikallast auf Gehwegen oder Fußgängerbrücken

q_{ik} Höhe der gleichmäßig verteilten vertikalen Belastung (Lastmodell 1) auf rechnerischen Fahrstreifen Nummer i (i = 1, 2 ...) von Straßenbrücken

q_{rk} Höhe der gleichmäßig verteilten vertikalen Belastung auf der Restfläche der Fahrbahn (Lastmodell 1)

w Breite der Fahrbahn von Straßenbrücken, einschließlich Standstreifen, Bankette und Markierungen (siehe 4.2.3 (1))

w_1 Breite eines rechnerischen Fahrstreifens von Straßenbrücken

Griechische Großbuchstaben

$\Delta\varphi_{fat}$ zusätzlicher Vergrößerungsfaktor für Ermüdung in der Nähe von Fahrbahnübergängen (siehe 4.6.1(6))

Griechische Kleinbuchstaben

α_{Qi}, α_{qi} Anpassungsfaktor für einige Lastmodelle, die auf den in 4.3.2 definierten Fahrstreifen i (i = 1, 2 ...) angesetzt werden

α_{qr} Anpassungsfaktor für einige Lastmodelle, die auf die in 4.3.2 definierten verbleibenden Restflächen angesetzt werden

β_Q Anpassungsfaktor für das in 4.3.3 definierte Lastmodell 2

φ_{fat} dynamischer Vergrößerungsfaktor für Ermüdung (siehe Anhang B)

1.5.3 Symbole speziell für Abschnitt 6

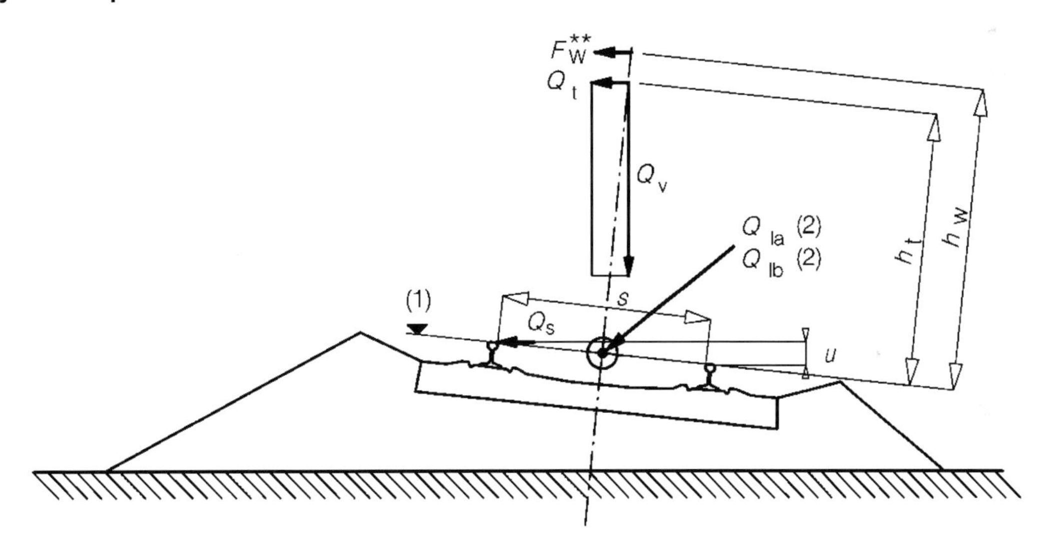

Legende

(1) Fahrebene
(2) Längsgerichtete Kräfte, die in der Gleisachse verlaufen

Bild 1.1 — Bezeichnungen und Abmessungen speziell für Eisenbahnen Bild 1.1

Lateinische Großbuchstaben

$A_{(L/\lambda)}G_{(\lambda)}$ Aggressivität (siehe Gleichungen E.4 und E.5)

D Wagen- oder Fahrzeuglänge

D_{IC} Länge eines Mittelwagens eines Betriebszugs mit einer Achse je Wagen

E_{cm} E-Modul von Beton (Sekantenmodul)

F_L Gesamte längsgerichtete Auflagerkraft

F_{Qk} Charakteristische längsgerichtete Kraft je Gleis an den Festlagern infolge der Verformungen des Überbaus

F_{Tk} Längskraft auf ein Festlager resultierend aus Temperatureinwirkungen auf Gleise und Tragwerk

F_{W}^{**} zum Schienenverkehr korrespondierende Windkraft

F_{li} einzelne längsgerichtete Auflagerreaktion infolge der Einwirkung i

G Eigengewicht (allgemein)

H Höhe zwischen (horizontaler) Drehachse des Festlagers und der oberen Oberfläche des Überbaus (Unterseite des Schotters unter den Bahngleisen)

K gesamte Auflagersteifigkeit in Längsrichtung

K_2 längsgerichtete Auflagersteifigkeit je Gleis je m, 2E3 kN/m

K_5 längsgerichtete Auflagersteifigkeit je Gleis je m, 5E3 kN/m

K_{20} längsgerichtete Auflagersteifigkeit je Gleis je m, 20E3 kN/m

L Länge (allgemein)

L_{T} Auszugslänge

L_{TP} maximal zulässige Ausbreitungslänge

L_{f} Einflusslinie des belasteten Teils einer gekrümmten Strecke

L_{i} Einflusslinie

L_{Φ} „maßgebende" Länge (Länge in Verbindung mit Φ)

M Anzahl der Einzellasten in einem Zug

N Anzahl der regelmäßigen sich wiederholenden Wagen oder Fahrzeuge,
Anzahl der Achsen oder
Anzahl der gleichen Einzellasten

P Einzellast,
einzelne Achslast

Q konzentrierte Last oder veränderliche Einwirkung (allgemein)

Q_{A1d} Einzellast bei Entgleisungen

Q_{h} Horizontalkraft (allgemein)

Q_{k} charakteristischer Wert einer konzentrierten Last oder einer veränderlichen Einwirkung (z. B. charakteristischer Wert einer vertikalen Last auf einem nicht öffentlichen Fußweg)

Q_{lak} charakteristischer Wert der Anfahrkraft (Beschleunigen)

Q_{lbk} charakteristischer Wert der Bremskraft

Q_{r} Einwirkungen aus Eisenbahnverkehr (allgemein, z. B. resultierend aus Windeinwirkung und Fliehkräften)

Q_{sk} charakteristischer Wert des Seitenstoßes (Schlingerkraft)

Q_{tk} charakteristischer Wert der Fliehkraft

Q_{v} vertikale Achslast

Q_{vi} Radlast

Q_{vk} charakteristischer Wert der vertikalen Last (konzentrierte Last)

ΔT Temperaturveränderung

ΔT_{D} Temperaturveränderung des Überbaus

ΔT_{N} Temperaturveränderung

ΔT_{R} Temperaturveränderung der Schiene

V Geschwindigkeit, in km/h
örtlich zulässige Geschwindigkeit, in km/h

X_{i} Länge eines Zugs bestehend aus i-Achsen

Lateinische Kleinbuchstaben

a Abstand zwischen den Schienenauflagerungen, Länge der Streckenlasten (Lastmodelle SW/0 und SW/2)

a_{g} horizontaler Abstand zur Gleisachse

a'_{g} äquivalenter horizontaler Abstand zur Gleisachse

b Länge der Lastverteilung durch Schwellen und Schotterbett in Längsrichtung

c Abstand zwischen Streckenlasten (Lastmodelle SW/0 und SW/2)

d gleichmäßiger Achsabstand von Achsgruppen
Abstand der Achsen im Drehgestell
Abstand der Einzellasten im Modell HSLM-B

d_{BA} Abstand der Achsen im Drehgestell

d_{BS} Abstand der Drehgestellmitten bei aufeinanderfolgenden Drehgestellen

e Exzentrizität bei Vertikallasten, Exzentrizität der resultierenden Einwirkung in der Bezugsebene

e_{c} über die Kupplung von zwei einzelnen Zugteilen vorhandener Abstand zwischen zwei angrenzenden Achsen

f Abminderungsfaktor für Fliehkraft

$f_{\mathrm{ck}}, f_{\mathrm{ck,cube}}$ Zylinderdruckfestigkeit/Würfeldruckfestigkeit von Beton

g Erdbeschleunigung

h Höhe (allgemein),
Höhe der Überdeckung einschließlich des Schotters oberhalb des Überbaus bis zur Oberkante der Schwellen

h_{g} vertikaler Abstand von der Fahrebene zur Unterseite des Tragwerks

h_{t} Höhe der Fliehkraft über der Schienenoberkante

h_{w} Höhe der Windkraft über der Schienenoberkante

k Längsverschiebewiderstand der Gleise

k_1 Formbeiwert für Züge

k_2 multiplikativer Faktor für Druck- und Sogeinwirkung infolge Zugverkehr auf vertikale Oberflächen parallel zu den Gleisen

k_3 Abminderungsfaktor für Druck-Sogeinwirkungen infolge Zugverkehr auf einfache horizontale Oberflächen neben dem Gleis

k_4 multiplikativer Faktor für Druck-Sogeinwirkungen infolge Zugverkehr auf Oberflächen, die Gleise umschließen (horizontale Einwirkung)

k_5 multiplikativer Faktor für Druck-Sogeinwirkungen infolge Zugverkehr auf Oberflächen, die Gleise umschließen (vertikale Einwirkungen)

k_{20} Längsverschiebewiderstand der Gleise, 20 kN je m Gleis

k_{40} Längsverschiebewiderstand der Gleise, 40 kN je m Gleis

k_{60} Längsverschiebewiderstand der Gleise, 60 kN je m Gleis

n_0 Eigenfrequenz der unbelasteten Brücke (Biegung)

n_T Eigenfrequenz des Tragwerks (Torsion)

q_{A1d}, q_{A2d} Linienlast für aus Entgleisung resultierenden Lasten

q_{fk} charakteristischer Wert der vertikalen Belastung auf nicht öffentlichen Gehwegen (gleichmäßig verteilte Last)

q_{ik} charakteristischer Wert der gleichmäßig verteilten Ersatzlast für Druck-Sogeinwirkungen infolge Zugverkehr

q_{lak} charakteristischer Wert der gleichmäßig verteilten Anfahrkraft

q_{lbk} charakteristischer Wert der gleichmäßig verteilten Bremskraft

q_{tk} charakteristischer Wert der gleichmäßig verteilten Fliehkraft

q_{v1}, q_{v2} Vertikallast (gleichmäßig verteilt)

q_{vk} charakteristischer Wert der Vertikallast (gleichmäßig verteilte Last)

r Gleisbogenradius,
Radabstand quer

s Spurweite

u Überhöhung, relativer vertikaler Abstand zwischen den Oberkanten der beiden Schienen an einer bestimmten Stelle der Strecke

v Streckenhöchstgeschwindigkeit, in m/s,
maximale zugelassene Fahrzeuggeschwindigkeit, in m/s,
Geschwindigkeit, in m/s

v_{DS} maximale Entwurfsgeschwindigkeit, in m/s

v_i Resonanzgeschwindigkeit, in m/s

y_{dyn}, y_{stat} maximale dynamische Tragwerksreaktion und maximale zugehörige statische Tragwerksreaktion an irgendeinem bestimmten Punkt

Griechische Großbuchstaben

Θ Endtangentenwinkel des Tragwerks (allgemein)

Φ (Φ_2, Φ_3) dynamischer Beiwert für die Eisenbahnlastmodelle 71, SW/0 und SW/2

Griechische Kleinbuchstaben

α Lastklassenbeiwert,
Geschwindigkeitsbeiwert,
linearer Temperaturausdehnungskoeffizient

β Verhältnis des Abstands zwischen der neutralen Achse und der Oberfläche des Überbaus bezogen auf die Höhe H

δ	Verformung (allgemein), Durchbiegung (vertikal)
δ_0	Verformung in Feldmitte infolge ständiger Einwirkungen
δ_B	relative Verformung in Längsrichtung am Ende des Überbaus infolge von Anfahren und Bremsen
δ_H	relative Verformung in Längsrichtung am Ende des Überbaus hervorgerufen durch Verformungen des Überbaus
δ_h	horizontale Verformung, horizontale Verformungen, hervorgerufen durch in Längsrichtung auftretende Verformungen der Gründungskörper oder Unterkonstruktion
δ_p	horizontale Verformungen, hervorgerufen durch in Längsrichtung auftretende Verformungen des Unterbaus
δ_V	relative vertikale Verformung am Ende des Überbaus
δ_φ	horizontale Verformungen, hervorgerufen durch in Längsrichtung auftretende Verdrehungen der Gründungskörper
γ_{Ff}	Teilsicherheitsbeiwert für Ermüdungslasten
γ_{Mf}	Teilsicherheitsbeiwert für Ermüdungsfestigkeiten
φ, φ', φ''	dynamischer Beiwert der statischen Last bei Betriebszügen
φ'_{dyn}	dynamischer Beiwert der statischen Last bei Betriebszügen, bestimmt durch dynamische Berechnungen
κ	Beiwert, der sich auf die Steifigkeit des Widerlagers zum Brückenpfeiler bezieht
λ	schadensäquivalenter Beiwert für Ermüdung, angeregte Wellenlänge
λ_C	kritische Wellenlänge der Erregung
λ_i	Hauptwellenlänge der Erregung
λ_v	angeregte Wellenlänge bei maximaler Bemessungsgeschwindigkeit
ρ	Dichte
σ	Spannung
σ_A, σ_B, σ_M	Spannungen auf die Oberfläche des Überbaus infolge Verkehrslasten
$\Delta\sigma_{71}$	Spannungsschwingbreite im Lastmodell 71 (und wo notwendig SW/0)
$\Delta\sigma_C$	Bezugswert für Ermüdungsfestigkeiten
ξ	Abminderungsfaktor zur Bestimmung der durch Anfahren und Bremsen hervorgerufenen Längskräfte an Festlagern von einteiligen Überbauten
ζ	unterer Grenzwert in Prozent der kritischen Dämpfung oder Dämpfungsverhältnis
ζ_{TOTAL}	gesamte Dämpfung (%)
$\Delta\zeta$	zusätzliche Dämpfung (%)

2 Einteilung der Einwirkungen

2.1 Allgemeines

(1) Die wesentlichen Einwirkungen aus Verkehr sowie andere für Brücken spezifische Einwirkungen sollten nachstehend nach EN 1990 Abschnitt 4 (4.1.1) klassifiziert werden.

(2) Einwirkungen aus Verkehr auf Straßenbrücken, Fußgängerbrücken und Eisenbahnbrücken bestehen aus veränderlichen und aus außergewöhnlichen Einwirkungen, die durch verschiedene Modelle dargestellt werden.

(3) Alle Einwirkungen aus Verkehr werden als unabhängige Einwirkungen innerhalb der in den Abschnitten 4 bis 6 festgelegten Grenzen angesehen.

(4) Einwirkungen aus Verkehr bestehen aus mehreren Komponenten.

2.2 Veränderliche Einwirkungen

(1) Unter normalen Anwendungsbedingungen (z. B. bei Ausschluss jeglicher außergewöhnlicher Bemessungssituationen) sollten Lasten aus Kraftfahrzeugverkehr und aus Fußgängerverkehr (falls erforderlich einschließlich dynamischer Erhöhung) als veränderliche Einwirkungen betrachtet werden.

(2) Die verschiedenen repräsentativen Werte sind:

— charakteristische Werte, die entweder auf statistischer Grundlage ermittelt (d. h. aufgrund einer begrenzten Überschreitungswahrscheinlichkeit für eine Brücke während ihrer üblichen Nutzungszeit) oder die nominal festgelegt wurden (siehe EN 1990, 4.1.2(7)),

— häufige Werte,

— quasi-ständige Werte.

ANMERKUNG 1 In Tabelle 2.1 werden Informationen als Grundlage zur Anpassung der wichtigsten Lastmodelle (ausgenommen Ermüdung) für Straßenbrücken und Fußgängerbrücken angegeben. Die Schienenbelastungen und die zugehörigen γ- und ψ-Faktoren sind unter Verwendung der Methode (a) in Bild C.1 der EN 1990 entwickelt worden.

Tabelle 2.1 — Grundlagen zur Anpassung der wichtigsten Lastmodelle (Ermüdung ausgenommen)

Verkehrs-lastmodell	Charakteristische Werte	Häufige Werte	Quasi-ständige Werte
Straßen-brücken			
LM1 (4.3.2)	Wiederkehrperiode 1 000 Jahre (oder übersteigende Zuverlässigkeit von 5 % in 50 Jahren) für Verkehr auf den Hauptstrecken Europas (α-Faktoren gleich 1, siehe 4.3.2)	Wiederkehrperiode 1 Woche für Verkehr auf den Hauptstrecken Europas (α-Faktoren gleich 1, siehe 4.3.2)	Anpassung nach in EN 1990 angegebenen Definitionen.
LM2 (4.3.3)	Wiederkehrperiode 1 000 Jahre (oder übersteigende Zuverlässigkeit von 5 % in 50 Jahren) für Verkehr auf den Hauptstrecken Europas (β-Faktor gleich 1, siehe 4.3.3)	Wiederkehrperiode 1 Woche für Verkehr auf den Hauptstrecken Europas (β-Faktor gleich 1, siehe 4.3.3).	nicht maßgebend
LM3 (4.3.4)	Satz von Nominalwerten Die im Anhang A definierten Grundwerte sind von einer Synthese abgeleitet worden, basierend auf verschiedenen nationalen Regelungen.	nicht maßgebend	nicht maßgebend
LM4 (4.3.5)	Nominalwerte umfassen den Einfluss aus Menschenansammlungen. Definiert mit Verweisen zu vorhandenen nationalen Normen.	nicht maßgebend	nicht maßgebend

Tabelle 2.1 *(fortgesetzt)*

Verkehrs-lastmodell	Charakteristische Werte	Häufige Werte	Quasi-ständige Werte
Fußgänger-brücken			
Gleichmäßig verteilte Last (5.3.2.1)	Nominalwerte umfassen den Einfluss aus Menschenansammlungen. Definiert mit Verweisen zu vorhandenen nationalen Normen.	Äquivalente statische Last, angepasst auf Grundlage von 2 Fußgängern/m^2 (dynamisches Verhalten ist nicht vorhanden). Für in Wohngegenden vorhandene Fußgängerbrücken kann sie als Last betrachtet werden, die eine Wiederkehrperiode von 1 Woche besitzt.	Anpassung nach in EN 1990 angegebenen Definitionen
Konzentrierte Last (5.3.2.2)	Nominalwert. Definiert mit Verweisen zu vorhandenen nationalen Normen.	nicht maßgebend	nicht maßgebend
Gebrauchs-last (5.3.2.3)	Nominalwert, wie in 5.6.3 festgelegt oder angegeben.	nicht maßgebend	nicht maßgebend

ANMERKUNG 2 Für Straßenbrücken darf der Nationale Anhang die Nutzung von nicht häufigen Werten vorsehen, die bestimmungsgemäß angenähert einer durchschnittlichen Wiederkehrperiode von einem Jahr für Verkehr auf den Hauptstrecken in Europa entsprechen. Siehe auch EN 1992-2, EN 1994-2 und Anhang A.2 zu EN 1990.

NDP zu 2.2 (2) Anmerkung 2

Der nicht-häufige Wert ist nicht vorgesehen.

(3) Für Ermüdungsnachweise sind gesonderte Modelle, zugehörige Werte und, falls erforderlich, spezielle Anforderungen in 4.6 für Straßenbrücken, in 6.9 für Eisenbahnbrücken und in entsprechenden Anhängen angegeben.

2.3 Außergewöhnliche Einwirkungen

(1) Kraftfahrzeuge und Züge können Einwirkungen aus Anprall, durch außergewöhnliches Auftreten oder durch außergewöhnliche Stellung erzeugen. Diese Einwirkungen sollten beim Entwurf, der Bemessung und der Berechnung des Tragwerks berücksichtigt werden, wenn keine angemessenen Schutzmaßnahmen vorgesehen sind.

ANMERKUNG Angemessene Schutzmaßnahmen dürfen im Nationalen Anhang oder für das Einzelprojekt definiert werden.

NDP zu 2.3 (1) Anmerkung

Weitere Vorschriften oder ergänzende Bestimmungen siehe Regelungen der Baulastträger bzw. der zuständigen Aufsichtsbehörde.

Insbesondere gelten:

— Richtlinie für passiven Schutz an Straßen durch Fahrzeugrückhaltesystem (RPS); FGSV 343[2)]

— DIN EN 1317-1, Rückhaltesysteme an Straßen — Teil 1: Terminologie und allgemeine Kriterien für Prüfverfahren (Eventuelle zusätzliche Anforderungen sind vom Baulastträger bzw. der zuständigen Regelungsbehörde ggf. für das Einzelbauvorhaben festzulegen.)

— DIN EN 1317-2, Rückhaltesysteme an Straßen — Teil 2: Leistungsklassen, Abnahmekriterien für Anprallprüfungen und Prüfverfahren für Schutzeinrichtungen und Fahrzeugbrüstungen

— E DIN EN 1317-6, Rückhaltesysteme an Straßen — Teil 6: Fußgängerrückhaltesysteme, Brückengeländer

Einzelheiten siehe Festlegungen zu 4.7.2.2 (1) dieses Nationalen Anhanges.

(2) Die in diesem Teil der EN 1991 beschriebenen außergewöhnlichen Einwirkungen beziehen sich auf die in der Regel gegebenen Randbedingungen. Sie werden durch verschiedene Lastmodelle dargestellt, die Bemessungswerte in Form von statisch äquivalenten Lasten definieren.

(3) Außergewöhnliche Einwirkungen, hervorgerufen durch Straßenfahrzeuge, die unter Straßenbrücken, Fußgängerbrücken und Eisenbahnbrücken durchfahren, siehe 4.7.2, 5.6.2 und 6.7.2.

(4) Kräfte auf Straßen- und Eisenbahnbrücken (z. B. über Kanäle oder schiffbare Wasserstraßen) infolge des Anpralls von Booten, Schiffen oder Flugzeugen sind durch diesen Teil der EN 1991 nicht abgedeckt.

ANMERKUNG Siehe EN 1991-1-7 und Nationaler Anhang. Zusätzliche Anforderungen dürfen für das Einzelprojekt festgelegt werden.

NDP zu 2.3 (4) Anmerkung

Es gelten die empfohlenen Regelungen.

(5) Außergewöhnliche Einwirkungen durch Kraftfahrzeuge auf Straßen- und Fußgängerbrücken sind in 4.7.3 bzw. 5.6.3 angegeben.

(6) Außergewöhnliche Einwirkungen infolge von Zügen oder Einrichtungen für den Eisenbahnverkehr sind in 6.7 angegeben. Falls notwendig, sind sie anwendbar für Straßenbrücken, Fußgängerbrücken und Eisenbahnbrücken.

2) Zu beziehen bei: FGSV Verlag GmbH, Wesselinger Str. 17, 50999 Köln.

3 Bemessungssituationen

(1)P Ausgewählte Bemessungssituationen müssen berücksichtigt werden und kritische Lastfälle sind zu ermitteln. Für jeden kritischen Lastfall müssen die Bemessungswerte der zu kombinierenden Einwirkungen festgelegt werden.

ANMERKUNG Für Brücken, bei denen das Fahrzeuggewicht durch Beschilderung begrenzt ist, sollte eine außergewöhnliche Bemessungssituation berücksichtigt werden, in der ein Einzelfahrzeug unter Nichtbeachtung der Warnhinweise die Brücke überquert.

(2) Die bei Verwendung von Lastgruppen (Kombination von Einwirkungsanteilen) gleichzeitig zu berücksichtigenden Verkehrslasten werden in den folgenden Abschnitten angegeben. Jede davon sollte, falls erforderlich, bei der Berechnung und Bemessung berücksichtigt werden.

(3)P Die Kombinationsregeln hängen von den zu führenden Nachweisen ab; sie müssen mit EN 1990 übereinstimmen.

ANMERKUNG Kombinationen der seismischen Einwirkungen für Brücken und zugehörige Regeln, siehe EN 1998-2.

(4) Besondere Regelungen zur Berücksichtigung des gleichzeitigen Auftretens weiterer Einwirkungen auf Straßenbrücken, Fußgängerbrücken und Eisenbahnbrücken enthält Anhang A.2 von EN 1990.

(5) Für Brücken mit kombiniertem Straßen- und Eisenbahnverkehr sollten die Gleichzeitigkeit des Auftretens der Einwirkungen und die einschlägigen erforderlichen Nachweise festgelegt werden.

ANMERKUNG Die diesbezüglichen Regeln dürfen im Nationalen Anhang oder für das Einzelprojekt festgelegt werden.

NDP zu 3 (5) Anmerkung

Im Nationalen Anhang werden keine Festlegungen getroffen. Die Anforderungen sind vom Baulastträger bzw. der zuständigen Regelungsbehörde festzulegen.

4 Straßenverkehr und andere für Straßenbrücken besondere Einwirkungen

4.1 Anwendungsgebiet

(1) Die in diesem Abschnitt definierten Lastmodelle sollten für Entwurf, Berechnung und Bemessung von Straßenbrücken benutzt werden, deren Belastungslänge kleiner als 200 m ist.

ANMERKUNG 1 200 m entspricht der maximalen Länge, die bei der Anpassung des Lastmodells 1 (siehe 4.3.2) berücksichtigt wurde. Im Allgemeinen liegt die Benutzung des Lastmodells 1 für Brücken mit Belastungslängen größer als 200 m auf der sicheren Seite.

NCI zu 4.1 (1) Anmerkung 1

ANMERKUNG 1 erhält folgende Fassung:

ANMERKUNG 1 200 m entspricht der maximalen Länge einer zusammenhängenden Einflusslinie gleichen Vorzeichens, die bei der Anpassung des Lastmodells 1 (siehe 4.3.2) berücksichtigt wurde. Im Allgemeinen liegt die Anwendung des Lastmodells 1 für Brücken mit Belastungslängen größer als 200 m auf der sicheren Seite.

ANMERKUNG 2 Lastmodelle für Brücken, die größer als 200 m sind, dürfen im Nationalen Anhang oder für das Einzelprojekt definiert werden.

NDP zu 4.1 (1) Anmerkung 2

4.1 (1) ist bis 200 m Einzelstützweite anzuwenden. Bei größeren Einzelstützweiten sind die Anforderungen vom Baulastträger bzw. der zuständigen Regelungsbehörde festzulegen.

(2) Mit den Modellen und zugehörigen Regelungen ist beabsichtigt, alle normalerweise absehbaren Verkehrssituationen (d. h. Verkehr in jeder Richtung auf jedem Fahrstreifen infolge Straßenverkehr) bei Entwurf, Berechnung und Bemessung zu berücksichtigen (siehe jedoch (3) und die Anmerkungen in 4.2.1).

ANMERKUNG 1 Besondere Modelle dürfen für Brücken, die gewichtsbeschränkend beschildert sind (z. B. für örtliche Straßen, Wirtschaftswege und -straßen sowie Privatstraßen), im Nationalen Anhang oder für das Einzelprojekt definiert werden.

NDP zu 4.1 (2) Anmerkung 1

Besondere Modelle für gewichtsbeschränkend beschilderte Brücken sind hier nicht festgelegt.

ANMERKUNG 2 Lastmodelle für an Brücken angrenzende Widerlager und Wände sind getrennt zu definieren (siehe 4.9). Sie werden aus den Verkehrslastmodellen hergeleitet, ohne Korrektur der dynamischen Einflüsse. Bei Brücken mit Rahmenkonstruktionen können die aus der Hinterfüllung resultierenden Lasten die Einwirkungen auf das Brückentragwerk erhöhen.

(3) Die Einwirkungen von Lasten aus Straßenbauarbeiten (z. B. infolge von Schürfraupen, Lastwagen zum Transport von Boden usw.) oder von Lasten für Prüfung und Überwachung sowie für Versuche sind in den Lastmodellen nicht berücksichtigt. Falls erforderlich, sollten sie gesondert festgelegt werden.

4.2 Darstellung der Einwirkungen

4.2.1 Modelle zur Darstellung von Straßenverkehrslasten

(1) Einwirkungen aus Straßenverkehr, bestehend aus Personenkraftwagen, Lastkraftwagen und Sonderfahrzeugen (z. B. für industrielle Transporte), erzeugen vertikale und horizontale, statische und dynamische Lasten.

ANMERKUNG 1 Die in diesem Abschnitt festgelegten Lastmodelle beschreiben keine tatsächlichen Lasten. Sie wurden so gewählt und angepasst, dass sie den Einwirkungen des tatsächlichen im Jahr 2000 vorhandenen Verkehrs (einschließlich dynamischer Erhöhung, wo angezeigt) entsprechen.

ANMERKUNG 2 Der Nationale Anhang darf ergänzende Lastmodelle mit zugehörigen Kombinationsregeln definieren, wenn ein Verkehr zu berücksichtigen ist, der außerhalb der in diesem Abschnitt festgelegten Geltungsbereiche liegt.

NDP zu 4.2.1 (1) Anmerkung 2

Ergänzende Lastmodelle sind hier nicht festgelegt.

ANMERKUNG 3 Obwohl die in den Modellen enthaltenen dynamischen Erhöhungen (Ermüdung nicht eingeschlossen) bereits für eine mittlere Unebenheit des Fahrbahnbelags (siehe Anhang B) und für eine normale Fahrzeugfederung ermittelt wurden, hängen sie zusätzlich von verschiedenen Parametern und von Einflüssen aus den zu betrachtenden Einwirkungen ab. Daher können sie nicht durch einen einheitlichen Faktor ausgedrückt werden. Im ungünstigsten Fall kann der Faktor 1,7 betragen. Trotzdem können sich bei größerer Fahrbahnunebenheit oder bei Gefahr von Resonanz noch ungünstigere Erhöhungsfaktoren ergeben. Solche Fälle können jedoch durch eine hinreichende Qualität des Fahrbahnbelags und durch Entwurfsmaßnahmen vermieden werden. Eine Anpassung des vorgesehenen dynamischen Erhöhungsfaktors sollte daher nur in Ausnahmefällen, für besondere Nachweise (siehe 4.6.1 (6)) oder für ein bestimmtes Projekt vorgesehen werden.

(2) Wenn bei Entwurf, Berechnung und Bemessung von Brücken Militärlasten oder Fahrzeuge, die nicht mit nationalen Regelungen bezüglich der Begrenzung des Gewichts übereinstimmen, berücksichtigt werden sollen, müssen die zugehörigen Lastmodelle definiert werden. Dies gilt auch für Fahrzeuge, die aufgrund ihrer Abmessungen keine besondere Zulassung benötigen.

ANMERKUNG Der Nationale Anhang darf diese Modelle definieren. Angaben zu genormten Modellen für Spezialfahrzeuge und ihre Anwendung sind im Anhang A angegeben. Siehe 4.3.4.

NDP zu 4.2.1 (2) Anmerkung

Ergänzende Lastmodelle sind nicht definiert. Anhang A ist nicht anzuwenden.

4.2.2 Lastklassen

(1) Die derzeitigen Lasten auf Straßenbrücken ergeben sich aus verschiedenen Fahrzeugarten und aus Fußgängerverkehr.

(2) Der Fahrzeugverkehr kann, abhängig von seiner Zusammensetzung (z. B. LKW-Anteil), seiner Dichte (z. B. mittlere Anzahl von Fahrzeugen je Jahr), den Verkehrsbedingungen (z. B. Stauhäufigkeit), der Wahrscheinlichkeit des Auftretens von maximalen Fahrzeuggewichten und der zugehörigen Achslasten sowie ggf. vom Einfluss gewichtsbeschränkender Verkehrszeichen, von Brücke zu Brücke unterschiedlich sein.

Diese Unterschiede sollten durch Lastmodelle berücksichtigt werden, die zur örtlichen Lage der Brücke passen (z. B. Wahl der Anpassungsfaktoren α und β, definiert in 4.3.2 für das Lastmodell 1 und in 4.3.3 für das Lastmodell 2).

4.2.3 Unterteilung der Fahrbahn in rechnerische Fahrstreifen

(1) Die Fahrbahnbreite w sollte zwischen den Schrammborden oder den inneren Grenzen der Rückhaltesysteme für Fahrzeuge gemessen werden und sollte weder den Abstand zwischen fest eingebauten Rückhaltesystemen für Fahrzeuge oder Schrammborde des Mittelstreifens noch die Breite dieser Fahrzeugrückhaltesysteme enthalten.

ANMERKUNG Der Nationale Anhang darf den Kleinstwert für die Höhe von Schrammborden festlegen, der zu berücksichtigen ist. Der empfohlene Wert beträgt 100 mm.

NDP zu 4.2.3 (1) Anmerkung

Der Kleinstwert für die Höhe von Schrammborden ist mit 75 mm festgelegt.

(2) Die Breite w_1 der rechnerischen Fahrstreifen auf einer Fahrbahn und die größte ganzzahlige Anzahl n_1 dieser Streifen auf dieser Fahrbahn sind in Tabelle 4.1 definiert.

Tabelle 4.1 — Anzahl und Breite der rechnerischen Fahrstreifen

Fahrbahnbreite w	Anzahl der rechnerischen Fahrstreifen	Breite eines rechnerischen Fahrstreifens w_l	Breite der verbleibenden Restfläche
$w < 5{,}4$ m	$n_1 = 1$	3 m	$w - 3$ m
$5{,}4$ m $\leq w < 6$ m	$n_1 = 2$	$\frac{w}{2}$	0
6 m $\leq w$	$n_1 = Int\left(\frac{w}{3}\right)$	3 m	$w - 3 \times n_1$

ANMERKUNG Zum Beispiel ergibt sich für eine Fahrbahn von 11 m die Anzahl der rechnerischen Fahrstreifen zu $n_1 = Int\left(\frac{w}{3}\right) = 3$. Die Breite der vorhandenen Restfläche beträgt: $11 - 3 \times 3 = 2$ m.

(3) Für unterschiedliche Fahrbahnbreiten ergibt sich die Anzahl der rechnerischen Fahrstreifen durch die in Tabelle 4.1 festgelegten Regeln.

ANMERKUNG Die Anzahl der rechnerischen Fahrbahnbreiten beträgt hiernach:

— 1 bei $w < 5{,}4$ m

— 2 bei $5{,}4 \leq w < 9$ m

— 3 bei 9 m $\leq w < 12$ m, usw.

(4) Wird die Fahrbahn eines Brückenüberbaus durch Anordnung eines Mittelstreifens in zwei Richtungsfahrbahnen unterteilt, so gilt:

a) jeder Teil ist, einschließlich Standstreifen oder Bankette, getrennt in rechnerische Fahrstreifen zu unterteilen, wenn die Teile durch fest angebrachte Rückhaltesysteme an Straßen voneinander getrennt sind,

b) die gesamte Fahrbahnbreite einschließlich des Mittelstreifens ist in rechnerische Fahrstreifen zu unterteilen, wenn die Teilfahrbahnen durch abnehmbare Rückhaltesysteme an Straßen getrennt sind.

ANMERKUNG Die in 4.2.3 (4) angegebenen Regeln dürfen für ein Einzelprojekt in Abhängigkeit von zukünftigen Änderungen der Fahrspurverläufe (z. B. für Reparaturarbeiten) auf dem Überbau angepasst werden.

4.2.4 Lage und Nummerierung der rechnerischen Fahrstreifen für Entwurf, Berechnung und Bemessung

Die Lage und Nummerierung der rechnerischen Fahrstreifen soll nach folgenden Regeln festgelegt werden:

(1) Die Lage der rechnerischen Fahrstreifen hängt nicht notwendigerweise von ihrer Nummerierung ab.

(2) Die Anzahl der zu berücksichtigenden belasteten Fahrstreifen, ihre Lage auf der Fahrbahn und ihre Nummerierung sind für jeden Einzelnachweis (z. B. Nachweis der Tragfähigkeit eines Querschnitts bei Momentenbeanspruchung) so zu wählen, dass sich die ungünstigsten Beanspruchungen aus den Lastmodellen ergeben.

(3) Zur Ermittlung repräsentativer Werte und Modelle bei Ermüdung können die Lage und Nummerierung der Streifen entsprechend den normalerweise zu erwartenden Verkehrsbedingungen festgelegt werden.

(4) Der am ungünstigsten wirkende Streifen trägt die Nummer 1, der als zweitungünstigst wirkende Streifen trägt die Nummer 2 usw. (siehe Bild 4.1).

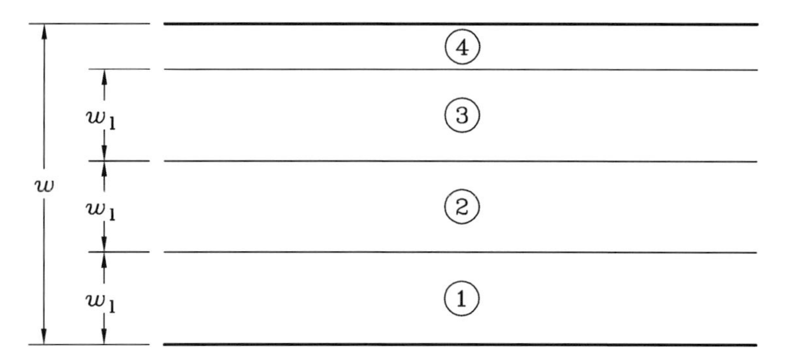

Legende

w Breite der Fahrbahn
w_1 Breite des rechnerischen Fahrstreifens
1 rechnerischer Fahrstreifen Nr. 1
2 rechnerischer Fahrstreifen Nr. 2
3 rechnerischer Fahrstreifen Nr. 3
4 verbleibende Restfläche

Bild 2 — Beispiel zur Nummerierung der Fahrstreifen

(5) Besteht die Fahrbahn aus zwei getrennten Richtungsfahrbahnen auf einem Überbau, so sollte für die gesamte Fahrbahn nur eine Nummerierung vorgenommen werden.

ANMERKUNG Folglich gibt es in diesem Fall nur einen Streifen mit der Nummer 1, der aber alternativ auf jeder der beiden Richtungsfahrbahnen liegen kann.

(6) Wenn die Fahrbahn aus zwei getrennten Teilen auf zwei unabhängigen Überbauten besteht, ist jeder Teil als eine Fahrbahn zu betrachten. Für jeden Überbau sollte dann eine eigenständige Nummerierung vorgesehen werden. Liegen die beiden Überbauten auf gemeinsamen Pfeilern und/oder Widerlagern auf, wird für die Berechnung und Bemessung der Unterbauten nur eine Nummerierung für beide Überbauten zusammen vorgenommen.

4.2.5 Anordnung der Lastmodelle in den einzelnen rechnerischen Fahrstreifen

(1) Für jeden Einzelnachweis sollte das Lastmodell in jedem rechnerischen Fahrstreifen in ungünstigster Stellung (Länge der Belastung und Stellung in Längsrichtung) angeordnet werden, soweit dies mit den weiter unten angegebenen Anwendungsbedingungen für das jeweilige Modell verträglich ist.

(2) Auf der Restfläche sollte das entsprechende Lastmodell auf ungünstigster Länge und Breite angeordnet werden, soweit dies verträglich mit den in 4.3 angegebenen Bedingungen ist.

(3) Falls erforderlich, sollten die verschiedenen Lastmodelle miteinander (siehe 4.5) und mit den Lastmodellen für Fußgängerverkehr oder Radfahrerverkehr kombiniert werden.

4.3 Vertikallasten — charakteristische Werte

4.3.1 Allgemeines und zugehörige Bemessungssituationen

(1) Charakteristische Lasten dienen der Beschreibung der Einwirkungen aus dem Straßenverkehr, die zum Nachweis im Grenzzustand der Tragfähigkeit und bei gewissen Nachweisen im Gebrauchszustand benötigt werden (siehe EN 1990 bis 1999).

(2) Die Modelle für Vertikallasten geben die folgenden Einwirkungen aus dem Verkehr wieder:

a) Lastmodell 1 (LM1): Einzellasten und gleichmäßig verteilte Lasten, die die meisten der Einwirkungen aus LKW- und PKW-Verkehr abdecken. Dieses Modell kann sowohl für globale als auch für lokale Nachweise angewendet werden.

b) Lastmodell 2 (LM2): Eine Einzelachse mit typischen Reifenaufstandsflächen, die die dynamischen Einwirkungen üblichen Verkehrs bei Bauteilen mit sehr kurzen Stützweiten berücksichtigt.

ANMERKUNG 1 LM2 kann bei Belastungslängen zwischen 3 m und 7 m bestimmend sein.

ANMERKUNG 2 Die Benutzung von LM2 darf im Nationalen Anhang genauer definiert werden.

NDP zu 4.3.1 (2) Anmerkung 2

Lastmodell 2 ist nicht anzuwenden.

c) Lastmodell 3 (LM3): Gruppe von Achslastkonfigurationen idealisierter Sonderfahrzeuge (z. B. für Industrietransporte) für ausgewiesene Schwerlaststrecken. Das Modell ist für globale und lokale Nachweise gedacht.

d) Lastmodell 4 (LM4): Menschenansammlungen. Das Lastmodell ist nur für globale Nachweise gedacht.

ANMERKUNG Die Belastung resultierend aus Menschenansammlungen kann insbesonders maßgebend werden für Brücken in und in der Nähe von Städten, wenn deren Auswirkungen nicht schon augenscheinlich durch das Lastmodell 1 abgedeckt sind.

(3) Die Lastmodelle 1, 2 und 3 sollten, falls notwendig, für jede Bemessungssituation berücksichtigt werden (z. B. vorübergehende Bemessungssituationen während Reparaturarbeiten).

(4) Das Lastmodell 4 gilt für gewisse vorübergehende Bemessungssituationen.

4.3.2 Lastmodell 1

(1) Das Lastmodell 1 besteht aus zwei Teilen:

a) Doppelachse (Tandem-System TS): Jede Achslast beträgt

$$\alpha_Q Q_k \tag{4.1}$$

wobei $\alpha_Q$ein Anpassungsfaktor ist.

— In jedem rechnerischen Fahrstreifen sollte nur eine Doppelachse aufgestellt werden.

— Es sollten nur vollständige Doppelachsen angeordnet werden.

— Für die globalen Nachweise sollte jede Doppelachse in der Mitte der rechnerischen Fahrstreifen angenommen werden (für lokale Nachweise siehe (5) und Bild 4.2 b).

— Jede Achse der Doppelachse sollte durch zwei identische Räder berücksichtigt werden, so dass jede Radlast 0,5 $\alpha_Q Q_k$ beträgt.

— Die Aufstandsfläche jedes Rads sollte als ein Quadrat mit einer Seitenlänge von 0,40 m angenommen werden (siehe Bild 4.2 b).

b) Die gleichmäßig verteilte Belastung (UDL-System) beträgt je m^2 des rechnerischen Fahrstreifens:

$$\alpha_q q_k \tag{4.2}$$

wobei α_q ein Anpassungsfaktor ist.

Diese Lasten sollten sowohl in Längs- als auch in Querrichtung nur auf den belastenden Teilen der Einflussfläche aufgebracht werden.

ANMERKUNG Mit dem LM1 soll der fließende und zähfließende Verkehr oder Stausituationen mit einer hohen Anzahl an LKW abgedeckt werden. Im Allgemeinen werden bei Verwendung der Grundwerte die Einflüsse aus den in Anhang A definierten Sonderfahrzeugen bis zu 600 kN abgedeckt.

(2) Das Lastmodell 1 sollte auf jedem rechnerischen Fahrstreifen und auf der Restfläche angeordnet werden. Auf dem rechnerischen Fahrstreifen i betragen die Belastungen $\alpha_{Qi}\, Q_{ik}$ und $\alpha_{qi}\, q_{ik}$ (siehe Tabelle 4.2). Auf der Restfläche beträgt die Belastung $\alpha_{qr}\, q_{rk}$.

(3) Die Werte der Anpassungsfaktoren α_{Qi}, α_{qi} und α_{qr} sollten in Abhängigkeit des zu erwartenden Verkehrs und den möglicherweise vorhandenen unterschiedlichen Straßenklassen gewählt werden. In der Abwesenheit von Festlegungen sollten diese Faktoren zu 1 angenommen werden.

ANMERKUNG 1 Die Werte der Anpassungsfaktoren α_{Qi}, α_{qi} und α_{qr} werden im Nationalen Anhang angegeben. In allen Fällen wird für Brücken, die keine durch Beschilderung angezeigte Beschränkung des Fahrzeuggewichts aufweisen, die folgenden Mindestwerte empfohlen:

$\alpha_{Qi} \geq 0{,}8$ und (4.3)

für : $i \geq 2$, $\alpha_{qi} \geq 1$. Diese Beschränkungen sind nicht anwendbar auf α_{qr} *) (4.4)

NDP zu 4.3.2 (3) Anmerkungen 1 und 2

$\alpha_{Q1} = 1{,}0$;

$\alpha_{Q2} = 1{,}0$;

$\alpha_{Q3} = 1{,}0$;

$\alpha_{q1} = 1{,}333$;

$\alpha_{q2} = 2{,}4$;

$\alpha_{q3} = 1{,}2$;

$\alpha_{qr} = 1{,}2$

ANMERKUNG 2 Die im Nationalen Anhang angegebenen Werte für α-Faktoren dürfen auf Verkehrsklassen abgestimmt sein. Wenn sie zu 1 angenommen werden, entsprechen sie einem Verkehr, der einem schweren internationalen Güterverkehr entspricht, wobei ein großer Anteil des Gesamtverkehrs aus schweren Fahrzeugen besteht. Für alltägliche Verkehrszusammensetzungen (Autobahnen und Schnellstraßen) wird eine leichte Reduzierung der α-Faktoren für die Doppelachsen und die gleichmäßig verteilte Belastung des Fahrstreifens 1 empfohlen (10 bis 20 %).

(4) Die charakteristischen Werte von Q_{ik} und q_{ik} einschließlich ihrer dynamischen Vergrößerungsfaktoren sollten der Tabelle 4.2 entnommen werden.

Tabelle 4.2 — Lastmodell 1: charakteristische Werte

Stellung	Doppelachsen TS	Gleichmäßig verteilte Last
	Achslast Q_{ik} (kN)	q_{ik} (oder q_{rk}) (kN/m²)
Fahrstreifen 1	300	9
Fahrstreifen 2	200	2,5
Fahrstreifen 3	100	2,5
Andere Fahrstreifen	0	2,5
Verbleibende Restfläche q_{rk}	0	2,5

Die Einzelheiten des Lastmodells sind in Bild 4.2 a dargestellt.

*) Hinweis: für $i > 2$ gilt $\alpha_{qi} = 1{,}2$ (vgl. ARS 22/2012).

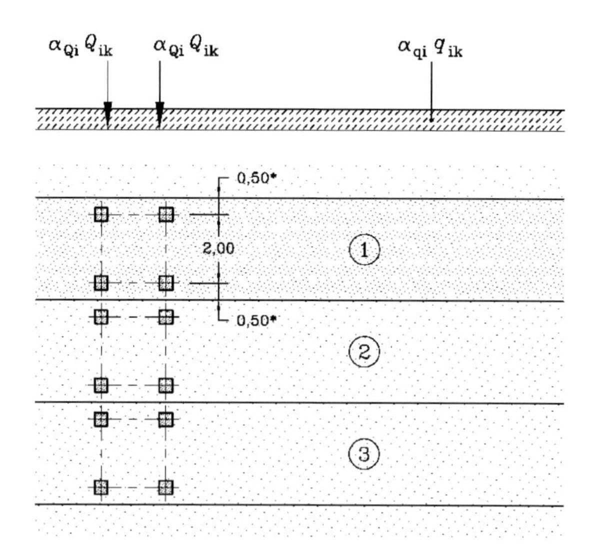

Legende

1 Fahrstreifen Nr. 1: $Q_{1k} = 300$ kN ; $q_{1k} = 9$ kN/m^2
2 Fahrstreifen Nr. 2: $Q_{2k} = 200$ kN ; $q_{2k} = 2{,}5$ kN/m^2
3 Fahrstreifen Nr. 3: $Q_{3k} = 100$ kN ; $q_{3k} = 2{,}5$ kN/m^2 Abstand der Doppelachsen = 1,2 m
4 (*) Für $w_1 = 3$ m

Bild 4.2 a — Anwendung des Lastmodells 1

ANMERKUNG Die Anwendung von 4.2.4 (2) und 4.3.2 (1) bis (4) besteht für dieses Modell in der Praxis darin, die Lage der nummerierten Fahrstreifen und der Doppelachsen (in den meisten Fällen in Querrichtung gekoppelt) festzulegen. Länge und Breite der gleichmäßig verteilten Belastung sind entsprechend den belasteten Teilen der Einflussfläche festzulegen.

(5) Sind bei angrenzenden Fahrstreifen zwei Doppelachsen zu berücksichtigen, dürfen diese enger angeordnet werden, wobei der Abstand der Radachsen nicht kleiner als 0,50 m sein sollte (siehe Bild 4.2 b).

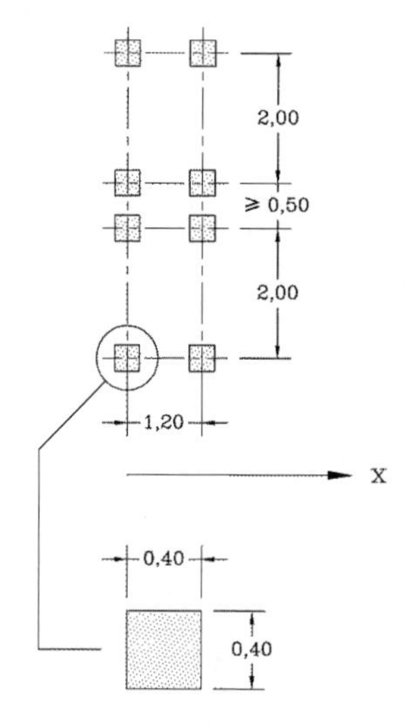

Bild 4.2 b — Anwendung der Doppelachse für lokale Nachweise

(6) Wenn globale und lokale Einwirkungen getrennt untersucht werden können, dürfen die globalen Einflüsse mit den folgenden vereinfachten alternativen Regelungen berechnet werden:

ANMERKUNG 1 Der Nationale Anhang darf Bedingungen für die Anwendung dieser alternativen Regeln definieren.

NDP zu 4.3.2 (6) Anmerkung 1

Vereinfachende alternative Regeln werden nicht festgelegt.

a) durch Ersatz der zweiten und dritten Doppelachse durch eine zweite Doppelachse mit einer Achslast von:

$(200\ \alpha_{Q2} + 100\ \alpha_{Q3})$ kN, oder (4.5)

b) bei Stützweiten größer als 10 m durch Ersatz der Doppelachse jedes Fahrstreifens durch eine einzelne Achslast vom Gesamtgewicht der Doppelachse.

ANMERKUNG 2 In diesem Fall beträgt das Gewicht der Einzelachse:

— 600 α_{Q1} kN für Fahrstreifen 1

— 400 α_{Q2} kN für Fahrstreifen 2

— 200 α_{Q3} kN für Fahrstreifen 3

4.3.3 Lastmodell 2

(1) Dieses Modell besteht aus einer Einzelachse $\beta_Q\ Q_{ak}$ mit Q_{ak} = 400 kN, einschließlich dynamischem Vergrößerungsfaktor, die überall auf der Fahrbahn angeordnet werden sollte. Jedoch sollte ggf. nur ein Rad von 200 β_Q (kN) berücksichtigt werden.

(2) Der Wert von β_Q sollte entsprechend dem Wert α_{Ql} angenommen werden.

ANMERKUNG Der Nationale Anhang darf diese Regelung anpassen.

NDP zu 4.3.3 (2) Anmerkung

Lastmodell 2 ist nicht anzuwenden.

(3) In der Nähe von Fahrbahnübergängen sollte ein zusätzlicher dynamischer Vergrößerungsfaktor angesetzt werden, dessen Wert in Tabelle 4.6.1 (6) definiert ist.

(4) Die Aufstandsfläche jedes Rads entspricht einem Rechteck mit Seitenlängen von 0,35 m und 0,60 m (siehe Bild 4.3).

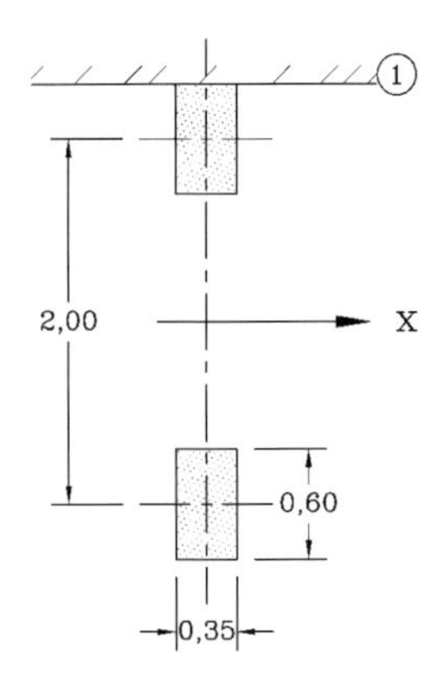

Legende

X Brückenlängsachse
1 Schrammbord

Bild 4.3 — Lastmodell 2

ANMERKUNG 1 Die Radaufstandsflächen der Lastmodelle 1 und 2 sind unterschiedlich, da sie sich auf unterschiedliche Reifenmodelle, Anordnungen und Druckverteilungen beziehen. Die Radaufstandsfläche des Lastmodells 2 entspricht einem Zwillingsreifen und ist normalerweise bei orthotropen Fahrbahndecken maßgebend.

ANMERKUNG 2 Zur Vereinfachung darf der Nationale Anhang die gleiche quadratische Radaufstandsfläche für die Lastmodelle 1 und 2 angeben.

NDP zu 4.3.3 (4) Anmerkung 2

Lastmodell 2 ist nicht anzuwenden.

4.3.4 Lastmodell 3 (Sonderfahrzeuge)

(1) Falls notwendig, sollten Lastmodelle für Sonderfahrzeuge definiert und berücksichtigt werden.

ANMERKUNG Der Nationale Anhang darf das Lastmodell 3 und die Anwendungsbedingungen definieren. Der Anhang A enthält Hinweise für Standardmodelle und ihre Anwendungsbedingungen.

NDP zu 4.3.4 (1) Anmerkung

Sonderlastmodelle sind nicht anzuwenden.

4.3.5 Lastmodell 4 (Menschenansammlungen)

(1) Falls notwendig, sollte die Belastung aus Menschenansammlungen durch eine gleichmäßig verteilte Last (die einen dynamischen Vergrößerungsfaktor enthält) von 5 kN/m^2 berücksichtigt werden.

ANMERKUNG Die Anwendung von LM4 darf für ein Einzelprojekt festgelegt werden.

(2) Das Lastmodell 4 sollte sowohl in der Länge als auch in der Breite an den maßgebenden Stellen des Überbaus angeordnet werden. Falls notwendig, sollte der Mittelstreifen enthalten sein. Diese Lastanordnung ist für globale Nachweise gedacht und sollte ausschließlich für vorübergehende Belastungssituationen angewendet werden.

4.3.6 Verteilung von Einzellasten

(1) Die verschiedenen, für lokale Nachweise zu berücksichtigenden Einzellasten der Modelle 1 und 2 werden als gleichmäßig über die Aufstandsfläche verteilt angenommen.

(2) Die Lastverteilung durch Belag und Betonplatte wird unter einem Winkel von 45° bis zur Mittellinie der Platte angenommen (siehe Bild 4.4).

ANMERKUNG Bezüglich der Lastverteilung durch Hinterfüllungen oder Erde siehe Anmerkung in 4.9.1.

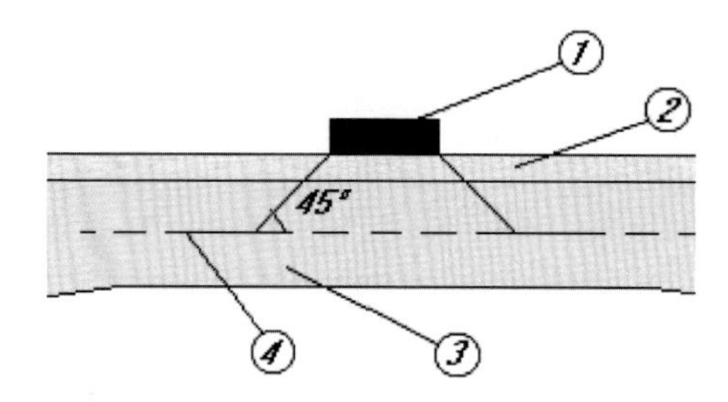

Legende

1 Reifenaufstandsfläche
2 Belag
3 Betonplatte
4 Mitte der Betonplatte

Bild 4.4 — Lastverteilung von Einzellasten durch Belag und Betonplatte

(3) Die Lastverteilung durch den Belag und die orthotrope Fahrbahnplatte wird unter einem Winkel von 45° bis zur Mittellinie des Fahrbahndeckbleches angenommen (siehe Bild 4.5).

ANMERKUNG Die Lastverteilung in Querrichtung entlang der Streifen der orthotropen Fahrbahnplatte ist hierbei nicht berücksichtigt.

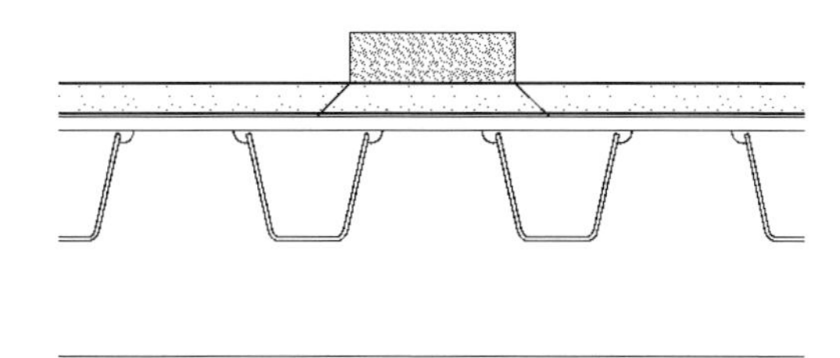

Bild 4.5 — Lastverteilung von Einzellasten durch Belag und orthotrope Fahrbahnplatten

4.4 Horizontale Belastungen — charakteristische Werte

4.4.1 Lasten aus Bremsen und Anfahren

(1)P Die Bremslast Q_{lk} ist in Längsrichtung in Höhe der Oberkante des fertigen Belags wirkend anzunehmen.

(2) Der für die gesamte Brückenbreite auf 900 kN begrenzte charakteristische Wert Q_{lk} soll anteilig zu den maximalen vertikalen Lasten des in Fahrstreifen 1 vorgesehenen Lastmodells wie folgt festgelegt werden:

$$Q_{lk} = 0{,}6\alpha_{Q1}(2Q_{1k}) + 0{,}10\alpha_{q1}q_{1k}w_1L$$
$$180\alpha_{Q1}\ (\text{kN}) \leq Q_{lk} \leq 900\ (\text{kN}) \qquad (4.6)$$

Dabei ist

L die Länge des Überbaus oder die zu berücksichtigenden Teile der Überbaulänge.

ANMERKUNG 1 Zum Beispiel ergibt sich $Q_{lk} = 360 + 2{,}7\ L$ ($\leq$ 900 kN) für einen 3 m breiten Fahrstreifen und bei einer Belastungslänge von $L > 1{,}2$ m, wenn die α-Faktoren zu 1 angenommen werden.

ANMERKUNG 2 Die obere Grenze (900 kN) darf im Nationalen Anhang angepasst werden. Der Wert 900 kN wird normalerweise verwendet, um die maximalen Bremskräfte von Militärfahrzeugen entsprechend STANAG[3] abzudecken.

NDP zu 4.4.1 (2) Anmerkung 2

Die obere Grenze wird mit 900 kN festgelegt.

(3) Es sollten die in Verbindung mit dem Lastmodell 3 anzusetzenden Horizontalkräfte festgelegt werden.

ANMERKUNG Der Nationale Anhang darf die in Verbindung mit dem Lastmodell 3 anzusetzenden Horizontalkräfte definieren.

Zu 4.4.1 (3) Anmerkung

Lastmodell 3 ist nicht anzuwenden.

(4) Diese Kraft sollte entlang der Mittellinie jedes rechnerischen Fahrstreifens angenommen werden. Falls jedoch die Auswirkungen der Exzentrizität unbedeutend sind, darf die Last als in der Mittellinie der Fahrbahn wirkend angenommen werden. Sie darf als gleichmäßig verteilt über die Belastungslänge angenommen werden.

(5) Lasten, die aus Anfahren resultieren, sollten in derselben Größe wie die Bremskräfte angesetzt werden, jedoch in entgegengesetzter Richtung wirkend.

ANMERKUNG Praktisch bedeutet dies, dass Q_{1k} sowohl positiv als auch negativ sein kann.

3) STANAG : Military STANdardization AGreements (STANAG 2021)

(6) Horizontalkräfte, die an Fahrbahnübergängen oder an Bauteilen, welche nur durch eine Achse beansprucht werden können, angreifen, sollten berücksichtigt werden.

ANMERKUNG Für diese Kräfte darf der Nationale Anhang Werte festlegen. Der empfohlene Wert ist:

NDP zu 4.4.1 (6)

Es gilt Gleichung (4.6a).

$$Q_{lk} = 0{,}6\alpha_{Q1}Q_{1k} \tag{4.6a}$$

4.4.2 Fliehkraft und andere Querlasten

(1) Die Fliehkraft Q_{tk} ist als in Höhe des fertigen Fahrbahnbelags in Querrichtung radial zur Fahrbahnachse wirkende Last anzunehmen.

(2) Der charakteristische Wert von Q_{tk}, der die dynamischen Einflüsse schon beinhaltet, ist in Tabelle 4.3 angegeben.

Tabelle 4.3 — Charakteristischer Wert der Fliehkräfte

$Q_{tk} = 0{,}2\ Q_v$ (kN)	wenn $r < 200$ m
$Q_{tk} = 40\ Q_v/r$ (kN)	wenn $200 \leq r \leq 1\,500$ m
$Q_{tk} = 0$	wenn $r > 1\,500$ m

Dabei ist

r der horizontale Radius der Fahrbahnmittellinie, in Meter;

Q_v die Gesamtlast aus den vertikalen Einzellasten der Doppelachsen des Lastmodells 1, z. B. $\sum_i \alpha_{Qi}(2Q_{ik})$ (siehe Tabelle 4.2).

(3) Die Einzellast Q_{tk} sollte an jeder Querschnittsstelle des Überbaus angesetzt werden.

(4) Falls notwendig, sollten Seitenkräfte berücksichtigt werden, die durch schräges Bremsen oder Schleudern hervorgerufen werden. Eine Seitenkraft von 25 % der längsgerichteten Einwirkung aus Bremsen oder Anfahren sollte gleichzeitig in Höhe des fertigen Fahrbahnbelags berücksichtigt werden.

ANMERKUNG Der Nationale Anhang darf die kleinste Seitenkraft definieren. In den meisten Fällen werden die aus Wind und Anprall auf Schrammborde resultierenden Kräfte eine ausreichend große Seitenkraft liefern.

NDP zu 4.4.2 (4) Anmerkung

Eine Seitenkraft aus schrägem Bremsen oder Anfahren muss nicht berücksichtigt werden.

4.5 Gruppen von Verkehrslasten auf Straßenbrücken

4.5.1 Charakteristische Werte der mehrkomponentigen Einwirkungen

Die Gleichzeitigkeit des Ansatzes der Lastmodelle nach 4.3.2 (Lastmodell 1), 4.3.3 (Lastmodell 2), 4.3.4 (Lastmodell 3), 4.3.5 (Lastmodell 4), 4.4 (Horizontallasten) und der in Abschnitt 5 für Fußgängerbrücken festgelegten Lasten sollten entsprechend den in Tabelle 4.4a angegebenen Gruppen berücksichtigt werden. Jede dieser sich gegenseitig ausschließenden Gruppen sollte in gleicher Weise wie bei der Festlegung von charakteristischen Einwirkungen bei Kombinationen mit anderen als Verkehrslasten behandelt werden.

Tabelle 4.4a — Festlegung von Verkehrslastgruppen (charakteristische Werte von mehrfachen Komponenten)

		Fahrbahn						Fußweg oder Radweg
Belastungsart		**Vertikallasten**				**Horizontallasten**		**Nur vertikale Lasten**
Verweise		4.3.2	4.3.3	4.3.4	4.3.5	4.4.1	4.4.2	5.3.2 (1)
Lastmodell		LM1 (TS und UDL System)	LM2 (Einzelachsen)	LM3 (Sonderfahrzeuge)	LM4 (Menschenansammlungen)	Kräfte aus Anfahren und Bremsen[a]	Fliehkräfte und Seitenkräfte[a]	gleichmäßig verteilte Last
Lastgruppen	gr1a	charakteristischer Wert						Kombinationswert[b]
	gr1a		charakteristischer Wert					
	gr2	häufiger Wert				charakteristischer Wert	charakteristischer Wert	
	gr3 [d]							charakteristischer Wert[c]
	gr4				charakteristischer Wert			charakteristischer Wert
	gr5	siehe Anhang A		charakteristischer Wert				
(grau)	vorherrschender Einwirkungsanteil (gekennzeichnet als zur Gruppe gehöriger Bestandteil)							

[a] Darf im Nationalen Anhang festgelegt werden (für die erwähnten Fälle).

[b] Darf im Nationalen Anhang festgelegt werden. Der empfohlene Wert beträgt 3 kN/m^2.

NDP zu 4.5.1, Tabelle 4.4a, Fußnoten a) und b)

a) Bei Lastgruppe gr1a müssen Horizontallasten aus Verkehr nicht berücksichtigt werden.

b) Der empfohlene Wert von 3 kN/m^2 wird übernommen.

[c] Siehe 5.3.2.1 (2). Es sollte nur ein Fußweg belastet werden, falls dies ungünstiger ist als der Ansatz von zwei belasteten Fußwegen.

[d] Diese Gruppe bleibt unberücksichtigt, wenn gr4 angesetzt wird.

NCI zu 4.5.1 (1)

Die Tabelle 4.4a ist durch Zeile Lastgruppe gr6 zu ergänzen. Für die vorübergehende Bemessungssituation Lagertausch gilt Lastgruppe gr6. Weitere vorübergehende Bemessungssituationen sind ggf. für das Einzelprojekt festzulegen.

		Fahrbahn						Fußweg oder Radweg
Belastungsart		Vertikallasten			Horizontallasten			nur vertikale Lasten
Verweise		4.3.2	4.3.3	4.3.4	4.3.5	4.4.1	4.4.2	5.3.2 (1)
Lastmodell		**LM1** (TS und UDL System)	**LM2** (Einzelachsen)	**LM3** (Sonderfahrzeuge)	**LM4** (Menschenansammlungen)	**Kräfte aus Anfahren und Bremsen**	**Fliehkräfte und Seitenkräfte**	**gleichmäßig verteilte Last**
Lastgruppen	**gr6**	0,5-fach charakteristischer Wert	—	—	—	0,5-fach charakteristischer Wert	0,5-fach charakteristischer Wert	charakteristischer Wert[c]

[c] Siehe 5.3.2.1 (2). Es sollte nur ein Fußweg belastet werden, falls dies ungünstiger ist als der Ansatz von zwei belasteten Fußwegen.

NCI zu 4.5.1

(NA.2) In der Lastgruppe gr2 ist bei den Lasten aus dem LM1 der häufige Wert anzusetzen. In der Lastgruppe gr4 sind die Fuß- und Radwege grundsätzlich mit dem charakteristischen Wert zu belasten. Dabei dürfen jedoch für den jeweiligen Bemessungspunkt günstig wirkende Lasten nicht berücksichtigt werden.

4.5.2 Andere repräsentative Werte von mehrkomponentigen Einwirkungen

(1) Die häufige Einwirkung besteht entweder nur aus dem häufigen Wert des Lastmodells 1 oder nur aus dem häufigen Wert des Lastmodells 2 bzw. aus dem häufigen Wert der Lasten auf Geh- oder Radwegen (ungünstigere ist maßgebend), jeweils ohne weitere Begleiteinwirkungen, wie in Tabelle 4.4b definiert.

ANMERKUNG 1 Diese repräsentativen Werte sind für die einzelnen Anteile der Verkehrseinwirkungen im Anhang A2 der EN 1990 definiert.

ANMERKUNG 2 Für quasi-ständige Lasten (im Allgemeinen gleich null), siehe Anhang A2 zur EN 1990.

ANMERKUNG 3 Wo der Nationale Anhang sich auf nicht häufige Werte von veränderlichen Einwirkungen bezieht, darf die gleiche wie in 4.5.1 angegebene Regel angewendet werden, indem alle in Tabelle 4.4a angegebenen charakteristischen Werte durch nicht häufige Werte, die im Anhang A2 der EN 1990 definiert sind, ersetzt werden. Die anderen genannten Werte der Tabelle sollten nicht modifiziert werden. Für Straßenbrücken ist die nicht-häufige Gruppe gr2 praktisch nicht maßgebend.

NDP zu 4.5.2 (1) Anmerkung 3

Der nicht-häufige Wert ist nicht vorgesehen.

Tabelle 4.4b — Anwendung von Gruppen für Verkehrslasten (häufige Werte von mehrkomponentigen Einwirkungen)

		Fahrbahn		Fußwege und Radwege
Belastungsart		Vertikallasten		
Verweise		4.3.2	4.3.3	5.3.2 (1)
Lastmodell		LM1 (TS und UDL System)	LM2 (Einzelachse)	Gleichmäßig verteilte Last
Lastgruppen	gr1a	häufiger Wert		
	gr1b		häufiger Wert	
	gr3			häufiger Wert[a]

[a] Es sollte nur ein Fußweg belastet werden, falls dies ungünstiger ist als der Ansatz von zwei belasteten Fußwegen.

4.5.3 Lastgruppen bei vorübergehenden Bemessungssituationen

(1) Die Regelungen von 4.5.1 und 4.5.2 sind mit den nachstehenden Modifikationen anwendbar.

(2) Bei Nachweisen für vorübergehende Bemessungssituationen sollten die in Verbindung mit der Doppelachse stehenden charakteristischen Werte zu $\alpha_{Qi}Q_{ik}$ angenommen werden. Alle anderen charakteristischen, häufigen und quasi-ständigen Werte sowie die Horizontalbelastungen verbleiben unverändert mit den für die ständige Bemessungssituation festgelegten Werten (d. h., sie werden nicht proportional zum Gewicht der Doppelachse abgemindert).

ANMERKUNG Bei vorübergehenden Bemessungssituationen infolge von Straßen- oder Brückenunterhaltung ist der Verkehr üblicherweise ohne wesentliche Abminderung auf kleinere Bereiche konzentriert, und lang dauernde Verkehrsstaus sind häufig. Jedoch können für den Fall, dass die schwersten Lastkraftwagen durch entsprechende Beschilderungen ferngehalten werden, größere Abminderungen vorgenommen werden.

4.6 Lastmodelle für Ermüdungsberechnungen

4.6.1 Allgemeines

(1) Der über die Brücke fließende Verkehr führt zu einem Spannungsspektrum, das Ermüdung herbeiführen kann. Das Spannungsspektrum hängt von den Abmessungen der Fahrzeuge, den Achslasten, dem Fahrzeugabstand, der Verkehrszusammensetzung und deren dynamischen Wirkungen ab.

(2) Nachfolgend sind fünf Ermüdungslastmodelle mit vertikalen Lasten formuliert. Normalerweise ist es nicht erforderlich, Horizontallasten zu berücksichtigen.

ANMERKUNG 1 Die Horizontalkräfte dürfen bei einem Einzelprojekt gleichzeitig mit den Vertikalkräften angesetzt werden, z. B. sind gelegentlich die Fliehkräfte in Verbindung mit den Vertikallasten zu berücksichtigen.

ANMERKUNG 2 Die Anwendung der verschiedenen Ermüdungslastmodelle ist in den entsprechenden EN 1992 bis EN 1999 geregelt.

a) Die Ermüdungslastmodelle 1, 2 und 3 dienen dazu, die maximalen und minimalen Spannungen infolge der möglichen Anordnung jedes dieser Modelle auf der Brücke zu bestimmen. In vielen Fällen wird nur die algebraische Differenz zwischen diesen Spannungen in den bemessungsrelevanten Eurocodes verwendet.

b) Die Ermüdungslastmodelle 4 und 5 dienen zur Ermittlung der Bandbreite des Spannungsspektrums aus der Überfahrt von Lastkraftwagen.

c) Die Ermüdungslastmodelle 1 und 2 dienen zum Nachweis, ob eine unbegrenzte Ermüdungslebensdauer angenommen werden kann, wenn ein Ermüdungsgrenzwert für eine konstante Spannungsamplitude gegeben ist. Daher sind diese Modelle für Stahlkonstruktionen geeignet. Sie können für andere Baumaterialien ungeeignet sein. Das Ermüdungslastmodell 1 ist grundsätzlich konservativ und deckt mehrstreifige Einwirkungen ab. Das Ermüdungslastmodell 2 ist genauer als das Ermüdungslastmodell 1, wenn das gleichzeitige Auftreten von mehreren Schwerlastfahrzeugen auf der Brücke bei Ermüdungsnachweisen außer Acht gelassen werden kann. Falls dies nicht der Fall ist, sollte es nur angewendet werden, wenn es durch weitere Angaben ergänzt wird. Siehe Nationaler Anhang.

d) Die Ermüdungslastmodelle 3, 4 und 5 dienen zur Berechnung der Ermüdungslebensdauer unter Verwendung der in den Eurocodes für Bemessung niedergelegten Kurven der Ermüdungsfestigkeit. Sie sollten nicht zum Nachweis, ob eine unbegrenzte Ermüdungslebensdauer angenommen werden kann, verwendet werden. Aus diesem Grunde sind sie zahlenmäßig nicht mit den Ermüdungslastmodellen 1 und 2 vergleichbar. Das Ermüdungslastmodell 3 kann auch für den direkten Nachweis mit vereinfachten Berechnungsmethoden benutzt werden, in denen der Einfluss des jährlichen Verkehrsaufkommens und gewisser Brückenabmessungen durch den materialabhängigen Anpassungsfaktor λ_e berücksichtigt wird.

e) Das Ermüdungslastmodell 4 ist für eine Vielzahl von Brücken und Verkehrszusammensetzungen genauer als das Ermüdungslastmodell 3, wenn die gleichzeitige Anwesenheit von mehreren Schwerlastfahrzeugen auf der Brücke unberücksichtigt bleiben kann. Falls dies nicht der Fall ist, sollte es nur angewendet werden, wenn es durch weitere Angaben ergänzt wird die spezifiziert oder im Nationalen Anhang festgelegt sind.

f) Das Ermüdungslastmodell 5 ist das allgemein gültigste; es verwendet aktuelle Verkehrsdaten.

NDP zu 4.6.1 (2) Anmerkung 2

c) Die Ermüdungslastmodelle 1 und 2 sind nicht anzuwenden.

e) Eine Anwendung des Ermüdungslastmodells 4 ist nur in besonderen Fällen nach Abstimmung und Zustimmung durch die zuständige Behörde möglich.

f) Das Ermüdungslastmodell 5 ist nicht anzuwenden.

ANMERKUNG 3 Die Zahlenwerte der Belastungen der Ermüdungslastmodelle 1 bis 3 passen zu typischem Schwerverkehr auf den europäischen Autobahnen und Hauptstrecken. (Verkehrskategorie Nummer 1 wie in Tabelle 4.5 angegeben.)

ANMERKUNG 4 Die Zahlenwerte der Lastmodelle 1 und 2 dürfen für ein Einzelprojekt oder im Nationalen Anhang geändert werden, falls andere Verkehrskategorien zu berücksichtigen sind. In diesem Fall sollten die bei den beiden Modellen vorgenommenen Änderungen proportional sein. Beim Ermüdungslastmodell 3 hängt die Änderung von der Nachweisführung ab.

(3) Für Ermüdungsnachweise sollte die Verkehrskategorie der Brücke mindestens festgelegt werden durch:

— Anzahl der Streifen mit Lastkraftverkehr,

— Anzahl der Lastkraftwagen N_{obs} (maximales Fahrzeuggewicht größer als 100 kN) je Jahr und Streifen aus Verkehrszählungen oder -schätzungen.

ANMERKUNG 1 Die Verkehrsklassen und Werte dürfen im Nationalen Anhang festgelegt werden. Die Zahlenwerte von N_{obs} der Tabelle 4.5 beziehen sich auf einen Streifen mit LKW-Verkehr unter Verwendung der Ermüdungslastmodelle 3 und 4. Auf jedem Streifen mit schnellem Verkehr sollten zusätzlich 10 % von N_{obs} berücksichtigt werden.

NDP zu 4.6.1 (3) Anmerkung 1

Die Tabelle 4.5 ist anzuwenden.

Tabelle 4.5 — Anzahl erwarteter Lastkraftwagen je Jahr für einen LKW-Fahrstreifen

Verkehrskategorien		N_{obs} je Jahr und je LKW-Fahrstreifen
1	Straßen und Autobahnen mit zwei oder mehr Fahrstreifen je Fahrtrichtung mit hohem LKW-Anteil	$2{,}0 \times 10^6$
2	Straßen und Autobahnen mit mittlerem LKW-Anteil	$0{,}5 \times 10^6$
3	Hauptstraßen mit geringem LKW-Anteil	$0{,}125 \times 10^6$
4	Örtliche Straße mit geringem LKW-Anteil	$0{,}05 \times 10^6$

ANMERKUNG 2 Tabelle 4.5 reicht ggf. zur Charakterisierung des Verkehrs für Ermüdungsnachweise nicht aus. Andere zu berücksichtigende Parameter können sein:

— Prozentsatz der Fahrzeugtypen (siehe z. B. Tabelle 4.7) entsprechend dem „ Verkehrstyp",

— Parameter zur Festlegung der Verteilung der einzelnen Fahrzeuggewichte oder Achslasten.

ANMERKUNG 3 Es gibt keine allgemeine Beziehung zwischen den Verkehrskategorien für Ermüdungsnachweise und den in 4.2.2 und 4.3.2 genannten Lastklassen sowie den zugehörigen Faktoren.

ANMERKUNG 4 Zwischenwerte von N_{obs} sind nicht ausgeschlossen; es ist aber unwahrscheinlich, dass deren Anwendung einen wesentlichen Einfluss auf die Lebensdauer bei Ermüdung hat.

(4) Zur Ermittlung globaler Einwirkungen (z. B. für Hauptträger) sollten alle Modelle für Ermüdungsnachweise in der Achse der rechnerischen Fahrstreifen angeordnet werden; jeweils übereinstimmend mit den in 4.2.4 (2) und (3) angegebenen Prinzipien und Regeln. Die LKW-Fahrstreifen sollten bei Entwurf, Berechnung und Bemessung festgelegt werden.

(5) Zur Ermittlung lokaler Einwirkungen (z. B. für Fahrbahnplatten) sollten die Lastmodelle in der Achse der rechnerischen Fahrstreifen angeordnet werden. Die rechnerischen Fahrstreifen können dabei an jeder beliebigen Stelle der Fahrbahn liegen. Wenn jedoch die Stellung der Fahrzeuge der Ermüdungsmodelle 3, 4 und 5 in Brückenquerrichtung wesentlich für die zu ermittelnden Einwirkungen ist, sollte eine entsprechend Bild 4.6 angegebene statistische Häufigkeitsverteilung der Stellung in Querrichtung berücksichtigt werden.

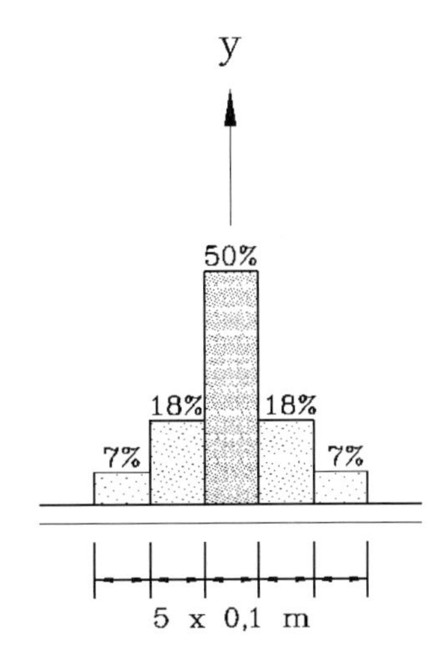

Bild 4.6 — Häufigkeitsverteilung der Fahrzeugachsen in Brückenquerrichtung

(6) Die Lastmodelle 1 bis 4 für Ermüdungsnachweise beinhalten dynamische Vergrößerungsfaktoren bei Annahme einer guten Belagsqualität (siehe Anhang B). Ein zusätzlicher Vergrößerungsfaktor $\Delta\varphi_{\mathrm{fat}}$ sollte in der Nähe von Fahrbahnübergängen berücksichtigt und für alle Lasten angenommen werden.

$$\Delta\varphi_{\mathrm{fat}} = 1{,}30\left(1 - \frac{D}{6}\right);\ \Delta\varphi_{\mathrm{fat}} \geq 1\ ^{*)} \quad (4.7)$$

Dabei ist

D der Abstand (m) des Querschnitts von dem betrachteten Fahrbahnübergang, siehe Bild 4.7.

*) Hinweis: NDP zu 4.6.1 (6) Anmerkung beachten.

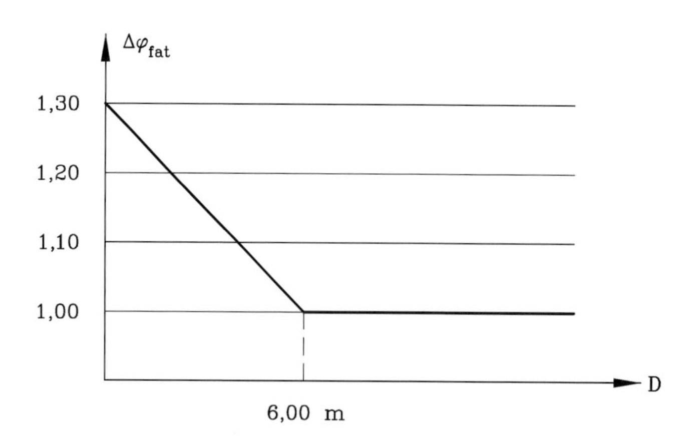

Legende

$\Delta\varphi_{fat}$ Zusätzlicher Vergrößerungsfaktor
D Abstand des Querschnitts von dem betrachteten Fahrbahnübergang

Bild 4.7 — Repräsentativer Wert des zusätzlichen Vergrößerungsfaktors

ANMERKUNG Eine auf der sicheren Seite liegende, oftmals hinreichende Vereinfachung kann darin bestehen, $\Delta\varphi_{fat} = 1,3$ für alle Querschnitte bis zu 6 m vom Fahrbahnübergang entfernt anzunehmen. Der dynamische Vergrößerungsfaktor darf im Nationalen Anhang modifiziert werden.

NDP zu 4.6.1 (6) Anmerkung

$\Delta\varphi_{fat}$ ist entsprechend Bild (4.7) anzusetzen.

ANMERKUNG Die Gleichung (4.7) ist nach Bild 4.7 wie folgt anzupassen:

$$\Delta\varphi_{fat} = 1 + 0,30\left(1 - \frac{D}{6}\right); \quad \Delta\varphi_{fat} \geq 1^{*)}$$

4.6.2 Lastmodell 1 für Ermüdung (entspricht annähernd LM1)

(1) Ermüdungslastmodell 1 entspricht der Konfiguration des in 4.3.2 definierten Lastmodells 1 mit Achslasten von 0,7 Q_{ik} und gleichmäßig verteilten Lasten von 0,3 q_{ik} und 0,3 q_{rk} (falls nicht anderweitig festgelegt).

ANMERKUNG Die Zahlenwerte der Lasten des Ermüdungslastmodells 1 sind ähnlich denen für das häufige Lastmodell. Jedoch wäre die Übernahme des häufigen Lastmodells ohne Anpassung außergewöhnlich konservativ gewesen, verglichen mit den anderen Modellen, insbesondere für große belastete Flächen. Für Einzelprojekte kann q_{rk} vernachlässigt werden.

(2) Die Maximal- und Minimalspannungen ($\sigma_{FLM,max}$ und $\sigma_{FLM,min}$) sollten aus den möglichen Laststellungen des Modells auf der Brücke bestimmt werden.

4.6.3 Lastmodell 2 für Ermüdungsberechnungen (Gruppe von „häufigen" Lastkraftwagen)

(1) Das Ermüdungslastmodell 2 besteht aus einer Gruppe idealisierter Fahrzeuge, bezeichnet als „häufige" Lastkraftwagen. Sie sollten wie in (3) beschrieben angewendet werden.

(2) Jedes „häufige" Fahrzeug ist definiert durch:

— die Achsanzahl und den Achsabstand (Tabelle 4.6, Spalten 1 und 2),

— die häufige Last jeder Achse (Tabelle 4.6, Spalte 3),

— die Radaufstandsfläche und den Radabstand in Querrichtung (Spalte 4 von Tabelle 4.6 und Tabelle 4.8).

---

*) Redaktionell: $\Delta\varphi_{fat}$ statt $\Delta\varphi$

(3) Die maximalen und minimalen Spannungen sollten aus der ungünstigsten Wirkung verschiedener Lastkraftwagen bestimmt werden. Die verschiedenen Lastkraftwagen sollten getrennt berücksichtigt werden; sie fahren für sich allein auf den jeweiligen Streifen.

ANMERKUNG Wenn einige dieser Lastkraftwagen offensichtlich die ungünstigsten sind, können die anderen unberücksichtigt bleiben.

Tabelle 4.6 — Gruppe von „häufigen" Lastkraftwagen

1	2	3	4
Ansicht der Lastkraftwagen	**Achsabstand** (m)	**Häufige Achslast** (kN)	**Reifenart** (siehe Tabelle 4.8)
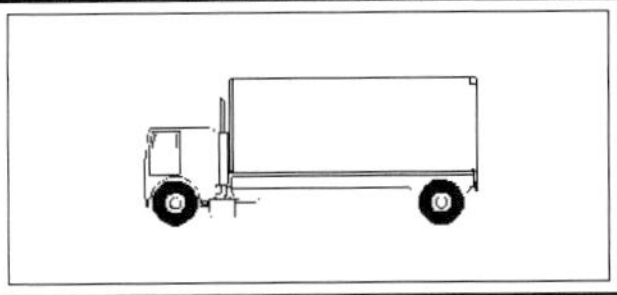	4,5	90 190	A B
	4,20 1,30	80 140 140	A B B
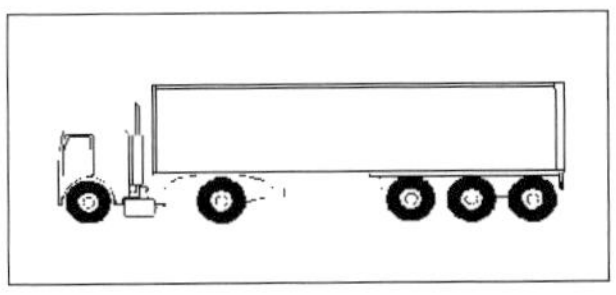	3,20 5,20 1,30 1,30	90 180 120 120 120	A B C C C
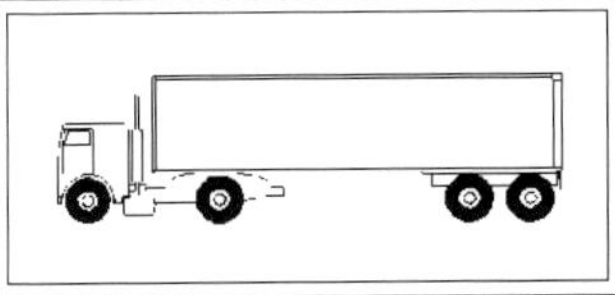	3,40 6,00 1,80	90 190 140 140	A B B B
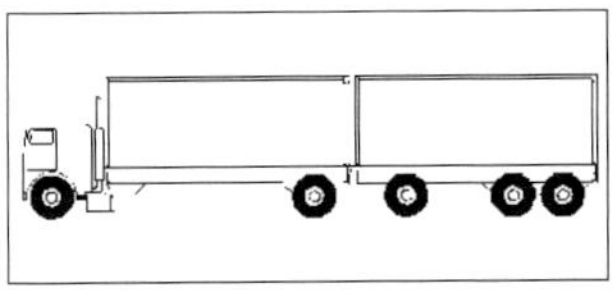	4,80 3,60 4,40 1,30	90 180 120 110 110	A B C C C

4.6.4 Lastmodell 3 für Ermüdungsberechnungen (Einzelfahrzeugmodell)

(1) Dieses Modell besteht aus vier Achsen mit je zwei identischen Rädern. Bild 4.8 zeigt die Geometrie. Die Achslasten betragen je 120 kN; die Aufstandsfläche jedes Rads ist ein Quadrat mit 0,40 m Seitenlänge.

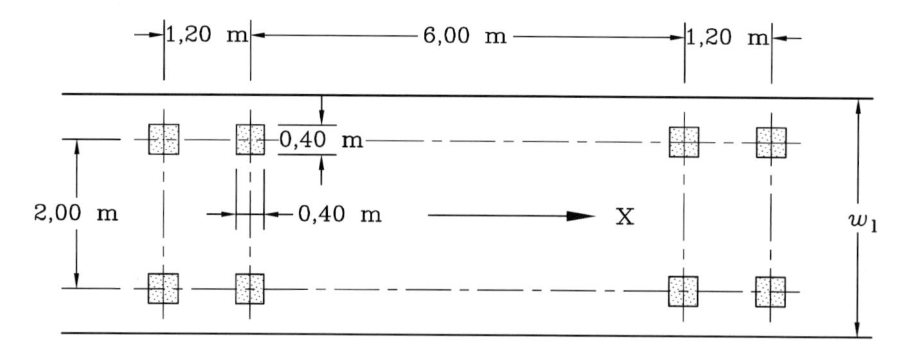

Legende

w_l Spurbreite
X Brückenlängsachse

Bild 4.8 — Ermüdungslastmodell 3

(2) Die maximalen und minimalen Spannungen sowie die Spannungsunterschiede, d. h. ihre algebraische Differenz aus der Überfahrt des Modells über die Brücke, sollten berechnet werden.

(3) Wo maßgebend, sollten zwei Fahrzeuge in der gleichen Spur berücksichtigt werden.

ANMERKUNG Die Bedingungen zur Anwendung dieser Regel dürfen im Nationalen Anhang oder für das Einzelprojekt festgelegt werden. Mögliche Bedingungen werden nachstehend angegeben:

— ein Fahrzeug ist wie in (1) oben definiert,

— die Geometrie des zweiten Fahrzeugs ist wie in (1) oben definiert und das Gewicht jeder Achse entspricht 36 kN (anstatt 120 kN),

— der Abstand zwischen den Achsen, gemessen von der Mitte der beiden Fahrzeuge aus, ist nicht kleiner als 40 m.

NDP zu 4.6.4 (3) Anmerkung

Ein zweites Fahrzeug in derselben Spur ist nicht anzusetzen, wenn die Ermüdungsnachweise mit λ-Werten nach den Eurocodes für Bemessung erfolgen.

4.6.5 Lastmodell 4 für Ermüdungsberechnungen (Gruppe von „Standardlastkraftwagen")

(1) Das Ermüdungslastmodell 4 besteht aus einer Gruppe von Standardlastkraftwagen, die zusammen Einwirkungen erzeugen, wie sie aus typischem Verkehr auf europäischen Straßen entstehen. Es sollte eine den Verkehrszusammensetzungen entsprechende, für die jeweilige Strecke prognostizierte Gruppe von Lastkraftwagen entsprechend den Tabellen 4.7 und 4.8 berücksichtigt werden.

Tabelle 4.7 — Gruppe von Ersatzfahrzeugen

FAHRZEUGTYP			VERKEHRSART			
1	2	3	4	5	6	7
			Große Entfernung	**Mittlere Entfernung**	**Orts-verkehr**	
SCHWERFAHRZEUG	**Achsab-stand** (m)	**Ersatz-achslast** (kN)	**Schwer-verkehrs-anteil**	**Schwer-verkehrs-anteil**	**Schwer-verkehrs-anteil**	**Reifen-art**
	4,5	70 130	20,0	40,0	80,0	A B
	4,20 1,30	70 120 120	5,0	10,0	5,0	A B B
	3,20 5,20 1,30 1,30	70 150 90 90 90	50,0	30,0	5,0	A B C C C
	3,40 6,00 1,80	70 140 90 90	15,0	15,0	5,0	A B B B
	4,80 3,60 4,40 1,30	70 130 90 80 80	10,0	5,0	5,0	A B C C C

ANMERKUNG 1 Dieses auf fünf Standardfahrzeugen beruhende Modell beschreibt eine Verkehrsbelastung, die gleiche Ermüdungsschäden erzeugt wie der tatsächliche Verkehr entsprechend den in Tabelle 4.5 festgelegten Kategorien.

ANMERKUNG 2 Andere standardisierte Schwerfahrzeuge und deren Prozentanteile dürfen für ein Einzelprojekt oder im Nationalen Anhang festgelegt werden.

NDP zu 4.6.5 (1) Anmerkung 2

Das Ermüdungslastmodell 4 ist nicht anzuwenden.

ANMERKUNG Eine Anwendung des Ermüdungslastmodells 4 ist in besonderen Fällen nach Abstimmung und Zustimmung durch die zuständige Behörde möglich (vergleiche NDP zu 4.6.1 (2), Anmerkung 2).

ANMERKUNG 3 Für die Auswahl der Verkehrsart sollte berücksichtigt werden:

— „große Entfernung“ bedeutet hunderte von Kilometern,

— „mittlere Entfernung“ bedeutet 50 bis 100 km,

— „Ortsverkehr“ bedeutet Entfernungen kleiner als 50 km.

In Wirklichkeit tritt eine Vermischung der Verkehrsarten auf.

Tabelle 4.8 — Definition der Radaufstandsflächen und Radabstände

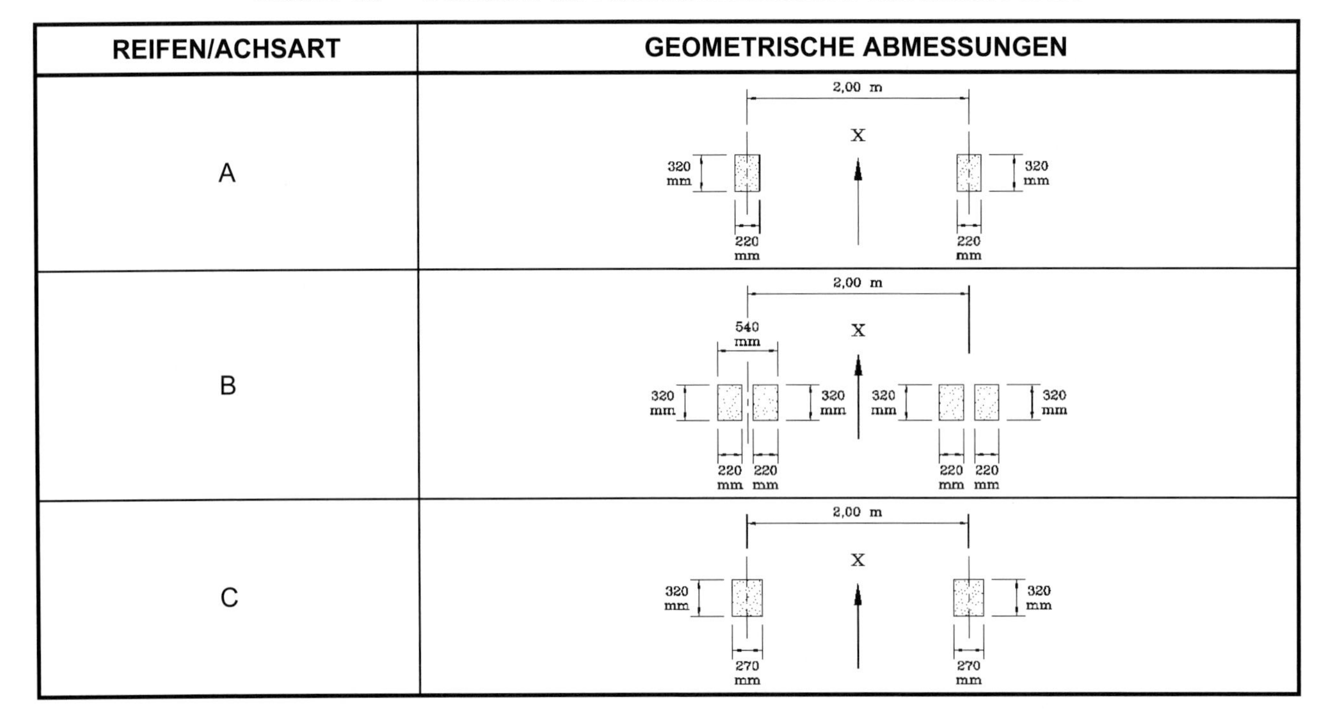

REIFEN/ACHSART	GEOMETRISCHE ABMESSUNGEN
A	2,00 m; 320 mm; 220 mm
B	2,00 m; 540 mm; 320 mm; 220 mm 220 mm
C	2,00 m; 320 mm; 270 mm

(2) Jedes Standardfahrzeug ist definiert durch:

— die Achsanzahl und den Achsabstand (Tabelle 4.7, Spalten 1 und 2),

— die zugehörigen Achslasten (Tabelle 4.7, Spalte 3),

— die Radaufstandsfläche und den Radabstand in Querrichtung nach Spalte 7 der Tabelle 4.7 und mit Tabelle 4.8.

(3) Die Berechnung sollte auf folgendem Vorgehen basieren:

— Der Prozentanteil jedes Standardfahrzeugs an der Verkehrszusammensetzung sollte entsprechend Tabelle 4.7, Spalten 4, 5 oder 6 gewählt werden.

— Die Gesamtzahl der Fahrzeuge ΣN_{obs}, die je Jahr für die gesamte Fahrbahn zu berücksichtigen ist, ergibt sich aus 4.5.1 (4). ΣN_{obs} sollte festgelegt werden.

ANMERKUNG Empfehlungen werden in Tabelle 4.5 angegeben.

— Es wird vorausgesetzt, dass jedes Standardfahrzeug alleine die Brücke befährt.

(4) Die Ermüdungsrate sollte anhand des Spannungsspektrums und der zugehörigen Anzahl von Lastwechseln infolge der aufeinander folgenden Überfahrten von Lastkraftwagen mittels der Rainflow-Methode oder der Reservoir-Zählmethode ermittelt werden.

ANMERKUNG Für Regelungen bezüglich der Nachweise siehe EN 1992 bis EN 1999.

4.6.6 Ermüdungslastmodell 5 (basierend auf Verkehrszählungen)

(1) Das Ermüdungslastmodell 5 besteht aus der direkten Auswertung aufgenommener Verkehrsdaten, die ggf. durch angemessene statistische und zukunftsbezogene Extrapolationen ergänzt werden.

ANMERKUNG Für die Anwendung dieser Modelle siehe Nationaler Anhang. Hinweise für eine vollständige Festlegung und die Anwendung dieses Modells enthält Anhang B.

NDP zu 4.6.6 (1) Anmerkung

Das Ermüdungslastmodell 5 ist nicht anzuwenden.

4.7 Außergewöhnliche Einwirkungen

4.7.1 Allgemeines

(1)P Lasten durch Straßenfahrzeuge sind, wo notwendig, in außergewöhnlichen Bemessungssituationen zu berücksichtigen und resultieren aus:

— Fahrzeuganprall an Überbauten oder Pfeilern,

— schweren Radlasten auf Fußwegen (Einwirkungen schwerer Radlasten sind bei allen Straßenbrücken zu berücksichtigen, bei denen Fußwege nicht durch starre Schutzeinrichtungen gesichert sind),

— Fahrzeuganprall an Schrammborden, Schutzeinrichtungen und Stützen (Anprall an Schutzeinrichtungen ist bei allen Straßenbrücken zu berücksichtigen, bei denen solche Schutzeinrichtungen vorgesehen sind; Anprall an Schrammborden ist immer zu berücksichtigen).

4.7.2 Anpralllasten aus Fahrzeugen unter der Brücke

ANMERKUNG Siehe 5.6.2 und 6.7.2 und Anhang A2 zur EN 1990.

4.7.2.1 Anpralllasten auf Pfeiler und andere stützende Bauteile

(1) Kräfte infolge eines Anpralls von Fahrzeugen mit unzulässiger Höhe oder von der Straße abweichenden Fahrzeugen auf Pfeilern oder stützende Bauteilen der Brücke sollten berücksichtigt werden.

ANMERKUNG Der Nationale Anhang darf festlegen:

— Regelungen, um die Brücke vor Anpralllasten zu schützen;

— wann Anpralllasten zu berücksichtigen sind (z. B. mit Verweis zu einem Sicherheitsabstand zwischen den Pfeilern und dem Rand der Fahrbahn);

— die Größe und Ort der Anpralllast;

— und auch die zu berücksichtigenden Grenzzustände.

Für Pfeiler werden die folgenden Werte empfohlen:

a) Anpralllast: 1 000 kN in Fahrtrichtung oder 500 kN quer zur Fahrtrichtung;

b) Höhe über dem angrenzenden Gelände: 1,25 m.

Siehe auch EN 1991-1-7.

NDP zu 4.7.2.1 (1) Anmerkung

Es gilt DIN EN 1991-1-7.

4.7.2.2 Anprall an Überbauten

(1) Falls notwendig, sollten die Anprallkräfte von Fahrzeugen festgelegt werden.

ANMERKUNG 1 Der Nationale Anhang darf die Anpralllasten an Überbauten festlegen, unter Einbeziehung der Durchfahrtshöhe und anderer Schutzmaßnahmen. Siehe EN 1991-1-7.

NDP zu 4.7.2.2 (1)

Anpralllasten aus Straßenverkehr unter Brücken nach DIN EN 1991-1-7:2010-12, 4.3.2, sind nur beim Nachweis der Lagesicherheit des Überbaus zu berücksichtigen.

ANMERKUNG Die Anpralllasten dürfen dabei vereinfachend 20 cm oberhalb der Unterkante des Überbaus angesetzt werden.

ANMERKUNG 2 Anpralllasten an Brückenüberbauten oder anderen Tragwerksteilen über den Straßen können stark unterschiedlich sein, je nach den Parametern der tragenden und nicht tragenden Konstruktion und den Anwendungsbedingungen. Die Möglichkeit eines Anpralls durch Fahrzeuge mit Überschreitung der zulässigen Fahrzeughöhe sollte ebenso beachtet werden wie das vertikale Schwingen eines Kranes auf einem Transporter. Konstruktive Maßnahmen können als Alternative für eine Bemessung auf Anpralllasten vorgesehen werden.

4.7.3 Einwirkungen aus Fahrzeugen auf der Brücke

4.7.3.1 Fahrzeuge auf Fuß- und Radwegen von Straßenbrücken

(1) Wird eine angemessene starre Schutzeinrichtung vorgesehen, so ist eine Berücksichtigung der Achslast hinter der Schutzeinrichtung nicht erforderlich.

ANMERKUNG Sicherheitsanforderungen für Schutzvorrichtungen sind in EN 1317-2 definiert.

(2) Wenn eine Schutzeinrichtung entsprechend (1) vorgesehen wird, sollte eine außergewöhnliche Achslast entsprechend $\alpha_{Q2}Q_{2k}$ (siehe 4.3.2) berücksichtigt werden. Sie sollte auf der Fahrbahn neben der Schutzeinrichtung in ungünstigster Stellung entsprechend Bild 4.9 angeordnet werden. Diese Achslast wirkt nicht gleichzeitig mit den anderen Verkehrslasten auf der Fahrbahn. Wenn aus geometrischen Gründen die Anordnung einer ganzen Achse nicht möglich ist, sollte ein einzelnes Rad berücksichtigt werden.

Hinter der Schutzeinrichtung ist ggf. die charakteristische Einzellast nach 5.3.2.2 unabhängig von der außergewöhnlichen Last zu berücksichtigen.

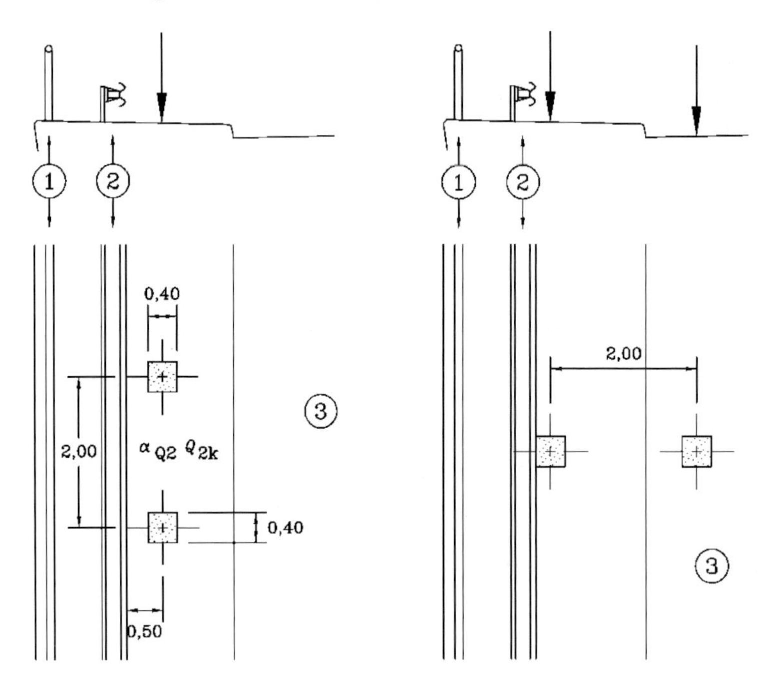

Legende

1 Brückengeländer (Brüstung für Fahrzeuge, falls keine Schutzvorrichtung vorhanden ist)
2 Schutzvorrichtung
3 Fahrbahn

Bild 4.9 — Beispiel zur Lastanordnung von Fahrzeugen auf Fußwegen und Radwegen auf Straßenbrücken

(3) Werden keine Schutzeinrichtungen entsprechend (1) vorgesehen, so sind die Regelungen von (2) bis zum Rand des Überbaus anzuwenden, wo die Brüstung für Fahrzeuge angeordnet ist.

4.7.3.2 Anpralllasten auf Schrammborde

(1) Als Einwirkung aus Fahrzeuganprall an Schrammborde sollte eine in Querrichtung wirkende Horizontallast von 100 kN, die 0,05 m unter der Oberkante des Schrammbordes wirkt, angenommen werden.

Diese Last wirkt auf einer Länge von 0,5 m und wird von den Schrammborden auf die sie tragenden Bauteile übertragen. Bei starren Bauteilen wird eine Lastausbreitung unter 45° angenommen. Gleichzeitig mit der Anpralllast sollte eine vertikale Verkehrslast von $0{,}75\alpha_{Q1}Q_{1k}$ angenommen werden (siehe Bild 4.10), wenn dies zu ungünstigeren Ergebnissen führt.

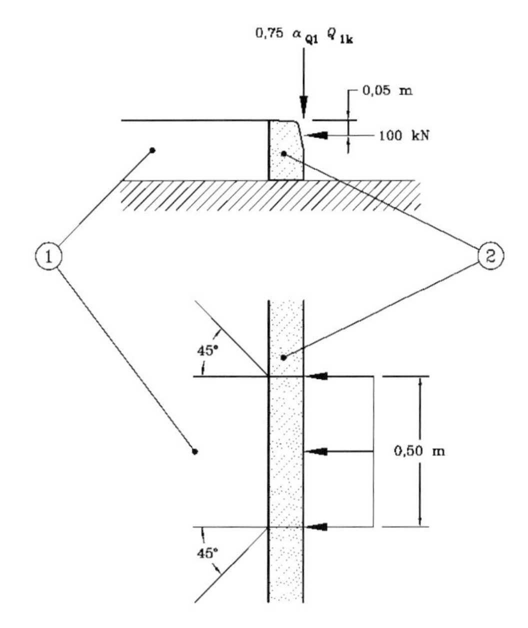

Legende

1 Fußweg
2 Schrammbord

Bild 4.10 — Definition von Anprallkräften auf Schrammborde

4.7.3.3 Anpralllasten auf Fahrzeugrückhaltesysteme

(1) Für die Bauwerksbemessung sollten vertikale und horizontale Lasten berücksichtigt werden, die durch die Fahrzeugrückhaltesysteme in den Brückenüberbau übertragen werden.

ANMERKUNG 1 Der Nationale Anhang darf Klassen für die Anpralllasten definieren und auswählen sowie zugehörige Anwendungsbedingungen festlegen. Im Folgenden werden für die zu übertragenden Horizontalkräfte 4 Klassen empfohlen und Werte angegeben.

NDP zu 4.7.3.3 (1) Anmerkung 1

Die Fahrzeugrückhaltesysteme und evtl. zugehörige Anwendungsbedingungen sind für das einzelne Bauvorhaben durch den Baulastträger bzw. die zuständige Aufsichtsbehörde festzulegen. Im Folgenden werden für die zu übertragenden Horizontalkräfte 4 Klassen mit Werten empfohlen.

Tabelle 4.9 — Empfohlene Werte für durch Fahrzeugrückhaltesysteme übertragene Horizontalkräfte

Klasse	**Horizontalkraft** (kN)
A	100
B	200
C	400
D	600

Die Horizontalkraft wirkt über eine Länge von 0,5 m quer zur Fahrtrichtung 100 mm unter der Oberkante der Schutzeinrichtung oder 1 m über der Fahrbahn bzw. dem Fußweg, wobei der kleinste Wert maßgebend ist.

ANMERKUNG 2 Die für die Klassen A bis D angegebenen Werte der Horizontalkraft sind aus Messungen bei Anprallversuchen von wirklichen Fahrzeugrückhaltesystemen für Brücken abgeleitet worden. Es gibt keine direkte Beziehung zwischen diesen Werten und den Anforderungsklassen der Fahrzeugrückhaltesysteme. Die vorgeschlagenen Werte hängen von der Steifigkeit der Verbindung ab, mit denen die Fahrzeugrückhaltesysteme an die Kappen oder anderen Teilen der Brücke befestigt sind. Eine sehr steife Verbindung führt zu einer Horizontalkraft der Klasse D. Die kleinste Horizontalkraft wurde aus Messungen für ein Fahrzeugrückhaltesystem mit geringer Anschlusssteifigkeit hergeleitet. Solche Systeme werden häufig für ein Rückhaltesystem aus Stahl bezüglich der Anforderungsklasse H2 von EN 1317 Teil 2 verwendet. Eine sehr weiche Verbindung kann zu Horizontalkräften der Klasse A führen.

ANMERKUNG 3 Die Vertikalkräfte, die gleichzeitig mit den Horizontalkräfte wirken, dürfen im Nationalen Anhang festgelegt werden. Es wird empfohlen, die Werte zu $0{,}75\alpha_{Q1}Q_{1k}$ anzunehmen. Falls möglich, können die Horizontal- und Vertikalkräfte durch detaillierte Maßnahmen (z. B. Bemessung der Bewehrung) ersetzt werden.

NDP zu 4.7.3.3 (1) Anmerkung 3

Die empfohlenen Werte sind anzuwenden und in Abhängigkeit vom verwendeten Fahrzeugrückhaltesystem mit einem Faktor zu beaufschlagen.

(2) Das Bauteil, auf dem die Schutzeinrichtung angeordnet ist, sollte lokal für eine außergewöhnliche Einwirkung bemessen werden, die mindestens dem 1,25fachen des lokalen charakteristischen Widerstandes der Schutzeinrichtung entspricht (z. B. der Widerstand der Verbindung der Schutzeinrichtung mit dem Tragwerk). Andere veränderliche Lasten sollten dabei nicht berücksichtigt werden.

ANMERKUNG Diese Bemessungslast darf im Nationalen Anhang festgelegt werden. Der in diesem Abschnitt angegebene Wert (1,25) ist der empfohlene Mindestwert.

NDP zu 4.7.3.3 (2) Anmerkung

Es gilt der empfohlene Mindestwert.

4.7.3.4 Anpralllasten an tragende Bauteile

(1) Die Anpralllasten an ungeschützte tragende Bauteile, die über oder neben der Fahrbahnebene liegen, sollten berücksichtigt werden.

ANMERKUNG Diese Lasten dürfen im Nationalen Anhang definiert werden. Sie können den in 4.7.2.1 (1) angegebenen Lasten entsprechen und 1,25 m oberhalb der Fahrbahnebene wirken. Wenn jedoch zusätzliche Schutzmaßnahmen zwischen der Fahrbahn und diesen Bauteilen angeordnet werden, dürfen die Kräfte für das Einzelprojekt reduziert werden.

NDP zu 4.7.3.4 (1) Anmerkung

Es sind die in 4.7.2.1 (1) angegebenen Lasten zu berücksichtigen.

(2) Diese Kräfte wirken nicht gleichzeitig mit anderen veränderlichen Einwirkungen.

ANMERKUNG Für Einzelbauteile, deren Ausfall nicht zum Gesamtversagen des Tragwerks führt (z. B. Hänger oder Streben), können für ein Einzelprojekt geringere Lasten festgelegt werden.

4.8 Einwirkungen auf Geländer

(1) Für die Bauwerksbemessung sollten die Einwirkungen berücksichtigt werden, die durch das Geländer auf den Überbau übertragen werden. Sie werden in Abhängigkeit der ausgewählten Lastklasse des Geländers als veränderliche Lasten definiert.

ANMERKUNG 1 Für Geländer sind die Lastklassen in EN 1317-6 festgelegt. Für Brücken wird als kleinste Lastklasse die Klasse C empfohlen.

ANMERKUNG 2 Die durch das Geländer auf den Überbau übertragenen Kräfte und ihre Klassifizierung dürfen für ein Einzelprojekt oder im Nationalen Anhang nach EN 1317-6 festgelegt werden. Eine Linienlast von 1 kN/m, die als veränderliche Kraft horizontal und vertikal an der Oberkante des Geländers wirkt, wird für Fußwege und Fußgängerbrücken als kleinste Einwirkung empfohlen. Für Dienstwege beträgt der kleinste empfohlene Wert 0,8 kN/m. Ausnahmen und außergewöhnliche Fälle sind nicht durch diese empfohlenen Mindestwerte abgedeckt.

NDP zu 4.8 (1) Anmerkung 2

Für Fuß-, Rad- und Dienstwege auf Brücken sowie für Geh- und Radwegbrücken ist eine Linienlast von 1,0 kN/m, die als veränderliche Kraft horizontal und vertikal an der Oberkante des Geländers wirkt, anzunehmen. Es gilt der Teilsicherheitsbeiwert für Fußgängerverkehr nach DIN EN 1990/NA/A1, Tabelle NA.A2.1*)

(2) Für die Bemessung der die Geländer tragenden Bauteile sollten, falls das Geländer ausreichend gegen Fahrzeuganprall geschützt ist, die Horizontalkräfte gleichzeitig mit der in 5.3.2.1 definierten gleichmäßig verteilten Linienlast wirken.

ANMERKUNG Die Geländer können nur als ausreichend gesichert angenommen werden, wenn die Schutzmaßnahmen den festgelegten Anforderungen des Einzelprojekts entsprechen.

(3) Können die Geländer nicht als ausreichend gegen Fahrzeuganprall gesichert berücksichtigt werden, sollten die sie tragenden Bauteile für die Einwirkung einer außergewöhnlichen Last, die dem 1,25fachen Widerstand des Geländers entspricht, bemessen werden, wobei keine weiteren veränderlichen Lasten zu berücksichtigen sind.

ANMERKUNG Der Einfluss dieser Bemessungslast darf im Nationalen Anhang festgelegt werden. Der in diesem Abschnitt angegebene Wert (1,25) wird empfohlen.

NDP zu 4.8 (3) Anmerkung

Es gilt die Empfehlung.

4.9 Lastmodell für Hinterfüllungen und Widerlager

4.9.1 Vertikale Lasten

(1) Fahrbahnen, die hinter Widerlagern, Flügelwänden, Seitenwänden und anderen mit dem Erdkörper in Kontakt stehenden Teilen der Brücke, angeordnet sind, sollten mit entsprechenden Lastmodellen beansprucht werden.

ANMERKUNG 1 Diese dazugehörigen Lastmodelle dürfen im Nationalen Anhang definiert werden. Es wird die Verwendung des in 4.3.2 angegebenen Lastmodells 1 empfohlen. Zur Vereinfachung darf die Doppelachse durch eine gleichmäßig verteilte Last mit der Bezeichnung q_{eq} ersetzt werden, die über eine angemessene rechteckige Aufstandsfläche verteilt ist. Die Abmessungen der Aufstandsfläche hängen von der Lastausbreitung der Hinterfüllung oder des Erdkörpers ab.

NDP zu 4.9.1 (1) Anmerkung 1

Es gilt die Empfehlung.

ANMERKUNG 2 Zur Lastausbreitung in Hinterfüllungen und im Erdkörper siehe EN 1997. Falls keine anderen Regelungen vorhanden sind, kann bei ordnungsgemäßer Verdichtung der Hinterfüllung eine Lastverteilung unter einem Winkel von 30° zur Vertikalen angenommen werden. Bei diesem Wert kann die Fläche für q_{eq} als Rechteck mit einer Breite von 3 m und einer Länge von 2,20 m angenommen werden.

---

*) Bezug korrigiert

NCI zu 4.9.1 (1) Anmerkung 2

Anmerkung 2 wird ersetzt durch folgenden Text:

Zur Lastausbreitung in Hinterfüllungen und im Erdkörper siehe DIN EN 1997. Wenn nicht besonders vereinbart, darf für die Bestimmung von q_{eq} ein Rechteck mit einer Breite von 3 m und einer Länge von 5 m angenommen werden.

(2) Andere repräsentative Werte als die charakteristischen Werte sollten nicht berücksichtigt werden.

4.9.2 Horizontalkraft

(1) Es sollte im Bereich der Hinterfüllung keine Horizontallast in Höhe der Oberkante der Fahrbahn angenommen werden.

(2) Für die Bemessung von Kammerwänden (siehe Bild 4.11) sollte eine Bremslast in Längsrichtung berücksichtigt werden. Der charakteristische Wert dieser Last beträgt $0{,}6\alpha_{Q1}Q_{1k}$. Er wirkt gleichzeitig mit der Achslast $\alpha_{Q1}Q_{1k}$ des Lastmodells 1 und mit dem Erddruck aus der Hinterfüllung. Die Fahrbahn hinter der Kammerwand sollte nicht als gleichzeitig belastet angenommen werden.

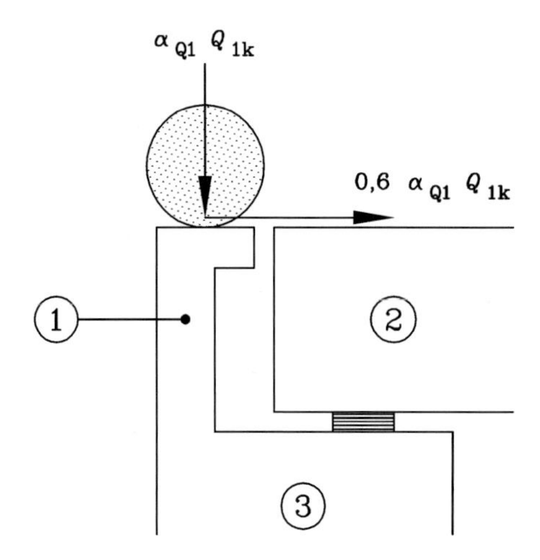

Legende

1 Kammerwand
2 Brückenüberbau
3 Widerlager

Bild 4.11 — Definition der Lasten für Kammerwände

5 Einwirkungen für Fußgängerwege, Radwege und Fußgängerbrücken

5.1 Anwendungsbereich

(1) Die in diesem Abschnitt definierten Lastmodelle sind anwendbar für Fußwege, Radwege und Fußgängerbrücken.

(2) Die gleichmäßig verteilte Last q_{fk} (siehe 5.3.2.1) und die konzentrierte Einzellast Q_{fwk} (siehe 5.3.2.2) können sowohl bei Straßen- und Eisenbahnbrücken als auch bei Fußgängerbrücken angewendet werden (siehe 4.5, 4.7.3 und 6.3.6.2 (1)). Alle anderen, in diesem Abschnitt festgelegten veränderlichen oder außergewöhnlichen Lasten sind nur für Fußgängerbrücken gedacht.

ANMERKUNG 1 Für Lasten auf Zugangstreppen siehe 6.3 in EN 1991-1-1.

ANMERKUNG 2 Für außergewöhnlich breite Fußgängerbrücken (z. B. mehr als 6 m Abstand zwischen den Geländern) können die in diesem Abschnitt definierten Lastmodelle möglicherweise nicht angemessen sein. Es sollten dann für das Einzelprojekt ähnliche Lastmodelle mit zugehörigen Kombinationsregeln definiert werden. Es sollte beachtet werden, dass verschiedene Aktivitäten auf breiten Fußgängerbrücken stattfinden können.

(3) Mit Ausnahme der Ermüdung können die Lastmodelle und repräsentativen Werte für Nachweise in allen Grenzzuständen angewendet werden.

(4) Für Nachweise des Schwingungsverhaltens von Fußgängerbrücken auf der Basis dynamischer Berechnungen siehe 5.7. Für alle anderen Nachweise, die bei irgendeinem Brückentyp zu führen sind, enthalten die Lastmodelle und Zahlenwerte dieses Abschnitts die dynamischen Erhöhungsfaktoren. Die veränderlichen Einwirkungen sollten als statisch wirkend angenommen werden.

(5) Die Einflüsse aus Lasten, die durch Baustellen hervorgerufen werden, werden durch die hier angegebenen Lastmodelle nicht berücksichtigt und sollten, wo notwendig, unabhängig davon festgelegt werden.

5.2 Darstellung der Einwirkungen

5.2.1 Lastmodelle

(1) Die Nutzlasten dieses Abschnitts ergeben sich aus Fußgänger- und Radfahrverkehr, geringen, üblicherweise während des Baus auftretender Lasten, gewissen Sonderfahrzeugen (z. B. für die Wartung) und aus außergewöhnlichen Bemessungssituationen. Diese Einwirkungen erzeugen vertikale und horizontale, statische und dynamische Lasten.

ANMERKUNG 1 Durch Radfahrer verursachte Lasten sind im Allgemeinen geringer als durch Fußgänger erzeugte Lasten. Die in diesem Abschnitt angegebenen Lasten basieren auf dem häufigen und dem gelegentlichen Vorhandensein von Fußgängern auf Radwegen. Bei Einzelprojekten sollte besonders auf Lasten geachtet werden, die durch Reiter oder Tiere hervorgerufen werden.

ANMERKUNG 2 Die in diesem Abschnitt festgelegten Lastmodelle beschreiben keine tatsächlichen Lasten. Sie wurden so gewählt, dass sie den Einwirkungen des tatsächlichen Verkehrs entsprechen. Dabei ist die dynamische Erhöhung jeweils eingeschlossen.

(2) Außergewöhnliche Lasten aus Anprall werden durch statische Ersatzlasten wiedergegeben.

5.2.2 Lastklassen

(1) Lasten für Fußgängerbrücken können je nach Standort und infolge möglicher Befahrung unterschiedlich sein. Diese Lasten sind voneinander unabhängig. Sie werden weiter unten in verschiedenen Absätzen angesprochen. Eine allgemeine Klasseneinteilung für diese Brücken kann daher nicht erfolgen.

5.2.3 Anwendung der Lastmodelle

(1) Diese Lastmodelle, ausgenommen Dienstfahrzeuge (siehe 5.3.2.3), sollten angewendet werden für Fußgänger- und Radfahrverkehr auf Fußgängerbrücken, Bereiche von Straßenbrücken, die durch Geländer abgetrennt und nicht Teil der in 1.4.2 definierten Fahrbahn sind (in diesem Teil der EN 1991 als Fußweg bezeichnet), und auf Dienstwegen von Eisenbahnbrücken.

(2) Für Besichtigungsstege innerhalb der Brückenkonstruktion und für Podeste von Eisenbahnbrücken sollten andere angemessenere Lastmodelle angewendet werden.

ANMERKUNG Diese Modelle können im Nationalen Anhang oder für ein Einzelprojekt festgelegt werden. Das vorgeschlagene Lastmodell, das getrennt angewendet wird, um die ungünstigsten Einflüsse zu berücksichtigen, besteht aus einer gleichmäßig verteilten Last von 2 kN/m^2 und einer konzentrierten Last von 3 kN, die auf einer Fläche von 0,20 m^2 × 0,20 m^2 wirkt.

NDP zu 5.2.3 (2) Anmerkung

Es gilt die Empfehlung.

(3) Bei jeder einzelnen Anwendung sollten die Lastmodelle für Vertikallasten überall in den maßgebenden Bereichen in ungünstigster Weise angeordnet werden.

ANMERKUNG Mit anderen Worten: Diese Einwirkungen sind freie Einwirkungen.

5.3 Statisches Modell für Vertikallasten — charakteristische Werte

5.3.1 Allgemeines

(1) Charakteristische Lasten dienen zur Ermittlung der Einwirkungen aus Fußgänger- oder Radfahrverkehr für Nachweise im Grenzzustand der Tragfähigkeit und für gewisse Nachweise im Grenzzustand der Gebrauchstauglichkeit.

(2) Drei voneinander unabhängige Lastmodelle sollten, falls erforderlich, berücksichtigt werden. Dies sind

— eine gleichmäßig verteilte Last q_{fk},

— eine Einzellast Q_{fwk} und

— Lasten aus Dienstfahrzeugen Q_{serv}.

(3) Die charakteristischen Werte dieser Lastmodelle sollten sowohl für die ständige als auch für die vorübergehende Bemessungssituation angewendet werden.

5.3.2 Lastmodell

5.3.2.1 Gleichmäßig verteilte Last

(1) Für Fußgänger- oder Radwege auf Straßenbrücken sollte eine gleichmäßig verteilte Last q_{fk} festgelegt werden (Bild 5.1).

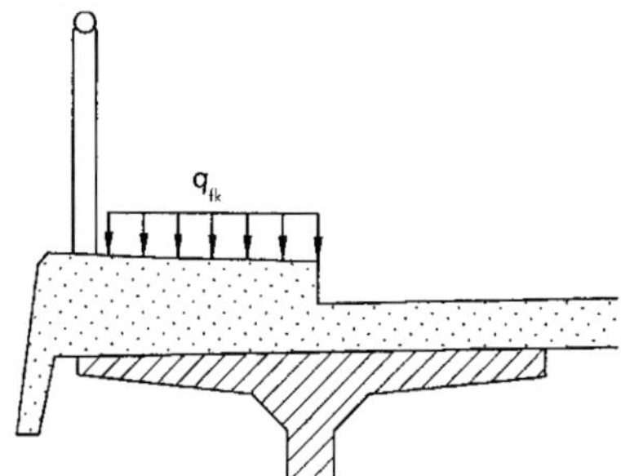

Bild 5.1 — Charakteristische Last auf Fußwegen (oder Radwegen)

ANMERKUNG Der charakteristische Wert q_{fk} darf im Nationalen Anhang oder für das Einzelprojekt festgelegt werden. Der empfohlene Wert beträgt q_{fk} = 5 kN/m^2.

NDP zu 5.3.2.1 (1) Anmerkung

Es gilt die Empfehlung.

(2) Für Fußgängerbrücken sollte eine gleichmäßig verteilte Last q_{fk} festgelegt werden, die sowohl längs als auch quer nur an den ungünstigsten Stellen der Einflussfläche angreift.

ANMERKUNG Das in 4.3.5 definierte Lastmodell 4 (Menschenansammlungen), das $q_{fk} = 5$ kN/m² entspricht, darf so festgelegt werden, dass die aus einer gleichmäßig dichten Menschenansammlung resultierenden Einflüsse abgedeckt werden, wo ein solches Risiko vorliegt. Wo die Anwendung des in 4.3.5 definierten Lastmodells 4 für Fußgängerbrücken nicht notwendig ist, beträgt der empfohlene Wert für q_{fk}

$$q_{fk} = 2{,}0 + \frac{120}{L + 30} \quad \text{kN/m}^2;$$

$$q_{fk} \geq 2{,}5 \text{ kN/m}^2; \; q_{fk} \leq 5{,}0 \text{ kN/m}^2 \tag{5.1}$$

Dabei ist

L die Belastungslänge, in m.

NCI zu 5.3.2.1 (2) Anmerkung

Es gilt die Empfehlung.

5.3.2.2 Konzentrierte Einzellast

(1) Der charakteristische Wert der Einzellast Q_{fwk} beträgt 10 kN und hat eine quadratische Aufstandsfläche mit einer Seitenlänge von 0,10 m.

ANMERKUNG Der charakteristische Wert und die Aufstandsfläche dürfen im Nationalen Anhang angepasst werden.

NDP zu 5.3.2.2 (1) Anmerkung

Die empfohlenen Werte für Q_{fwk} und die Seitenlänge der Aufstandsfläche werden übernommen. Wenn ein Befahren der Brücke nicht möglich ist, kann in besonderen Fällen in Abstimmung mit dem Bauherrn auch eine kleinere Last, jedoch nicht weniger als $Q_{fwk} = 5$ kN angesetzt werden.

(2) Wenn bei den Nachweisen globale und örtliche Einwirkungen getrennt betrachtet werden, ist diese Last nur für lokale Einwirkungen zu berücksichtigen.

(3) Falls für eine Fußgängerbrücke ein Dienstfahrzeug, wie in 5.3.2.3 angegeben, berücksichtigt wird, sollte Q_{fwk} nicht angesetzt werden.

5.3.2.3 Dienstfahrzeuge

(1)P Ein Dienstfahrzeug Q_{serv} ist zu berücksichtigen, wenn Dienstfahrzeuge auf der Fußgängerbrücke oder dem Fußweg fahren können.

ANMERKUNG 1 Dies kann ein Fahrzeug für Wartung, Notfälle (Rettung, Feuerwehr) oder für andere Dienste sein. Die Eigenschaften dieses Fahrzeugs (Achslast, Radabstand, Aufstandsfläche) sowie die dynamische Erhöhung und alle weiteren Regelungen zur Belastung dürfen für das Einzelprojekt oder im Nationalen Anhang festgelegt werden. Falls keine genaueren Angaben zur Verfügung stehen und keine dauernden Absperreinrichtungen Fahrzeuge am Befahren der Brücke hindern, wird vorgeschlagen, als Dienstfahrzeug das Fahrzeug nach 5.6.3 festzulegen (charakteristische Last). In diesem Fall ist es nicht notwendig, 5.6.3 anzuwenden, d. h. das gleiche Fahrzeug für außergewöhnliche Einwirkung anzusetzen.

NDP zu 5.3.2.3 (1)P Anmerkung 1

Als Dienstfahrzeug ist das Fahrzeug nach 5.6.3 anzusetzen.

ANMERKUNG 2 Die Berücksichtigung eines Dienstfahrzeugs macht keinen Sinn, falls ständig vorhandene Maßnahmen das Befahren der Brücke verhindern.

ANMERKUNG 3 Verschiedene sich gegenseitig ausschließende Dienstfahrzeuge können berücksichtigt werden. Sie können für ein bestimmtes Projekt definiert werden.

5.4 Statische Modelle für Horizontallasten – charakteristische Werte

(1) Nur für Fußgängerbrücken sollte eine Horizontallast Q_{flk} berücksichtigt werden, die entlang der Achse des Brückenoberbaus auf der Oberkante des Belags wirkt.

(2) Der charakteristische Wert der Horizontalkraft sollte entsprechend dem größeren der beiden folgenden Werte angenommen werden:

— 10 Prozent der sich aus der gleichmäßigen Belastung (5.3.2.1) ergebenden Gesamtlast,

— 60 Prozent des Dienstfahrzeuggesamtgewichts; falls zu berücksichtigen (5.3.2.3 (1)P).

ANMERKUNG Der charakteristische Wert der Horizontalkraft darf im Nationalen Anhang oder für ein Einzelprojekt festgelegt werden. Die in diesem Abschnitt angegebenen Werte werden empfohlen.

NDP zu 5.4 (2) Anmerkung

Es gilt die Empfehlung.

(3) Die Horizontallast wirkt gleichzeitig mit der zugehörigen Vertikallast, jedoch in keinem Fall gleichzeitig mit der Einzellast Q_{fwk}.

ANMERKUNG Normalerweise reicht diese Last aus, um die horizontale Längsstabilität von Fußgängerbrücken zu gewährleisten. Sie gewährleistet nicht die horizontale Querstabilität, die durch Berücksichtigung anderer Einwirkungen oder durch hinreichende Entwurfsmaßnahmen sichergestellt werden sollte.

5.5 Gruppen von Verkehrslasten für Fußgängerbrücken

(1) Falls notwendig, sollten die vertikalen und horizontalen Lasten infolge Verkehr durch die in Tabelle 5.1 definierten Lastgruppen berücksichtigt werden. Jede dieser Lastgruppen, die sich gegenseitig ausschließen, sollte bei Kombinationen mit nicht aus dem Verkehr resultierenden Einwirkungen als eine charakteristische Einwirkung betrachtet werden.

Tabelle 5.1 — Definition der Lastgruppen (charakteristische Werte)

Belastungsart		Vertikalkraft		Horizontalkraft
Lastmodell		Gleichmäßig verteilte Last	Dienstfahrzeug	
Lastgruppen	gr1	q_{fk}	0	Q_{flk}
	gr2	0	Q_{serv}	Q_{flk}

(2) Für die Kombination von Verkehrseinwirkungen mit den in den anderen Teilen der EN 1991 definierten Einwirkungen sollte jede dieser Gruppen als eine Einwirkung berücksichtigt werden.

ANMERKUNG Für die einzelnen Anteile der Verkehrslasten auf Fußgängerbrücken sind die anderen repräsentativen Werte im Anhang A2 zur EN 1990 definiert.

5.6 Außergewöhnliche Einwirkungen für Fußgängerbrücken

5.6.1 Allgemeines

(1) Solche Einwirkungen ergeben sich aus:

— Straßenverkehr unter der Brücke (Anprall) oder

— außergewöhnliche Anwesenheit eines schweren Fahrzeugs auf der Brücke.

ANMERKUNG Andere Anpralllasten (siehe 2.3) dürfen für ein Einzelprojekt oder im Nationalen Anhang festgelegt werden.

NDP zu 5.6.1 (1) Anmerkung

Siehe 2.3.

5.6.2 Anprallasten aus Straßenfahrzeugen unter der Brücke

(1) Die Schutzmaßnahmen einer Fußgängerbrücke sollten festgelegt werden.

ANMERKUNG Fußgängerbrücken (Überbauten und Pfeiler) sind grundsätzlich wesentlich empfindlicher gegen Anpralllasten als Straßenbrücken. Es ist unrealistisch, sie für dieselben Anpralllasten zu berechnen. Der wirksamste Weg, Anpralllasten zu berücksichtigen, besteht im Allgemeinen darin, Fußgängerbrücken gegen Anprall zu sichern durch:

— Anordnung von Schutzeinrichtungen in angemessenem Abstand vor den Stützen,

— Vorsehen größerer Durchfahrtshöhen als bei den benachbarten Straßen- oder Eisenbahnbrücken im gleichen Straßenzug, falls dazwischen keine Zufahrt besteht.

5.6.2.1 Anpralllasten für Pfeiler

(1) Kräfte, die durch den Anprall von Fahrzeugen mit regelwidriger Höhe oder von der Straße abweichenden Fahrzeugen an Pfeilern oder tragenden Bauteilen der Fußgängerbrücke oder Rampen und Treppen resultieren, sollten berücksichtigt werden.

ANMERKUNG Der Nationale Anhang darf festlegen:

— Regelungen, mit denen die Brücke vor Anpralllasten geschützt wird,

— wenn Anpralllasten berücksichtigt werden müssen (z. B. mit Hinweisen zu einem Sicherheitsabstand zwischen den Pfeilern und dem Rand der Fahrbahn),

— die Größe und den Ort der Anpralllast,

— und auch die zu berücksichtigenden Grenzzustände.

Für Pfeiler mit hoher Steifigkeit werden die folgenden Mindestwerte empfohlen:

a) Anprallkraft: 1 000 kN in Richtung des Fahrzeugverkehrs oder 500 kN quer zu dieser Richtung;

b) Höhe über dem angrenzenden Gelände: 1,25 m. Siehe auch EN 1991-1-7.

NDP zu 5.6.2.1 (1) Anmerkung

Es gilt DIN EN 1991-1-7.

5.6.2.2 Anpralllasten auf Überbauten

(1) Falls erforderlich, sollte beim Entwurf eine ausreichende lichte Höhe zwischen dem Gelände und der Unterkante des Überbaues vorgesehen werden. Außerdem sollten Schutzmaßnahmen gegen Anprall oder Berechnungen für Anpralllasten vorgesehen werden.

ANMERKUNG 1 Anpralllasten, die von der Durchfahrtshöhe abhängig sind, dürfen im Nationalen Anhang oder für das Einzelprojekt festgelegt werden. Siehe auch EN 1991-1-7.

NDP zu 5.6.2.2 (1)

Anpralllasten aus Straßenverkehr unter Brücken nach DIN EN 1991-1-7:2010-12, 4.3.2, sind nur beim Nachweis der Lagesicherheit des Überbaus zu berücksichtigen.

ANMERKUNG Die Anpralllasten dürfen dabei vereinfachend 20 cm oberhalb der Unterkante des Überbaus angesetzt werden.

ANMERKUNG 2 Die Möglichkeit des Anpralls durch Fahrzeuge, die eine ungewöhnliche oder nicht erlaubte Höhe haben, sollte berücksichtigt werden.

5.6.3 Unplanmäßige Anwesenheit von Fahrzeugen auf der Brücke

(1)P Falls keine dauernden Absperreinrichtungen Fahrzeuge am Befahren der Brücke hindern, ist eine außergewöhnliche Belastung zu berücksichtigen.

(2) Für so eine Situation sollte das folgende Lastmodell benutzt werden. Es besteht aus zwei Achslasten mit 80 kN bzw. 40 kN, die einen Achsabstand von 3 m (siehe Bild 5.2) aufweisen. Der Radabstand (Abstand von Radmitte zu Radmitte) beträgt 1,3 m und die quadratische Radaufstandsfläche beträgt 0,2 m. Die Lasten greifen an der Oberkante des Belags an. Die zugehörige Bremslast sollte zu 60 Prozent der Vertikallast angenommen werden.

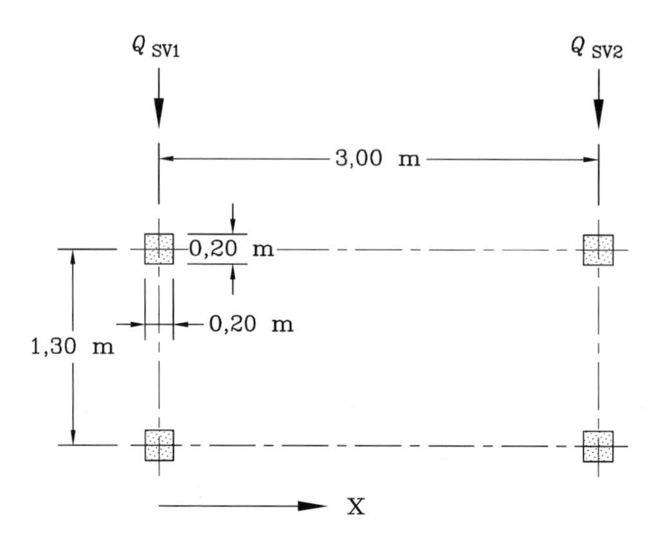

Legende

x Richtung der Brückenachse
$Q_{sv1} = 80$ kN
$Q_{sv2} = 40$ kN

Bild 5.2 — Außergewöhnliche Belastung

ANMERKUNG 1 Anmerkung in 5.3.2.3 (1)P.

ANMERKUNG 2 Falls notwendig, können andere Eigenschaften des Lastmodells im Nationalen Anhang oder für ein Einzelprojekt festgelegt werden.

NDP zu 5.6.3 (2) Anmerkung 2

Es werden keine anderen Eigenschaften des Lastmodells festgelegt.

(3) Es sollte keine veränderliche Einwirkung gleichzeitig mit dem in 5.6.3 (2) definierten Lastmodell berücksichtigt werden.

5.7 Dynamisches Modell für Fußgängerbrücken

(1) Wo notwendig, sollten in Abhängigkeit der dynamischen Eigenschaften des Tragwerks die maßgebenden Eigenfrequenzen (sowie zugehörige Vertikal-, Horizontal- und Torsionsschwingungen) für das Haupttragwerk des Brückenüberbaus mit einem passenden Tragwerksmodell ermittelt werden.

ANMERKUNG Schwingungen von Fußgängerbrücken können verschiedene Ursachen haben: Fußgänger, die gehen, rennen, springen oder tanzen, Windkräfte und Vandalismus.

(2) Durch Fußgänger erzeugte Kräfte können Resonanz verursachen, wenn die Frequenz dieser Kräfte eine der Eigenfrequenzen der Brücke entspricht. Diese Kräfte sollten bei Nachweisen in den Grenzzuständen in Verbindung mit Schwingungen berücksichtigt werden.

ANMERKUNG Einflüsse durch Fußgängerverkehr auf Fußgängerbrücken hängen von verschiedenen Parametern ab, z. B. die Anzahl und der Ort von Personen, die gleichzeitig auf der Brücke sind, und auch von äußeren Umständen, die mehr oder weniger mit der Lage der Brücke verbunden sind. Wenn keine wesentliche Reaktion der Brücke erfolgt, erzeugt ein normal gehender Fußgänger auf ihr die folgenden gleichzeitig wirkenden periodischen Kräfte:

— vertikal wirkend mit einer Frequenz, deren Bandbreite zwischen 1 und 3 Hz liegt, und

— horizontal wirkend mit einer Frequenz, deren Bandbreite zwischen 0,5 und 1,5 Hz liegt.

Das Überqueren einer Brücke durch Jogger kann mit 3 Hz angenommen werden.

(3) Angemessene dynamische Modelle für Fußgängerlasten und Komfortkriterien sollten festgelegt werden.

ANMERKUNG Das dynamische Modell von Fußgängerlasten und zugehörige Komfortkriterien dürfen im Nationalen Anhang und für ein bestimmtes Projekt definiert werden. Siehe auch Anhang A2 zur EN 1990.

NDP zu 5.7 (3)

Der Nationale Anhang legt keine Komfortkriterien fest, diese können für ein bestimmtes Projekt definiert werden.

5.8 Einwirkung auf Geländer

(1) Für Fußgängerbrücken sollte das Geländer nach den in 4.8 festgelegten Regelungen bemessen werden.

5.9 Lastmodell für Hinterfüllungen und Wände angrenzend an die Brücke

(1) Falls im Einzelfall nicht anders festgelegt, sollte die Fläche außerhalb der Fahrbahn und hinter Widerlagern, Flügelwänden, Seitenwänden und anderen Bauteilen mit direktem Kontakt zum Erdkörper mit einer gleichmäßig verteilten Last von 5 kN/m^2 belastet werden.

ANMERKUNG 1 Diese Belastung deckt nicht die Einwirkungen aus schweren Baufahrzeugen und anderen Fahrzeugen ab, die für die Herstellung der Hinterfüllung eingesetzt werden.

ANMERKUNG 2 Der charakteristische Wert darf für ein bestimmtes Projekt angepasst werden.

6 Einwirkungen aus Eisenbahnverkehr und andere für Eisenbahnbrücken typische Einwirkungen

6.1 Anwendungsbereich

(1)P Dieser Abschnitt gilt für Normal- und Breitspurbahnen der europäischen Hauptstrecken.

(2) Die in diesem Abschnitt festgelegten Lastmodelle beschreiben keine tatsächlichen Lasten. Sie wurden so gewählt, dass sie, mit den besonders zu berücksichtigenden dynamischen Beiwerten, die Einwirkungen des Zugverkehrs wiedergeben. Ist es erforderlich, einen Verkehr außerhalb der in diesem Abschnitt festgelegten Lastmodelle zu berücksichtigen, so sollten alternative Lastmodelle mit den zugehörigen Kombinationsregeln festgelegt werden.

ANMERKUNG Die alternativen Lastmodelle mit ihren zugehörigen Kombinationsregeln können entweder im Nationalen Anhang oder für das Einzelprojekt festgelegt werden.

NDP zu 6.1 (2) Anmerkungen

Es werden keine alternativen Lastmodelle festgelegt.

(3)P Dieses Abschnitt ist nicht anzuwenden für Einwirkungen aus

— Schmalspurbahnen,

— Straßenbahnen und andere Kleinbahnen,

— Museumsbahnen,

— Zahnradbahnen,

— Standseilbahnen.

Die Belastungen und charakteristischen Werte der Einwirkungen solcher Bahnen sollten festgelegt werden.

ANMERKUNG Die Belastungen und charakteristischen Werte der Einwirkungen solcher Bahnen können entweder im Nationalen Anhang oder für das Einzelprojekt festgelegt werden.

NDP Zu 6.1 (3)P Anmerkung

Für Schmalspurbahnen und andere Bahnen sind die charakteristischen Einwirkungen in Abstimmung mit der zuständigen Aufsichtsbehörde festzulegen.

(4) Zur Aufrechterhaltung der Betriebssicherheit und zur Sicherstellung des Reisendenkomforts u. a. werden die Grenzwerte der Verformungen von Eisenbahnbrücken in EN 1990 Anhang A2 festgelegt.

(5) Als Grundlage für die Ermüdungsberechung werden drei verschiedene Verkehrszusammensetzungen angegeben (siehe Anhang D).

(6) Das Eigengewicht der nichttragenden Bauteile schließt das Gewicht von Bauteilen wie z. B. Lärmschutzwände, Führungs- und Fangvorrichtungen, Signale, Kabelkanäle, Kabel und Oberleitung ein (ausgenommen die Spannkräfte des Fahrdrahtes usw.).

(7) Bei der Bemessung von Hilfsbrücken ist besonders auf die Flexibilität einiger dieser temporären Bauwerke zu achten. Die Belastungen und Anforderungen für die Bemessung von Hilfsbrücken sollten festgelegt werden.

ANMERKUNG Die Lastannahmen für die Bemessung von Hilfsbrücken, die grundsätzlich auf diesem Dokument basieren, können entweder im Nationalen Anhang oder für das Einzelprojekt festgelegt werden. Besondere Anforderungen für diese Hilfsbrücken können ebenfalls entweder im Nationalen Anhang oder für das Einzelprojekt angegeben werden, abhängig von den jeweiligen Einsatzbedingungen (z. B. bei schiefwinkligen Brücken).

NDP zu 6.1 (7) Anmerkung

Die Anforderungen für Hilfsbrücken bei den Eisenbahnen des Bundes sind DB Ril 804.4110, DB Ril 804.4111 und DB Ril 804.4120[2] zu entnehmen.

2) Zu beziehen bei: DB Kommunikationstechnik GmbH, Medien- und Kommunikationsdienste Logistikcenter, Kriegsstraße 136, 76133 Karlsruhe, www.dbportal.db.de.

6.2 Darstellung der Einwirkungen — Arten der Eisenbahnlasten

(1) Es werden allgemeine Regelungen für die Berechnung der zugehörigen dynamischen Einwirkungen, Fliehkräfte, Seitenstoß, Anfahr- und Bremskräfte sowie für Druck- und Sogeinwirkungen infolge Zugverkehr (aerodynamische Einwirkungen) angegeben.

(2) Einwirkungen infolge Zugverkehr werden angegeben für:

— Vertikallasten: Lastmodelle 71, SW (SW/0 und SW/2), „unbeladener Zug" und HSLM (6.3 und 6.4.6.1.1),

— Vertikallasten für Erdbauwerke (6.3.6.4),

— dynamische Einwirkungen (6.4),

— Fliehkräfte (6.5.1),

— Seitenstoß (6.5.2),

— Anfahr- und Bremskräfte (6.5.3),

— Druck- und Sogeinwirkungen aus Zugverkehr (aerodynamische Einwirkungen) (6.6),

— Einwirkungen aus Oberleitung und anderer Eisenbahninfrastruktur und -ausrüstung (6.7.3).

ANMERKUNG Eine Anleitung zur Bewertung der gemeinsamen Antwort von Tragwerk und Gleis auf veränderliche Einwirkungen ist in 6.5.4 gegeben.

(3) Entgleisungslasten für außergewöhnliche Bemessungssituationen werden angegeben für:

— die Wirkung einer Zugentgleisung auf einem Eisenbahntragwerk (6.7.1).

6.3 Vertikallasten — charakteristische Werte (statische Anteile), Exzentrizität und Lastverteilung

6.3.1 Allgemeines

(1) Eisenbahneinwirkungen werden durch Lastmodelle festgelegt. Für die Eisenbahnlasten werden fünf Modelle angegeben:

— Lastmodell 71 (und Lastmodell SW/0 für Durchlaufträger) für Regelverkehr auf Hauptstrecken,

— Lastmodell SW/2 für Schwerverkehr,

— Lastmodell HSLM für Reisezugverkehr mit Geschwindigkeiten über 200 km/h,

— Lastmodell „unbeladener Zug" für die Auswirkung eines unbeladenen Zugs.

ANMERKUNG Anforderungen zur Anwendung der Lastmodelle sind in 6.8.1 beschrieben.

(2) Der nach Art, Umfang und maximaler Achslast unterschiedliche Eisenbahnverkehr sowie der unterschiedliche Zustand der Gleise können durch Variation der festgelegten Lastmodelle berücksichtigt werden.

6.3.2 Lastmodell 71

(1) Das Lastmodell 71 stellt den statischen Anteil der Einwirkungen aus dem Regelverkehr dar und wirkt als Vertikallast auf das Gleis.

(2)P Die Lastanordnung und die charakteristischen Werte der Vertikallasten sind nach Bild 6.1 anzusetzen.

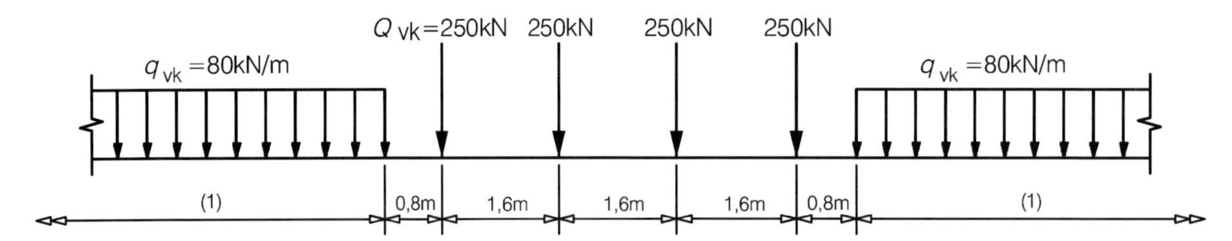

Legende

1 keine Begrenzung

Bild 6.1 — Lastmodell 71 und charakteristische Werte der Vertikallasten

(3)P Die charakteristischen Werte nach Bild 6.1 sind auf Strecken mit einem gegenüber dem Regelverkehr schwereren oder leichteren Verkehr mit einem Beiwert α zu multiplizieren. Die mit dem Beiwert α multiplizierten Lasten werden als „klassifizierte Vertikallasten" bezeichnet. Als Lastklassenbeiwert α ist einer der Folgenden zu wählen:

0,75 – 0,83 – 0,91 – 1,00 – 1,10 – 1,21 – 1,33 – 1,46

Die folgenden Einwirkungen sind mit demselben Beiwert α zu multiplizieren:

- Vertikale Ersatzlasten für Erdbauwerke und Erddrücke nach 6.3.6.4,
- Zentrifugalkräfte nach 6.5.1,
- Seitenstoß nach 6.5.2 (multipliziert mit α nur für $\alpha \geq 1$),
- Anfahr- und Bremskräfte nach 6.5.3,
- kombinierte Tragwerks- und Gleisreaktionen auf veränderliche Einwirkungen nach 6.5.4,
- Entgleisungslasten für außergewöhnliche Bemessungssituationen nach 6.7.1 (2),
- Lastmodell SW/0 für Durchlaufträger nach 6.3.3 und 6.8.1 (8).

ANMERKUNG Für internationale Strecken wird $\alpha \geq 1$ empfohlen. Der Beiwert α kann entweder im Nationalen Anhang oder für das Einzelprojekt festgelegt werden.

NDP zu 6.3.2 (3)P Anmerkung

Für Brückenbauwerke auf Strecken der Eisenbahnen des Bundes für Betriebszüge mit 25-t-Radsatzlasten ist ein Beiwert $\alpha = 1{,}21$ zu verwenden. Das Lastmodell SW/2 braucht nicht zusätzlich angesetzt zu werden.

Für geotechnische Bauwerke (Erdbauwerke, Stützbauwerke und Durchlässe mit einer lichten Weite $< 2{,}0$ m) darf auch bei klassifizierten Lastmodellen mit $\alpha = 1{,}0$ gerechnet werden. Einflüsse von Baumaschinen müssen ggf. gesondert berücksichtigt werden.

Für die statische Berechnung ist ein Beiwert $\alpha \geq 1{,}0$ anzusetzen. Der Beiwert α kann nach den Grundsätzen des § 8 EBO gewählt werden. Für artreinen S-Bahn-Verkehr kann $\alpha = 0{,}8$ angesetzt werden.

Für Bauzustände sind alle unter 6.3.2 (3) aufgezählten Einwirkungen mit $\alpha = 1{,}0$ zu multiplizieren, wenn Schwerverkehr während der Bauphase ausgeschlossen ist.

(4)P Zur Überprüfung der Verformungsgrenzen sollen klassifizierte Vertikallasten und andere Einwirkungen mit α nach 6.3.2 (3) multipliziert werden (außer beim Reisendenkomfort, bei dem α zu 1 anzusetzen ist).

6.3.3 Lastmodelle SW/0 und SW/2

(1) Das Lastmodell SW/0 stellt den statischen Anteil der Vertikallast des Regelverkehrs auf Durchlaufträgerbrücken dar.

(2) Das Lastmodell SW/2 stellt den statischen Anteil der Vertikallast des Schwerverkehrs dar.

(3)P Die Lastanordnung ist nach Bild 6.2 mit den charakteristischen Werten der Vertikallasten nach Tabelle 6.1 anzusetzen.

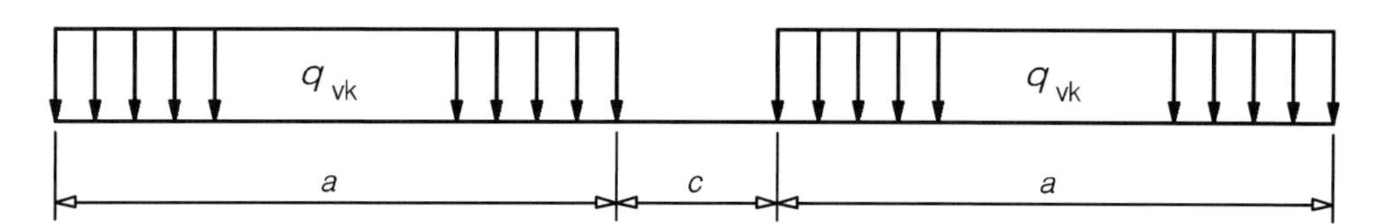

Bild 6.2 — Lastmodelle SW/0 und SW/2

Tabelle 6.1 — Charakteristische Werte der Vertikallasten der Lastmodelle SW/0 und SW/2

Lastmodell	q_{vk} in kN/m	a in m	c in m
SW/0	133	15,0	5,3
SW/2	150	25,0	7,0

(4)P Strecken oder Streckenabschnitte mit Schwerverkehr, auf denen das Lastmodell SW/2 zu berücksichtigen ist, sind zu benennen.

ANMERKUNG Die Benennung kann entweder im Nationalen Anhang oder für das Einzelprojekt erfolgen.

NDP zu 6.3.3 (4)P Anmerkung

Die Strecken werden durch das Eisenbahninfrastrukturunternehmen benannt.

(5)P Das Lastmodell SW/0 ist mit dem Lastklassenbeiwert α nach 6.3.2 (3) zu multiplizieren.

6.3.4 Lastmodell „unbeladener Zug“

(1) Für einige spezielle Nachweise (siehe EN 1990, A.2.2.4 (2)) wird ein besonderes Lastmodell, der „unbeladene Zug“, verwendet. Es handelt sich dabei um eine vertikale, gleichmäßig verteilte Streckenlast mit einem charakteristischen Wert von 10 kN/m.

6.3.5 Exzentrizität der Vertikallasten (Lastmodelle 71 und SW/0)

(1)P Die seitliche Exzentrizität der Vertikallasten ist durch ein Verhältnis der beiden Radlasten aller Achsen von 1,25 auf irgendeinem Gleis zu berücksichtigen. Die resultierende Exzentrizität e ist in Bild 6.3 angegeben.

Die Exzentrizität der Vertikallasten kann bei der Berücksichtigung der Ermüdung vernachlässigt werden.

ANMERKUNG Regelungen zur Berücksichtigung der Lage und Lagetoleranzen des Gleises sind in 6.8.1 angegeben.

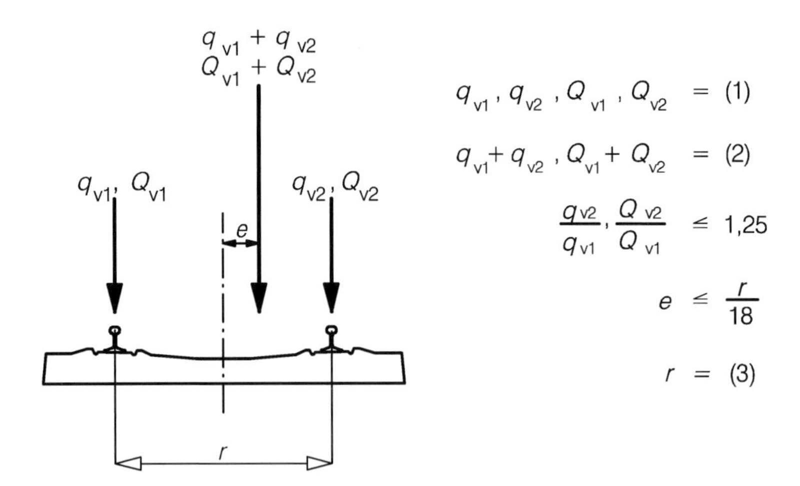

Legende

(1) gleichmäßig verteilte Streckenlasten und Einzellasten auf jeder Schiene wie beschrieben
(2) LM71 (und SW/0, wenn erforderlich)
(3) Radabstand in Querrichtung

Bild 6.3 — Exzentrizität der Vertikallasten

6.3.6 Lastverteilung der Achslasten durch Schienen, Schwellen und Schotter

(1) 6.3.6.1 bis 6.3.6.3 beziehen sich auf Betriebszüge, Ermüdungsmodellzüge, die Lastmodelle 71, SW/0, SW/2, den „unbeladenen Zug" und das HSLM, falls nicht anders angegeben.

6.3.6.1 Längsverteilung einer Einzellast oder Radlast durch die Schiene

(1) Eine Einzellast des Lastmodells 71 (oder eine klassifizierte Last nach 6.3.2 (3), wenn erforderlich) und des HSLM (außer HSLM-B) oder die Radlast darf über drei Schienenstützpunkte nach untenstehendem Bild 6.4 verteilt werden:

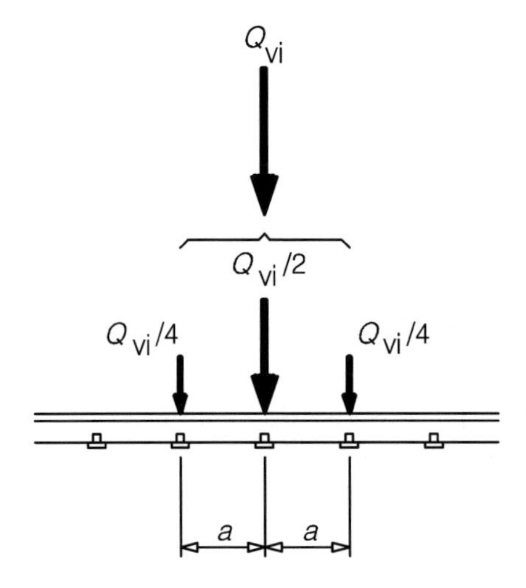

Legende

Q_{vi} ist die Einzellast auf jeder Schiene nach Lastmodell 71 oder die Radlast eines Betriebszugs nach 6.3.5, eines Ermüdungsmodellzugs oder des HSLM (außer HSLM-B)

a ist der Abstand der Schienenstützpunkte

Bild 6.4 — Längsverteilung einer Einzel- oder Radlast durch die Schiene

6.3.6.2 Längsverteilung der Lasten durch Schwellen und Schotter

(1) In der Regel dürfen nur die Einzellasten des Lastmodells 71 (oder die klassifizierten Vertikallasten nach 6.3.2 (3), wenn erforderlich) oder eine Achslast in Längsrichtung als gleichmäßig verteilt angenommen werden (außer dort, wo örtliche Lasteinwirkungen maßgebend sind, z. B. für die Berechnung von Einzelbauteilen u. a.).

(2) Für die Bemessung von Einzelbauteilen (insbesondere Längs- und Quersteifen, Schienenlängsträger, Querträger, Fahrbahnplatten und dünne Betonplatten, usw.) ist die Längsverteilung unter den Schwellen nach Bild 6.5 zu berücksichtigen. Als Bezugsebene gilt die Oberkante der Fahrbahnplatte.

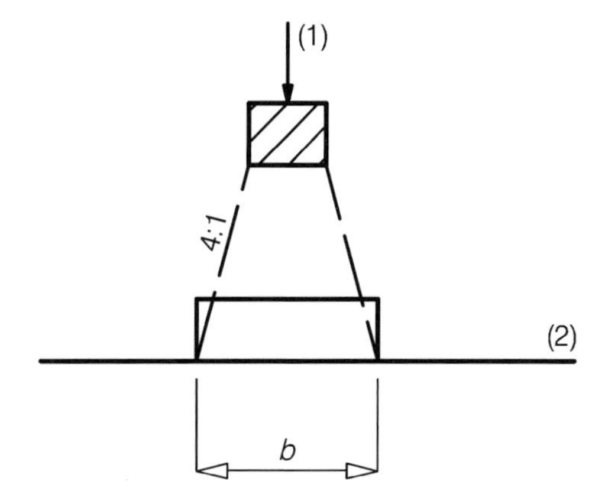

Legende

1 Last auf Schwelle
2 Bezugsebene

Bild 6.5 — Längsverteilung der Lasten durch Schwellen und Schotter

6.3.6.3 Querverteilung der Lasten durch Schwellen und Schotter

(1) Bei Brücken mit Schotterbett ohne Gleisüberhöhung können die Lasten in Querrichtung nach Bild 6.6 verteilt werden.

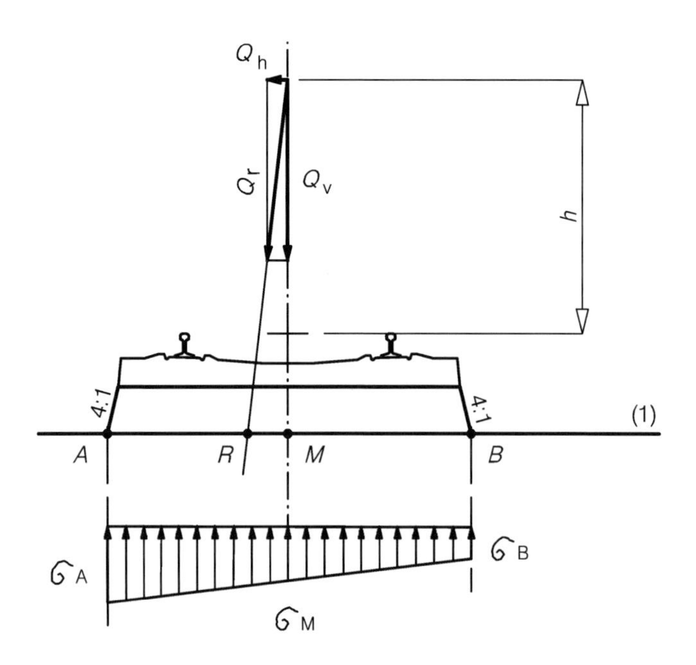

Legende

(1) Bezugsebene

Bild 6.6 — Querverteilung der Lasten durch Schwellen und Schotterbett bei Gleisen ohne Überhöhung (Wirkung der Exzentrizität der Vertikallast nicht dargestellt)

(2) Auf Brücken mit Schotterbett (ohne Gleisüberhöhung) und Monoblockschwellen, wo der Schotter nur im Bereich der Schienen verdichtet ist, oder wenn Zweiblockschwellen verwendet werden, kann die Querverteilung der Lasten durch Schwellen und Schotter nach Bild 6.7 angenommen werden.

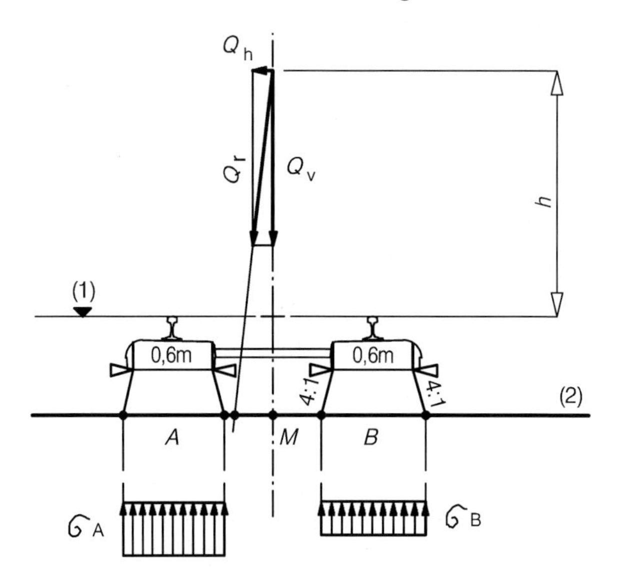

Legende

1 Fahrebene SOK
2 Bezugsebene

Bild 6.7 — Querverteilung der Lasten durch Schwellen und Schotterbett bei Gleisen ohne Überhöhung (Wirkung der Exzentrizität der Vertikallasten nicht dargestellt)

(3) Bei Brücken mit Schotterbett und Gleisüberhöhung können die Lasten in Querrichtung nach Bild 6.8 verteilt werden.

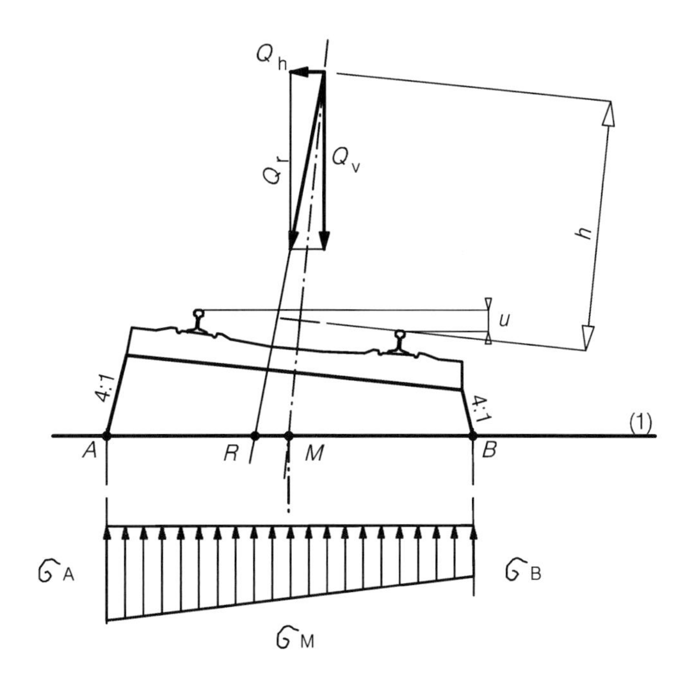

Legende

(1) Bezugsebene

Bild 6.8 — Querverteilung der Lasten durch Schwellen und Schotter bei Gleisen mit Überhöhung (Wirkung der Exzentrizität der Vertikallasten nicht dargestellt)

(4) Auf Brücken mit Schotterbett, Gleisüberhöhung und Monoblockschwellen, bei denen der Schotter nur im Bereich der Schienen verdichtet ist, oder wenn Zweiblockschwellen verwendet werden, kann Bild 6.8 angepasst werden, um die Lastverteilung in Querrichtung unter jeder Schiene, wie in Bild 6.7, zu berücksichtigen.

(5) Die anzuwendende Querverteilung sollte festgelegt werden.

ANMERKUNG Für das Einzelprojekt darf die anzusetzende Querverteilung festgelegt werden.

NCI zu 6.3.6.3 (5) Anmerkung

Die Querverteilung der Verkehrslasten im Schotteroberbau darf nach Bildern 6.6 bis 6.8 angenommen werden. Für feste Fahrbahnen ist die Lastausbreitung mit 2 : 1 anzunehmen.

6.3.6.4 Vertikale Ersatzlasten für Erdbauwerke und Erddrücke

(1) Für allgemeine Beanspruchungen dürfen die charakteristischen vertikalen Ersatzlasten aus Eisenbahnverkehr zur Berechnung der Erddrücke unter oder nahe den Gleisen mit einem angepassten Lastmodell (LM 71 oder falls erforderlich die klassifizierten Vertikallasten nach 6.3.2 (3)) bzw. SW/2 falls erforderlich) gleichmäßig verteilt über eine Breite von 3 m in einer Tiefe von 0,70 m unter Schienenoberkante, angenommen werden.

(2) Bei den oben angegebenen gleichmäßig verteilten Lasten brauchen keine dynamischen Einwirkungen berücksichtigt zu werden.

(3) Für die Bemessung örtlicher Bauteile nahe dem Gleis (z. B. Schotterabschlüsse) kann eine besondere Berechnung durchgeführt werden, welche die maximale Vertikal-, Längs- und Querlast aus dem Schienenverkehr auf das Bauteil berücksichtigt.

6.3.7 Einwirkungen für Dienstgehwege

ANMERKUNG Für das Einzelprojekt können alternative Anforderungen für Dienstgehwege, Arbeitswege oder -plattformen usw. festgelegt werden.

(1) Dienstgehwege dürfen nur durch befugte Personen benutzt werden.

(2) Lasten aus Fußgänger- und Radverkehr sowie der allgemeinen Instandhaltung können durch eine gleichmäßig verteilte Belastung mit einem charakteristischen Wert $q_{fk} = 5$ kN/m^2 berücksichtigt werden.

(3) Zur Berechnung örtlicher Bauteile kann eine Einzellast $Q_k = 2$ kN berücksichtigt werden. Sie sollte auf einer quadratischen Fläche mit 200 mm Seitenlänge angeordnet werden.

(4) Horizontalkräfte auf Geländer, Seitenwände und Abgrenzungen für Personen können wie bei Kategorie B und C1 nach EN 1991-1-1 angesetzt werden.

NCI zu 6.3.7 (4)

Der charakteristische Wert der Horizontalkraft auf Geländer von Dienstgehwegen ist mit 0,8 kN/m, der Teilsicherheitsbeiwert zu $\gamma_{Q,sup} = 1,5$ anzunehmen.

6.4 Dynamische Einwirkungen (einschließlich Resonanz)

6.4.1 Einleitung

(1) Die durch statische Belastungen in einer Brücke erzeugten Spannungen und Verformungen (sowie die zugehörige Überbaubeschleunigung) werden bei Verkehrseinwirkungen vergrößert oder vermindert durch:

— schnelle Belastungswechsel infolge der Geschwindigkeit der das Tragwerk befahrenden Züge und die Massenträgheit des Tragwerks,

— die Überfahrt aufeinanderfolgender Lasten mit etwa gleichen Abständen, die das Tragwerk anregen und unter bestimmten Umständen Resonanz erzeugen können (falls die Erregerfrequenz — oder ein Vielfaches davon — mit einer Eigenfrequenz des Tragwerks — oder ein Vielfaches davon — übereinstimmt, besteht die Möglichkeit, dass aufeinanderfolgende Achsen bei der Überfahrt übermäßig große Schwingungen erzeugen können),

— Schwankungen der Radlasten aus Gleislagefehlern oder Fahrzeugunregelmäßigkeiten (einschließlich Radunregelmäßigkeiten).

(2)P Bei den rechnerischen Nachweisen (Spannungen, Verformungen, Brückenbeschleunigung usw.) sind diese oben erwähnten Einwirkungen zu berücksichtigen.

6.4.2 Faktoren, die das dynamische Verhalten beeinflussen

(1) Die Hauptfaktoren für die Beeinflussung des dynamischen Verhaltens sind:

i) die Geschwindigkeit bei der Überfahrt,

ii) die Spannweite L des Bauteils und die Einflusslinienlänge für die Durchbiegung des betreffenden Bauteils,

iii) die Masse des Tragwerks,

iv) die Eigenfrequenz des gesamten Bauwerks und einzelner Bauteile des Bauwerks und die zugehörigen Eigenformen entlang der Gleisachse,

v) die Anzahl der Achsen, die Achslasten und die Achsabstände,

vi) die Dämpfung des Tragwerks,

vii) vertikale Unregelmäßigkeiten im Gleis,

viii) die ungefederten/abgefederten Massen und Aufhängungseigenschaften der Fahrzeuge,

ix) regelmäßig angeordnete Auflager von Fahrbahnplatte bzw. Gleis (Querträger, Schwellen usw.),

x) Fahrzeugunregelmäßigkeiten (Flachstellen, unrunde Räder, Aufhängungsschäden usw.),

xi) die dynamische Eigenschaft des Gleises (Schotter, Schwellen, Gleisbestandteile usw.).

Diese Faktoren sind in 6.4.4 bis 6.4.6 berücksichtigt worden.

ANMERKUNG Es gibt keine besonderen Durchbiegungsgrenzen zur Vermeidung von Resonanz und übermäßigen Schwingungen. Die Durchbiegungskriterien für Verkehrssicherheit und Reisendenkomfort u. a. sind in EN 1990 Anhang A2 festgelegt.

6.4.3 Allgemeine Bemessungsregeln

(1)P Die statische Berechnung ist mit den Lastmodellen aus 6.3 (LM71 und, wenn erforderlich, Lastmodelle SW/0 und SW/2) durchzuführen. Die Ergebnisse sind mit dem dynamischen Beiwert Φ nach 6.4.5 zu multiplizieren (und, wenn erforderlich, auch mit dem Beiwert α nach 6.3.2).

(2) Die Kriterien zur Entscheidung über die Notwendigkeit einer dynamischen Berechnung sind in 6.4.4 beschrieben.

(3)P Falls eine dynamische Berechnung erforderlich wird:

— sind die zusätzlichen Lastfälle für die dynamische Berechnung nach 6.4.6.1.2 zu wählen,

— ist die maximale Überbaubeschleunigung nach 6.4.6.5 zu überprüfen,

— sind die Ergebnisse der dynamischen Berechnung mit den Ergebnissen der statischen Berechnung multipliziert mit dem dynamischen Beiwert Φ nach 6.4.5 (und wenn erforderlich auch mit dem Beiwert α nach 6.3.2) zu vergleichen. Die ungünstigsten Werte der Lasteinwirkungen sind für die Bemessung der Brücke nach 6.4.6.5 anzuwenden,

— ist ein Nachweis nach 6.4.6.6 zu erbringen, um sicherzustellen, dass die zusätzliche Ermüdungslast bei hohen Geschwindigkeiten und bei Resonanz durch die Spannungsermittlung aus den Ergebnissen der statischen Berechnung multipliziert mit dem dynamischen Beiwert Φ abgedeckt ist.

(4) Alle Brücken für örtlich zulässige Geschwindigkeiten über 200 km/h oder für die eine dynamische Berechnung erforderlich ist, sollten für die charakteristischen Werte des Lastmodells 71 (und wenn erforderlich des Lastmodells SW/0) oder für die klassifizierten Vertikallasten mit $\alpha \geq 1$ nach 6.3.2 bemessen werden.

(5) Die Anforderungen nach 6.4.4 bis 6.4.6 gelten für Reisezüge mit zugelassenen Höchstgeschwindigkeiten bis 350 km/h.

6.4.4 Anforderungen für eine statische oder dynamische Berechnung

(1) Die Anforderungen zur Entscheidung, ob eine statische oder dynamische Berechnung erforderlich wird, sind in Bild 6.9 dargestellt.

ANMERKUNG Der Nationale Anhang kann alternative Anforderungen festlegen. Die Anwendung des in Bild 6.9*) gezeigten Flussdiagramms wird empfohlen.

NDP zu 6.4.4 (1) Anmerkung

Es gelten die Anforderungen nach DB Ril 804.3101[3].

3) Zu beziehen bei: DB Kommunikationstechnik GmbH, Medien- und Kommunikationsdienste Logistikcenter, Kriegsstraße 136, 76133 Karlsruhe, www.dbportal.db.de.

*) Bild 6.9 wurde nicht abgedruckt.

Dabei ist

V	die örtlich zulässige Geschwindigkeit, in km/h;
L	die Spannweite, in m;
n_0	die erste Biegeeigenfrequenz der Brücke unter ständigen Lasten, in Hz;
n_T	die erste Torsionseigenfrequenz der Brücke unter ständigen Lasten, in Hz;
v	die Streckenhöchstgeschwindigkeit, in m/s;
$(v/n_0)_{lim}$	im Anhang F angegeben.

ANMERKUNG 1 Gültig für Einfeldträgerbrücken mit Längsträgern oder einfachen Platten mit vernachlässigbarer Schiefe auf Festlagern.

ANMERKUNG 2 Für Tabellen F1 und F2 sowie zugehörige Gültigkeitsgrenzen siehe Anhang F.

ANMERKUNG 3 Eine dynamische Berechnung ist dann erforderlich, wenn die häufig auftretende Betriebsgeschwindigkeit eines Betriebszugs einer Resonanzgeschwindigkeit des Tragwerks entspricht. Siehe 6.4.6.6 und Anhang F.

ANMERKUNG 4 φ'_{dyn} ist der dynamische Beiwert für Betriebszüge für die Tragwerke in 6.4.6.5 (3).

ANMERKUNG 5 Gültig unter der Voraussetzung, dass die Brücke die Anforderungen für Widerstand, für Verformungsgrenzen nach EN 1990 Anhang A2.4.4 und für die maximale Fahrzeugeigenbeschleunigung (oder zugeordneten Durchbiegungsgrenzwerten) entsprechend einem sehr guten Reisendenkomfort nach EN 1990 Anhang A2 erfüllt.

ANMERKUNG 6 Für Brücken mit einer ersten Eigenfrequenz n_0 innerhalb der Grenzen nach Bild 6.10 und einer örtlich zulässigen Geschwindigkeit unter 200 km/h ist eine dynamische Berechnung nicht erforderlich.

ANMERKUNG 7 Für Brücken mit einer ersten Eigenfrequenz n_0 oberhalb der oberen Grenze (1) in Bild 6.10 ist eine dynamische Berechnung erforderlich. Siehe auch 6.4.6.1.1 (7).

Die obere Grenze von n_0 wird durch den dynamischen Zuwachs aufgrund von Gleislagefehlern bestimmt und lautet:

$$n_0 = 94{,}76L^{-0{,}748} \qquad (6.1)$$

Die untere Grenze für n_0 wird durch dynamische Anregungskriterien bestimmt und lautet:

$n_0 = 80/L$

für $4\ \text{m} \leq L \leq 20\ \text{m}$

$n_0 = 23{,}58L^{-0{,}592}$

für $20\ \text{m} < L \leq 100\ \text{m}$ (6.2)

Dabei ist

n_0	die erste Eigenfrequenz der Brücke unter ständigen Lasten;
L	die Spannweite für Einfeldträgerbrücken oder L_Φ für andere Brückentypen.

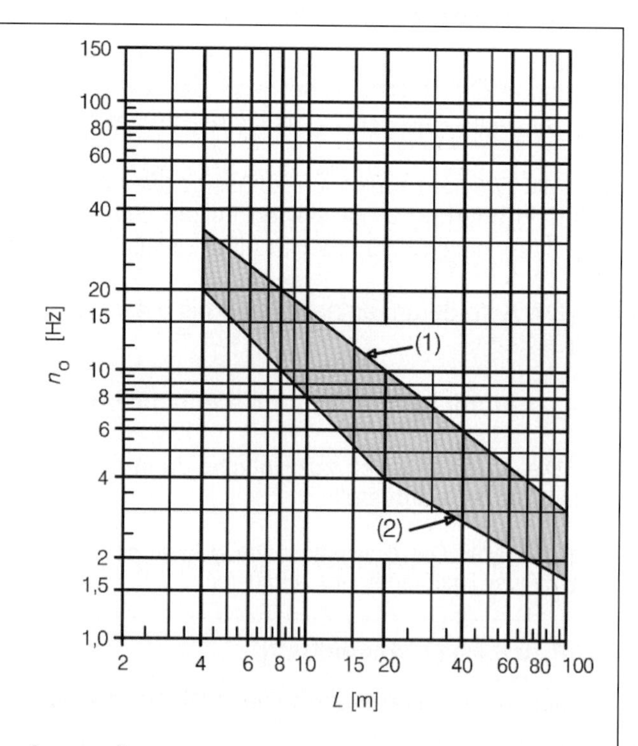

Legende

(1) obere Grenze der Eigenfrequenz
(2) untere Grenze der Eigenfrequenz

Bild 6.10 — Grenzen der Brückeneigenfrequenz n_0 [Hz] als Funktion von L [m]

ANMERKUNG 8 Für einen Einfeldträger nur mit Biegung kann die Eigenfrequenz mit folgender Gleichung abgeschätzt werden:

$$n_0\,[\mathrm{Hz}] = \frac{17{,}75}{\sqrt{\delta_0}} \tag{6.3}$$

Dabei ist

n_0 die Verformung in Feldmitte aufgrund ständiger Lasten, in mm, und ist errechnet mit Hilfe eines Kurzzeit-E-Moduls für Massivbrücken nach einer Belastungsdauer, die der Eigenfrequenz der Brücke entspricht.

6.4.5 Dynamischer Beiwert Φ (Φ_2, Φ_3)

6.4.5.1 Anwendungsbereich

(1) Der dynamische Beiwert Φ berücksichtigt die dynamische Vergrößerung von Beanspruchungen und Schwingungen im Tragwerk, aber nicht die aus Resonanz und übermäßigen Schwingungen der Brücke.

(2)P Falls die Kriterien aus 6.4.4 nicht erfüllt werden können, besteht das Risiko, dass Resonanz oder übermäßige Schwingungen der Brücke auftreten können (mit der Möglichkeit, dass übermäßige Schwingungen des Überbaus zur Instabilität des Schotterbetts, zu übermäßigen Durchbiegungen und Spannungen u. a. führen können). In solchen Fällen ist eine dynamische Berechnung durchzuführen, um die Auswirkung der Erregung und der Resonanz zu ermitteln.

ANMERKUNG Quasi-statische Verfahren, die Einwirkungen aus statischen Lasten mit dem dynamischen Beiwert Φ nach 6.4.5 multipliziert benutzen, sind nicht in der Lage, Resonanzauswirkungen von Hochgeschwindigkeitszügen vorauszusagen. Für die Ermittlung dynamischer Auswirkungen bei Resonanz sind dynamische Berechnungsverfahren erforderlich, die das zeitabhängige Verhalten der Last des Hochgeschwindigkeitslastmodells HSLM und der Betriebszüge (z. B. bei der Lösung der Bewegungsgleichungen) berücksichtigen.

(3) Bei Tragwerken, die mehr als ein Gleis tragen, sollte der dynamische Beiwert Φ nicht reduziert werden.

6.4.5.2 Dynamischer Beiwert Φ

(1)P Der dynamische Beiwert Φ, der die Einwirkung der statischen Last aus den Lastmodellen 71, SW/0 und SW/2 erhöht, ist mit Φ_2 oder Φ_3 anzusetzen.

(2) Der dynamische Beiwert Φ ist entweder mit Φ_2 oder Φ_3 gemäß der Instandhaltungsqualität des Gleises wie folgt anzusetzen:

a) für sorgfältig instand gehaltene Gleise:

$$\Phi_2 = \frac{1{,}44}{\sqrt{L_\Phi} - 0{,}2} + 0{,}82 \tag{6.4}$$

mit: $1{,}0 \le \Phi_2 \le 1{,}67$

b) für Gleise mit normaler Instandhaltung:

$$\Phi_3 = \frac{2{,}16}{\sqrt{L_\Phi} - 0{,}2} + 0{,}73 \tag{6.5}$$

mit: $1{,}0 \le \Phi_3 \le 2{,}0$

Dabei ist

L_Φ die „maßgebende" Länge (zu Φ gehörende Länge), in m, wie in Tabelle 6.2 angegeben.

ANMERKUNG Die dynamischen Beiwerte wurden für Einfeldträger ermittelt. Die Länge L_Φ ermöglicht es, diese Beiwerte auf tragende Bauteile mit anderen Auflagerbedingungen zu übertragen.

(3)P Falls kein dynamischer Beiwert festgelegt ist, ist Φ_3 anzuwenden.

ANMERKUNG Der anzuwendende dynamische Beiwert kann entweder im Nationalen Anhang oder für das Einzelprojekt festgelegt werden.

NDP zu 6.4.5.2 (3)P Anmerkung

In der Regel ist von einem sorgfältig instand gehaltenen Gleis auszugehen; hierfür ist Φ_2 anzuwenden.

(4)P Der dynamische Beiwert Φ ist nicht anzuwenden bei:

— den Lasten der Betriebszüge,

— den Lasten der Züge zur Ermüdungsberechnung (Anhang D),

— dem Lastmodell HSLM (6.4.6.1.1 (2)),

— dem Lastmodell „unbeladener Zug" (6.3.4).

6.4.5.3 Maßgebende Länge L_Φ

(1) Die zu verwendenden maßgebenden Längen L_Φ sind in der nachfolgenden Tabelle 6.2 angegeben.

ANMERKUNG Andere Werte für L_Φ können im Nationalen Anhang angegeben werden. Die Werte der Tabelle 6.2 werden empfohlen.

NDP zu 6.4.5.3 (1) Anmerkung

(1) Tabelle 6.2*) ist durch folgende Tabelle zu ersetzen.

*) DIN EN 1991-2, Tabelle 6.2 ist hier nicht abgedruckt.

Tabelle NA.6.2 – Maßgebende Längen L_{Φ}

Fall	Bauteil	Maßgebende Länge L_{Φ} bzw. Φ
Fahrbahnplatte aus Stahl: geschlossene Fahrbahn mit Schotterbett (orthotrope Platte), (für Lokal- und Querbeanspruchungen)		
	Fahrbahnplatte mit Längs- und Querrippen	
1.1	Deckblech (in beiden Richtungen)	3-facher Abstand der Querrippen
1.2	Längsrippen (einschließlich kurzer Kragarme bis 0,5 m Länge)[a]	3-facher Abstand der Querrippen
1.3	Querträger	doppelte Länge der Querträger
1.4	Endquerträger	wie 1.3 Querträger
	Fahrbahnplatte nur mit Querträgern	
2.1.1	Deckblech (in beiden Richtungen)	2-facher Querträgerabstand + 3 m
2.1.2	Querträger	2-facher Querträgerabstand + 3 m
2.1.3	Endquerträger	wie 2.1.2 Querträger
	Fahrbahnplatte ohne Längs- und Querrippen (Fahrbahnplatte aus dickem Blech)	
2.2.1	Tragwirkung rechtwinklig zu den Hauptträgern	2-fache Plattenstützweite
Trägerrost aus Stahl: offene Fahrbahn ohne Schotterbett[b] (für Lokal- und Querbeanspruchungen)		
3.1	Schienen-Längsträger	
	— als Teil eines Trägerrostes	3-facher Querträgerabstand
	— als Einfeldträger	Querträgerabstand + 3 m
3.2	Schienen-Längsträgerkragarm[a]	$\Phi_3 = 2{,}0$
3.3	Querträger	Doppelte Länge der Querträger
3.4	Endquerträger	$\Phi_3 = 2{,}0$

[a] Im Allgemeinen bedürfen alle durch Eisenbahnlasten beanspruchte Kragarme von mehr als 0,5 m Länge einer gesonderten Untersuchung nach 6.4.6 und mit der Belastung aus dem Nationalen Anhang, die von der Aufsichtsbehörde anerkannt wurde.

[b] Für offene Stahlfahrbahnen empfiehlt es sich, Φ_3 anzuwenden.

Tabelle NA.6.2 *(fortgesetzt)*

Fall	Bauteil	Maßgebende Länge L_{Φ} bzw. Φ
Fahrbahnplatte aus Beton mit Schotterbett (für Lokal- und Querbeanspruchungen)		
4.1	Fahrbahnplatte von Hohlkästen oder Plattenbalken	
	— Tragwirkung rechtwinklig zu den Hauptträgern	3-fache Plattenstützweite
	— Tragwirkung in Längsrichtung	3-fache Plattenstützweite
	— Querträger	doppelte Länge der Querträger
	— Kragarme in Querrichtung, die Eisenbahnlasten aufnehmen	— $e \leq 0{,}5$ m: 3-facher Abstand der Stege — $e > 0{,}5$ m:[a] **Bild 6.11 — Kragarm eines Querträgers mit Eisenbahnlasten**
4.2	Fahrbahnplatte durchlaufend über Querträger (in Hauptträgerrichtung)	2-facher Querträgerabstand
4.3	Fahrbahnplatte bei Trogbrücken	
	— Tragwirkung rechtwinklig zu den Hauptträgern	2-fache Plattenstützweite
	— Tragwirkung in Längsrichtung	2-fache Plattenstützweite
4.4	Fahrbahnplatten mit Tragwirkung rechtwinklig zu einbetonierten Stahlträgern	$\Phi_2 = 1{,}30$
4.5	Kragarme der Fahrbahnplatte in Längsrichtung	— $e \leq 0{,}5$ m: $\Phi_2 = 1{,}67$[b] — $e > 0{,}5$ m:[a]
4.6	Endquerträger oder Abschlussträger	$\Phi_2 = 1{,}67$[b]

[a] Im Allgemeinen bedürfen alle durch Eisenbahnlasten beanspruchte Kragarme von mehr als 0,5 m Länge einer gesonderten Untersuchung nach 6.4.6 und mit der Belastung aus dem Nationalen Anhang, die von der Aufsichtsbehörde anerkannt wurde.

[b] Bei normal instand gehaltenen Gleisen ist $\Phi_3 = 2{,}0$ anzuwenden.

ANMERKUNG Für die Fälle 1.1 bis einschließlich 4.6 ist L_{Φ} ein Maximum der maßgebenden Länge der Hauptträger.

Tabelle NA.6.2 *(fortgesetzt)*

Fall	Bauteil	Maßgebende Länge L_Φ bzw. Φ
Hauptträger		
5.1	Einfeldträger und Platten (einschließlich einbetonierter Stahlträger)	Stützweite in Hauptträgerrichtung
5.2	Durchlaufende Träger und Platten über n Felder mit $L_m = 1/n\,(L_1 + L_2 + ... + L_n)$ (6.6)	$L_\Phi = k \cdot L_m$ (6.7) jedoch mindestens max L_i (i = 1, ... , n) n = 2 3 4 ≥ 5 k = 1,2 1,3 1,4 1,5
5.3	Halb- und Vollrahmen oder Hohlkästen	
	— zweistielig	Das System wird als Dreifeldträger angesehen (verwende 5.2 mit den Längen der Stiele und des Riegels).
	— mehrstielig	Das System wird als Mehrfeldträger angesehen (verwende 5.2 mit den Längen der Endstiele und der Riegel).
5.4	Bogen, Versteifungsträger von Stabbogenbrücken	halbe Stützweite
5.5	Gewölbe, Gewölbereihe mit Hinterfüllung	2-fache lichte Weite jedes Einzelgewölbes
5.6	Hänger (in Verbindung mit Versteifungsträger)	4-facher Hängerabstand in Längsrichtung
5.7	Ergänzende Regelung	Für Tragwerken nach Ziffern 5.1 bis 5.5 gilt: Bei Untersuchungen mit den Lastgruppen 11 und 17 nach Tabelle 6.10 gelten die oben aufgeführten Werte L_Φ; bei Untersuchungen mit den Lastgruppen 21 bis 31 dürfen sie verdoppelt werden.
Stützkonstruktionen		
6	Pfeiler, Stützrahmen, Lager, Gelenke, Zuganker sowie für die Berechnung von Pressungen unter Lagern	maßgebende Länge der aufgelagerten Tragelemente

(2) Kragarme mit einer Länge e nach Bild 6.11 von mehr als 0,5 m sind zu vermeiden.

(2) Falls kein Wert für L_Φ in Tabelle 6.2 angegeben ist, sollte als maßgebende Länge die Länge der Einflusslinie für Durchbiegung des betrachteten Bauteils herangezogen werden, oder es sollten andere Werte festgelegt werden.

ANMERKUNG Das Einzelprojekt kann andere Werte festlegen.

NCI zu 6.4.5.3 (2) Anmerkung

Falls kein Wert für L_{Φ} in Tabelle NA.6.2 angegeben ist, ist als maßgebende Länge die Länge der Einflusslinie für die Durchbiegung des betrachteten Bauteils heranzuziehen oder der Wert ist in Abstimmung mit der zuständigen Aufsichtsbehörde vom Eisenbahninfrastrukturunternehmen festzulegen.

(3) Wenn die resultierende Spannung in einem tragenden Bauteil von mehreren Anteilen, die sich jeweils auf getrennte Tragfunktionen beziehen, abhängt, sollte jeder Anteil unter Verwendung der jeweiligen maßgebenden Länge berechnet werden.

6.4.5.4 Reduzierte dynamische Einwirkungen

(1) Bei Gewölbe- und Betonbrücken jeder Bauart mit einer Überschüttungshöhe von mehr als 1,00 m darf Φ_2 und Φ_3 wie folgt verringert werden:

$$red\ \Phi_{2,3} = \Phi_{2,3} - \frac{h - 1{,}00}{10} \geq 1{,}0 \qquad (6.8)$$

Dabei ist

h die Überschüttungshöhe einschließlich Schotterbett bis Schwellenoberkante, in m (bei Gewölben bis zum Gewölbescheitelpunkt).

(2) Die Auswirkungen von Eisenbahnverkehrslasten auf Pfeiler mit einem Schlankheitsgrad (Knicklänge/Trägheitsradius) < 30, Widerlager, Gründungen, Stützwände und Bodenpressungen dürfen ohne dynamischen Beiwert berechnet werden.

6.4.5.5*)

6.4.6 Grundlagen der dynamischen Berechnung

6.4.6.1 Belastung und Lastkombinationen

6.4.6.1.1 Belastung

(1)P Die dynamische Berechnung ist mit den charakteristischen Belastungswerten der Betriebszüge (BZ) durchzuführen. Die Auswahl der Betriebszüge hat alle zugelassenen oder vorgesehenen Zugtypen des Hochgeschwindigkeitsverkehrs zu berücksichtigen, die für die Verwendung mit Geschwindigkeiten über 200 km/h zugelassen oder vorgesehen sind.

ANMERKUNG 1 Für das Einzelprojekt können die charakteristischen Achslasten und Achsabstände der jeweiligen Betriebslastenzüge festgelegt werden.

NDP zu 6.4.6.1.1 (1)P

Wenn für das Einzelprojekt die charakteristischen Achslasten und Achsabstände der Hochgeschwindigkeitszüge nicht bekannt sind, darf die dynamische Berechnung für diese Hochgeschwindigkeitszüge mit dem Lastmodell HSLM durchgeführt werden.

ANMERKUNG 2 Siehe 6.4.6.1.1 (7) für Lasten, bei denen eine dynamische Berechnung bei örtlich zulässiger Geschwindigkeit unter 200 km/h erforderlich ist.

(2)P Die dynamische Berechnung ist ebenfalls mit dem Lastmodell HSLM bei Brücken auf internationalen Strecken durchzuführen, bei denen Interoperabilitätskriterien anzuwenden sind.

---

*) 6.4.5.5 ist nicht aufgeführt.

ANMERKUNG Für das Einzelprojekt kann die Anwendung des Lastmodells HSLM festgelegt werden.

NDP zu 6.4.6.1.1 (2)P

Bei TEN-Strecken ist bei allen Projekten das Lastmodell HSLM anzuwenden.

(3) Das Lastmodell HSLM umfasst zwei getrennte Modellzüge mit variabler Wagenlänge, HSLM-A und HSLM-B.

ANMERKUNG HSLM-A und HSLM-B stellen zusammen die dynamische Auswirkung von Einzelachsen von gegliederten, konventionellen und regelmäßigen Hochgeschwindigkeitsreisezügen dar, nach den Anforderungen der Europäischen Technischen Spezifikationen für die Interoperabilität, die in Anhang E.1 angegeben sind.

(4) HSLM-A ist in Bild 6.12 und Tabelle 6.3 definiert:

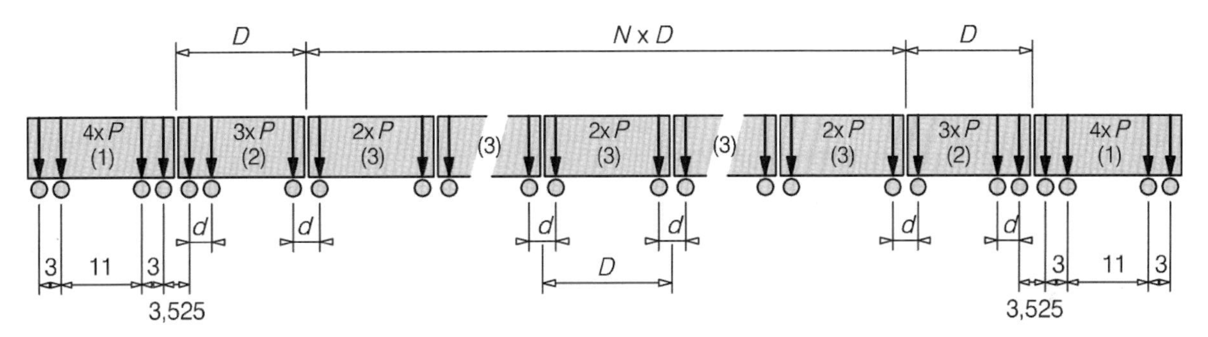

Legende

(1) Triebkopf (vorderer und hinterer Triebkopf identisch)
(2) Endwagen (vorderer und hinterer Endwagen identisch)
(3) Mittelwagen

Bild 6.12 — HSLM-A

Tabelle 6.3 — HSLM-A

Modellzug	**Anzahl der Mittelwagen** N	**Wagenlänge** D [m]	**Drehgestell-achsenabstand** d [m]	**Einzellast** P [kN]
A1	18	18	2,0	170
A2	17	19	3,5	200
A3	16	20	2,0	180
A4	15	21	3,0	190
A5	14	22	2,0	170
A6	13	23	2,0	180
A7	13	24	2,0	190
A8	12	25	2,5	190
A9	11	26	2,0	210
A10	11	27	2,0	210

(5) HSLM-B umfasst N Einzellasten von 170 kN in gleichmäßigem Abstand d [m], wobei N und d in den Bildern 6.13 und 6.14 definiert sind.

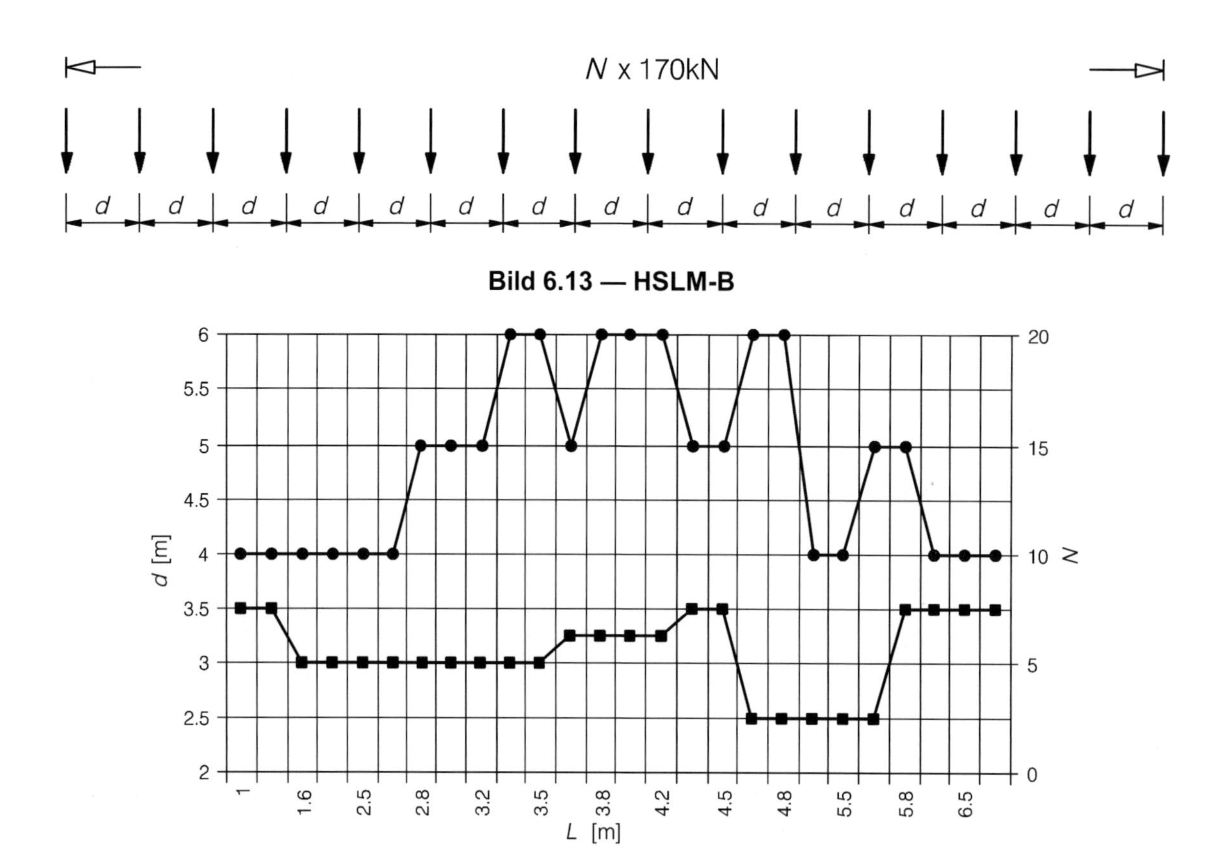

Bild 6.13 — HSLM-B

wobei L die Stützweite [m] ist.

Bild 6.14 — HSLM-B

(6) Nach den Anforderungen der Tabelle 6.4 kann entweder HSLM-A oder HSLM-B angewandt werden.

Tabelle 6.4 — Anwendung von HSLM-A und HSLM-B

Bauwerkskonfiguration	Spannweite	
	$L < 7$ m	$L \geq 7$ m
Einfeldträger[a]	HSLM-B[b]	HSLM-A[c]
Durchlaufträger[a] oder Komplexe Bauwerke[e]	HSLM A Züge A1 bis einschließlich A10[d]	HSLM A Züge A1 bis einschließlich A10[d]

[a] Gültig für Brücken nur mit Längsträgern oder einfachem Plattenbalken mit vernachlässigbarer Schiefe an Festlagern.

[b] Für Einfeldträger mit einer Spannweite von bis zu 7 m kann ein einzelner kritischer Modellzug des HSLM-B für die Berechnung nach 6.4.6.1.1 (5) verwendet werden.

[c] Für Einfeldträger mit einer Spannweite von 7 m oder mehr kann ein einzelner kritischer Modellzug des HSLM-A für die dynamische Berechnung nach Anhang E verwendet werden (alternativ können die Modellzüge A1 bis einschließlich A10 verwendet werden).

[d] Alle Züge A1 bis einschließlich A10 sollten bei der Berechnung verwendet werden.

[e] Jedes Bauwerk, das nicht der Anmerkung[a] oben entspricht, z. B. ein schiefes Bauwerk, eine Brücke mit deutlichem Torsionsverhalten, Trogbrücken mit deutlicher Platten- und Hauptträger-Schwingungsanfälligkeit usw. Zusätzlich sollte HSLM-B auch bei komplexen Tragwerken mit ausgeprägten Fahrbahnschwingungseigenformen angesetzt werden (z. B. Trogbrücken mit dünnen Fahrbahnplatten).

ANMERKUNG Der Nationale Anhang oder das Einzelprojekt können zusätzliche Erfordernisse bezüglich der Anwendung von HSLM-A und HSLM-B bei durchlaufenden und komplexen Bauwerken angeben.

NDP zu 6.4.6.1.1 (6) Tabelle 6.4, Anmerkung:

Bei Durchlaufträgern oder komplexen Bauwerken ist nur HSLM-A anzuwenden.

(7) Falls die Frequenzgrenzen nach Bild 6.10 nicht erfüllt sind und die örtlich zulässige Geschwindigkeit unter 200 km/h liegt, sollte eine dynamische Berechnung erfolgen. Die Berechnung sollte die Einflüsse nach 6.4.2 mit einbeziehen und:

— die im Anhang D beschriebenen Zugtypen 1 bis 12,

— die festgelegten Betriebszüge

berücksichtigen.

ANMERKUNG Die Belastung und das Berechnungsverfahren können für das Einzelprojekt festgelegt werden und sollten mit der im Nationalen Anhang benannten zuständigen Aufsichtsbehörde abgestimmt sein.

NDP zu 6.4.6.1.1 (7) Anmerkung

Die dynamische Berechnung für Geschwindigkeiten unter 200 km/h ist unter Ansatz der Betriebszüge durchzuführen. Falls keine Angaben zu den Betriebszügen vorliegen, sind die Zugtypen nach Anhang D in Abstimmung mit der zuständigen Aufsichtsbehörde zu verwenden.

6.4.6.1.2 Lastkombinationen und Teilsicherheitsbeiwerte

(1) Für die dynamische Berechnung können bei der Ermittlung der Massen für Eigengewicht und nicht ständig vorhandenen Lasten (Schotter usw.) die Nominalwerte der Dichte verwendet werden.

(2)P Für die dynamische Berechnung sind die Belastungen nach 6.4.6.1.1 (1) und (2) und falls erforderlich 6.4.6.1.1 (7) zu verwenden.

(3) Für die reine dynamische Berechnung des Tragwerks ist ein Gleis (das ungünstigste) auf dem Tragwerk nach Tabelle 6.5 zu belasten.

Tabelle 6.5 — Zusammenstellung der zusätzlichen Lastfälle, abhängig von der Anzahl der Gleise auf der Brücke

Anzahl der Gleise auf einer Brücke	Belastete Gleise	Belastung für die dynamische Berechnung
1	ein Gleis	Jeder Betriebszug und das Lastmodell HSLM (wenn erforderlich) in der/den jeweils erlaubten Fahrtrichtung(en).
2 (für normalen Gegenverkehr)[a]	betrachtetes Gleis	Jeder Betriebszug und das Lastmodell HSLM (wenn erforderlich) in der/den jeweils erlaubten Fahrtrichtung(en).
	anderes Gleis	Keine.

[a] Auf zweigleisigen Brücken mit beidseitigem Verkehr in die gleiche Richtung oder auf drei- und mehrgleisigen mit einer örtlich zulässigen Geschwindigkeit über 200 km/h ist die Belastung mit der im Nationalen Anhang genannten zuständigen Aufsichtsbehörde abzustimmen.

NDP zu 6.4.6.1.2 (3), Tabelle 6.5, Fußnote a

Zuständige Aufsichtsbehörde für die Eisenbahnen des Bundes ist das Eisenbahn-Bundesamt.

(4) Wenn die Auswirkungen einer dynamischen Berechnung die Auswirkungen des Lastmodells 71 (und des Lastmodells SW/0 bei Durchlaufträgern) überschreiten, sollten nach 6.4.6.5 (3) auf einem Gleis die Auswirkungen der dynamischen Berechnung kombiniert werden mit:

— den Auswirkungen von Horizontalkräften an dem belasteten Gleis der dynamischen Berechnung,

— den Auswirkungen der Vertikal- und Horizontallasten an den anderen Gleisen, nach den Anforderungen von 6.8.1 und Tabelle 6.11.

(5)P Wenn die Auswirkungen einer dynamischen Berechnung die Ergebnisse des Lastmodells 71 (und des Lastmodells SW/0 bei Durchlaufträgern) überschreiten, sind nach 6.4.6.5 (3) die dynamischen Schnittgrößen (Biegemoment, Schub, Verformungen usw., außer Beschleunigung) aus der dynamischen Berechnung mit dem Teilsicherheitsbeiwert aus Anhang A2 der EN 1990 zu vergrößern.

(6)P Teilsicherheitsbeiwerte sind nicht auf die Belastung nach 6.4.6.1.1 anzuwenden, wenn Überbaubeschleunigungen bestimmt werden. Die berechneten Beschleunigungswerte sind direkt mit den Bemessungswerten in 6.4.6.5 zu vergleichen.

(7) Für die Ermüdung kann eine Brücke auf zusätzliche Ermüdungseinflüsse aus Resonanz infolge Belastung nach 6.4.6.1.1 auf irgendeinem Gleis bemessen werden. Siehe auch 6.4.6.6.

6.4.6.2 Zu berücksichtigende Geschwindigkeiten

(1)P Für die jeweiligen Betriebszüge und Lastmodelle HSLM ist eine Folge von Geschwindigkeiten bis zur maximalen Entwurfsgeschwindigkeit zu berücksichtigen. Die maximale Entwurfsgeschwindigkeit beträgt das 1,2fache der örtlich zulässigen Geschwindigkeit.

Die örtlich zulässige Geschwindigkeit ist festzulegen.

ANMERKUNG 1 Das Einzelprojekt kann die örtlich zulässige Geschwindigkeit festlegen.

ANMERKUNG 2 Wenn es für das Einzelprojekt festgelegt wurde, darf eine geringere Geschwindigkeit als das 1,2fache der zulässigen Fahrzeughöchstgeschwindigkeit zum Nachweis der jeweiligen Betriebszüge verwandt werden.

NCI zu 6.4.6.2 (1)P, Anmerkung 1 und 2

Anstatt der Empfehlung in Anmerkung 1 gelten die folgenden Festlegungen:

Die örtlich zulässige Geschwindigkeit ist durch das Eisenbahninfrastrukturunternehmen festzulegen.

Anstatt der Empfehlung in Anmerkung 2 gelten die folgenden Festlegungen:

Die für die einzelnen Züge maßgebenden Grenzen für die Geschwindigkeit in Abhängigkeit von den zu führenden Nachweisen (Tragsicherheit, Gebrauchstauglichkeit) sind der DB Ril 804.3301[4)] zu entnehmen.

ANMERKUNG 3 Es wird empfohlen, dass für das Einzelprojekt eine erhöhte örtlich zulässige Geschwindigkeit festlegt wird, um mögliche Veränderungen der Infrastruktur und der zukünftigen Fahrzeuge zu berücksichtigen.

ANMERKUNG 4 Tragwerke können bei Resonanz zu extrem starker Antwort angeregt werden. Falls die Möglichkeit einer Überschreitung der Fahrzeughöchstgeschwindigkeit oder der örtlich zulässigen Geschwindigkeit besteht, wird empfohlen, dass das Einzelprojekt für die dynamische Berechnung einen zusätzlichen Faktor zur Erhöhung der Entwurfsgeschwindigkeit festlegt.

ANMERKUNG 5 Es wird empfohlen, dass das Einzelprojekt zusätzliche Anforderungen zum Nachweis der Bauwerke festlegt, falls Streckenabschnitte zur Abnahmeprüfung von Betriebszügen ausgelegt werden sollen. Die zulässige Entwurfsgeschwindigkeit bei Nutzung durch Betriebszüge sollte mindestens das 1,2fache der Abnahmegeschwindigkeit des Zugs betragen. Es sind Berechnungen erforderlich, um nachzuweisen, dass die Sicherheitsbedingungen (maximale Überbaubeschleunigung, maximale Belastung, usw.) für Bauwerke bei Geschwindigkeiten über 200 km/h erfüllt sind. Ermüdungs- und Komfortkriterien brauchen für die 1,2fachen Abnahmegeschwindigkeit des Zugs nicht überprüft zu werden.

(2) Berechnungen sollten für eine Folge von Geschwindigkeiten von 40 m/s bis zur maximalen Entwurfsgeschwindigkeit nach 6.4.6.2 (1) durchgeführt werden. Kleinere Schritte sollten im Nahbereich der Resonanzgeschwindigkeit gewählt werden.

Für Einfeldträgerbrücken, die als gerader Balken berechnet werden können, kann die Resonanzgeschwindigkeit mit Gleichung 6.9 ermittelt werden.

---

4) Zu beziehen bei: DB Kommunikationstechnik GmbH, Medien- und Kommunikationsdienste Logistikcenter, Kriegsstraße 136, 76133 Karlsruhe, www.dbportal.db.de.

$$v_i = n_0 \lambda_i \tag{6.9}$$

und

$$40 \text{ m/s} \leq v_i \leq \text{Entwurfsgeschwindigkeit}, \tag{6.10}$$

Dabei ist

v_i die Resonanzgeschwindigkeit, in m/s;

n_0 die erste Eigenfrequenz eines unbelasteten Tragwerks;

λ_i die Hauptwellenlänge der Anregungsfrequenz, ermittelt durch:

$$\lambda_i = \frac{d}{i} \tag{6.11}$$

d der Regelabstand der Achsen;

i = 1, 2, 3 oder 4.

6.4.6.3 Brückenparameter

6.4.6.3.1 Tragwerksdämpfung

(1) Der Höchstwert der Tragwerksantwort bei Reisegeschwindigkeiten, die der Resonanzbelastung entsprechen, ist sehr stark von der Dämpfung abhängig.

(2)P Es sind nur untere Schätzwerte für die Dämpfung zu verwenden.

(3) Die folgenden Dämpfungswerte sollten bei der dynamischen Berechnung verwendet werden:

Tabelle 6.6 — Bei der Bemessung anzuwendende Dämpfungswerte

Brückentyp	ζ **unterer Grenzwert der kritischen Dämpfung** [%]	
	Spannweite $L < 20$ m	**Spannweite** $L \geq 20$ m
Stahl und Verbund	$\zeta = 0{,}5 + 0{,}125\,(20 - L)$	$\zeta = 0{,}5$
Spannbeton	$\zeta = 1{,}0 + 0{,}07\,(20 - L)$	$\zeta = 1{,}0$
Walzträger in Beton und Stahlbeton	$\zeta = 1{,}5 + 0{,}07\,(20 - L)$	$\zeta = 1{,}5$

ANMERKUNG Alternative sichere untere Grenzwerte können bei Anerkennung durch die im Nationalen Anhang benannte zuständige Aufsichtsbehörde angewendet werden.

NDP zu 6.4.6.3.1 (3), Tabelle 6.6 Anmerkung

Es gilt Tabelle 6.6.

6.4.6.3.2 Brückenmasse

(1) Die größten dynamischen Auswirkungen treten gewöhnlich bei den Spitzenwerten der Resonanz auf, wenn ein Vielfaches der Belastungsfrequenz und eine Eigenfrequenz des Tragwerks übereinstimmen. Eine Unterschätzung der Massen führt zu einer Überschätzung der Tragwerkseigenfrequenz und damit zu falscher Abschätzung der Zuggeschwindigkeit, bei der Resonanz auftritt.

Bei Resonanz ist die maximale Tragwerksbeschleunigung umgekehrt proportional zur Tragwerksmasse.

(2)P Beim Ansatz der Masse (Tragwerksmasse einschließlich Schotter und Gleis) sind zwei Fälle zu untersuchen:

— ein unterer Schätzwert zur Bestimmung der maximalen Überbaubeschleunigung, in dem die minimale Trockenrohdichte und die geringste Schotterdicke angesetzt werden,

— ein oberer Schätzwert zur Bestimmung der niedrigsten Geschwindigkeiten, bei denen wahrscheinlich Resonanzeffekte auftreten, in dem die höchste Dichte des wassergesättigten verunreinigten Schotters angesetzt wird und künftige Gleishebungen berücksichtigt werden.

ANMERKUNG Als geringste Dichte des Schotters kann 1700kg/m^3 angesetzt werden. Alternative Werte können für das Einzelprojekt festgelegt werden.

NDP zu 6.4.6.3.2 (2)P

Es gilt die Empfehlung.

Für den oberen Schätzwert dürfen die Werte nach DIN EN 1991-1-1:2010-12, Tabelle A.6, angenommen werden.

(3) Falls keine besonderen Untersuchungswerte vorliegen, sollten die Werte nach EN 1991-1-1 für die Dichte des Materials verwendet werden.

ANMERKUNG Unter Berücksichtigung der großen Anzahl von Parametern, die Einfluss auf die Betondichte haben, ist es nicht möglich, verbesserte Werte für die Dichte anzugeben, die genau genug sind, die dynamische Antwort eines Tragwerks zu bestimmen. Andere Werte für die Dichte können verwendet werden, wenn die Ergebnisse durch Versuchsmischungen oder Untersuchungen an Proben vor Ort nach EN 1990, EN 1992 und ISO 6784, vorbehaltlich der Anerkennung durch die im Nationalen Anhang benannte zuständige Aufsichtsbehörde, bestätigt werden.

NDP zu 6.4.6.3.2 (3) Anmerkung

Es werden keine abweichenden Werte für die Betondichte festgelegt. Zuständige Aufsichtsbehörde für die Eisenbahnen des Bundes ist das Eisenbahn-Bundesamt.

6.4.6.3.3 Steifigkeit der Brücke

(1) Die größten dynamischen Auswirkungen treten gewöhnlich bei den Spitzenwerten der Resonanz auf, wenn ein Vielfaches der Belastungsfrequenz und eine Eigenfrequenz des Tragwerks übereinstimmen. Jegliche Überschätzung der Brückensteifigkeit wird auch die Eigenfrequenz und die Geschwindigkeit, bei der Resonanz auftritt, überschätzen.

(2)P Es ist ein unterer Schätzwert der Steifigkeit über das Tragwerk zu verwenden.

(3) Die Bestimmung der Steifigkeit des gesamten Tragwerks einschließlich der Bestimmung der Steifigkeit einzelner Bauteile kann nach EN 1992 bis EN 1994 erfolgen.

Werte für den Elastizitätsmodul können EN 1992 bis EN 1994 entnommen werden.

Für eine Zylinderdruckfestigkeit des Betons $f_{ck} \geq 50$ N/mm^2 (Würfeldruckfestigkeit $f_{ck,\,cube} \geq 60$ N/mm^2) sollte der Wert des statischen E-Moduls (E_{cm}) auf den zugehörigen Wert eines Betons mit der Festigkeit $f_{ck} = 50$ N/mm^2 ($f_{ck,\,cube} = 60$ N/mm^2) begrenzt werden.

ANMERKUNG 1 Unter Berücksichtigung der großen Anzahl von Parametern, die Einfluss auf E_{cm} haben, ist es nicht möglich, verbesserte Werte für den E-Modul anzugeben, die genau genug sind, die dynamische Antwort eines Tragwerks zu bestimmen. Bessere Werte für E_{cm} können verwendet werden, wenn die Ergebnisse durch Versuchsmischungen oder Untersuchungen an Proben vor Ort nach EN 1990, EN 1992 und ISO 6784, vorbehaltlich der Anerkennung durch die im Nationalen Anhang benannte zuständige Aufsichtsbehörde, bestätigt werden.

ANMERKUNG 2 Andere Materialeigenschaften können vorbehaltlich der Anerkennung durch die im Nationalen Anhang benannte zuständige Aufsichtsbehörde angesetzt werden.

NDP zu 6.4.6.3.3 (3) Anmerkung 1 und Anmerkung 2

Es werden keine abweichenden Materialeigenschaften festgelegt. Zuständige Aufsichtsbehörde für die Eisenbahnen des Bundes ist das Eisenbahn-Bundesamt.

6.4.6.4 Modellierung der Anregung und des dynamischen Verhaltens des Tragwerks

(1) Die dynamischen Einwirkungen eines Betriebszugs können durch eine Folge sich bewegender Einzellasten dargestellt werden. Gegenseitige Einflüsse der Fahrzeug/Tragwerksmassen können vernachlässigt werden.

Die Berechnung sollte über die Zuglänge Schwankungen der Achslasten und Unterschiede in den Achs- und Drehgestellabständen berücksichtigen.

(2) Falls erforderlich, sollte die Berechnungsmethode für das dynamische Verhalten des Bauwerks Folgendes ermöglichen:

— bei komplexen Tragwerken die Bestimmung nahe beieinanderliegender Frequenzen und zugehöriger Schwingungsformen,

— die Interaktion zwischen Biege- und Torsionseigenschwingformen,

— das Verhalten von Überbaubauteilen (ebene Platten und Querträger von Trogbrücken oder Fachwerken usw.),

— das Tragverhalten von schiefwinkligen Platten usw.

(3) Die Darstellung jeder Achse durch eine Einzellast tendiert zur Überschätzung der dynamischen Auswirkungen für Einflusslängen kleiner als 10 m. In diesen Fällen können die Auswirkungen der Lastverteilung durch Schiene, Schwelle und Schotter berücksichtigt werden.

Entgegen 6.3.6.2 (1) sollten für eine dynamische Berechnung einzelne Achslasten nicht gleichmäßig in Längsrichtung verteilt werden.

(4) Für Spannweiten unter 30 m tendieren die gegenseitigen dynamischen Einflüsse der Fahrzeug-/Brückenmassen dazu, den Maximalwert der Resonanz zu reduzieren. Diese Auswirkung kann berücksichtigt werden durch:

— Durchführen einer Berechnung mit Berücksichtigung der gegenseitigen dynamischen Beeinflussung von Fahrzeug und Tragwerk.

ANMERKUNG Das zu verwendende Verfahren sollte durch die im Nationalen Anhang benannte zuständige Aufsichtsbehörde genehmigt werden.

NDP zu 6.4.6.4 (4) Anmerkung

Für Einfeld- und Durchlaufträger ist eine Erhöhung der Dämpfung nach Bild 6.15 vorzunehmen. Für die übrigen Bauwerke kann eine Zusatzdämpfung nur nach Durchführung der Berechnung in Abstimmung mit dem Eisenbahninfrastrukturunternehmen angesetzt werden.

— Erhöhen des für das Tragwerk angenommenen Dämpfungswerts nach Bild 6.15. Für Durchlaufträger sollte der kleinste Wert $\Delta\zeta$ für alle Spannweiten angewandt werden. Die zu verwendende Gesamtdämpfung ergibt sich aus:

$$\zeta_{TOTAL} = \zeta + \Delta\zeta \qquad (6.12)$$

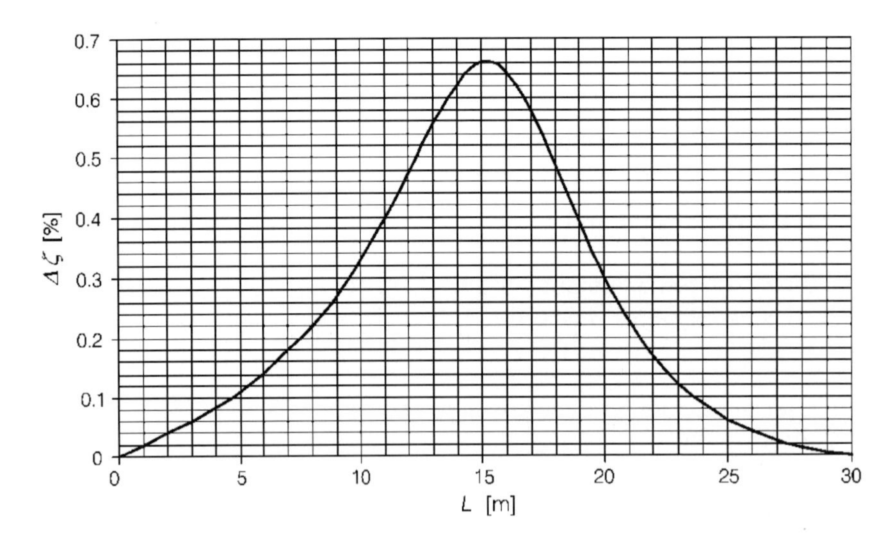

Bild 6.15 — Zusätzliche Dämpfung $\Delta\zeta$ in % als Funktion der Spannweite L in m

$$\Delta\zeta = \frac{0{,}018\,7L - 0{,}000\,64L^2}{1 - 0{,}044\,1L - 0{,}004\,4L^2 + 0{,}000\,255L^3}\,[\%] \tag{6.13}$$

Dabei ist

ζ die untere Grenze der kritischen Dämpfung, in %, definiert in 6.4.6.3.1.

(5) Die Erhöhung bei berechneten dynamischen Auswirkungen (Spannungen, Verformungen, Überbaubeschleunigung usw.) aus Gleisfehler und Fahrzeugunregelmäßigkeiten kann durch Multiplikation der berechneten Auswirkungen mit folgendem Faktor abgeschätzt werden:

$(1 + \varphi''/2)$ für sorgfältig instand gehaltenes Gleis,

$(1 + \varphi'')$ für normal instand gehaltenes Gleis.

Dabei ist

φ'' nach Anhang C angesetzt und sollte mindestens null betragen.

ANMERKUNG Der Nationale Anhang kann den zu verwendenden Faktor festlegen.

NDP zu 6.4.6.4 (5) Anmerkung

In der Regel darf von einem sorgfältig unterhaltenen Gleis ausgegangen werden.

(6) Falls die Brücke die obere Grenze nach Bild 6.10 erfüllt, können die Faktoren, die das dynamische Verhalten (vii) bis (xi) nach 6.4.2 beeinflussen, für Φ, $\varphi''/2$ und φ'' nach 6.4 und Anhang C angesetzt werden.

6.4.6.5 Nachweis der Grenzzustände

(1)P Zum Sicherstellen der Betriebssicherheit:

— ist der Nachweis der maximalen Überbaubeschleunigung als eine Forderung der Betriebssicherheit anzusehen, die beim Grenzzustand der Gebrauchstauglichkeit zum Schutz der Gleisstabilität zu überprüfen ist;

— darf der dynamische Zuwachs der Belastungsauswirkungen durch Multiplizieren der statischen Belastung mit dem dynamischen Beiwert Φ, definiert in 6.4.5, berechnet werden. Falls eine dynamische Berechnung erforderlich wird, sind die Ergebnisse der dynamischen Berechnung mit denen der statischen Berechnung, multipliziert mit Φ (und falls erforderlich multipliziert mit α nach 6.3.2), zu vergleichen. Die ungünstigsten Belastungsauswirkungen sind für die Brückenbemessung zu verwenden;

— ist, falls eine dynamische Berechnung erforderlich wird, eine Überprüfung nach 6.4.6.6 durchzuführen, um festzustellen, ob die zusätzliche Ermüdungsbelastung bei Hochgeschwindigkeit und bei Resonanz durch Betrachtung der Spannungen aufgrund der Belastungsauswirkungen aus $\Phi \times$ LM71 (und falls erforderlich $\Phi \times$ Lastmodell SW/0 für Durchlaufträgerbauwerke und ebenfalls, falls erforderlich, klassifizierte Vertikallasten nach 6.3.2 (3)) abgedeckt wird. Die ungünstigste Ermüdungsbelastung ist bei der Bemessung zu verwenden.

(2)P Die maximal erlaubten Bemessungswerte für Brückenüberbaubeschleunigung, berechnet entlang der Gleisachse, dürfen die empfohlenen Werte nach Anhang A2 der EN 1990 (A2.4.4.2.1) nicht überschreiten.

(3) Eine dynamische Berechnung (falls erforderlich) sollte verwendet werden, um den folgenden dynamischen Zuwachs zu bestimmen:

$$\varphi'_{\text{dyn}} = \max \left| y_{\text{dyn}} / y_{\text{stat}} \right| - 1 \tag{6.14}$$

Dabei ist

y_{dyn} die größte dynamische Antwort;

y_{stat} die zugehörige größte statische Antwort an irgendeinem einzelnen Punkt des Bauteils aufgrund eines Betriebszugs oder des Lastmodells HSLM.

Zur Bemessung der Brücke sind unter Berücksichtigung aller Auswirkungen der Vertikallasten die ungünstigsten Werte aus folgenden Gleichungen zu verwenden:

$$\left(1 + \varphi'_{\text{dyn}} + \varphi''/2\right) \times \begin{pmatrix} \text{HSLM} \\ \text{oder} \\ \text{BZ} \end{pmatrix} \tag{6.15}$$

oder

$$\Phi \times (\text{LM71"+"SW/0}) \tag{6.16}$$

Dabei ist

HSLM	das Lastmodell für Hochgeschwindigkeitsstrecken, definiert in 6.4.6.1.1 (2);
LM71“+“SW/0	das Lastmodell 71 und, falls erforderlich, das Lastmodell SW/0 für Durchlaufträgerbrücken (oder, falls erforderlich, die klassifizierten Vertikallasten nach 6.3.2 (3));
BZ	die Belastung aufgrund des Betriebszugs, definiert in 6.4.6.1.1;
$\varphi''/2$	der Zuwachs bei den berechneten dynamischen Lasteinwirkungen (Spannungen, Abweichungen, Brückenüberbaubeschleunigung, usw.) resultierend aus Gleisstörungen und Fahrzeugunregelmäßigkeiten nach Anhang C für sorgfältig instand gehaltenes Gleis (φ'' wird verwendet für Gleise mit normaler Instandhaltung);
Φ	der dynamische Beiwert nach 6.4.5.

6.4.6.6 Zusätzliche Ermüdungsnachweise, wenn eine dynamische Berechnung erforderlich ist

(1)P Beim Ermüdungsnachweis eines Tragwerks sind die Spannungsamplituden der schwingenden Bauteile um die sich unter ständigen Lasten einstellenden Verformungen zu berücksichtigen. Diese Verformungen hängen ab von:

— zusätzlichen freien Schwingungen, hervorgerufen durch Anregung von Achslasten bei Hochgeschwindigkeit,

— der Größe der direkten dynamischen Lasteinwirkungen bei Resonanz,

— zusätzlichen Spannungszyklen durch die dynamische Belastung bei Resonanz.

(2)P Falls die örtliche Geschwindigkeit eines Betriebszugs auf dem Bauwerk nahe der Resonanzgeschwindigkeit liegt, ist eine zusätzliche Ermüdungsbelastung aufgrund der Resonanzauswirkungen zu berücksichtigen.

ANMERKUNG Das Einzelprojekt kann die bei der Bemessung zu berücksichtigenden Ermüdungseinwirkungen, z. B. die Einzelheiten, die jährlichen Belastungstonnen und die Verkehrszusammensetzung sowie zugehörige örtliche Geschwindigkeiten, festlegen.

NCI zu 6.4.6.6 (2)P:

Folgende Absätze sind unter (2) zu ergänzen:

Die Voraussetzungen für den Verzicht auf zusätzliche Betrachtungen im Hinblick auf Ermüdung sind DB Ril 804.3301[5] zu entnehmen.

Wenn zusätzliche Ermüdungsnachweise erforderlich sind, sind für die Nutzungsdauer 100 Jahre anzunehmen. Die anderen benötigten Parameter (Züge und Zughäufigkeit, Verkehrszusammensetzung, häufig auftretende Betriebsgeschwindigkeit, Anzahl der Zugbegegnung) sind projektspezifisch festzulegen.

(3) Falls die Brücke für das Lastmodell HSLM nach 6.4.6.1.1 (2) bemessen wurde, sollten die Ermüdungslasten unter Berücksichtigung einer Abschätzung des heutigen und zukünftigen Verkehrs festgelegt werden.

ANMERKUNG Das Einzelprojekt kann die bei der Bemessung zu berücksichtigenden Ermüdungseinwirkungen, z. B. die Einzelheiten jährlicher Belastungstonnen und die Verkehrszusammensetzung sowie häufig auftretende Betriebsgeschwindigkeiten, festlegen.

(4) Für die dem Anhang F entsprechenden Tragwerke kann die Resonanzgeschwindigkeit mit den Gleichungen (6.9) und (6.10) bestimmt werden.

(5) Für den Ermüdungsnachweis sollte eine Folge von Geschwindigkeiten bis zur Streckenhöchstgeschwindigkeit angenommen werden.

ANMERKUNG Es wird empfohlen, dass das Einzelprojekt eine größere Streckenhöchstgeschwindigkeit festlegt, um mögliche Veränderungen an der Infrastruktur und den Fahrzeugen zu berücksichtigen.

6.5 Horizontallasten — charakteristische Werte

6.5.1 Fliehkräfte

(1)P Bei Brücken, die ganz oder teilweise in einem Gleisbogen liegen, sind die Fliehkräfte und die Überhöhung zu berücksichtigen.

(2) Die Fliehkräfte sollten nach Bild 1.1 1,80 m über Schienenoberkante horizontal nach außen wirkend angesetzt werden. Für einige Verkehre, z. B. Doppelstockcontainer, sollte ein höherer Wert für h_t festgelegt werden.

ANMERKUNG Der Nationale Anhang oder das Einzelprojekt kann einen höheren Wert für h_t festlegen.

NDP zu 6.5.1 (2) Anmerkung

Der Ansatzpunkt ist, wenn im Einzelprojekt nichts anderes festgelegt ist, nach Bild 1.1 mit h_t = 1,80 m anzunehmen.

---

5) Zu beziehen bei: DB Kommunikationstechnik GmbH, Medien- und Kommunikationsdienste Logistikcenter, Kriegsstraße 136, 76133 Karlsruhe, www.dbportal.db.de.

(3)P Die Fliehkraft ist immer mit der Vertikalbelastung zu kombinieren. Die Fliehkraft ist nicht mit dem dynamischen Beiwert Φ_2 bzw. Φ_3 zu multiplizieren.

ANMERKUNG Die Vertikalanteile der Fliehkraft sind ohne eine Reduzierung durch die Gleisüberhöhung mit dem entsprechenden dynamischen Beiwert zu vergrößern.

(4)P Die charakteristischen Werte der Fliehkraft sind mit den nachstehenden Gleichungen zu ermitteln:

$$Q_{tk} = \frac{v^2}{g \times r}(f \times Q_{vk}) = \frac{V^2}{127r}(f \times Q_{vk}) \quad (6.17)$$

$$q_{tk} = \frac{v^2}{g \times r}(f \times q_{vk}) = \frac{V^2}{127r}(f \times q_{vk}) \quad (6.18)$$

Dabei ist

Q_{tk}, q_{tk} die charakteristische Werte der Fliehkräfte, in kN, kN/m;

Q_{vk}, q_{vk} die charakteristische Werte der in 6.3 angegebenen Vertikallasten (ohne eine Vergrößerung für dynamische Auswirkungen) für Lastmodelle 71, SW/0, SW/2 und „unbeladenen Zug". Für das Lastmodell HSLM sollten die charakteristischen Werte der Fliehkraft unter Anwendung des Lastmodells 71 ermittelt werden;

f der Abminderungsbeiwert (siehe unten);

v die Höchstgeschwindigkeit nach 6.5.1 (5), in m/s;

V die Höchstgeschwindigkeit nach 6.5.1 (5), in km/h;

g die Erdbeschleunigung [9,81 m/s^2];

r der Radius des Gleisbogens, in m.

Bei veränderlichem Gleisbogen können für den Radius r geeignete Mittelwerte eingesetzt werden.

(5)P Die Berechnung ist auf Grundlage der festgelegten höchsten örtlich zulässigen Geschwindigkeit durchzuführen. Im Fall des Lastmodells SW/2 ist eine alternative Höchstgeschwindigkeit anzusetzen.

ANMERKUNG 1 Das Einzelprojekt kann die Anforderungen festlegen.

ANMERKUNG 2 Für das Lastmodell SW/2 kann eine Höchstgeschwindigkeit von 80 km/h verwendet werden.

NCI zu 6.5.1 (5)P Anmerkung 2

Anstatt der Empfehlung in Anmerkung 2 gilt die folgende Festlegung:

Für das Lastmodell SW/2 ist eine Höchstgeschwindigkeit von 80 km/h anzunehmen.

ANMERKUNG 3 Es wird empfohlen, dass das Einzelprojekt eine erhöhte örtlich zulässige Geschwindigkeit festlegt, um mögliche Veränderungen in der Infrastruktur und zukünftige Fahrzeuge zu berücksichtigen.

(6)P Bei im Bogen angeordneten Brücken ist zusätzlich eine Belastung nach 6.3.2 und wenn erforderlich nach 6.3.3, ohne Fliehkraft anzusetzen.

(7) Beim Lastmodell 71 (und falls erforderlich Lastmodell SW/0) und örtlich zulässigen Geschwindigkeiten von mehr als 120 km/h sind die folgenden zwei Fälle zu berücksichtigen:

a) Lastmodell 71 (und falls erforderlich Lastmodell SW/0) mit dynamischem Beiwert und die Fliehkraft für $V = 120$ km/h nach Gleichungen (6.17) und (6.18) mit $f = 1$.

b) Lastmodell 71 (und falls erforderlich Lastmodell SW/0) mit dem dynamischen Beiwert und die Fliehkraft nach Gleichungen (6.17) und (6.18) für die maximal Geschwindigkeit V mit einem Abminderungsbeiwert f nach 6.5.1 (8) festgelegt.

(8) Für das Lastmodell 71 (und falls erforderlich das Lastmodell SW/0) berechnet sich der Abminderungsbeiwert f aus:

$$f = \left[1 - \frac{V-120}{1\,000} \cdot \left(\frac{814}{V} + 1{,}75\right) \cdot \left(1 - \sqrt{\frac{2{,}88}{L_f}}\right)\right] \tag{6.19}$$

mit einem Mindestwert von 0,35.

Dabei ist

L_f	die Einflusslänge des belasteten Teiles des Gleisbogens auf der Brücke, die am ungünstigsten für die Bemessung des jeweils betrachteten Bauteils ist, in m;	
V	die Höchstgeschwindigkeit nach 6.5.1 (5);	
$f = 1$	sowohl für $V \leq 120$ km/h als auch für $L_f \leq 2{,}88$ m;	
$f < 1$	für 120 km/h $< V \leq 300$ km/h (siehe Tabelle 6.7 oder Bild 6.16 oder Gleichung (6.19))	und $L_f > 2{,}88$ m
$f_{(V)} = f_{(300)}$	für $V > 300$ km/h	und $L_f > 2{,}88$ m

Für das Lastmodell SW/2 und den „unbeladenen Zug“ sollte der Abminderungsbeiwert f gleich 1,0 gesetzt werden.

Tabelle 6.7 — Beiwerte f für Lastmodelle 71 und SW/0

L_f in m	Maximale Streckengeschwindigkeit nach 6.5.1 (5) in km/h				
	≤ 120	160	200	250	≥ 300
≤ 2,88	1,00	1,00	1,00	1,00	1,00
3	1,00	0,99	0,99	0,99	0,98
4	1,00	0,96	0,93	0,90	0,88
5	1,00	0,93	0,89	0,84	0,81
6	1,00	0,92	0,86	0,80	0,75
7	1,00	0,90	0,83	0,77	0,71
8	1,00	0,89	0,81	0,74	0,68
9	1,00	0,88	0,80	0,72	0,65
10	1,00	0,87	0,78	0,70	0,63
12	1,00	0,86	0,76	0,67	0,59
15	1,00	0,85	0,74	0,63	0,55
20	1,00	0,83	0,71	0,60	0,50
30	1,00	0,81	0,68	0,55	0,45
40	1,00	0,80	0,66	0,52	0,41
50	1,00	0,79	0,65	0,50	0,39
60	1,00	0,79	0,64	0,49	0,37
70	1,00	0,78	0,63	0,48	0,36
80	1,00	0,78	0,62	0,47	0,35
90	1,00	0,78	0,62	0,47	0,35
100	1,00	0,77	0,61	0,46	0,35
≥ 150	1,00	0,76	0,60	0,44	0,35

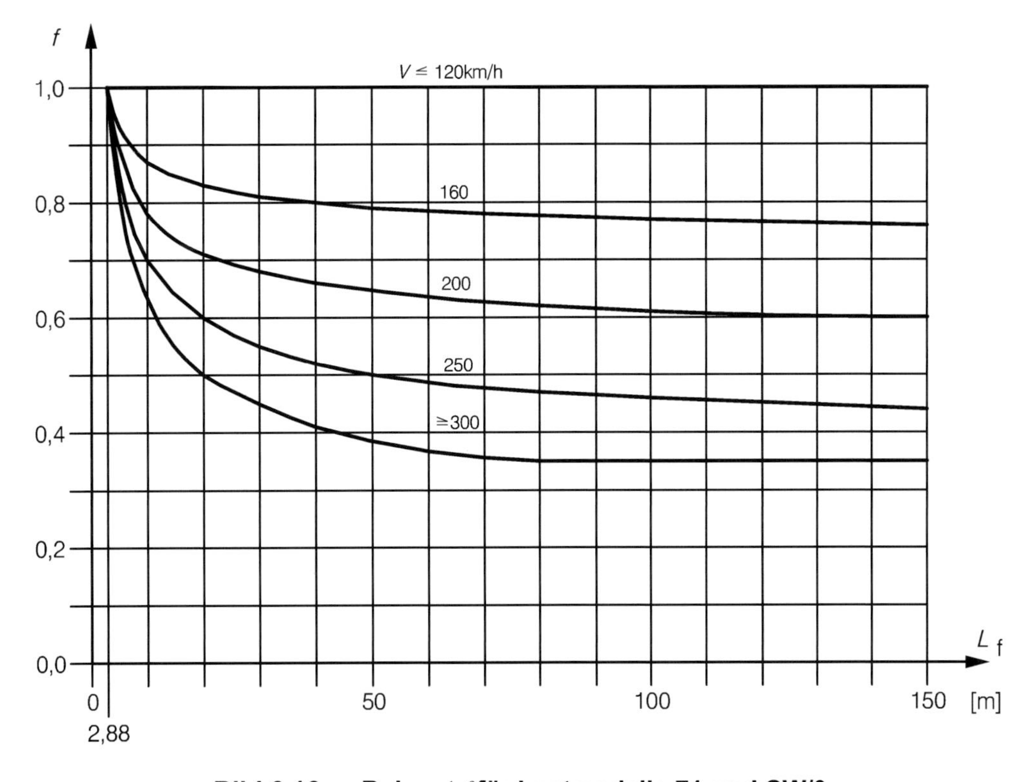

Bild 6.16 — Beiwert f für Lastmodelle 71 und SW/0

(9) Für die Lastmodelle 71 und SW/0 sollten die Fliehkräfte nach den Gleichungen (6.17) und (6.18) mit klassifizierten Vertikallasten (siehe 6.3.2 (3)) nach den Lastfällen aus Tabelle 6.8 berechnet werden.

Tabelle 6.8 — Lastfälle für Fliehkräfte in Verbindung mit α-Werten und maximalen örtlichen Geschwindigkeiten

<table>
<tr><th rowspan="2">α-Wert</th><th rowspan="2">Maximale örtliche Geschwindigkeit in km/h</th><th colspan="4">Fliehkraft aufgrund von:[d]</th><th rowspan="2">Zugehörige vertikale Verkehrslast aufgrund von:[a]</th></tr>
<tr><th>V in km/h</th><th>α</th><th>f</th><th></th></tr>
<tr><td rowspan="5">$\alpha < 1$</td><td rowspan="3">> 120</td><td>V</td><td>1[c]</td><td>f</td><td>1[c] $\times f \times$ (LM7“ +“SW/0) für Fall 6.5.1 (7) [b]</td><td>$\Phi \times$ 1[c] $\times$ 1 $\times$ (LM71“ +“SW/0)</td></tr>
<tr><td>120</td><td>α</td><td>1</td><td>$\alpha \times 1 \times$ (LM71“ +“SW/0) für Fall 6.5.1 (7)[a]</td><td rowspan="4">$\Phi \times \alpha \times 1 \times$ (LM71“ +“SW/0)</td></tr>
<tr><td>0</td><td>–</td><td>–</td><td>–</td></tr>
<tr><td rowspan="2">≤ 120</td><td>V</td><td>α</td><td>1</td><td>$\alpha \times 1 \times$ (LM71“ +“SW/0)</td></tr>
<tr><td>0</td><td>–</td><td>–</td><td>–</td></tr>
<tr><td rowspan="5">$\alpha = 1$</td><td rowspan="3">> 120</td><td>V</td><td>1</td><td>f</td><td>$1 \times f \times$ (LM71“ +“SW/0) für Fall 6.5.1 (7)[b]</td><td>$\Phi \times 1 \times 1 \times$ (LM71“ +“SW/0)</td></tr>
<tr><td>120</td><td>1</td><td>1</td><td>$1 \times 1 \times$ (LM71“ +“SW/0) für Fall 6.5.1 (7)[a]</td><td rowspan="4">$\Phi \times 1 \times 1 \times$ (LM71“ +“SW/0)</td></tr>
<tr><td>0</td><td>–</td><td>–</td><td>–</td></tr>
<tr><td rowspan="2">≤ 120</td><td>V</td><td>1</td><td>1</td><td>$1 \times 1 \times$ (LM71“ +“SW/0)</td></tr>
<tr><td>0</td><td>–</td><td>–</td><td>–</td></tr>
<tr><td rowspan="5">$\alpha > 1$</td><td rowspan="3">> 120[b]</td><td>V</td><td>1</td><td>f</td><td>$1 \times f \times$ (LM71“ +“SW/0) für Fall 6.5.1 (7)[b]</td><td>Φx 1 x 1 x (LM71“ +“SW/0)</td></tr>
<tr><td>120</td><td>α</td><td>1</td><td>$\alpha \times 1 \times$ (LM71“ +“SW/0) für Fall 6.5.1 (7)[a]</td><td rowspan="4">$\Phi \times \alpha \times 1 \times$ (LM71“ +“SW/0)</td></tr>
<tr><td>0</td><td>–</td><td>–</td><td>–</td></tr>
<tr><td rowspan="2">≤ 120</td><td>V</td><td>α</td><td>1</td><td>$\alpha \times 1 \times$ (LM71“ +“SW/0)</td></tr>
<tr><td>0</td><td>–</td><td>–</td><td>–</td></tr>
</table>

[a] 0,5 x (LM71“+“SW/0) anstatt (LM71“+“SW/0) falls die vertikalen Verkehrslasten günstig wirken.

[b] Gültig für Schwerverkehr bis zu einer Geschwindigkeit von 120 km/h.

[c] $\alpha = 1$ um doppelte Verminderung der Zugmassen mit f zu vermeiden.

[d] Siehe 6.5.1 (3) bezüglich der vertikalen Auswirkungen der Fliehkräfte. Vertikallastauswirkungen der Fliehkraft ohne Verminderung aus Überhöhung sollten mit dem entsprechenden dynamischen Beiwert vergrößert werden. Bei der Bestimmung der vertikalen Auswirkungen der Fliehkraft muss der Faktor f, wie oben angegeben, berücksichtigt werden.

Dabei ist

V	die Höchstgeschwindigkeit nach 6.5.1 (5), in km/h;
f	der Abminderungsbeiwert nach 6.5.1 (8);
α	der Beiwert für klassifizierte Vertikallasten nach 6.3.2 (3);
LM71+SW/0	Lastmodell 71 und falls erforderlich Lastmodell SW/0 für Durchlaufträgerbrücken.

(10) Die Kriterien in 6.5.1 (5) und 6.5.1 (7) bis 6.5.1 (9) gelten nicht für Schwerverkehr mit einer Höchstgeschwindigkeit der Fahrzeuge über 120 km/h. Für diesen Verkehr sollten zusätzliche Bedingungen festgelegt werden.

ANMERKUNG Das Einzelprojekt kann zusätzliche Bedingungen festlegen.

6.5.2 Seitenstoß (Schlingerkraft)

(1)P Der Seitenstoß ist als horizontal in Schienenoberkante angreifende Einzellast rechtwinklig zur Gleisachse anzusetzen. Er ist sowohl bei geraden als auch bei gebogenen Gleisen anzusetzen.

(2)P Der charakteristische Wert des Seitenstoßes ist mit $Q_{sk} = 100$ kN anzusetzen. Er ist weder mit dem Beiwert Φ (siehe 6.4.5) noch mit dem Beiwert f aus 6.5.1 (4) zu multiplizieren.

(3) Der charakteristische Wert des Seitenstoßes in 6.5.2 (2) sollte mit dem Beiwert α nach 6.3.2 (3) für Werte von $\alpha \geq 1$ multipliziert werden.

(4)P Der Seitenstoß ist immer mit einer vertikalen Verkehrslast zu kombinieren.

NCI zu 6.5.2

(NA 5) Die Last aus dem Seitenstoß darf bei durchgehendem Schotterbett in Gleisrichtung gleichmäßig auf eine Länge von $L = 4{,}0$ m verteilt werden. Bei Ermittlung der Erddrucklast darf der Seitenstoß auf eine Länge von $L = 2a + 4{,}0$ m verteilt werden. Hierbei gibt das Maß a den lichten Abstand zwischen Schwellenkopf und Wand an. Für besondere Bauarten des Oberbaus, z. B. schotterloser Oberbau oder feste Fahrbahn, sind bauartenbezogene Überlegungen erforderlich.

6.5.3 Einwirkungen aus Anfahren und Bremsen

(1)P Brems- und Anfahrkräfte wirken auf Höhe der Schienenoberkante in Längsrichtung des Gleises. Sie sind als gleichmäßig verteilt über die zugehörige Einflusslänge $L_{a,b}$ der Anfahr- und Bremseinwirkung für das jeweilige Bauteil anzunehmen. Die Richtung der Anfahr- und Bremskräfte hat die jeweils zugelassenen Fahrtrichtungen der einzelnen Gleise zu berücksichtigen.

(2)P Die charakteristischen Werte für Anfahr- und Bremskräfte sind wie folgt anzunehmen:

Anfahrkraft:

$$Q_{lak} = 33 \text{ [kN/m] } L_{a,b} \text{ [m]} \leq 1\,000 \text{ [kN]} \qquad (6.20)$$

bei den Lastmodellen 71,

SW/0, SW/2 und HSLM

Bremskraft:

$$Q_{lbk} = 20 \text{ [kN/m] } L_{a,b} \text{ [m]} \leq 6\,000 \text{ [kN]} \qquad (6.21)$$

bei den Lastmodellen 71,

SW/0 und HSLM

$$Q_{lbk} = 35 \text{ [kN/m] } L_{a,b} \text{ [m]} \qquad (6.22)$$

bei Lastmodell SW/2

Die charakteristischen Werte für die Anfahr- und Bremskräfte dürfen nicht mit den Beiwerten Φ (siehe 6.4.5.2) oder f aus 6.5.1 (6) multipliziert werden.

ANMERKUNG 1 Bei den Lastmodellen SW/0 und SW/2 sind die Anfahr- und Bremskräfte nur auf die nach Bild 6.2 und Tabelle 6.1 belasteten Teile des Tragwerks anzuwenden.

ANMERKUNG 2 Anfahren und Bremsen kann beim Lastmodell „unbeladener Zug" vernachlässigt werden.

(3) Die charakteristischen Werte können bei allen Oberbauarten, z. B. durchgehend geschweißte Schienen oder gelaschte Schienen, mit oder ohne Schienenauszügen, angewendet werden.

(4) Die oben erwähnten Anfahr- und Bremskräfte für die Lastmodelle 71 und SW/0 sollten mit dem Beiwert α nach den Anforderungen in 6.3.2 (3) multipliziert werden.

(5) Für Lasteinleitungslängen größer als 300 m sollten zusätzliche Anforderungen unter Berücksichtigung der Bremsauswirkungen festgelegt werden.

ANMERKUNG Der Nationale Anhang oder das Einzelprojekt können die zusätzlichen Anforderungen festlegen.

NDP zu 6.5.3 (5) Anmerkung

Für Lasteinleitungslängen größer als 300 m sind zusätzliche Annahmen für das Einzelprojekt vom Eisenbahninfrastrukturunternehmen in Abstimmung mit der zuständigen Aufsichtsbehörde festzulegen.

(6) Für Strecken mit artreinem Verkehr (z. B. nur Hochgeschwindigkeits-Reisezugverkehr) dürfen die Anfahr- und Bremskräfte zu 25 % der Summe der Achslasten (Betriebszüge), die auf der Einflusslänge der Einwirkung für das zu betrachtende Bauteil wirken, angenommen werden. Die Maximalwerte sind dabei 1 000 kN für Q_{lak} und 6 000 kN für Q_{lbk}. Die Strecken mit diesem Verkehr und zugehörige Belastungsangaben können festgelegt werden.

ANMERKUNG 1 Das Einzelprojekt kann die Anforderungen festlegen.

ANMERKUNG 2 Falls das Einzelprojekt reduzierte Anfahr- und Bremsbelastung nach den oben erwähnten Belastungen festlegt, sind auch andere Verkehre zu berücksichtigen, die auf dieser Strecke verkehren dürfen, z. B. Instandhaltungsfahrzeuge usw.

(7)P Anfahr- und Bremskräfte sind mit den zugehörigen Vertikallasten zu kombinieren.

(8) Wenn das Gleis an einem oder beiden Überbauenden durchläuft, wird nur ein gewisser Anteil der Anfahr- und Bremskräfte vom Überbau auf die Lager übertragen. Der verbleibende Lastanteil wird vom Gleis übertragen und hinter den Widerlagern aufgenommen. Der über den Überbau auf die Lager übertragene Lastanteil sollte unter Berücksichtigung der gemeinsamen Antwort des Tragwerks und des Gleises nach 6.5.4 bestimmt werden.

(9)P Bei zwei- oder mehrgleisigen Brücken ist die Bremskraft auf einem Gleis mit der Anfahrkraft auf einem anderen Gleis zu betrachten. Falls zwei oder mehr Gleise die gleiche erlaubte Fahrtrichtung besitzen, ist entweder das Anfahren oder das Bremsen auf jeweils zwei Gleisen zu berücksichtigen.

ANMERKUNG Für zwei- oder mehrgleisige Brücken mit gleicher erlaubter Fahrtrichtung kann der Nationale Anhang alternative Regelungen zur Anwendung der Brems- und Anfahrkräfte festlegen.

NDP zu 6.5.3 (9)P Anmerkung

Bei zwei- oder mehrgleisigen Brücken sind die Schienen- und Lagerlängskräfte immer auch für den Fall zu ermitteln, dass zeitweise nur ein Gleis zur Ableitung der Einwirkungen aus Anfahren und Bremsen vorhanden ist.

Bei zwei- oder mehrgleisigen Brücken darf zur Berücksichtigung der Auftretenswahrscheinlichkeit mehrerer Einwirkungen ein Kombinationsbeiwert $\psi_0 = 0{,}5$ verwendet werden, d. h. ein Gleis ist mit den vollen Bremslasten und ein weiteres Gleis mit den um den Kombinationsbeiwert abgeminderten Bremslasten zu belasten.

Damit ergeben sich zusätzlich zu den Lastfällen

— Anfahren + Bremsen und

— Anfahren + SW/2 Bremsen (für Strecken mit Schwerverkehr)

die Lastfälle

— Bremsen + $\psi_0 \cdot$ Bremsen und

— Anfahren + $\psi_0 \cdot$ Anfahren.

6.5.4 Gemeinsame Antwort von Tragwerk und Gleis auf veränderliche Einwirkungen

6.5.4.1 Allgemeine Prinzipien

(1) Falls die Schienen durchgehend auf Schienenstützpunkten über unterschiedlichem Untergrund liegen (z. B. zwischen Tragwerk und dem Hinterfüllbereich), leisten Brückenbauwerk (Brückentragwerk, Lager und Unterbauten) und Gleis (Schienen, Schotter usw.) gemeinsam Widerstand gegen die Längskräfte aus Anfahren oder Bremsen. Einwirkungen in Längsrichtung werden teils von den Schienen in den hinter dem Widerlager liegenden Erdkörper und teils von den Brückenlagern und dem Unterbau in die Gründung geleitet.

ANMERKUNG Verweise auf Erdkörper in 6.5.4 können genauso als Verweise auf Oberbauarten oder den Untergrund im Vorfeld der Brücke angesehen werden, unabhängig davon, ob das Gleis auf dem Damm, zu ebener Erde oder in einem Einschnitt liegt.

(2) Wenn Endlosschienen die freie Bewegung des Brückenüberbaus behindern, rufen die Verformungen des Brückenüberbaus (z. B. aus Temperaturänderungen, vertikaler Belastung, Kriechen und Schwinden) Längskräfte in den Schienen und an den festen Brückenlagern hervor.

(3)P Die Wirkungen, resultierend aus der gemeinsamen Antwort des Bauwerks und des Gleises auf veränderliche Einwirkungen, sind beim Bemessen des Brückenüberbaus, der Festlager und der Gründungen sowie beim Nachweis der Lastauswirkungen in den Schienen zu berücksichtigen.

(4) Die Anforderungen von 6.5.4 gelten für konventionellen Schotteroberbau.

(5) Die Anforderungen für feste Fahrbahn sollten festgelegt werden.

ANMERKUNG Die Anforderungen für feste Fahrbahn können entweder im Nationalen Anhang oder für das Einzelprojekt festgelegt werden.

NDP zu 6.5.4.1 (5) Anmerkung

6.5.4 gilt mit Ausnahme 6.5.4.5.2 (1)P bis (3)P und 6.5.4.6.1 auch für Feste Fahrbahn. Zusätzlich sind die Regeln des „Anforderungskatalog zum Bau der Festen Fahrbahn“ anzuwenden.

6.5.4.2 Parameter, die das gemeinsame Verhalten des Bauwerks und des Gleises betreffen

(1)P Die folgenden Parameter beeinflussen das gemeinsame Verhalten des Bauwerks und des Gleises und sind bei der Berechnung zu berücksichtigen:

a) Bauwerkskonfiguration:

- Einfeldträger, Durchlaufträger oder Einfeldträgerketten,
- Anzahl der einzelnen Überbauten und deren jeweilige Länge,
- Anzahl der Felder und deren jeweilige Länge,
- Position der Festlager,
- Position des thermischen Festpunktes,
- Auszugslänge L_T zwischen dem thermischen Festpunkt und dem Überbauende.

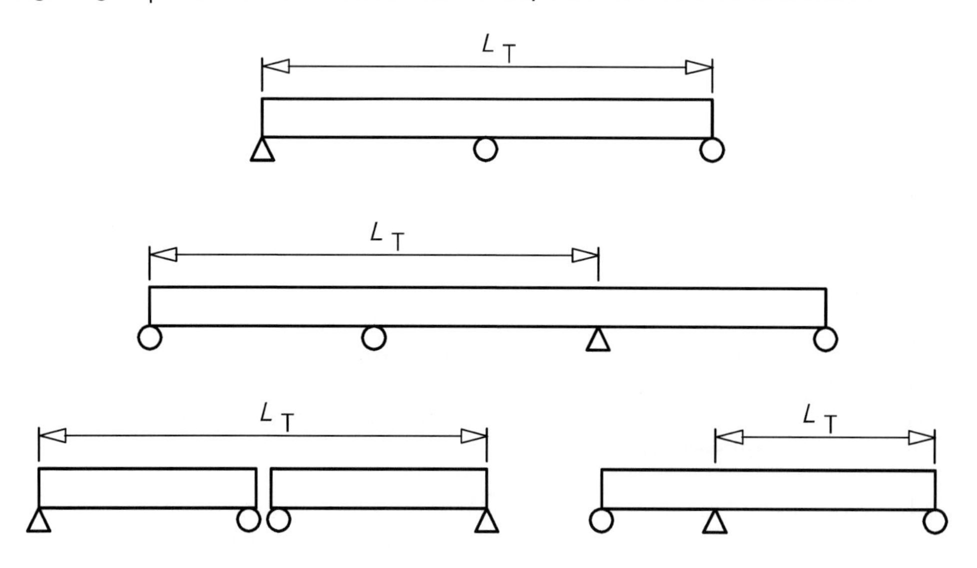

Bild 6.17 — Beispiele für die Auszugslänge L_T

b) Gleiskonfiguration:

- Schotteroberbau oder feste Fahrbahnsysteme,
- vertikaler Abstand zwischen Überbauoberfläche und Schienenschwerachse,
- Lage des Schienenauszugs.

ANMERKUNG Das Einzelbauvorhaben kann Anforderungen bezüglich der Anordnung des Schienenauszugs festlegen unter Berücksichtigung von Anforderungen, die sicher stellen, dass die Auszüge auch wirksam sind, solange sichergestellt ist, dass die Schienenauszüge nicht durch Biegebeanspruchungen in den Schienen, verursacht durch die große Nähe des Überbauendes, nachteilig beeinflusst werden.

c) Eigenschaften des Bauwerks:

- Steifigkeit des Überbaus in vertikaler Richtung,
- vertikaler Abstand zwischen der Schwerachse des Überbaus und der oberen Seite des Überbaus,
- vertikaler Abstand zwischen der Schwerachse des Überbaus und der Drehachse des Lagers,
- Bauwerksystem erzeugt an den Lagern eine Längsverschiebung des Überbauendes aufgrund der Überbauverdrehung,
- Längssteifigkeit des Bauwerks definiert als Gesamtsteifigkeit, die durch die Unterbauten hervorgerufen wird, gegen die Einwirkungen in Längsrichtung der Gleise unter Berücksichtigung der Steifigkeit der Lager, Unterbauten und Gründungen.

Zum Beispiel ist die Gesamtlängssteifigkeit einer Einzelstütze gegeben durch

$$K = \frac{F_{\mathrm{l}}}{(\delta_{\mathrm{p}} + \delta_{\varphi} + \delta_{\mathrm{h}})} \tag{6.23}$$

für den unten dargestellten Fall.

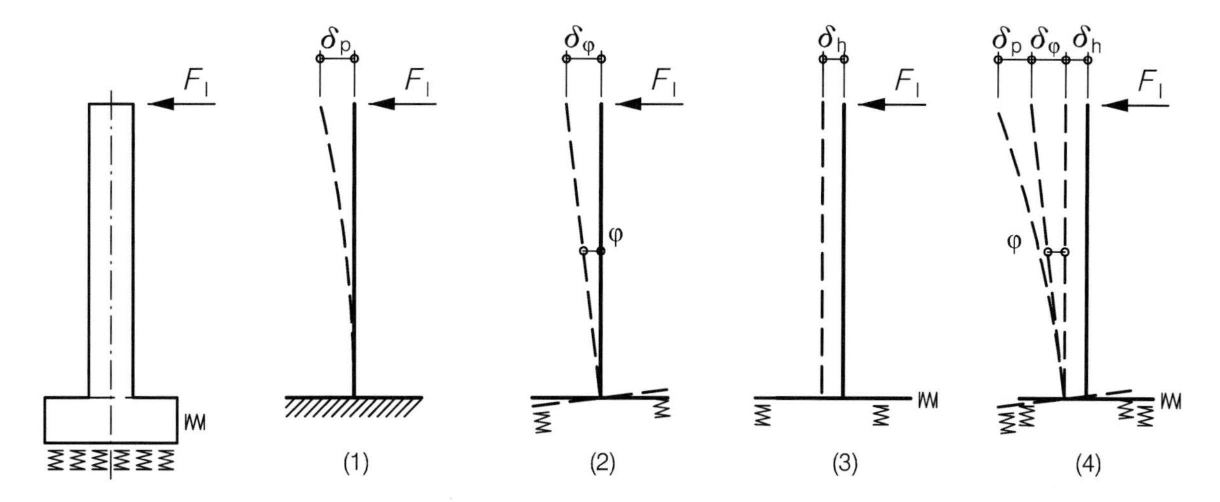

Legende

(1) Biegung der Stütze
(2) Verdrehung des Fundaments
(3) Verschiebung des Fundaments
(4) Gesamtverschiebung des Stützenkopfes

Bild 6.18 — Beispiel zur Bestimmung der Ersatzsteifigkeit in Längsrichtung an Lagern

d) Eigenschaften des Gleises:

— Steifigkeit in Schienenlängsachse,

— Widerstand des Gleises oder der Schiene gegen Längsverschiebung unter Beachtung sowohl

— des Widerstandes gegen die Gleisverschiebung (Schiene und Schwelle) im Schotter relativ zur Unterkante des Schotters, als auch

— des Widerstandes gegen eine Schienenverschiebung in den Schienenbefestigungen und Unterstützungen z. B. mit gefrorenem Schotter oder mit direkt befestigten Schienen, wobei der Widerstand gegen Verschieben eine Kraft je Längeneinheit des Gleises ist, die gegen die Verschiebung als Funktion der Relativverschiebung zwischen Schiene und Tragwerk bzw. Unterbauten wirkt.

6.5.4.3 Zu berücksichtigende Einwirkungen

(1)P Die folgenden Einwirkungen sollten berücksichtigt werden:

— Anfahr- und Bremskräfte wie in 6.5.3 definiert.

— Thermische Auswirkungen beim gemeinsamen Tragwerks- und Gleissystem.

— Klassifizierte vertikale Verkehrslasten (einschließlich SW/0 und SW/2 falls erforderlich). Zugehörige dynamische Auswirkungen können vernachlässigt werden.

ANMERKUNG Die gemeinsame Antwort von Bauwerk und Gleis auf den „unbeladenen Zug“ und das Lastmodel HSLM kann vernachlässigt werden.

— Andere Einwirkungen, wie Kriechen, Schwinden, Temperaturgradient usw., sollten erforderlichenfalls bei der Bestimmung der Rotation und der zugehörigen Längsverschiebung des Überbauendes berücksichtigt werden.

(2) Temperaturänderungen in der Brücke sind als ΔT_{N}, nach EN 1991-1-5, mit γ und ψ gleich 1,0 anzusetzen.

ANMERKUNG 1 Der Nationale Anhang kann alternative Werte für ΔT_{N} festlegen.

NDP zu 6.5.4.3 (2) Anmerkung 1

Alternative Werte werden nicht festgelegt.

ANMERKUNG 2 Für vereinfachte Berechnungen kann eine Temperaturänderung des Überbaus von $\Delta T_{\mathrm{N}} = \pm 35$ K berücksichtigt werden. Andere Werte können entweder im Nationalen Anhang oder für das Einzelprojekt festgelegt werden.

NDP zu 6.5.4.3 (2) Anmerkung 2

Es gilt $\Delta T_{\mathrm{N}} = \pm 30$ K für Beton- und Verbundbrücken und $\Delta T_{\mathrm{N}} = \pm 40$ K für Stahlbrücken.

(3) Wenn die gemeinsame Antwort des Gleises und Tragwerks auf Anfahr- und Bremskräfte beachtet werden soll, sollten die Anfahr- und Bremskräfte nicht auf das anschließende Erdbauwerk angesetzt werden, außer es wird eine Gesamtberechnung erstellt, die die Anfahrt, Überquerung und die Abfahrt von der Brücke auf das angrenzende Erdbauwerk berücksichtigt, um die ungünstigsten Lastauswirkungen zu ermitteln.

6.5.4.4 Modellierung und Berechnung des gemeinsamen Gleis-/Tragwerkssystems

(1) Für die Bestimmung der Lastauswirkungen im gemeinsamen Gleis-/Tragwerkssystem kann ein Modell nach Bild 6.19 verwendet werden.

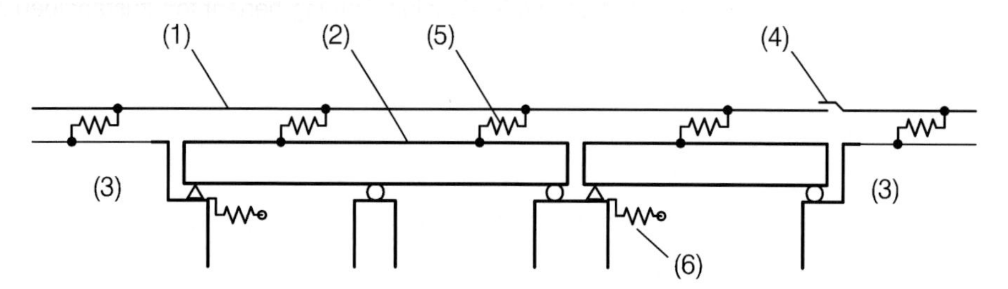

Legende

(1) Gleis
(2) Überbau (das Bild zeigt einen einzelnen Überbau mit zwei Feldern und einen Einfeldträger)
(3) Erdbauwerk
(4) Schienenauszug (wenn vorhanden)
(5) nicht lineare Längsfedern stellen die Längsbelastung/das Verschiebeverhalten des Gleises dar
(6) Längsfedern stellen die Steifigkeit K in Längsrichtung eines Festlagers dar, unter Berücksichtigung der Steifigkeit von Gründung, Stützen und Lagern usw.

Bild 6.19 — Beispiel eines Modells eines Gleis-/Tragwerkssystems

(2) Das in Längsrichtung vorhandene Last/Verformungsverhalten des Gleises oder der Schienenbefestigungen kann durch die in Bild 6.20 dargestellte Beziehung mit einem Verschiebewiderstand [kN/mm Verschiebung je m Gleis] und einem Durchschubwiderstand k [kN/m Gleis] ermittelt werden.

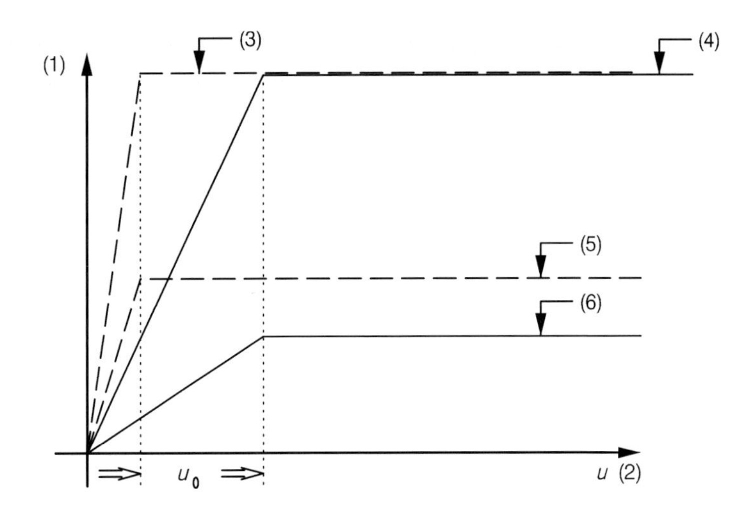

Legende

(1) Kraftgröße des Widerstandes je Längeneinheit des Gleises
(2) Relativverschiebung der Schiene
(3) Durchschubwiderstand (belastetes Gleis)
(gefrorener Schotter oder feste Fahrbahn mit Standardbefestigung)
(4) Längsverschiebewiderstand (belastetes Gleis)
(5) Durchschubwiderstand (unbelastetes Gleis)
(gefrorener Schotter oder feste Fahrbahn mit Standardbefestigung)
(6) Längsverschiebewiderstand (unbelastetes Gleis)

Bild 6.20 — Verschiebewiderstandsgesetze für ein Gleis in Längsrichtung

ANMERKUNG 1 Die Werte für den Längswiderstand bei der Berechnung der Schienen/Schotter/Brücken-Steifigkeit können im Nationalen Anhang angegeben oder mit der im Nationalen Anhang benannten zuständigen Aufsichtsbehörde abgestimmt werden.

NDP zu 6.5.4.4 (2) Anmerkung 1

Die Werte sind wie folgt anzunehmen:

(3) $u_0 = 0{,}5$ mm

$k = 60$ kN/m

(4) $u_0 = 2{,}0$ mm

$k = 60$ kN/m

(5) $u_0 = 0{,}5$ mm

$k = 30$ kN/m

(6) $u_0 = 2{,}0$ mm

$k = 20$ kN/m

ANMERKUNG 2 Das in Bild 6.20 beschriebene Verhalten gilt in den meisten Fällen (aber nicht für eingebettete Schienen ohne konventionelle Schienenbefestigung usw.).

(3)P Falls es vorhersehbar ist, dass die Gleiseigenschaften sich in der Zukunft ändern, ist dieses bei der Berechnung nach den festgelegten Anforderungen zu berücksichtigen.

ANMERKUNG Das Einzelprojekt kann die Anforderungen festlegen.

(4)P Für die Berechnung der gesamten in Längsrichtung wirkenden Lagerreaktion F_L und um die globale Schienenspannung mit den zulässigen Werten zu vergleichen, ist die globale Einwirkung wie folgt zu berechnen:

$$F_l = \sum \psi_{0i} F_{li} \quad (6.24)$$

Dabei ist

F_{li} die individuellen Auflagerreaktionen in Längsrichtung korrespondierend zur Kraft i;

ψ_{0i} für die Berechnung der Lasteinwirkungen in Überbau, Lagern und Unterkonstruktion die Kombinationsbeiwerte aus EN 1990 Anhang A2 zu verwenden;

ψ_{0i} für die Berechnung der Schienenspannungen ψ_{0i} mit 1 anzusetzen.

(5) Bei Bestimmung der Auswirkung jeder einzelnen Einwirkung ist das nichtlineare Verhalten der Gleissteifigkeit nach Bild 6.20 zu berücksichtigen.

(6) Die Längskräfte in den Schienen und Lagern aus jeder Belastung können durch lineare Überlagerung kombiniert werden.

6.5.4.5 Entwurfskriterien

ANMERKUNG Alternative Anforderungen können im Nationalen Anhang festgelegt werden.

NDP zu 6.5.4.5 Anmerkung

Alternativ darf DB Ril 804.3401[6] angewendet werden.

6.5.4.5.1 Gleis

(1) Für Schienen auf Brücken und den anschließenden Widerlagern sollte die zulässige zusätzliche Schienenspannung aufgrund der gemeinsamen Antwort des Tragwerks und des Gleises auf veränderliche Einwirkungen auf die folgenden Grenzwerte beschränkt werden:

— Druckspannungen: 72 N/mm²,

— Zugspannungen: 92 N/mm².

(2) Die Grenzwerte der Schienenspannung aus 6.5.4.5.1 (1) gelten für Gleise mit folgenden Voraussetzungen:

— Schiene UIC 60 mit einer Mindestzugfestigkeit von 900 N/mm²,

— gerades Gleis oder Gleisbogenhalbmesser $r \geq 1\,500$ m,

ANMERKUNG Für Schotteroberbau mit zusätzlichen Festhaltungen des Gleises in Querrichtung und für direkt befestigte Gleise kann der Mindestwert des Gleisbogenhalbmessers reduziert werden, wenn die im Nationalen Anhang genannte zuständige Aufsichtsbehörde zustimmt.

— für Schotteroberbau mit schweren Betonschwellen mit einem maximalen Schwellenabstand von 65 cm oder gleichartiger Gleiskonstruktion,

— für Schotteroberbau mit mindestens 30 cm verdichtetem Schotter unter den Schwellen.

---

6) Zu beziehen bei: DB Kommunikationstechnik GmbH, Medien- und Kommunikationsdienste Logistikcenter, Kriegsstraße 136, 76133 Karlsruhe, www.dbportal.db.de.

Wenn die oben genannten Kriterien nicht erfüllt werden können, sollten besondere Untersuchungen durchgeführt oder zusätzliche Maßnahmen ergriffen werden.

ANMERKUNG Für andere Oberbaubauarten (im Besonderen mit Auswirkungen auf den Querwiderstand) und andere Schienentypen wird empfohlen, dass die maximale zusätzliche Schienenspannung im Nationalen Anhang oder für das Einzelprojekt festgelegt wird.

NDP zu 6.5.4.5.1 (2) 2. Anmerkung

Für die Feste Fahrbahn beträgt die zulässige zusätzliche Schienenspannung 92 N/mm^2 bei Druck- und Zugbeanspruchung.

6.5.4.5.2 Grenzwerte für die Verformung des Bauwerks

(1)P Aufgrund von Anfahren und Bremsen darf δ_B in mm folgende Werte nicht überschreiten:

— 5 mm für durchgehend geschweißte Schienen ohne Schienenauszug oder mit Schienenauszug an einem Überbauende,

— 30 mm für Schienenauszüge an beiden Überbauenden bei durchgehendem Schotterbett,

— Bewegungen über 30 mm sind nur erlaubt, wenn im Schotter Bewegungsfugen vorhanden sind und ein Schienenauszug eingebaut ist.

Wobei δ_B in mm ist:

— die relative Längsverschiebung zwischen dem Überbauende und dem angrenzenden Widerlager oder

— die relative Längsverschiebung zwischen zwei aufeinanderfolgenden Überbauten.

(2)P Für vertikale Verkehrseinwirkungen (bis zu zwei Gleise belastet mit Lastmodell 71 und falls erforderlich SW/0) darf δ_H in mm die folgenden Werte nicht überschreiten:

— 8 mm, wenn das Kombinationsverhalten von Bauwerk und Gleis berücksichtigt wird (gilt, wenn nur ein oder kein Schienenauszug je Überbau vorhanden ist),

— 10 mm, wenn da Kombinationsverhalten von Bauwerk und Gleis vernachlässigt wird.

Wobei δ_H in mm ist:

— die Längsverschiebung der Überbauoberfläche am Ende des Überbaus aufgrund der Überbauverformung.

ANMERKUNG Wenn entweder die erlaubte Zusatzspannung in der Schiene nach 6.5.4.5.1 (1) oder die Längsverschiebung des Überbaus nach 6.5.4.5.2 (1) oder 6.5.4.5.2 (2) überschritten sind, ist entweder das Bauwerk zu ändern oder ein Schienenauszug vorzusehen.

(3)P Die Vertikalverschiebung δ_V [mm] der oberen Kante des Überbaus relativ zur zugehörigen Konstruktion (dem Widerlager oder einem anderen Überbau) aufgrund von veränderlichen Einwirkungen darf die folgenden Werte nicht überschreiten:

— 3 mm bei örtlich zulässiger Geschwindigkeit bis 160 km/h,

— 2 mm bei örtlich zulässiger Geschwindigkeit über 160 km/h.

(4)P Für direkt aufgelagerte Schienen sind die Abhebekräfte (unter vertikalen Verkehrslasten) bei Schienenstützpunkten und -befestigungen gegen den maßgeblichen Grenzzustand nachzuweisen (einschließlich Ermüdung) unter Beachtung der Charakteristik der Schienenstützpunkte und -befestigungssysteme.

6.5.4.6 Berechnungsverfahren

ANMERKUNG Alternative Berechnungsverfahrens dürfen entweder im Nationalen Anhang oder für das Einzelprojekt festgelegt werden.

NDP zu 6.5.4.6 Anmerkung

(1) Die drei Berechnungsverfahren (vereinfachtes Verfahren nach Anhang G und nichtlineare Berechnung) können angewendet werden. Die nichtlineare Berechnung wird empfohlen.

Alternativ zu diesen Berechnungsverfahren kann DB Ril 804.3401[7)] angewendet werden.

(2) Für Überbauten mit $L_T \leq 30$ m ist eine Überprüfung der Schienenspannung generell nicht erforderlich.

(1) Das folgende Berechnungsverfahren ermöglicht es, die gemeinsame Antwort des Gleises und des Tragwerks gegen die Bemessungskriterien nach 6.5.4.5 nachzuweisen. Die Bemessungskriterien für Überbau mit Schotterbett können wie folgt zusammengefasst werden:

a) relative Längsverschiebung am Überbauende, aufgeteilt in zwei Anteile, um den Vergleich mit den erlaubten Werten zu ermöglichen: δ_B aus Anfahren und Bremsen und δ_H aus der Vertikalverschiebung des Überbaus;

b) maximale zusätzliche Spannungen in der Schiene;

c) maximale relative Vertikalverschiebung am Überbauende, δ_V.

Für Überbauten mit direkter Schienenbefestigung ist ein zusätzlicher Nachweis für Abhebekräfte nach 6.5.4.5.2 (4) erforderlich.

(2) In 6.5.4.6.1 ist ein vereinfachtes Verfahren angegeben zur Abschätzung der gemeinsamen Antwort auf veränderliche Einwirkungen bei einem einfach gelagerten oder durchlaufenden Bauwerk, bestehend aus Einzelüberbauten und Gleis, mit einer Auszugslänge L_T bis zu 40 m.

(3) Für Bauwerke, die die Anforderungen nach 6.5.4.6.1 nicht erfüllen, gibt es in Anhang G ein Verfahren zur Bestimmung der gemeinsamen Antwort des Bauwerks und des Gleises auf veränderliche Einwirkungen für:

— einfach gelagerte oder durchlaufende Bauwerke aus Einzelüberbauten,

— Bauwerke aus aufeinanderfolgenden Einzelüberbauten,

— Bauwerke aus aufeinanderfolgenden Durchlaufträgern.

(4) Alternativ oder für andere Oberbau- oder Bauwerksarten kann eine Berechnung nach den Anforderungen in 6.5.4.2 bis 6.5.4.5 erfolgen.

6.5.4.6.1 Einfaches Berechnungsverfahren für einen Einzelüberbau

(1) Bei einem Tragwerk bestehend aus einem Überbau (einfach gelagert, Durchlaufträger mit einem Festlager an einem Ende oder Durchlaufträger mit einem Zwischenfestlager) ist es nicht erforderlich, die Schienenspannungen zu überprüfen, falls:

— der Unterbau genügend Steifigkeit K besitzt, um die Verschiebung des Überbaus δ_B in Längsrichtung aufgrund von Anfahren und Bremsen, auf maximal 5 mm zu begrenzen, verursacht durch die Längskräfte aus Anfahren und Bremsen nach 6.5.4.6.1 (2) (klassifiziert nach 6.3.2 (3) falls erforderlich). Für die Bestimmung der Verschiebung sind das System und die Eigenschaften des Bauwerks nach 6.5.4.2 (1) zu berücksichtigen,

— für vertikale Verkehrseinwirkungen, die Längsverschiebung der Oberkante des Überbaus am Überbauende δ_H aus Verformung des Überbaus nicht mehr als 5 mm überschreitet,

— die Auszugslänge L_T kleiner als 40 m ist.

ANMERKUNG Alternative Kriterien dürfen im Nationalen Anhang festgelegt werden. Die in diesem Abschnitt angegebenen Kriterien werden empfohlen.

---

7) Zu beziehen bei: DB Kommunikationstechnik GmbH, Medien- und Kommunikationsdienste Logistikcenter, Kriegsstraße 136, 76133 Karlsruhe, www.dbportal.db.de.

NDP zu 6.5.4.6.1 (1) Anmerkung

Es sind keine alternativen Kriterien festgelegt.

(2) Die Gültigkeitsgrenzen des Berechnungsverfahrens in 6.5.4.6.1 sind:

— Gleis entspricht den Konstruktionsanforderungen nach 6.5.4.5.1 (2);

— Längsverschiebewiderstand k des Gleises beträgt:

  — unbelastetes Gleis: $k = 20$ bis 40 kN je m Gleis,

  — belastetes Gleis: $k = 60$ kN je m Gleis;

— vertikale Verkehrsbelastung:

  — Lastmodell 71 (und falls erforderlich SW/0) mit $\alpha = 1$ nach 6.3.2(3),

  — Lastmodell SW/2;

ANMERKUNG Das Verfahren gilt für Werte von α, sofern die Belastungsauswirkungen aus $\alpha \times$ LM71 kleiner oder gleich derjenigen aus SW/2 sind.

— Einwirkungen aus Bremsen für:

Lastmodell 71 (und falls erforderlich SW/0) und Lastmodell HSLM:

$q_{\text{lbk}} = 20$ kN/m,

Lastmodell SW/2:

$q_{\text{lbk}} = 35$ kN/m;

— Einwirkungen aus Anfahren:

$q_{\text{lak}} = 33$ kN/m, begrenzt auf $Q_{\text{lak}} = 1000$ kN;

— Einwirkungen aus Temperatur:

Temperaturänderung ΔT_{D} des Überbaus: $\Delta T_{\text{D}} \leq 35$ K,

Temperaturänderung ΔT_{R} der Schiene: $\Delta T_{\text{R}} \leq 50$ K,

maximale Temperaturdifferenz zwischen Schiene und Überbau:

$$|\Delta T_{\text{D}} - \Delta T_{\text{R}}| \leq 20 \text{ K}. \quad (6.25)$$

(3) Die auf Festlager wirkenden Längskräfte aus Anfahren und Bremsen können durch Multiplikation der Anfahr- und Bremskräfte mit dem Abminderungsfaktor ξ aus Tabelle 6.9 ermittelt werden.

Tabelle 6.9 — Abminderungsfaktor ξ für die Bestimmung der Längskräfte auf Festlager von Einfeldüberbauten aufgrund von Anfahren und Bremsen

Gesamtlänge des Bauwerks m	**Abminderungsfaktor ξ**		
	Durchgehendes Gleis	**Schienenauszug an einem Überbauende**	**Schienenauszug an beiden Überbauenden**
≤ 40	0,60	0,70	1,00

ANMERKUNG Für Halbrahmen und Rahmen oder Hohlkastenkonstruktionen wird empfohlen, dass der Abminderungsfaktoren ξ einheitlich angesetzt wird. Alternativ können das Verfahren in Anhang G oder eine Berechnung nach 6.5.4.2 bis 6.5.4.5 verwendet werden.

(4) Die charakteristischen Längskräfte F_{Tk} je Gleis auf die Festlager aufgrund von Temperaturänderung (nach 6.5.4.3) können wie folgt ermittelt werden:

— für Brücken mit durchgehend geschweißten Schienen an beiden Überbauenden und Festlagern an einem Überbauende:

$$F_{Tk}\text{ [kN]} = \pm 0{,}6\, k\, L_T \quad (6.26)$$

mit k [kN/m] dem Längsverschiebewiderstand je Längeneinheit nach 6.5.4.4 (2) für unbelastetes Gleis und L_T in m der Auszugslänge nach 6.5.4.2 (1).

— Für Brücken mit durchgehend geschweißten Schienen an beiden Überbauenden und Festlagern in einem Abstand L_1 von einem Überbauende und L_2 vom anderen Ende gelegen:

$$F_{Tk}\text{ [kN]} = \pm 0{,}6\, k\, (L_2 - L_1) \quad (6.27)$$

mit k in kN/m dem Längsverschiebewiderstand je Längeneinheit nach 6.5.4.4 (2) für unbelastetes Gleis und L_1 in m und L_2 in m nach Bild 6.21.

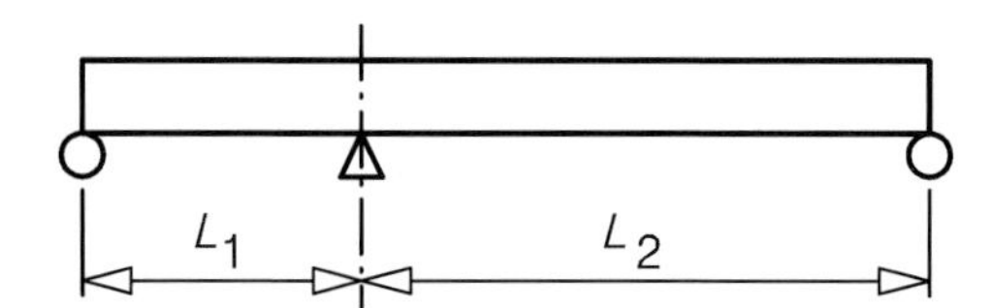

Überbauten, die entweder L_1 oder L_2 entsprechen, können aus einem oder mehreren Feldern bestehen.

Bild 6.21 — Überbau mit Festlager auf Zwischenunterstützung

— für Brücken mit durchgehend geschweißten Schienen und Festlagern am Überbauende sowie Schienenauszug am freien Überbauende:

$$F_{Tk}\text{ in kN} = \pm 20\, L_T,\ \text{aber } F_{Tk} \leq 1\,100\text{ kN} \quad (6.28)$$

mit L_T [m] als Auszugslänge nach 6.5.4.2. (1).

— für Überbauten mit Schienenauszug an beiden Enden:

$$F_{Tk} = 0. \quad (6.29)$$

ANMERKUNG Für Gleise, die 6.5.4.5.1 (2) entsprechen, können die Werte für k aus Anhang G.2 (3) entnommen werden. Alternative Werte für k können im Nationalen Anhang festgelegt werden.

NDP zu 6.5.4.6.1 (4) Anmerkung

Es sind keine alternativen Werte für k festgelegt.

(5) Die charakteristischen Längskräfte F_{Qk} je Gleis auf die Festlager aufgrund der Überbauverformung können wie folgt angesetzt werden:

— für Brücken mit durchgehend geschweißten Schienen an beiden Überbauenden und Festlager an einem Überbauende und mit Schienenauszug am freien Überbauende:

$$F_{Qk}\text{ [kN]} = \pm 20\, L \quad (6.30)$$

mit L [m] als der Länge des ersten Feldes am Festlager;

— für Brücken mit Schienenauszug an beiden Überbauenden:

$$F_{Qk} \, [kN] = 0 \tag{6.31}$$

(6) Die Vertikalverschiebung der Oberkante des Überbaus aus veränderlichen Einwirkungen relativ zur gegenüberliegenden Konstruktion (Widerlager oder weiterer Überbau) kann unter Vernachlässigung der gemeinsamen Antwort von Tragwerk und Gleis berechnet und gegen die Kriterien aus 6.5.4.5.2 (3) nachgewiesen werden.

6.6 Aerodynamische Einwirkungen aus Zugbetrieb

6.6.1 Allgemeines

(1)P Aerodynamische Einwirkungen aus Zugbetrieb sind bei der Bemessung von Bauwerken in der Nähe von Bahngleisen zu berücksichtigen.

(2) Die Vorbeifahrt der Züge erzeugt für jedes Bauwerk in der Nähe eines Gleises eine wandernde Welle mit abwechselnder Druck- und Sogwirkung (siehe Bilder 6.22 bis 6.25). Die Größe der Einwirkungen hängt hauptsächlich ab von:

— dem Quadrat der Zuggeschwindigkeit,

— der aerodynamischen Form des Zugs,

— der Form des Bauwerks,

— der Lage des Bauwerks, besonders dem Freiraum zwischen Fahrzeug und Bauwerk.

(3) Für Tragsicherheits- und Ermüdungsnachweise dürfen diese Einwirkungen durch Ersatzlasten am Kopf und Ende des Zugs angenähert werden. Charakteristische Werte dieser Ersatzlasten sind in 6.6.2 bis 6.6.6 angegeben.

ANMERKUNG Der Nationale Anhang oder das Einzelprojekt können alternative Werte festlegen.

NDP zu 6.6.1 (3) Anmerkung
Die zusätzlichen Anforderungen nach DB Ril 804.5501[8] sind zu berücksichtigen.

(4) In 6.6.2 bis 6.6.6 ist die Entwurfsgeschwindigkeit V in km/h als örtlich zulässige Geschwindigkeit anzusetzen, außer für Fälle nach EN 1990 A2.2.4 (6).

(5) Am Anfang und Ende von in der Nähe von Gleisen gelegenen Bauwerken sollten auf einer Länge von jeweils 5 m parallel zum Gleis die Ersatzlasten in 6.6.2 bis 6.6.6 mit einem dynamischen Beiwert von 2 multipliziert werden.

ANMERKUNG Für dynamisch empfindliche Tragwerke kann der obige dynamische Beiwert nicht ausreichend sein und erfordert eine besondere Untersuchung. Diese Untersuchung sollte die dynamische Charakteristik des Tragwerks einschließlich Unterbau und Bedingungen des Tragwerkendes berücksichtigen, die Geschwindigkeit des zugehörigen Schienenverkehrs und der dazugehörenden aerodynamischen Einwirkungen sowie die dynamische Antwort des Tragwerks einschließlich der Geschwindigkeit einer im Tragwerk induzierten Verformungswelle. Zusätzlich kann bei dynamisch empfindlichen Tragwerken ein dynamischer Beiwert für Teile des Tragwerks zwischen den Enden des Tragwerks nützlich sein.

---

8) Zu beziehen bei: DB Kommunikationstechnik GmbH, Medien- und Kommunikationsdienste Logistikcenter, Kriegsstraße 136, 76133 Karlsruhe, www.dbportal.db.de.

6.6.2 Einfache vertikale Oberflächen parallel zum Gleis (z. B. Schallschutzwände)

(1) Die charakteristischen Werte der Einwirkungen $\pm q_{1k}$ sind in Bild 6.22 angegeben.

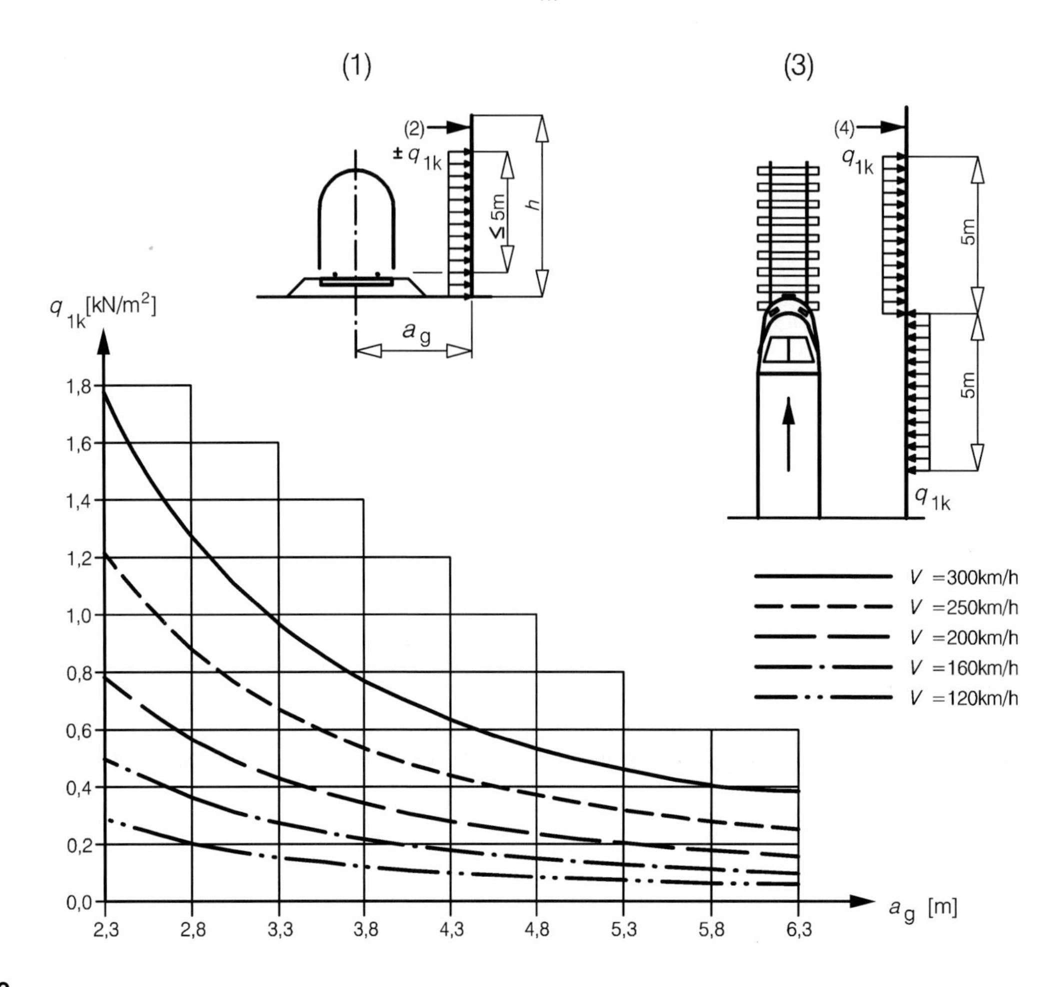

Legende

(1) Querschnitt
(2) Bauwerksoberfläche
(3) Draufsicht
(4) Bauwerksoberfläche

Bild 6.22 — Charakteristische Werte der Einwirkungen q_{1k} für einfache vertikale Flächen parallel zum Gleis

(2) Die charakteristischen Werte gelten für Züge mit einer aerodynamisch ungünstigen Form und können abgemindert werden mit:

— einem Beiwert $k_1 = 0,85$ für Züge mit glattem Wagenmaterial,

— einem Beiwert $k_1 = 0,6$ für stromlinienförmiges Wagenmaterial (z. B. ETR, ICE, TGV, Eurostar oder Ähnliche).

(3) Wenn nur ein kleiner Teil einer Wand, z. B. ein Element einer Schallschutzwand, mit einer Höhe $\leq 1,00$ m und einer Länge $\leq 2,50$ m betrachtet wird, sollten die Einwirkungen q_{1k} mit einem Beiwert $k_2 = 1,3$ vergrößert werden.

6.6.3 Einfache horizontale Flächen über dem Gleis (z. B. Berührungsschutz)

(1) Die charakteristischen Werte der Einwirkungen $\pm q_{2k}$ sind in Bild 6.23 angegeben.

(2) Die Breite der Belastung für die betrachteten Bauwerkselemente ist auf bis zu 10 m beiderseits der Gleisachse zu erweitern.

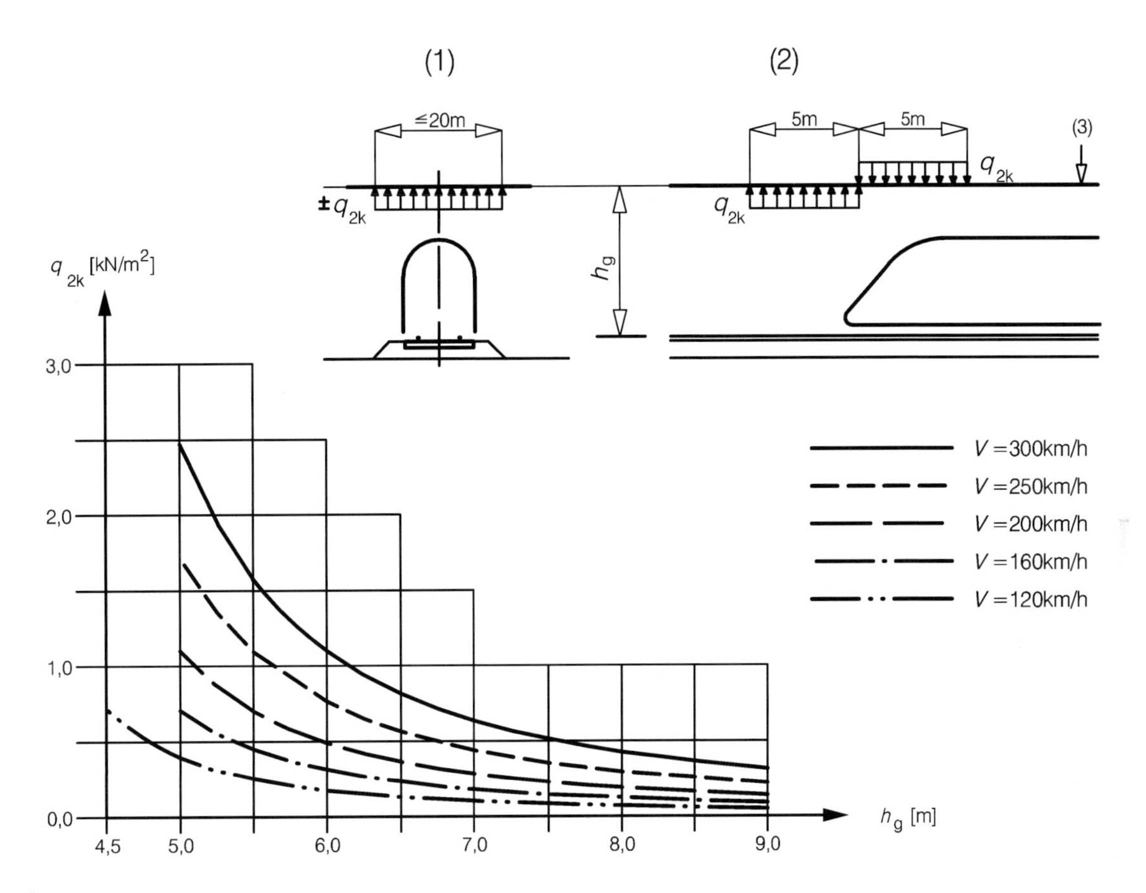

Legende

(1) Querschnitt
(2) Längsschnitt
(3) Unterkante Bauwerk

Bild 6.23 — Charakteristische Werte der Einwirkungen q_{2k} für einfache horizontale Flächen über dem Gleis

(3) Bei Zugbegegnungen sollten die Einwirkungen addiert werden. Die Belastung von Zügen braucht jedoch nur auf zwei Gleise angesetzt zu werden.

(4) Die Einwirkungen q_{2k} können mit dem Beiwert k_1 aus 6.6.2 abgemindert werden.

(5) Die Einwirkungen auf die Randstreifen eines weit ausladenden, die Gleise überspannenden Bauwerks können mit dem Beiwert 0,75 über eine Breite von 1,50 m abgemindert werden.

6.6.4 Einfache horizontale Flächen in Gleisnähe (z. B. Bahnsteigdächer ohne vertikale Wände)

(1) Die charakteristischen Werte der Einwirkung $\pm q_{3k}$ sind in Bild 6.24 angegeben und gelten unabhängig von der aerodynamischen Form des Zugs.

(2) Für jeden Punkt entlang des zu bemessenden Bauwerks sollte q_{3k} in Abhängigkeit des Abstandes a_g zur nächsten Gleisachse bestimmt werden. Die Einwirkungen sollten überlagert werden, wenn beiderseits des betrachteten Bauwerkteils Gleise vorhanden sind.

(3) Wenn die Höhe h_g mehr als 3,80 m beträgt, kann die Einwirkung q_{3k} durch den Beiwert k_3 abgemindert werden:

$$k_3 = \frac{(7{,}5 - h_g)}{3{,}7} \quad \text{für } 3{,}8 \text{ m} < h_g < 7{,}5 \text{ m} \tag{6.32}$$

$$k_3 = 0 \quad \text{für } h_g \geq 7{,}5 \text{ m} \tag{6.33}$$

Dabei ist

h_g der Abstand von SOK zur Bauwerksunterkante.

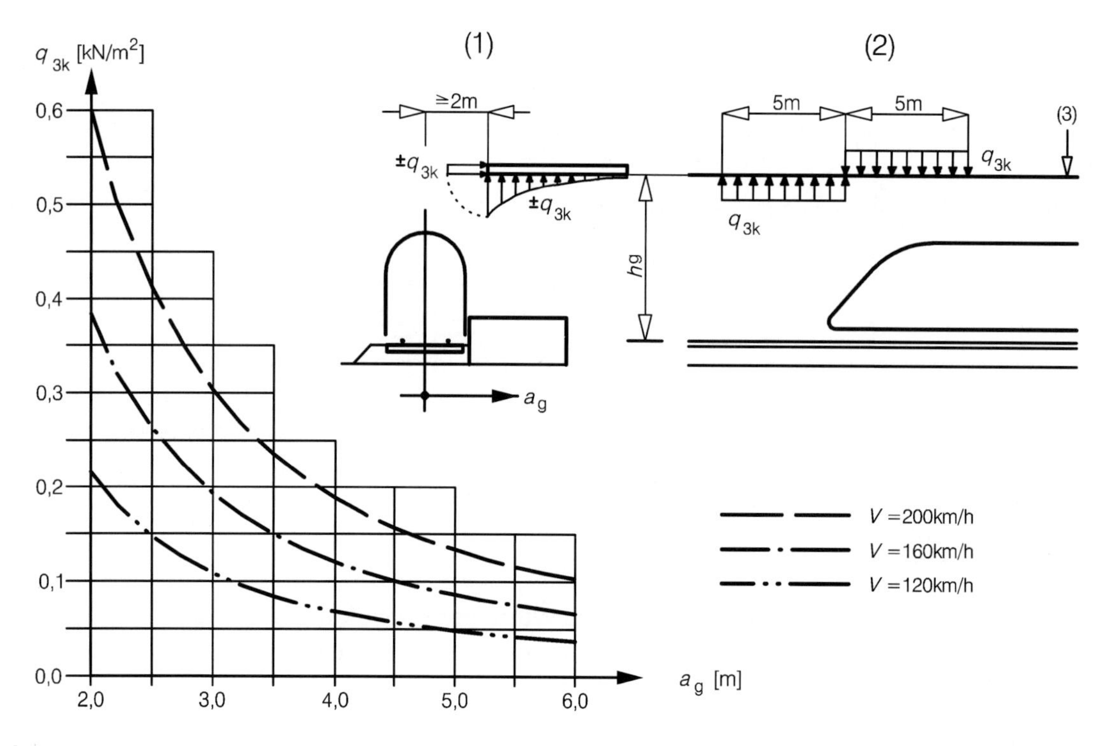

Legende

(1) Querschnitt
(2) Längsschnitt
(3) Unterkante des Bauwerks

Bild 6.24 — Charakteristische Werte der Einwirkungen q_{3k} für einfache horizontale Flächen in Gleisnähe

6.6.5 Vielflächige Bauwerke längs des Gleises mit vertikalen und horizontalen oder geneigten Flächen (z. B. abgeknickte Schallschutzwände, Bahnsteigdächer mit vertikalen Schürzen usw.)

(1) Die charakteristischen Werte für die Einwirkungen $\pm q_{4k}$ aus Bild 6.25 sollten rechtwinklig auf die betrachteten Oberflächen angesetzt werden. Die Einwirkungen sollten aus den Kurven in Bild 6.22 entnommen werden für einen fiktiven Gleisabstand von:

$$a'_g = 0{,}6 \min a_g + 0{,}4 \max a_g \quad \text{oder } 6 \text{ m} \tag{6.34}$$

wobei die Abstände min a_g und max a_g in Bild 6.25 erläutert sind.

(2) Für max $a_g > 6$ m sollte der Wert max $a_g = 6$ m verwendet werden.

(3) Die Beiwerte k_1 und k_2 aus 6.6.2 sollten auch hier verwendet werden.

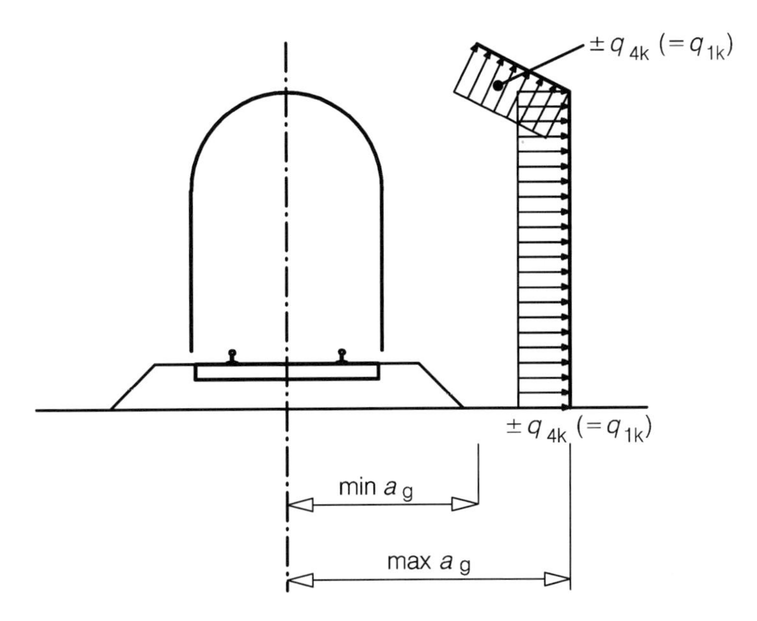

Bild 6.25— Definition der Abstände min a_g und max a_g von der Gleisachse

6.6.6 Flächen, die das Lichtraumprofil über eine begrenzte Länge umschließen (bis zu 20 m) (horizontale Flächen über den Gleisen und mindestens eine vertikale Wand, z. B. Gerüste, Baubehelfe usw.)

(1) Alle Einwirkungen sollten unabhängig von der aerodynamischen Form des Zugs angesetzt werden:

— über die ganze Höhe auf vertikale Flächen:

$$\pm k_4 \, q_{1k} \tag{6.35}$$

Dabei ist

q_{1k} in 6.6.2 angegeben;

$k_4 = 2$

— auf horizontale Flächen:

$$\pm k_5 \, q_{2k} \tag{6.36}$$

Dabei ist

q_{2k} in 6.6.3 angegeben für ein Gleis alleine;

$k_5 = 2{,}5$, wenn ein Gleis überbaut ist;

$k_5 = 3{,}5$, wenn zwei Gleise überbaut sind.

6.7 Entgleisung und andere Einwirkungen für Eisenbahnbrücken

(1)P Eisenbahnbrücken und Betriebsbauten sind derart zu bemessen, dass im Falle einer Entgleisung der Schaden für das Bauwerk (im Besonderen das Umkippen oder der Einsturz des Bauwerks als Ganzes) auf ein Minimum begrenzt bleibt.

6.7.1 Entgleisungseinwirkungen aus Zugverkehr auf einer Eisenbahnbrücke

(1)P Die Entgleisung des Zugverkehrs auf einer Brücke ist als außergewöhnliche Bemessungssituation zu betrachten.

(2)P Zwei Bemessungssituationen sind zu betrachten:

— Bemessungssituation I: Entgleisung von Eisenbahnfahrzeugen, wobei das entgleiste Fahrzeug im Gleisbereich des Überbaus bleibt und von der benachbarten Schiene oder dem Randbalken zurückgehalten wird.

— Bemessungssituation II: Entgleisung von Eisenbahnfahrzeugen, wobei das entgleiste Fahrzeug auf der Brückenkante balanciert und die Kante des Überbaus belastet (ausschließlich nichttragende Bauteile wie Randwege).

ANMERKUNG Der Nationale Anhang oder das Einzelprojekt können zusätzliche Anforderungen und alternative Belastungen festlegen.

NDP zu 6.7.1 (2)P Anmerkung

Es sind keine zusätzlichen Anforderungen und alternative Belastungen festgelegt.

(3)P Bei der Bemessungssituation I ist der Einsturz eines Hauptbauteils des Bauwerks zu vermeiden. Örtliche Beschädigung kann jedoch hingenommen werden. Die betroffenen Bauwerksteile sind für folgende Ersatzlasten bei den außergewöhnlichen Belastungen zu bemessen:

$\alpha \times 1{,}4 \times$ LM71 (sowohl die Einzellasten als auch die gleichmäßig verteilte Belastung, Q_{A1d} und q_{A1d}) parallel zum Gleis in der ungünstigsten Stellung innerhalb eines Bereichs mit einer Breite der 1,5fachen Spurweite beiderseits der Gleisachse.

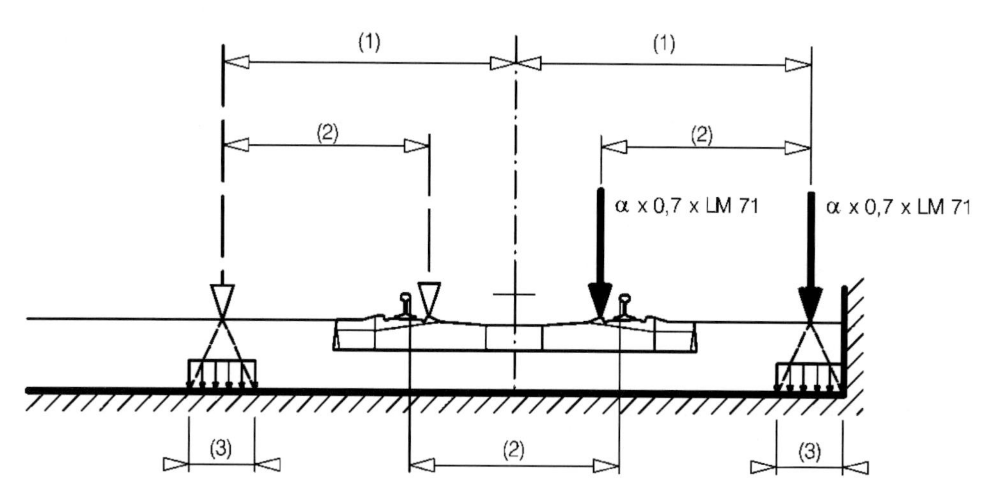

Legende

(1) max. $1{,}5s$ oder weniger bei vorhandener Mauer
(2) Spurweite s
(3) für Schotteroberbau können die Ersatzlasten auf ein Quadrat von 450 mm Seitenlänge verteilt auf die Oberseite des Tragwerks angesetzt werden.

Bild 6.26 — Bemessungssituation I — Ersatzlast Q_{A1d} und q_{A1d}

(4)P In der Bemessungssituation II sollte die Brücke weder umkippen noch einstürzen. Für die Bestimmung der Gesamtstabilität ist auf eine Länge von 20 m eine gleichmäßig verteilte Vertikallast von $q_{A2d} = \alpha \times 1{,}4 \times$ LM71 zu betrachten, die an der seitlichen Grenze des Fahrbahnbereichs angreift.

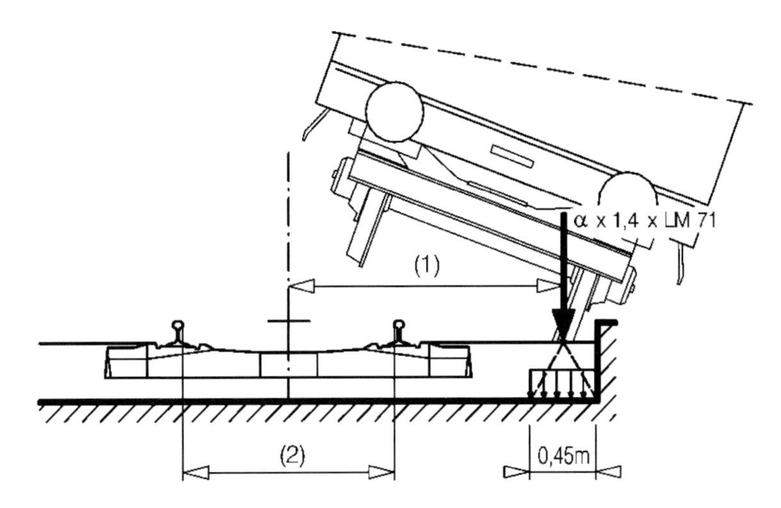

Legende

(1) an der seitlichen Fahrbahngrenze angreifende Last
(2) Spurweite s

Bild 6.27 — Bemessungssituation II — Ersatzlast q_{A2d}

ANMERKUNG Die oben erwähnte Ersatzlast ist nur zur Bestimmung der Gesamtstandsicherheit des Bauwerks anzusetzen. Randbauteile brauchen für diese Last nicht bemessen zu werden.

(5)P Die Bemessungssituationen I und II sind getrennt zu untersuchen. Eine Kombination dieser Lasten ist nicht zu betrachten.

(6) Bei den Bemessungssituationen I und II können außer der Entgleisungslast die weiteren Eisenbahnverkehrslasten auf das entsprechende Gleis vernachlässigt werden.

ANMERKUNG Siehe EN 1990 Anhang A2 für Anforderungen zur Anwendung von Verkehrseinwirkungen auf andere Gleise.

(7) Auf die Bemessungslasten in 6.7.1 (3) und 6.7.1 (4) braucht kein dynamischer Beiwert angesetzt zu werden.

(8)P Für Bauteile, die oberhalb der Schienenoberkante liegen, sind Maßnahmen zur Verminderung der Auswirkungen einer Entgleisung vorzusehen, nach den festgelegten Anforderungen.

ANMERKUNG 1 Die Anforderungen können entweder im Nationalen Anhang oder für das Einzelprojekt festgelegt werden.

ANMERKUNG 2 Der Nationale Anhang oder das Einzelprojekt können ebenfalls Anforderungen zur Sicherung entgleister Züge auf einem Bauwerk festlegen.

NDP zu 6.7.1 (8)P Anmerkung 1 und Anmerkung 2

Es gelten die Anforderungen nach DB Ril 804.5301[9].

9) Zu beziehen bei: DB Kommunikationstechnik GmbH, Medien- und Kommunikationsdienste Logistikcenter, Kriegsstraße 136, 76133 Karlsruhe, www.dbportal.db.de.

6.7.2 Entgleisung unter oder nahe einem Bauwerk und andere Einwirkungen für außergewöhnliche Bemessungssituationen

(1) Bei einer Entgleisung entsteht das Risiko eines Zusammenstoßes zwischen den entgleisten Fahrzeugen und einem Bauwerk nahe oder über dem Gleis. Die Anforderungen für Anpralllasten und andere Bemessungsanforderungen sind in EN 1991-1-7 festgelegt.

(2) Andere Einwirkungen für außergewöhnliche Bemessungssituationen sind in EN 1991-1-7 angegeben und sollten berücksichtigt werden.

6.7.3 Andere Einwirkungen

(1)P Die folgenden Einwirkungen sind ebenfalls bei der Bemessung des Bauwerks zu berücksichtigen:

- Auswirkungen aufgrund geneigter Überbauten oder geneigter Lageroberflächen,
- Verankerungslängskräfte aus gespannten oder entspannten Schienen nach den festgelegten Anforderungen,
- Längskräfte aufgrund unvorhergesehenen Schienenbruchs nach den festgelegten Anforderungen,
- Lasteinwirkungen aus Oberleitung und anderen Fahrleitungsteilen auf das Bauwerk nach den festgelegten Anforderungen,
- Lasteinwirkungen aus anderer Eisenbahninfrastruktur und -ausrüstung, nach den festgelegten Anforderungen.

ANMERKUNG Die festgelegten Anforderungen einschließlich der Einwirkungen für außergewöhnliche Bemessungssituationen können entweder im Nationalen Anhang oder für das Einzelprojekt festgelegt werden.

NDP zu 6.7.3 (1)P Anmerkung

Es gelten zusätzlich die Anforderungen nach DB Ril 804.2101[10].

6.8 Anwendung der Verkehrslasten auf Eisenbahnbrücken

6.8.1 Allgemeines

ANMERKUNG Siehe 6.3.2 für die Anwendung des Lastklassenbeiwerts α und 6.4.5 für die Anwendung des dynamischen Beiwertes Φ.

(1)P Das Bauwerk ist für die erforderliche Anzahl von Gleisen und deren Lage nach der festgelegten Gleislage und den Toleranzen zu bemessen.

ANMERKUNG Die Gleislage und die Toleranzen können für das Einzelprojekt festgelegt werden.

(2) Jedes Bauwerk sollte auch für die geometrisch und konstruktiv größtmögliche Gleisanzahl in der ungünstigsten Lage bemessen werden, unabhängig von der Lage der betroffenen Gleise unter Berücksichtigung des Mindestabstandes der Gleise und festgelegten Lichtraumprofils.

ANMERKUNG Der Mindestabstand der Gleise und das Lichtraumprofil kann für das Einzelprojekt festgelegt werden.

(3)P Die Auswirkung all dieser Einwirkungen ist mit den Verkehrslasten und Kräften in ungünstigster Stellung zu bestimmen. Verkehrseinwirkungen mit einer entlastenden Wirkung sind zu vernachlässigen.

10) Zu beziehen bei: DB Kommunikationstechnik GmbH, Medien- und Kommunikationsdienste Logistikcenter, Kriegsstraße 136, 76133 Karlsruhe, www.dbportal.db.de.

(4)P Zur Bestimmung der ungünstigsten Lasteinwirkungen aufgrund der Anwendung des Lastmodells 71 ist:

— für ein Gleis die gleichmäßig verteilte Last q_{vk} auf unbegrenzter Länge und bis zu vier Einzellasten Q_{vk} einmal je Gleis anzusetzen,

— für Bauwerke mit zwei Gleisen das Lastmodell 71 auf ein Gleis oder auf beide Gleise gleichzeitig anzusetzen,

— für Bauwerke mit drei oder mehr Gleisen das Lastmodell 71 auf ein Gleis, zwei beliebige Gleise oder als 0,75faches Lastmodell 71 auf alle Gleise anzusetzen.

(5)P Zur Bestimmung der ungünstigsten Lasteinwirkungen aufgrund der Anwendung des Lastmodells SW/0 ist:

— die Belastung aus Bild 6.2 und Tabelle 6.1 einmal je Gleis anzusetzen,

— für Bauwerke mit zwei Gleisen das Lastmodell SW/0 auf ein Gleis oder auf beide Gleise gleichzeitig anzusetzen,

— für Bauwerke mit drei oder mehr Gleisen das Lastmodell SW/0 auf ein Gleis, zwei beliebige Gleise oder als 0,75faches Lastmodell SW/0 auf alle Gleise anzusetzen.

(6)P Zur Bestimmung der ungünstigsten Lasteinwirkungen aufgrund der Anwendung des Lastmodells SW/2 ist:

— die Belastung aus Bild 6.2 und Tabelle 6.1 einmal je Gleis anzusetzen,

— für Bauwerke mit mehr als einem Gleis das Lastmodell SW/2 auf ein Gleis anzusetzen, mit dem Ansatz des Lastmodells 71 oder Lastmodells SW/0 auf einem anderen Gleis nach 6.8.1 (4) und 6.8.1 (5).

(7)P Zur Bestimmung der ungünstigsten Lastauswirkung aufgrund der Anwendung des Lastmodells „unbeladener Zug“ ist:

— die gleichmäßig verteilte Last q_{vk} auf einem Gleis in unbegrenzter Länge anzusetzen,

— das Lastmodell „unbeladener Zug“ im Allgemeinen nur bei der Bemessung eines eingleisigen Bauwerks zu betrachten.

(8)P Alle Durchlaufträgerbauwerke, die für das Lastmodell 71 bemessen wurden, sind zusätzlich mit dem Lastmodell SW/0 nachzuweisen.

(9)P Falls eine dynamische Berechnung erforderlich wird, sind nach 6.4.4 alle Brücken mit der Belastung durch Betriebszüge und dem Lastmodell HSLM, falls nach 6.4.6.1.1 erforderlich, nachzuweisen. Die Bestimmung der ungünstigsten Lastauswirkung der Betriebszüge und die Anwendung des Lastmodells HSLM hat nach 6.4.6.1.1 (6) und 6.4.6.5 (3) zu erfolgen.

(10)P Zum Nachweis der Verformungen und Schwingungen ist folgende Vertikalbelastung anzusetzen:

— Lastmodell 71 und falls erforderlich Lastmodelle SW/0 und SW/2,

— Lastmodell HSLM falls erforderlich nach 6.4.6.1.1,

— Betriebszüge zur Bestimmung des dynamischen Verhaltens im Fall von Resonanz oder übermäßigen Schwingungen des Überbaus, falls erforderlich nach 6.4.6.1.1.

(11)P Bei ein- oder mehrgleisigen Brücken sind die Nachweise für die Verformungs- und Schwingungsgrenzen nur mit der Anzahl der mit allen zugehörigen Verkehrseinwirkungen belasteten Gleise nach Tabelle 6.10 durchzuführen. Falls nach 6.3.2 (3) erforderlich, sind die klassifizierten Lasten zu berücksichtigen.

Tabelle 6.10 — Anzahl der zu belastenden Gleise zum Nachweis der Grenzen von Durchbiegung und Erschütterung

Grenzzustands- und zugehörige Nachweise	Anzahl der Gleise auf der Brücke		
	1	2	≥ 3
Betriebssicherheitsnachweise:			
— Verwindung (EN 1990 Anhang A2.4.4.2.2)	1	1 oder 2[a]	1 oder 2 oder 3 oder mehr[b]
— Vertikalverformung des Überbaus (EN 1990 Anhang A2.4.4.2.3)	1	1 oder 2[a]	1 oder 2 oder 3 oder mehr[b]
— Horizontalverformung des Überbaus (EN 1990 Anhang A2.4.4.2.4)	1	1 oder 2[a]	1 oder 2 oder 3 oder mehr[b]
— Kombinierte Antwort von Tragwerk und Gleis auf veränderliche Einwirkungen einschließlich der Grenzen für Vertikal- und Längsverschiebung des Überbauendes (6.5.4)	1	1 oder 2 [a]	1 oder 2[a]
— Vertikalbeschleunigung des Überbaus (6.4.6 und EN 1990 Anhang A2.4.4.2.1)	1	1	1
Gebrauchstauglichkeitsnachweis:			
— Reisendenkomfortkriterium (EN 1990 Anhang A2.4.4.3)	1	1	1
Tragfähigkeitsnachweis:			
— Abheben der Lager (EN 1990 Anhang A2.4.4.1 (2) P)	1	1 oder 2[a]	1 oder 2 oder 3 oder mehr[b]

[a] der kritischste Fall

[b] Falls Lastgruppen verwendet werden, sollte die Anzahl der belasteten Gleise in Übereinstimmung mit Tabelle 6.11 liegen. Falls keine Lastgruppen verwendet werden, sollte ebenfalls Tabelle 6.11 beachtet werden.

ANMERKUNG Anforderungen für die Anzahl der zu belastenden Gleise beim Nachweis der Entwässerung und Anforderungen zur lichten Weite können im Nationalen Anhang oder für das Einzelprojekt festgelegt werden.

NDP zu 6.8.1 (11)P, Tabelle 6.10 Anmerkung

Es sind keine Anforderungen für die Anzahl der zu belastenden Gleise hinsichtlich der Entwässerung und der lichten Weite festgelegt.

6.8.2 Lastgruppen — charakteristische Werte für mehrteilige Einwirkungen

(1) Die Gleichzeitigkeit der Belastung, definiert in 6.3 bis 6.5 und 6.7, kann im Hinblick auf die Lastgruppen nach Tabelle 6.11 berücksichtigt werden. Jede dieser Lastgruppen, die sich gegenseitig ausschließen, sollte in Kombination mit Nicht-Verkehrslasten als einzelne veränderliche charakteristische Einwirkung angesehen werden. Jede Lastgruppe sollte als eine einzelne veränderliche Einwirkung angesetzt werden.

ANMERKUNG In einigen Fällen ist es erforderlich, andere geeignete ungünstigere Kombinationen von Einzelverkehrseinwirkungen anzunehmen. Siehe A2.2.6 (4) in EN 1990.

(2) Die Beiwerte aus Tabelle 6.11 sollten auf die charakteristischen Werte der verschiedenen Einwirkungen in jeder Gruppe angewandt werden.

ANMERKUNG Alle vorgeschlagenen Werte für diese Beiwerte können im Nationalen Anhang verändert werden. Alle Beiwerte in Tabelle 6.11 werden empfohlen.

NDP zu 6.8.2 (2) Anmerkung

Tabelle 6.11 („Nachweis der Lastgruppen für Eisenbahnverkehr (charakteristische Werte der mehrteiligen Einwirkungen)") ist unverändert anzuwenden.

(3)P Falls die Lastgruppen nicht berücksichtigt werden, sind die Schienenverkehrseinwirkungen nach Tabelle A2.3 der EN 1990 zu kombinieren.

Tabelle 6.11 — Nachweis der Lastgruppen für Eisenbahnverkehr (charakteristische Werte der mehrteiligen Einwirkungen)

Anzahl der Gleise auf Bauwerk			Lastgruppen			Vertikalkräfte			Horizontalkräfte			Bemerkungen
			Verweis auf EN 1991-2			6.3.2/6.3.3	6.3.3	6.3.4	6.5.3	6.5.1	6.5.2	
1	2	≥ 3	Anzahl belastete Gleise	Lastgruppe[h]	belastetes Gleis	LM 71[a] SW/0[a,b] HSLM[f,g]	SW/2[a,c]	Unbeladener Zug	Anfahren, Bremsen[a]	Fliehkraft[a]	Seitenstoß[a]	
			1	gr11	T_1	1			1^e	$0,5^e$	$0,5^e$	Max. vertikal 1 mit max. längs
			1	gr12	T_1	1			$0,5^e$	1^e	1^e	Max. vertikal 2 mit max. quer
			1	gr13	T_1	1^d			1	$0,5^e$	$0,5^e$	Max. längs
			1	gr14	T_1	1^d			$0,5^e$	1	1	Max. quer
			1	gr15	T_1			1		1^e	1^e	Seitenstabilität mit „unbeladenem Zug“
			1	gr16	T_1		1		1^e	$0,5^e$	$0,5^e$	SW/2 mit max. längs
			1	gr17	T_1		1		$0,5^e$	1^e	1^e	SW/2 mit max. quer
			2	gr21	T_1 T_2	1 1			1^e 1^e	$0,5^e$ $0,5^e$	$0,5^e$ $0,5^e$	Max. vertikal 1 mit max. längs
			2	gr22	T_1 T_2	1 1			$0,5^e$ $0,5^e$	1^e 1^e	1^e 1^e	Max. vertikal 2 mit max. quer
			2	gr23	T_1 T_2	1^d 1^d			1 1	$0,5^e$ $0,5^e$	$0,5^e$ $0,5^e$	Max. längs
			2	gr24	T_1 T_2	1^d 1^d			$0,5^e$ $0,5^e$	1 1	1 1	Max. quer
			2	gr26	T_1 T_2	 1	1 		1^e 1^e	$0,5^e$ $0,5^e$	$0,5^e$ $0,5^e$	SW/2 mit max. längs
			2	gr27	T_1 T_2	 1	1 		$0,5^e$ $0,5^e$	1^e 1^e	1^e 1^e	SW/2 mit max. quer
			≥3	gr31	T_i	0.75			$0,75^e$	$0,75^e$	$0,75^e$	zusätzlicher Lastfall

Dominierender Anteil der entsprechenden Einwirkung

Zu betrachten beim Bemessen eines eingleisigen Tragwerks (Lastgruppen 11–17)

Zu betrachten beim Bemessen eines zweigleisigen Tragwerks (Lastgruppen 11–27 außer 15). Jedes der beiden Gleise ist sowohl als T_1 (Gleis 1) oder T_2 (Gleis 2) zu betrachten.

Zu betrachten beim Bemessen eines drei- oder mehrgleisigen Tragwerks; Lastgruppen 11 bis 31 außer 15. Irgendein Gleis ist als T_1 anzusetzen, irgendein anderes Gleis als T_2, alle anderen Gleise sind unbelastet. Zusätzlich ist Lastgruppe 31 als ein zusätzlicher Lastfall zu betrachten, bei dem alle ungünstigen Gleise T_i belastet sind.

[a] Alle relevanten Beiwerte (α, Φ, f, ...) sind zu berücksichtigen.

[b] SW/0 ist nur bei Durchlaufträgern zu berücksichtigen.

[c] SW/2 ist nur bei Vereinbarung für die Strecke zu berücksichtigen.

[d] Beiwert kann auf 0,5 im günstigen Fall vermindert werden, er kann nicht null sein.

[e] Im günstigsten Fall sind diese nicht-dominanten Werte zu null zu setzen.

[f] HSLM und Betriebszug falls erforderlich nach 6.4.4 und 6.4.6.1.1.

[g] Falls eine dynamische Berechnung nach 6.4.4 erforderlich ist, siehe auch 6.4.6.5 (3) und 6.4.6.1.2.

[h] Siehe auch EN 1990 Anhang A2, Tabelle A2.3

6.8.3 Lastgruppen — andere repräsentative Werte der mehrteiligen Einwirkungen

6.8.3.1 Häufige Werte der mehrteiligen Einwirkungen

(1) Falls Lastgruppen die gleichen Regeln wie oben in 6.8.2 (1) berücksichtigen, können die Beiwerte aus Tabelle 6.11 für jede Lastgruppe auf die häufigen Werte der relevanten Einwirkungen einer jeden Lastgruppe angewandt werden.

ANMERKUNG Die häufigen Werte für aus mehreren Anteilen bestehende Einwirkungen kann der Nationale Anhang festlegen. Die Regelungen dieses Absatzes werden empfohlen.

> **NDP zu 6.8.3.1 (1) Anmerkung**
>
> Die Regelungen des Absatzes sind anzuwenden.

(2)P Falls keine Lastgruppen verwendet werden, sind die Einwirkungen aus Eisenbahnverkehr nach Tabelle A2.3 der EN 1990 zu kombinieren.

6.8.3.2 Quasi-ständige Werte der mehrteiligen Einwirkungen

(1) Quasi ständige Verkehrseinwirkungen sollten mit null angesetzt werden.

ANMERKUNG Die quasi-ständigen Werte für aus mehreren Anteilen bestehende Einwirkungen kann der Nationale Anhang festlegen. Die Regelungen dieses Absatzes werden empfohlen.

> **NDP zu 6.8.3.2 (1) Anmerkung**
>
> Die Regelungen des Absatzes sind anzuwenden.

6.8.4 Verkehrslasten für vorübergehende Bemessungssituationen

(1)P Es sind Verkehrslasten für vorübergehende Bemessungssituationen zu definieren.

ANMERKUNG Einige Hinweise sind im Anhang H angegeben. Die Verkehrslasten für vorübergehende Bemessungssituationen können für das Einzelprojekt definiert werden.

> **NDP zu 6.8.4 (1)P Anmerkung**
>
> Wenn keine projektspezifischen Festlegungen getroffen werden, gelten für vorübergehende Bemessungssituationen die Lastmodelle nach Anhang H.

6.9 Verkehrslasten für Ermüdung

(1)P Ein Ermüdungsnachweis ist für alle Bauteile durchzuführen, die Spannungsschwankungen unterliegen.

(2) Für den normalen Verkehr, basierend auf den charakteristischen Werten des Lastmodells 71, einschließlich des dynamischen Beiwerts Φ, sollte der Ermüdungsnachweis auf der Grundlage der Verkehrszusammenstellungen „Regelverkehr", „Schwerverkehr mit 250 kN-Achsen" oder „Nahverkehr" geführt werden, abhängig davon, ob das Bauwerk Mischverkehr, überwiegend Schwerverkehr oder Nahverkehr trägt, nach den festgelegten Anforderungen. Details der Betriebszüge und der zu betrachtenden Verkehrszusammenstellungen und der dynamischen Beiwerte sind in Anhang D gegeben.

ANMERKUNG Die Anforderungen können für das Einzelprojekt festgelegt werden.

> **NCI zu 6.9 (2) Anmerkung**
>
> Wenn keine projektspezifischen Festlegungen getroffen werden, kann bei Personenverkehr und Mischverkehr bis 22,5-t-Achslasten die Verkehrsmischung „Regelverkehr" nach Tabelle D.1 verwendet werden.

(3) Falls die Verkehrszusammenstellung nicht den wirklichen Verkehr widerspiegelt (z. B. in besonderen Situationen, bei denen ein bestimmter Fahrzeugtyp die Ermüdungsbelastung dominiert oder für Verkehr, der ein $\alpha > 1$ erfordern), sollte nach 6.3.2 (3) eine alternative Verkehrszusammenstellung erfolgen.

ANMERKUNG Die alternative Verkehrszusammenstellung kann für das Einzelprojekt festgelegt werden.

NCI zu 6.9 (3) Anmerkung

Wenn keine projektspezifischen Festlegungen getroffen werden, kann für Strecken mit $\alpha > 1$ die Verkehrsmischung „Schwerverkehr mit 25-t-Achslasten" nach Tabelle D.2 verwendet werden.

(4) Jede Verkehrszusammenstellung basiert auf einer Jahrestonnage von 25×10^6 Tonnen, die auf jedem Gleis der Brücke erreicht werden.

(5)P Für mehrgleisige Bauwerke ist die Ermüdungsbelastung auf maximal zwei Gleisen in der ungünstigsten Stellung anzusetzen.

(6) Der Ermüdungsnachweis sollte für die Bemessungslebensdauer des Bauwerks geführt werden.

ANMERKUNG Die Bemessungslebensdauer kann im Nationalen Anhang festgelegt werden. Es wird eine Bemessungslebensdauer von 100 Jahren empfohlen. Siehe auch EN 1990.

NDP zu 6.9 (6) Anmerkung

Die Bemessungslebensdauer beträgt 100 Jahre.

(7) Alternativ kann der Ermüdungsnachweis auf Grundlage einer besonderen Verkehrszusammenstellung erfolgen.

ANMERKUNG Eine besondere Verkehrszusammenstellung kann entweder im Nationalen Anhang oder für das Einzelprojekt festgelegt werden.

NDP zu 6.9 (7) Anmerkung

Eine besondere Verkehrszusammenstellung ist nicht festgelegt.

(8) Falls eine dynamische Berechnung nach 6.4.4. erforderlich wird und die dynamischen Auswirkungen wahrscheinlich übermäßig werden, sind zusätzliche Anforderungen für den Ermüdungsnachweis der Brücken in 6.4.6.6 gegeben.

(9) Vertikale Verkehrslasten, einschließlich dynamischen Einwirkungen und Fliehkräfte, sollten im Ermüdungsnachweis berücksichtigt werden. Im Allgemeinen können Seitenstoß (Schlingerkräfte) und Längskräfte im Ermüdungsnachweis vernachlässigt werden.

ANMERKUNG In einigen besonderen Situationen, z. B. Brücken in Kopfbahnhöfen, sollten im Ermüdungsnachweis die Auswirkungen der Längskräfte berücksichtigt werden.

Anhang A
(informativ)

Modelle von Sonderfahrzeugen für Straßenbrücken

A.1 Geltungs- und Anwendungsbereich

(1) Dieser Anhang definiert Basismodelle für Sonderfahrzeuge, die für den Entwurf, die Berechnung und die Bemessung von Straßenbrücken benutzt werden können.

(2) Die in diesem Anhang angegebenen Sonderfahrzeuge dienen dazu, globale wie auch lokale Effekte durch Fahrzeuge, die nicht die nationalen Bestimmungen bezüglich Gewichtsgrenzen und ggf. Maßgrenzen von üblichen Fahrzeugen erfüllen, zu erzeugen.

ANMERKUNG Es wird angestrebt, dass die Berücksichtigung von Sonderfahrzeugen sich bei der Bemessung von Brücken auf einzelne Fälle beschränkt.

(3) In diesem Anhang ist auch eine Anleitung zur Berücksichtigung der gleichzeitigen Belastung einer Brückenfahrbahn mit Sonderfahrzeugen und normalem Straßenverkehr durch Lastmodell 1, definiert in 4.3.2, gegeben.

A.2 Basismodelle für Sonderfahrzeuge

(1) Basismodelle für Sonderfahrzeuge sind in Tabellen A.1 und A.2 sowie in Bild A.1 festgelegt.

ANMERKUNG 1 Die Basismodelle für Sonderfahrzeuge entsprechen unterschiedlichen Arten von ungewöhnlichen Lasten, die zur Fahrt auf bestimmten Straßen im europäischen Fernstraßennetz berechtigt sein können.

ANMERKUNG 2 Es werden Fahrzeugbreiten von 3 m für Achsen mit 150 kN und 200 kN und von 4,50 m für Achsen mit 240 kN angenommen.

Tabelle A.1 — Klassen für Sonderfahrzeuge

Gesamtgewicht	Aufbau	Bezeichnung
600 kN	4 Achsen mit 150 kN	600/150
900 kN	6 Achsen mit 150 kN	900/150
1200 kN	8 Achsen mit 150 kN oder 6 Achsen mit 200 kN	1200/150 1200/200
1500 kN	10 Achsen mit 150 kN oder 7 Achsen mit 200 kN + 1 Achse mit 100 kN	1500/150 1500/200
1800 kN	12 Achsen mit 150 kN oder 9 Achsen mit 200 kN	1800/150 1800/200
2400 kN	12 Achsen mit 200 kN oder 10 Achsen mit 240 kN oder 6 Achsen mit 200 kN (Abstand 12 m) + 6 Achsen mit 200 kN	2400/200 2400/240 2400/200/200
3000 kN	15 Achsen mit 200 kN oder 12 Achsen mit 240 kN + 1 Achse mit 120 kN oder 8 Achsen mit 200 kN (Abstand 12 m) + 7 Achsen mit 200 kN	3000/200 3000/240 3000/200/200
3600 kN	18 Achsen mit 200 kN oder 15 Achsen mit 240 kN oder 9 Achsen mit 200 kN (Abstand 12 m) + 9 Achsen mit 200 kN	3600/200 3600/240 3600/200/200

Tabelle A.2 — Beschreibung der Sonderfahrzeuge

	Achse mit 150 kN	Achse mit 200 kN	Achse mit 240 kN
600 kN	$n = 4 \times 150$ $e = 1{,}50$ m		
900 kN	$n = 6 \times 150$ $e = 1{,}50$ m		
1 200 kN	$n = 8 \times 150$ $e = 1{,}50$ m	$n = 6 \times 200$ $e = 1{,}50$ m	
1 500 kN	$n = 10 \times 150$ $e = 1{,}50$ m	$n = 1 \times 100 + 7 \times 200$ $e = 1{,}50$ m	
1 800 kN	$n = 12 \times 150$ $e = 1{,}50$ m	$n = 9 \times 200$ $e = 1{,}50$ m	
2 400 kN		$n = 12 \times 200$ $e = 1{,}50$ m $n = 6 \times 200 + 6 \times 200$ $e = 5 \times 1{,}5 + 12 + 5 \times 1{,}5$	$n = 10 \times 240$ $e = 1{,}50$ m
3 000 kN		$n = 15 \times 200$ $e = 1{,}50$ m $n = 8 \times 200 + 7 \times 200$ $e = 7 \times 1{,}5 + 12 + 6 \times 1{,}5$	$n = 1 \times 120 + 12 \times 240$ $e = 1{,}50$ m
3 600 kN		$n = 18 \times 200$ $e = 1{,}50$ m	$n = 15 \times 240$ $e = 1{,}50$ m $n = 8 \times 240 + 7 \times 240$ $e = 7 \times 1{,}5 + 12 + 6 \times 1{,}5$

ANMERKUNG
n Anzahl der Achsen multipliziert mit dem Gewicht (kN) jeder Achse in jeder Gruppe
e Achsabstand (m) innerhalb und zwischen jeder Gruppe

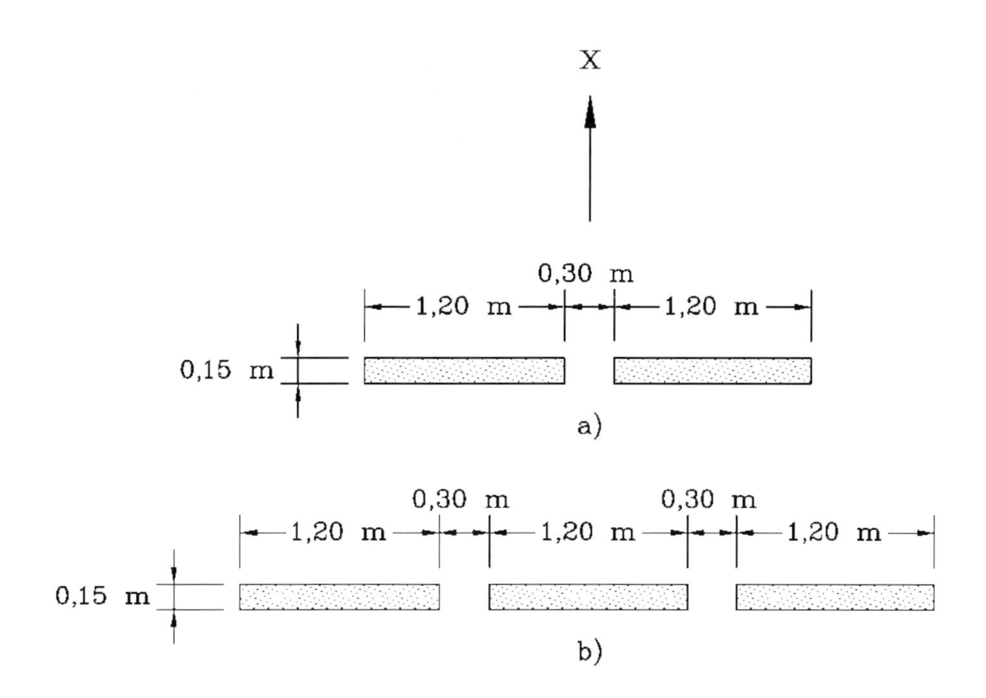

Legende

x Richtung der Brückenachse
a) Achsen mit 100 bis 200 kN
b) Achsen mit 240 kN

Bild A.1 — Anordnung der Achsen und Definition der Kontaktflächen der Reifen

(1) Eines oder mehrere Modelle von Spezialfahrzeugen dürfen berücksichtigt werden.

ANMERKUNG 1 Die Modelle, die Zahlenwerte der Lasten und die Abmessungen dürfen für das Einzelprojekt festgelegt werden.

ANMERKUNG 2 Die Effekte der standardisierten 600/150-Modelle werden durch die Effekte des Lastmodells 1 berücksichtigt, wenn die Faktoren α_{Qi} und α_{qi} zu 1 gesetzt werden.

ANMERKUNG 3 Besonders zur Erfassung der Einwirkungen von außergewöhnlichen Lasten mit einem Gesamtgewicht größer als 3 600 kN dürfen spezielle Modelle für das jeweilige Vorhaben festgelegt werden.

(2) Die mit den Sonderfahrzeugen verbundenen charakteristischen Lasten sollten als Nominalwerte berücksichtigt und ausschließlich als vorübergehende Bemessungssituation betrachtet werden.

A.3 Anwendung der Lastmodelle für Spezialfahrzeuge auf der Fahrbahn

(1) Jedes genormte Modell sollte angewendet werden:

— auf einem rechnerischen Fahrstreifen, wie er in 1.4.2 und 4.2.3 (als Fahrstreifen Nummer 1) für Modelle bestehend aus 150-kN- und 200-kN-Achslasten definiert ist, oder

— auf zwei nebeneinanderliegenden rechnerischen Fahrstreifen (als Fahrstreifen Nummern 1 und 2 – siehe Bild A.2) für Modelle bestehend aus 240-kN-Achslasten.

(2) Die rechnerischen Fahrstreifen sollten auf der Fahrbahn an der ungünstigsten Stelle angeordnet werden. In diesem Fall kann die Fahrbahnbreite unter Ausschluss der Standspuren, Bankette und Markierungsstreifen definiert werden.

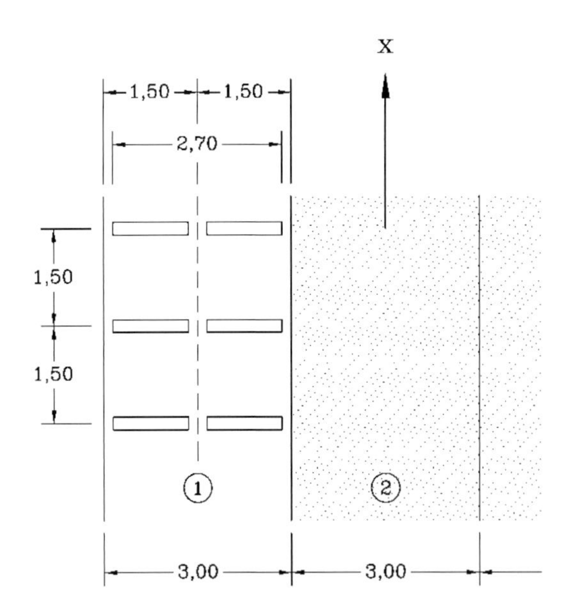

Legende

Achslasten von 150 kN oder 200 kN ($b = 2{,}70$ m)
X: Richtung der Brückenachse
(1) Fahrstreifen 1
(2) Fahrstreifen 2

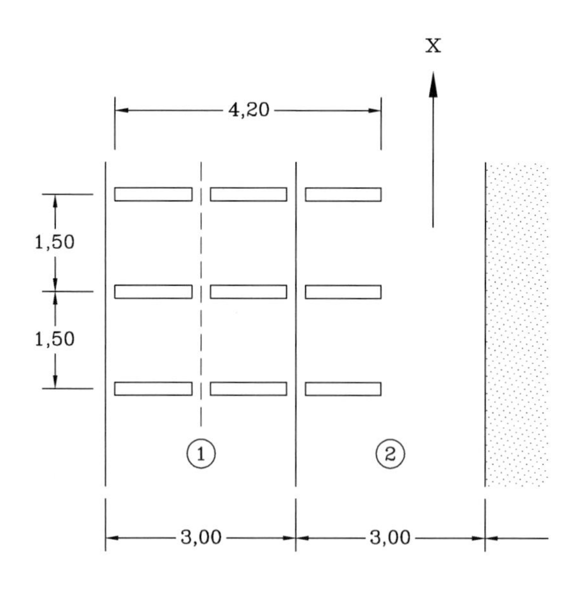

Legende

Achslasten von 240 kN ($b = 4{,}20$ m)
X: Richtung der Brückenachsen
(1) Fahrstreifen 1
(2) Fahrstreifen 2

Bild A.2 — Anwendung der Spezialfahrzeuge auf die rechnerischen Fahrstreifen

(3) In Abhängigkeit der betrachteten Modelle darf angenommen werden, dass diese sich mit geringer Geschwindigkeit (nicht mehr als 5 km/h) oder mit normaler Geschwindigkeit (70 km/h) bewegen.

(4) Unter Annahme einer geringen Geschwindigkeit der Modelle sollten nur vertikale Lasten ohne dynamische Vergrößerung berücksichtigt werden.

(5) Unter Annahme einer normalen Geschwindigkeit der Modelle sollte die dynamische Vergrößerung berücksichtigt werden. Dazu darf folgende Formel benutzt werden:

$$\varphi = 1{,}40 - \frac{L}{500} \qquad \varphi \geq 1 \tag{A.1}$$

Dabei ist

L die Einflusslänge, in m.

(6) Unter Annahme einer geringen Geschwindigkeit der Modelle sollten jeder rechnerische Fahrstreifen und die Restfläche des Brückenüberbaus mit Lastmodell 1 belastet werden, mit seinen häufigen Werten nach Definition in 4.5 und in Anhang A2 von EN 1990. Auf dem/den mit standardisierten Fahrzeugen belasteten Fahrstreifen sollte dieses System im Bereich von weniger als 25 m von den äußeren Achsen des betrachteten Fahrzeugs (siehe Bild A.3) nicht angewandt werden.

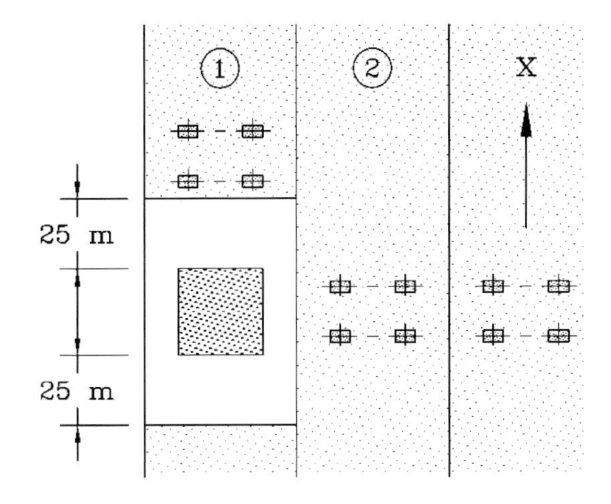

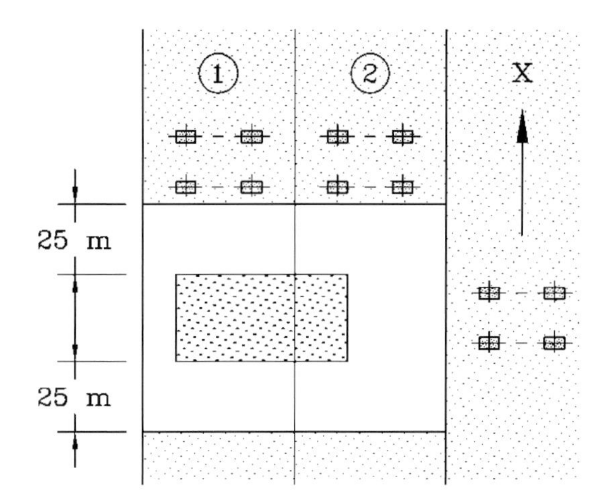

Legende

Achslast von 150 oder 200 kN
X: Richtung der Brückenachse
(1) Fahrstreifen 1
(2) Fahrstreifen 2

Legende

Achslast von 240 kN
X: Richtung der Brückenachse
(1) Fahrstreifen 1
(2) Fahrstreifen 2

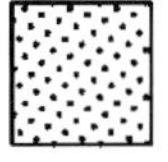 standardisiertes Fahrzeug

 Fläche, die mit dem häufigen Modell von Lastmodell 1 belastet ist.

ANMERKUNG Im Einzelprojekt darf eine günstigere Querlage für einige Spezialfahrzeuge und eine Einschränkung der gleichzeitigen Anwesenheit von allgemeinem Verkehr festgelegt werden.

Bild A.3 — Gleichzeitigkeit des Lastmodells 1 und der Spezialfahrzeuge

(7) Wenn angenommen wird, dass die Sonderfahrzeuge mit normaler Geschwindigkeit fahren, sollte ein Sonderfahrzeugpaar auf den Fahrstreifen angesetzt werden, die mit diesen Fahrzeugen belegt sind. Die anderen Fahrstreifen und die Restfläche des Brückenüberbaus sollten mit Lastmodell 1 belastet werden, mit seinen häufigen Werten nach Definition in 4.5 und in Anhang A2 von EN 1990.

Anhang B
(informativ)

Nachweis der Ermüdungslebensdauer für Straßenbrücken — Berechnungsmethode basierend auf aufgenommenen Verkehrsdaten

(1) Ein Spannungskollektiv sollte anhand einer Auswertung von aufgezeichneten repräsentativen wirklichen Verkehrsdaten, die mit einem dynamischen Vergrößerungsfaktor φ_{fat} multipliziert werden, ermittelt werden.

(2) Dieser dynamische Vergrößerungsfaktor sollte das dynamische Verhalten der Brücke berücksichtigen und hängt von der erwarteten Rauigkeit der Straßenoberfläche und von allen bereits in den aufgenommenen Daten enthaltenen dynamischen Vergrößerungen ab.

ANMERKUNG Nach ISO 8608[11] kann die Straßenoberfläche mit Hilfe der spektralen Leistungsdichte der vertikalen Straßenprofilverschiebung G_d, d. h. der Rauigkeit, klassifiziert werden. G_d ist eine Funktion der Wegfrequenz n, $G_d(n)$, oder von der Wegkreisfrequenz Ω, $G_d(\Omega)$, mit $\Omega = 2\,\pi n$. Die tatsächliche spektrale Leistungsdichte des Straßenprofils sollte geglättet und danach in einer doppellogarithmischen graphischen Darstellung an eine gerade Linie innerhalb eines passenden räumlichen Frequenzbereichs angepasst werden. Die angepasste spektrale Leistungsdichte kann in allgemeiner Form ausgedrückt werden als

$$G_d(n) = G_d(n_0)\left(\frac{n}{n_0}\right)^{-w} \quad \text{oder} \quad G_d(\Omega) = G_d(\Omega_0)\left(\frac{\Omega}{\Omega_0}\right)^{-w} \qquad \text{(B.1)}$$

Dabei ist

n_0 die Referenz-Wegfrequenz (0,1 Umdrehungen/min);

Ω_0 die Referenz-Wegkreisfrequenz (1 rad/min);

w der Exponent der angepassten spektralen Leistungsdichte.

Anstatt der spektralen Leistungsdichte der Verschiebung G_d ist es häufig günstig, die spektrale Leistungsdichte der Geschwindigkeit G_v im Hinblick auf die Änderung der vertikalen Ordinate der Straßenoberfläche je Einheit zurückgelegter Entfernung zu betrachten, da die Beziehungen zwischen G_v und G_d lauten:

$$G_v(n) = G_d(n)(2\pi n)^2 \quad \text{und} \quad G_v(\Omega) = G_d(\Omega)(\Omega)^2 \qquad \text{(B.2)}$$

Falls $w = 2$, sind die beiden Ausdrücke für die spektrale Leistungsdichte der Geschwindigkeit konstant.

In ISO 8608 werden unter Berücksichtigung von konstanten spektralen Leistungsdichten der Geschwindigkeit acht unterschiedliche Klassen von Straßen (A, B, ..., H) mit ansteigender Rauigkeit betrachtet. Die Grenzen der Klassen in Abhängigkeit der spektralen Leistungsdichte der Verschiebung sind in Bild B.1 graphisch dargestellt. Bei Klassifizierung der Gehwege auf Straßenbrücken sind nur die ersten fünf Klassen (A, B, ..., E) relevant.

Die Qualität des Belags darf als sehr gut für Straßenbeläge der Klasse A, gut für Beläge der Klasse B, durchschnittlich für Beläge der Klasse C, schlecht für Beläge der Klasse D und sehr schlecht für Beläge der Klasse E angenommen werden.

11) ISO 8608:1995 (E) – Mechanische Schwingungen – Straßenoberflächenprofile – Darstellung von Messdaten

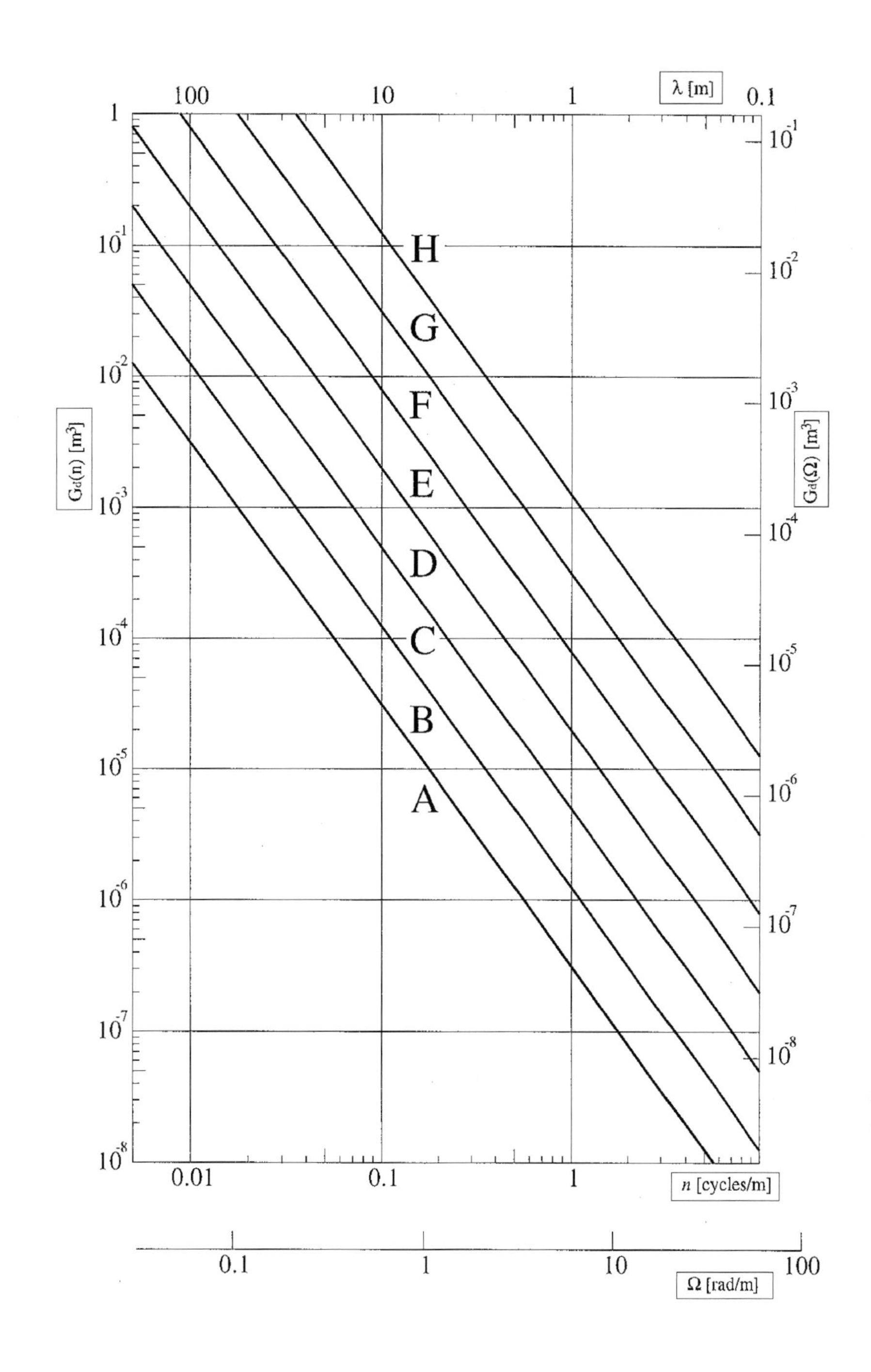

Legende

1	$G_d(n)$ [m³]	spektrale Leistungsdichte der Verschiebung,
2	λ [m]	Wellenlänge,
3	$G_d(\Omega)$ [m³]	spektrale Leistungsdichte der Verschiebung,
4	n [Umdrehungen/min]	Wegfrequenz,
5	Ω [rad/min]	Wegkreisfrequenz

Bild B.1 — Klassifizierung der Straßenoberfläche (ISO 8608)

Die Grenzwerte von G_d und G_v in Abhängigkeit von n und Ω sind für die ersten fünf Klassen der Straßenoberfläche in Tabelle B.1 bzw. B.2 angegeben.

Tabelle B.1 — Grad der Rauigkeit in Abhängigkeit der Wegfrequenz n

Straßen-klasse	Qualität der Fahrbahn	Grad der Rauigkeit			
		G_d $(n_0)^a$ [10^{-6} m]			G_v (n) [10^{-6} m]
		Untere Grenze	Geometrischer Mittelwert	Obere Grenze	Geometrischer Mittelwert
A	sehr gut	—	16	32	6,3
B	gut	32	64	128	25,3
C	mittel	128	256	512	101,1
D	schlecht	512	1 024	2 048	404,3
E	sehr schlecht	2 048	4 096	8 192	1 617,0

[a] $n_0 = 0{,}1$ Umdrehungen/min

Tabelle B.2 — Grad der Rauigkeit in Abhängigkeit der Wegkreisfrequenz Ω

Straßen-klasse	Qualität der Fahrbahn	Grad der Rauigkeit			
		G_d $(\Omega_0)^a$ [10^{-6} m]			G_v (Ω) [10^{-6} m]
		Untere Grenze	Geometrischer Mittelwert	Obere Grenze	Geometrischer Mittelwert
A	sehr gut	—	1	2	1
B	gut	2	4	8	4
C	mittel	8	16	32	16
D	schlecht	32	64	128	64
E	sehr schlecht	128	256	512	256

[a] $\Omega_0 = 1$ rad/m

(3) Wenn nicht anderweitig angegeben, sollten die aufgezeichneten Achslasten multipliziert werden mit:

$\varphi_{fat} = 1{,}2$ bei Belägen mit guter Rauigkeit,

$\varphi_{fat} = 1{,}4$ bei Belägen mit mittlerer Rauigkeit.

(4) Zusätzlich sollte bei Betrachtung eines Querschnitts, der weniger als 6 m von einer Dehnfuge entfernt ist, die Last mit einem zusätzlichen dynamischen Vergrößerungsfaktor $\Delta\varphi_{fat}$, der aus Bild 4.7 ermittelt werden kann, multipliziert werden.

(5) Die Klassifizierung der Fahrbahnrauigkeit darf nach ISO 8608 durchgeführt werden.

(6) Zur überschläglichen und schnellen Einschätzung der Rauigkeitsgüte wird folgende Anleitung gegeben:

— eine gute oder sogar sehr gute Rauigkeitsgüte darf für neue Fahrbahnbeläge wie z. B. Asphalt oder Betonbeläge angenommen werden;

— eine mittlere Rauigkeit darf für alte Fahrbahnbeläge, die nicht gewartet werden, angenommen werden;

— als mittel („durchschnittlich") oder schlecht („gering", „sehr gering") dürfen Straßenbeläge, die aus Kopfsteinpflaster oder ähnlichem Material bestehen, klassifiziert werden.

(7) Bei Bedarf sollten die Kontaktflächen und die Querabstände der Räder wie in Tabelle 4.8 beschrieben angenommen werden.

(8) Falls die Daten nur auf einer Fahrspur aufgezeichnet wurden, sollten Annahmen über den Verkehr auf den anderen Fahrspuren getroffen werden. Diese Annahmen können auf Aufnahmen basieren, die an anderen Orten bei ähnlichem Verkehr gemacht worden sind.

(9) Im Spannungskollektiv sollte die gleichzeitige Anwesenheit von Fahrzeugen, die auf der Brücke in jeder Fahrspur aufgenommen wurden, berücksichtigt werden. Wenn Aufnahmen von einzelnen Fahrzeugbelastungen als Basis benutzt werden, sollte zur Berücksichtigung der Gleichzeitigkeit ein Vorgehen entwickelt werden.

(10) Die Anzahl der Zyklen sollte mit der Rainflow- oder der Reservoir-Methode gezählt werden.

(11) Falls die Dauer der Aufnahme kleiner als eine ganze Woche ist, können die Aufnahmen und die Bewertung des Ermüdungsschadens angepasst werden, indem die beobachteten Schwankungen des Verkehrflusses und die unterschiedlichen Zusammensetzungen während einer typischen Woche berücksichtigt werden. Ein Anpassungsfaktor sollte zusätzlich verwendet werden, um zukünftige Änderungen des Verkehrs zu berücksichtigen.

(12) Der mit den benutzten Aufzeichnungen berechnete kumulative Ermüdungsschaden sollte mit dem Verhältnis von Bemessungslebensdauer zu der im Histogramm berücksichtigten Dauer multipliziert werden. Bei Mangel an genauen Informationen wird empfohlen, für die Anzahl der Lastwagen den Faktor 2 und für die Belastungsebenen den Faktor 1,4 zu nehmen.

Anhang C
(normativ)

Dynamische Beiwerte $1 + \varphi$ für Betriebszüge

(1)P Zur Berücksichtigung der dynamischen Effekte aus den Betriebszügen sind die aus den statischen Lasten berechneten Kräfte und Momente mit einem Faktor zu multiplizieren. Dieser Faktor muss sich auf die erlaubte Höchstgeschwindigkeit des Zugs beziehen.

(2) Die dynamischen Beiwerte $1 + \varphi$ können auch für Ermüdungsnachweise verwendet werden.

(3)P Die statische Belastung infolge eines Betriebszugs bei v in m/s ist zu multiplizieren mit:

entweder $1 + \varphi = 1 + \varphi' + \varphi''$ für Gleise mit normaler Instandhaltung (C.1)

oder $1 + \varphi = 1 + \varphi' + 0{,}5\,\varphi''$ für Gleise mit sorgfältiger Instandhaltung (C.2)

ANMERKUNG 1 Der Nationale Anhang kann festlegen, ob Gleichung (C.1) oder (C.2) angewendet werden darf. Wo die zu benutzende Gleichung nicht festgelegt ist, wird die Gleichung (C.1) empfohlen.

NDP zu Anhang C (3)P Anmerkung 1

Im Bereich der Eisenbahnen des Bundes ist in der Regel Gleichung (C.2) anzuwenden.

mit:

$$\varphi' = \frac{K}{1 - K + K^4} \quad \text{für } K < 0{,}76 \qquad \text{(C.3)}$$

und

$$\varphi' = 1{,}325 \quad \text{für } K \geq 0{,}76 \qquad \text{(C.4)}$$

Dabei ist

$$K = \frac{v}{2 L_\Phi \times n_0} \qquad \text{(C.5)}$$

und

$$\varphi'' = \frac{\alpha}{100}\left[56 e^{-\left(\frac{L_\Phi}{10}\right)^2} + 50\left(\frac{L_\Phi n_0}{80} - 1\right) e^{-\left(\frac{L_\Phi}{20}\right)^2}\right] \qquad \text{(C.6)}$$

$$\varphi'' \geq 0$$

mit:

$$\alpha = \frac{v}{22} \quad \text{bei } v \leq 22 \text{ m/s} \qquad \text{(C.7)}$$

$$\alpha = 1 \quad \text{bei } v > 22 \text{ m/s}$$

Dabei ist

v die erlaubte Höchstgeschwindigkeit, in m/s;

n_0 die erste Biegeeigenfrequenz der Brücke unter ständigen Lasten, in Hz;

L_Φ die maßgebende Länge, in m, nach 6.4.5.3;

α ein Koeffizient für die Geschwindigkeit.

Die Gültigkeitsgrenzen für φ'' nach Gleichungen (C.3) und (C.4) bilden die untere Grenze der Eigenfrequenzen nach Bild 6.10 bei 200 km/h. Für alle anderen Fälle sollte φ' durch eine dynamische Berechnung nach 6.4.6 bestimmt werden.

ANMERKUNG 2 Das angewandte Verfahren sollte mit der im Nationalen Anhang benannten zuständigen Aufsichtsbehörde abgestimmt sein.

NDP zu Anhang C (3)P Anmerkung 2

Zuständige Aufsichtsbehörde für die Eisenbahnen des Bundes ist das Eisenbahn-Bundesamt.

Die Gültigkeitsgrenze für φ'' nach Gleichung (C.6) ist die obere Grenze der Eigenfrequenzen nach Bild 6.10. Für alle anderen Fälle kann φ'' durch eine dynamische Berechnung unter Berücksichtigung der Massenwechselwirkungen zwischen den ungefederten Achsmassen des Zugs und der Brücke nach 6.4.6 bestimmt werden.

(4)P Die Werte für $\varphi' + \varphi''$ sind unter Verwendung der oberen und unteren Grenzwerte für n_0 zu bestimmen, falls sie nicht Brücken mit bekannter Eigenfrequenz betreffen.

Der obere Grenzwert von n_0 ist:

$$n_0 = 94{,}76 \times L_\Phi^{-0{,}748} \tag{C.8}$$

und der untere Grenzwert ist:

$$n_0 = 80/L_\Phi \quad \text{für } 4\text{ m} \le L_\Phi \le 20\text{ m} \tag{C.9}$$

$$n_0 = 23{,}58 \times L_\Phi^{-0{,}592} \quad \text{für } 20\text{ m} < L_\Phi \le 100\text{ m} \tag{C.10}$$

Anhang D
(normativ)

Grundlagen für die Ermüdungsberechnung von Eisenbahnbrücken

D.1 Annahmen für Ermüdungseinwirkungen

(1) Die dynamischen Beiwerte Φ_2 und Φ_3, die auf die statischen Lastmodelle 71, SW/0 und SW/2, wenn 6.4.5 es fordert, angewandt werden, stellen den extremsten, bei den einzelnen Brückenbauteilen zu berücksichtigenden Lastfall dar. Diese Beiwerte wären übermäßig hoch, wenn man sie bei den Betriebszügen für Ermüdungsberechnungen anwenden würde.

(2) Zur Berücksichtigung der mittleren Einwirkung über die angenommene Lebensdauer des Tragwerks von 100 Jahren kann daher die dynamische Erhöhung für jeden Betriebszug reduziert werden auf:

$$1 + \tfrac{1}{2}(\varphi' + \tfrac{1}{2}\varphi'') \qquad \text{(D.1)}$$

mit φ' and φ'' wie unten in den Gleichungen (D.2) und (D.5) angegeben.

(3) Gleichungen (D.2) und (D.5) sind Vereinfachungen der Gleichungen (C.3) und (C.6), was für die Berechnung der Ermüdungsschäden hinreichend ist und für Höchstgeschwindigkeiten der Fahrzeuge bis 200 km/h gilt:

$$\varphi' = \frac{K}{1 - K + K^4} \qquad \text{(D.2)}$$

mit:

$$K = \frac{v}{160} \quad \text{für } L \leq 20 \text{ m} \qquad \text{(D.3)}$$

$$K = \frac{v}{47{,}16 L^{0{,}408}} \quad \text{für } L > 20 \text{ m} \qquad \text{(D.4)}$$

und

$$\varphi'' = 0{,}56 e^{-\frac{L^2}{100}} \qquad \text{(D.5)}$$

Dabei ist

- v die Höchstgeschwindigkeit, in m/s;
- L ist die maßgebende Länge L_Φ, in m, nach 6.4.5.3.

ANMERKUNG Falls die dynamischen Auswirkungen einschließlich der Resonanz übermäßig groß werden und eine dynamische Berechnung nach 6.4.4 erforderlich wird, sind die Anforderungen für den Ermüdungsnachweis der Brücken in 6.4.6.6 beschrieben.

D.2 Allgemeines Bemessungsverfahren

(1)P Der Ermüdungsnachweis, im Allgemeinen ein Nachweis der Spannungsschwingspiele, ist nach EN 1992, EN 1993 und EN 1994 durchzuführen.

(2) Für Stahlbrücken ist z. B. der Sicherheitsnachweis durch Erfüllen der nachstehenden Bedingung zu erbringen:

$$\gamma_{Ff} \lambda \Phi_2 \Delta\sigma_{71} \leq \frac{\Delta\sigma_C}{\gamma_{Mf}} \qquad (D.6)$$

Dabei ist

γ_{Ff} der Teilsicherheitsbeiwert für Ermüdungslasten

ANMERKUNG Der Wert für γ_{Ff} kann im Nationalen Anhang angegeben werden. Der empfohlene Wert ist $\gamma_{Ff} = 1$;

NDP zu Anhang D.2 (2) Anmerkung

Es gilt $\gamma_{Ff} = 1{,}00$ für die Eisenbahnen des Bundes.

λ der Beiwert des Schadensäquivalents für Ermüdung, der den Verkehr auf der Brücke und die lichte Weite des Bauteils berücksichtigt. Werte für λ sind in den Bemessungsnormen (EN 1992 – EN 1999) angegeben;

Φ_2 der dynamische Beiwert (siehe 6.4.5);

$\Delta\sigma_{71}$ die Spannungsschwingbreite aufgrund des Lastmodells 71 (und falls erforderlich SW/0), aber ohne α, an der ungünstigsten Stelle des betrachteten Bauteils;

$\Delta\sigma_C$ der Bezugswert der Ermüdungsfestigkeit (siehe EN 1993);

γ_{Mf} der Teilsicherheitsbeiwert für Ermüdungsfestigkeit in den Bemessungsvorschriften (EN 1992 – EN 1999).

D.3 Zugtypen für Ermüdungsberechnung

Der Ermüdungsnachweis sollte auf der Grundlage der Verkehrszusammenstellungen „Regelverkehr", „Verkehr mit 250-kN-Achsen" oder „Nahverkehrsmischung" erfolgen, abhängig davon, ob das Bauwerk Regelverkehr, überwiegend Schwerverkehr oder Nahverkehr überführt.

Einzelheiten der Regelzüge und Verkehrszusammenstellungen werden nachstehend beschrieben.

(1) Regel- und Nahverkehr

Typ 1 Lokgezogener Reisezug

$\Sigma\, Q = 6630\text{kN}$ $V = 200\text{km/h}$ $L = 262{,}10\text{m}$ $q = 25{,}3\text{kN/m'}$

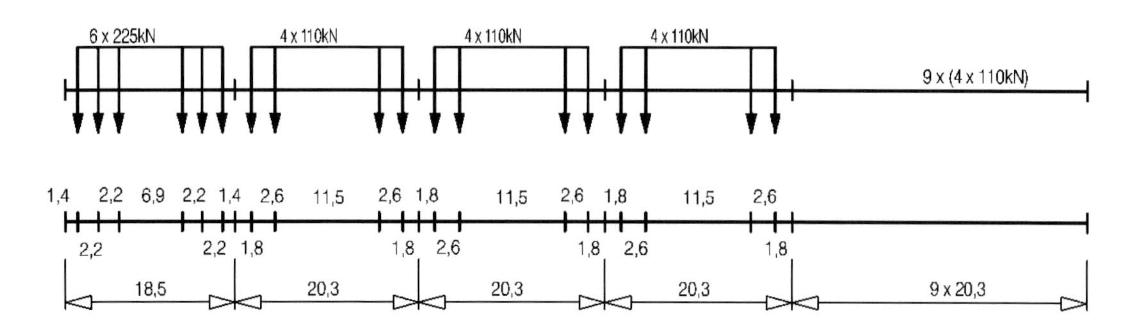

Typ 2 Lokgezogener Reisezug

$\Sigma\, Q = 5300\text{kN}$ $V = 160\text{km/h}$ $L = 281{,}10\text{m}$ $q = 18{,}9\text{kN/m'}$

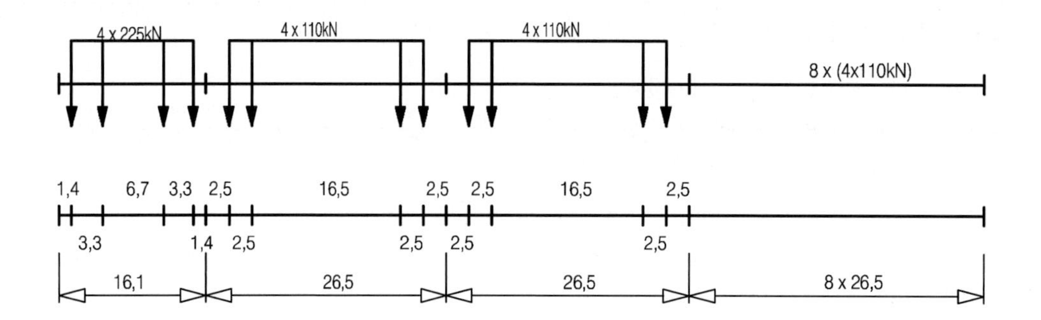

Typ 3 Hochgeschwindigkeitsreisezug

$\Sigma\, Q = 9400\text{kN}$ $V = 250\text{km/h}$ $L = 385{,}52\text{m}$ $q = 24{,}4\text{kN/m'}$

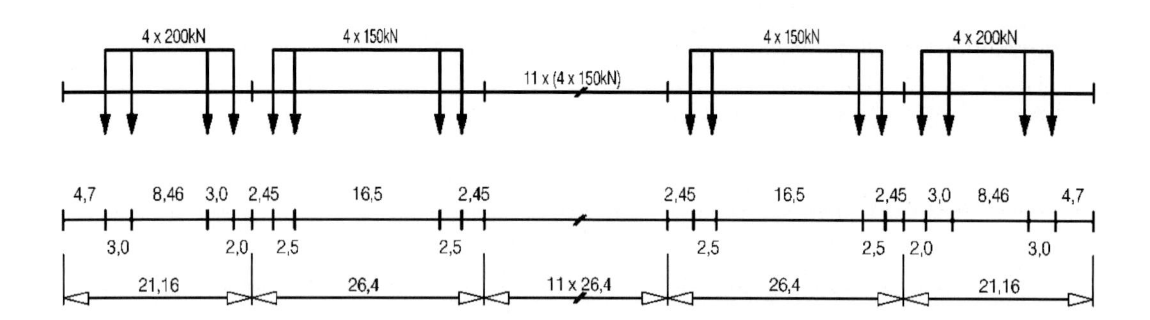

Typ 4 Hochgeschwindigkeitsreisezug

$\Sigma\, Q = 5100\text{kN}$ $V = 250\text{km/h}$ $L = 237{,}60\text{m}$ $q = 21{,}5\text{kN/m'}$

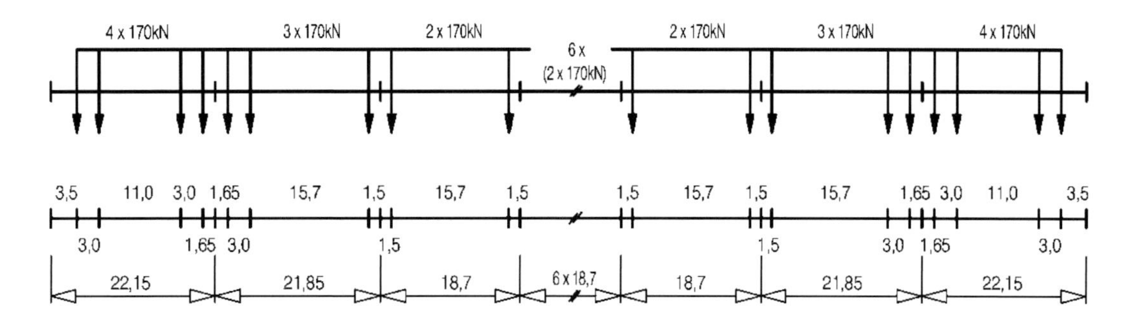

Typ 5 Lokgezogener Güterzug

$\Sigma\, Q = 21600\text{kN}$ $V = 80\text{km/h}$ $L = 270{,}30\text{m}$ $q = 80{,}0\text{kN/m'}$

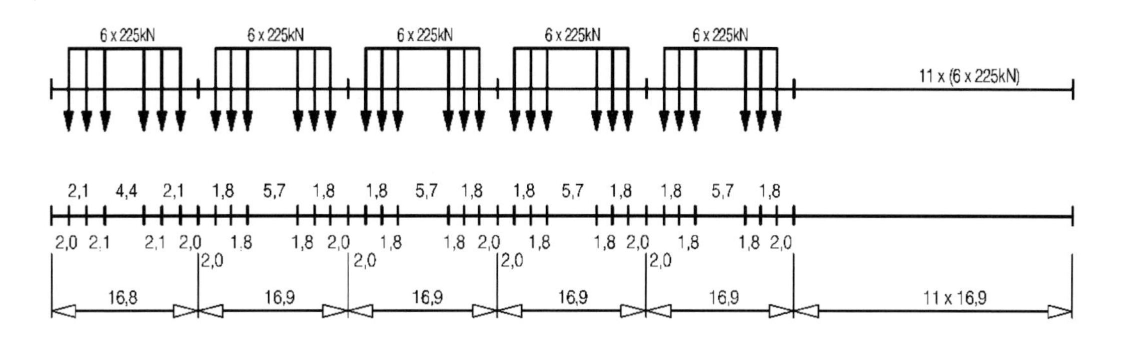

Typ 6 Lokgezogener Güterzug

$\Sigma\, Q = 14310\text{kN}$ $V = 100\text{km/h}$ $L = 333{,}10\text{m}$ $q = 43{,}0\text{kN/m'}$

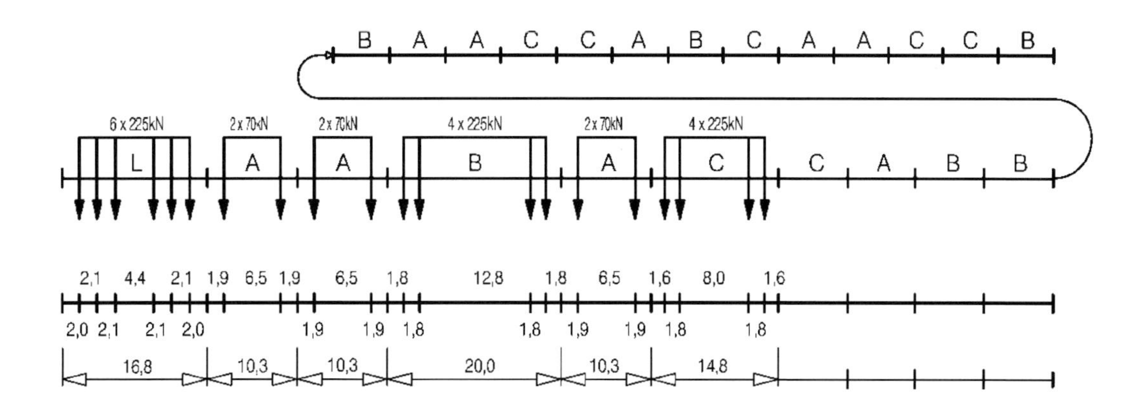

Typ 7 Lokgezogener Güterzug

$\Sigma\, Q = 10350$kN $V = 120$km/h $L = 196{,}50$m $q = 52{,}7$kN/m'

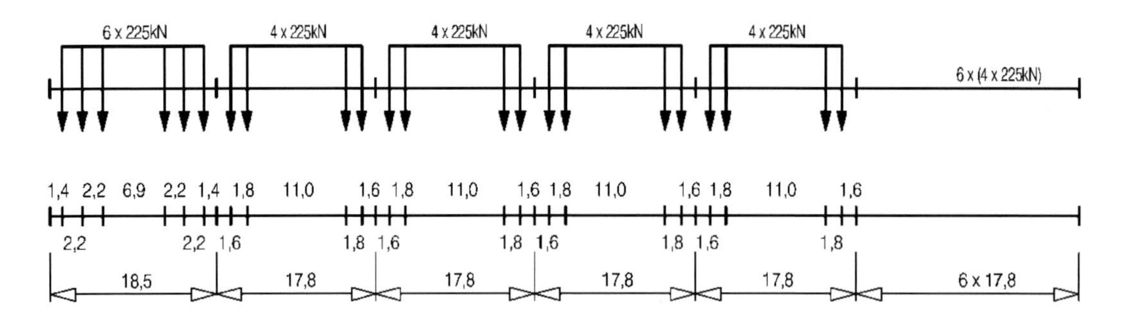

Typ 8 Lokgezogener Güterzug

$\Sigma\, Q = 10350$kN $V = 100$km/h $L = 212{,}50$m $q = 48{,}7$kN/m'

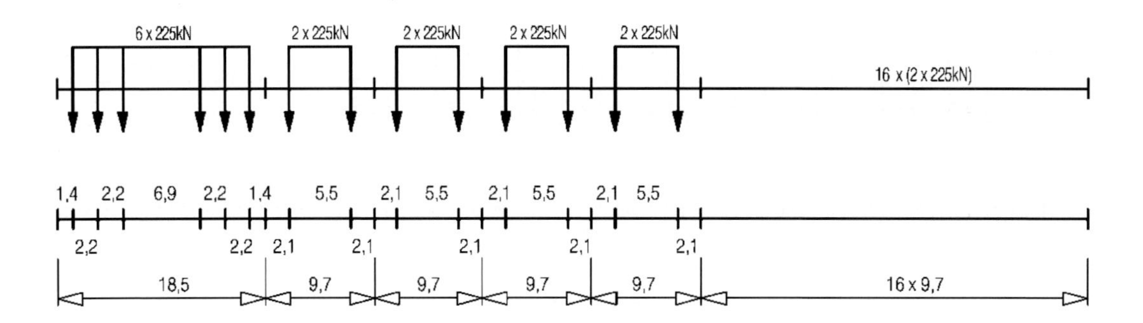

Typ 9 S-Bahn-Triebwagenzug

$\Sigma\, Q = 2960$kN $V = 120$km/h $L = 134{,}80$m $q = 22{,}0$kN/m'

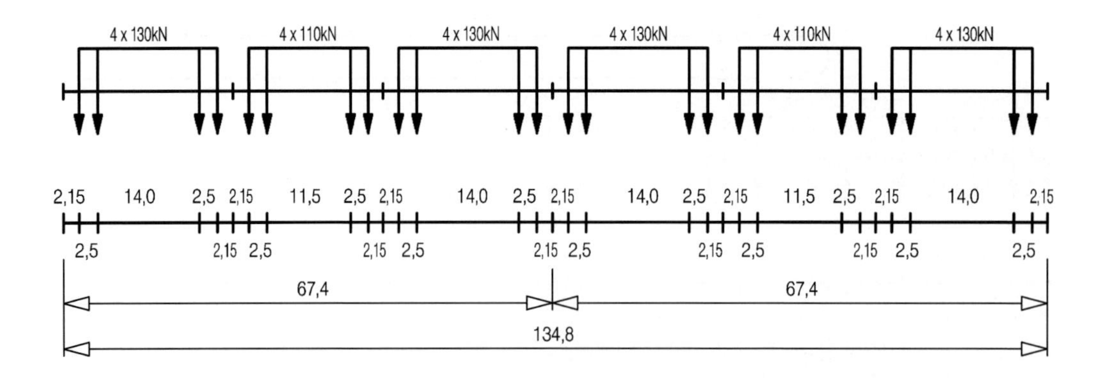

Typ 10 U-Bahn-Triebwagenzug

$\Sigma Q = 3600\text{kN}$ $V = 120\text{km/h}$ $L = 129{,}60\text{m}$ $q = 27{,}8\text{kN/m'}$

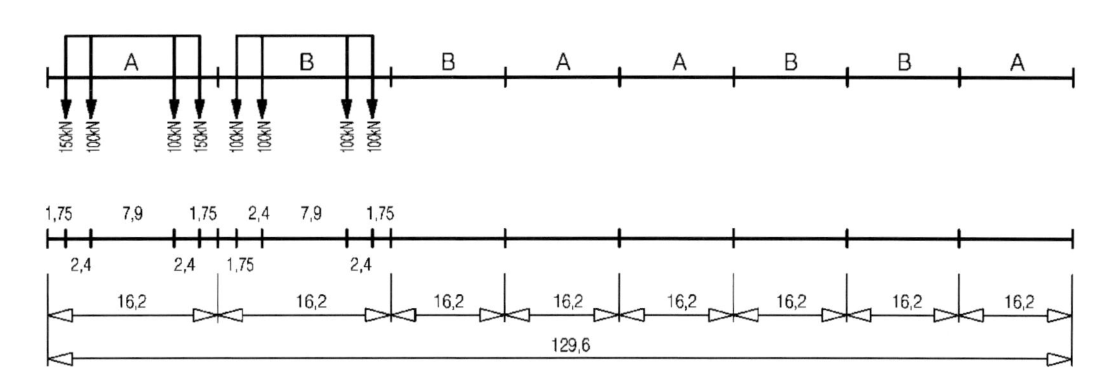

(2) Schwerverkehr mit 250 kN - Achslasten

Typ 11 Lokgezogener Güterzug

$\Sigma Q = 11350\text{kN}$ $V = 120\text{km/h}$ $L = 198{,}50\text{m}$ $q = 57{,}2\text{kN/m'}$

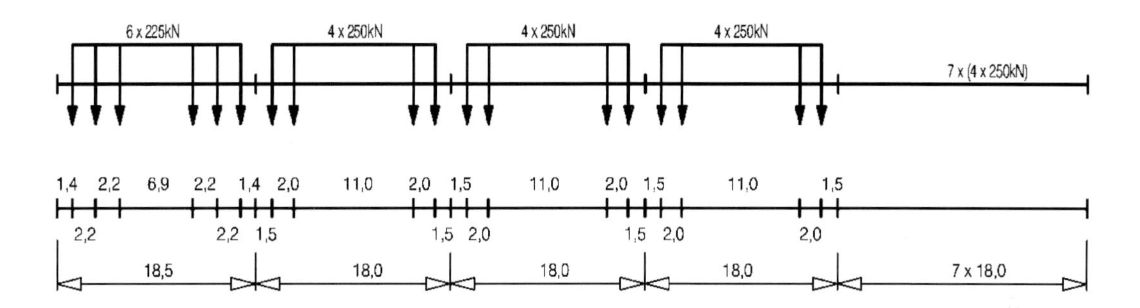

Typ 12 Lokgezogener Güterzug

$\Sigma Q = 11350\text{kN}$ $V = 100\text{km/h}$ $L = 212{,}50\text{m}$ $q = 53{,}4\text{kN/m'}$

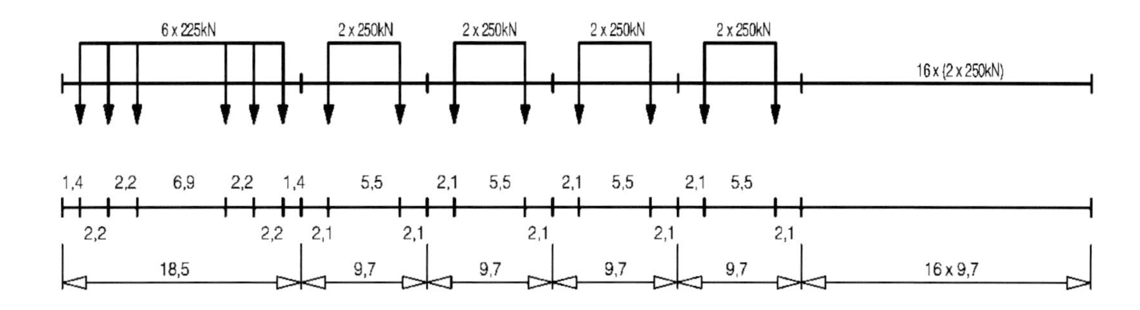

(3) Verkehrszusammenstellung:

Tabelle D.1 — Regelverkehr mit Achslast ≤ 22,5 t (225 kN)

Zugtyp	Zuganzahl jeTag	Zuggewicht [t]	Verkehrsvolumen [10^6t/Jahr]
1	12	663	2,90
2	12	530	2,32
3	5	940	1,72
4	5	510	0,93
5	7	2 160	5,52
6	12	1 431	6,27
7	8	1 035	3,02
8	6	1 035	2,27
	67		24,95

Tabelle D.2 — Schwerverkehr mit 25 t (250 kN) Achslast

Zugtyp	Zuganzahl je Tag	Zuggewicht [t]	Verkehrsvolumen [10^6t/Jahr]
5	6	2 160	4,73
6	13	1 431	6,79
11	16	1 135	6,63
12	16	1 135	6,63
	51		24,78

Tabelle D.3 — Nahverkehr mit Achslasten ≤ 22,5 t (225 kN)

Zugtyp	Zuganzahl je Tag	Zuggewicht [t]	Verkehrsvolumen [10^6t/Jahr]
1	10	663	2,4
2	5	530	1,0
5	2	2 160	1,4
9	190	296	20,5
	207		25,3

Anhang E
(informativ)

Gültigkeitsgrenzen des Lastmodells HSLM und Auswahl des kritischen Modellzugs des HSLM-A

E.1 Gültigkeitsgrenzen des Lastmodells HSLM

(1) Das Lastmodell HSLM ist gültig für Reisezüge, die folgenden Kriterien entsprechen:

— die einzelne Achslast P [kN] ist geringer als 170 kN oder für konventionelle Züge auf den Wert nach Gleichung (E.2) begrenzt,

— der Abstand D [m] korrespondiert mit der Länge des Reisezugwagens oder mit dem Abstand zwischen den regelmäßig angeordneten Achsgruppen nach Tabelle E.1,

— der Abstand der Achsen innerhalb eines Drehgestells d_{BA} [m] liegt zwischen:

$$2{,}5 \text{ m} \leq d_{BA} \leq 3{,}5 \text{ m}, \qquad \text{(E.1)}$$

— für konventionelle Züge liegt der Drehgestellabstand d_{BS} [m] benachbarter Fahrzeuge nach Gleichung (E.2),

— für Regelzüge mit Reisezugwagen mit einer zugeordneten Achse je Wagen (z. B. Zugtyp E in Anlage F.2) liegt die Länge der Mittelwagen D_{IC} [m] und der Abstand benachbarter Achsen an der Kupplung zweier einzelner Zugteile e_c [m] nach Tabelle E.1,

— ganzzahlige Verhältnisse der Achsabstände D/d_{BA} und $(d_{BS} - d_{BA})/d_{BA}$ sind zu vermeiden,

— maximales Gesamtgewicht des Zugs von 10 000 kN,

— maximale Zuglänge von 400 m,

— maximale ungefederte Achsmasse von 2 Tonnen.

Tabelle E.1 — Grenzwerte für Hochgeschwindigkeitszüge, die dem Lastmodell HSLM entsprechen

Zugtyp	P in kN	D in m	D_{IC} in m	e_c in m
Gelenkig	170	$18 \leq D \leq 27$	–	–
Konventionell	< 170 oder mit einem Wert nach Gleichung (E.2) (unten)	$18 \leq D \leq 27$	–	–
Regelmäßig	170	$10 \leq D \leq 14$	$8 \leq D_{IC} \leq 11$	$7 \leq e_c \leq 10$

mit:

$$4P\cos\left(\frac{\pi d_{BS}}{D}\right)\cos\left(\frac{\pi d_{BA}}{D}\right) \leq 2P_{HSLM\text{-}A}\cos\left(\frac{\pi d_{HSLM\text{-}A}}{D_{HSLM\text{-}A}}\right) \qquad \text{(E.2)}$$

Dabei ist

$P_{\text{HSLM-A}}$, $d_{\text{HSLM-A}}$ und $D_{\text{HSLM-A}}$ die Parameter eines Modellzugs nach Bild 6.12 und Tabelle 6.3 zugeordnet zur Wagenlänge $D_{\text{HSLM-A}}$ für:

— einen einzelnen Modellzug, bei dem $D_{\text{HSLM-A}}$ dem Wert D entspricht,

— zwei Modellzüge, bei denen D nicht gleich $D_{\text{HSLM-A}}$ ist mit $D_{\text{HSLM-A}}$ gerade etwas größer oder kleiner als D,

und D, D_{IC}, P, d_{BA}, d_{BS} und e_{C} sind definiert für gelenkige, konventionelle und regelmäßige Züge in den Bildern E.1 bis E.3:

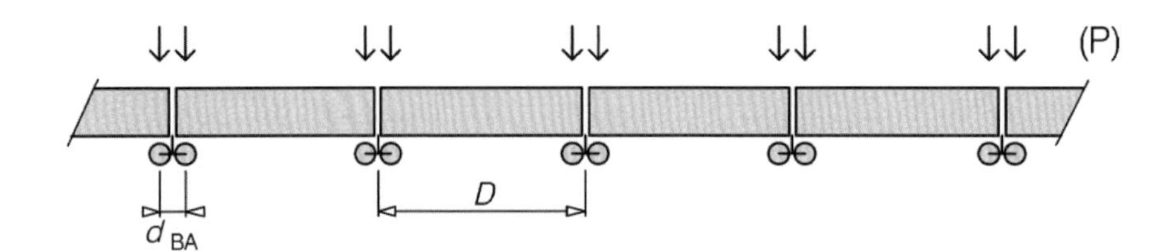

Bild E.1 — Gelenkzug

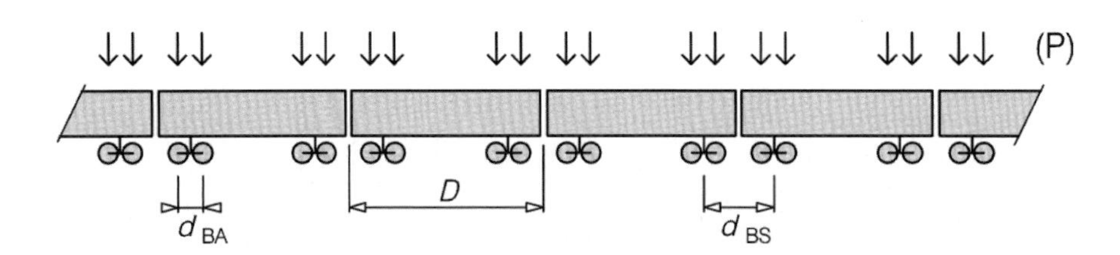

Bild E.2 — Konventioneller Zug

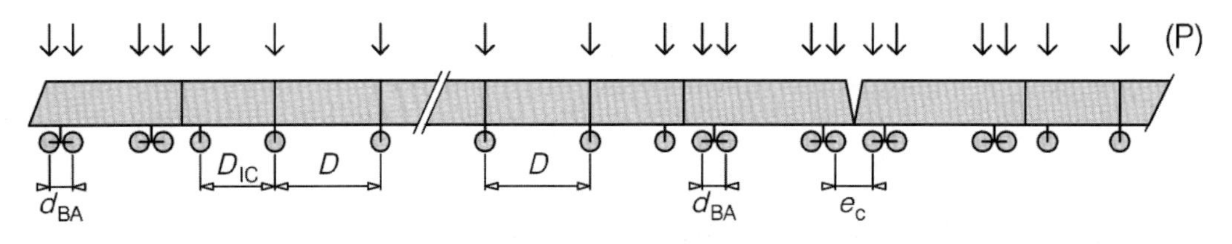

Bild E.3 — Regelmäßiger Zug

(2) Die Einzellasten, Abmessungen und Längen des Modellzugs, definiert in 6.4.6.1.1, sind nicht Teil eines Fahrzeuglastenheftes außer bei Verweis auf E.1 (1).

E.2 Auswahl eines kritischen Modellzugs aus HSLM-A

(1) Für Einfeldträger, die nur das dynamische Verhalten eines geraden Balkens zeigen und eine Feldlänge von 7 m oder mehr haben, kann ein einzelner Modellzug HSLM-A für die dynamische Berechnung verwendet werden.

(2) Der kritische Modellzug ist in E.2 (5) definiert als eine Funktion von:

— der kritischen Wellenlänge der Anregung λ_{C} [m] definiert in E.2 (4),

wobei die kritische Wellenlänge der Anregung λ_{C} eine Funktion ist von:

— der Wellenlänge der Anregung bei der zulässigen Entwurfsgeschwindigkeit λ_{v} in m angegeben in E.2 (3),

— der Spannweite der Brücke L [m],

— dem Höchstwert der Aggressivität $A_{(\text{L}/\lambda)}G_{(\lambda)}$ [kN/m] im Bereich der Wellenlänge der Anregung von 4,5 m bis L [m] aus E.2 (4).

(3) Die Wellenlänge der Anregung bei der zulässigen Entwurfsgeschwindigkeit λ_v [m] ist gegeben durch:

$$\lambda_v = v_{DS}/n_0 \qquad \text{(E.3)}$$

Dabei ist

n_0 die erste Eigenfrequenz des einfach gelagerten Balkens, in Hz;

v_{DS} die maximale Entwurfsgeschwindigkeit nach 6.4.6.2 (1), in m/s.

(4) Die kritische Wellenlänge der Anregung λ_C sollte aus den Bildern E.4 bis E.17 bestimmt werden als der Wert für λ entsprechend dem höchsten Wert der Aggressivität $A_{(L/\lambda)}G_{(\lambda)}$ für die Feldlänge L in m im Bereich der Wellenlänge der Anregung von 4,5 m bis λ_v.

Für Feldlängen, die nicht den in den Bildern E.4 bis E.17 enthaltenen Bezugslängen entsprechen, sollten die beiden Bilder betrachtet werden, bei denen L gerade größer oder kleiner als die Spannweite des Überbaus ist. Die kritische Wellenlänge der Anregung λ_C sollte aus der Kurve für das Feld mit der größten Aggressivität bestimmt werden. Interpolation zwischen den Schaubildern ist nicht erlaubt.

ANMERKUNG Es ist aus den Schaubildern E.4 bis E.17 ersichtlich, dass in vielen Fällen $\lambda_C = \lambda_v$ ist, aber in einigen Fällen gehört λ_C zu einem Höchstwert der Aggressivität mit einem Wert λ kleiner als λ_v (z. B. in Bild E.4 für λ_v = 17 m, λ_C = 13 m).

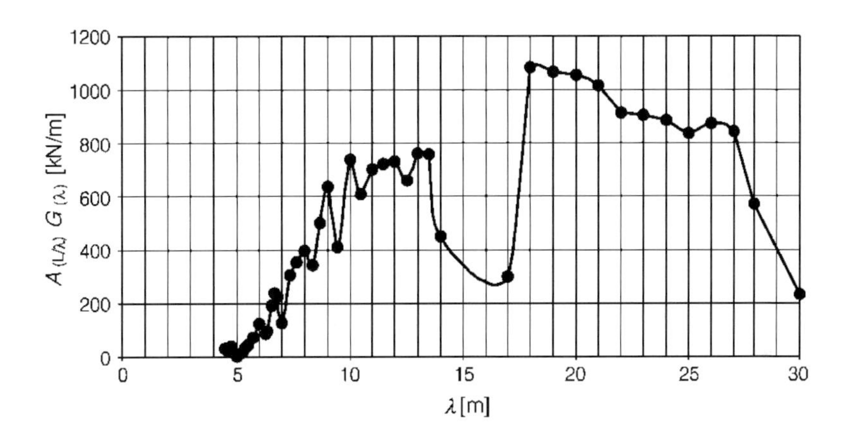

Bild E.4 — Aggressivität $A_{(L/\lambda)}G_{(\lambda)}$ als Funktion der Wellenlänge der Anregung λ für einen einfach gelagerten Balken von L = 7,5 m und Dämpfungsverhältnis ζ = 0,01

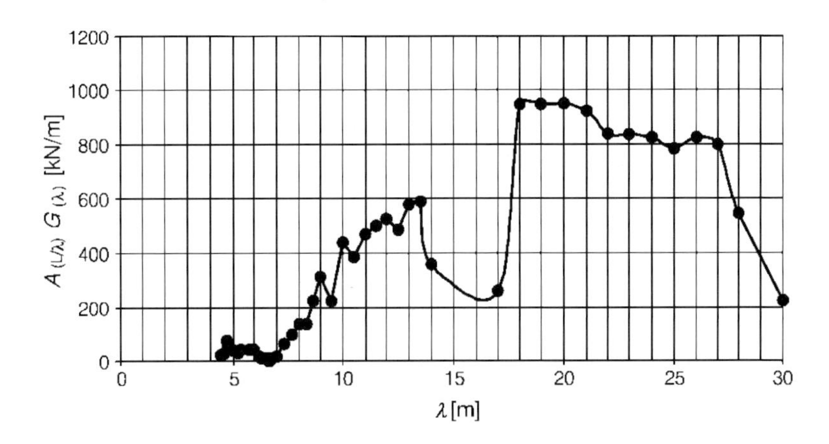

Bild E.5 — Aggressivität $A_{(L/\lambda)}G_{(\lambda)}$ als Funktion der Wellenlänge der Anregung λ für einen einfachen Balken von L = 10,0 m und Dämpfungsverhältnis ζ = 0,01

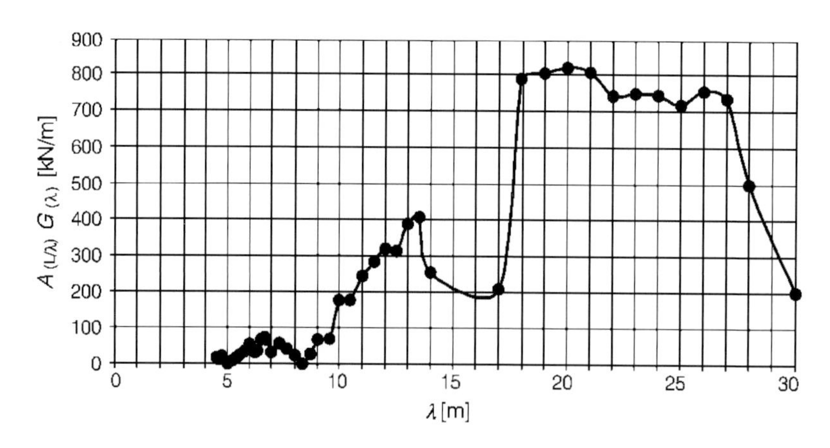

Bild E.6 — Aggressivität $A_{(L/\lambda)}G_{(\lambda)}$ als Funktion der Wellenlänge der Anregung λ für einen einfachen Balken von L = 12,5 m und Dämpfungsverhältnis ζ = 0,01

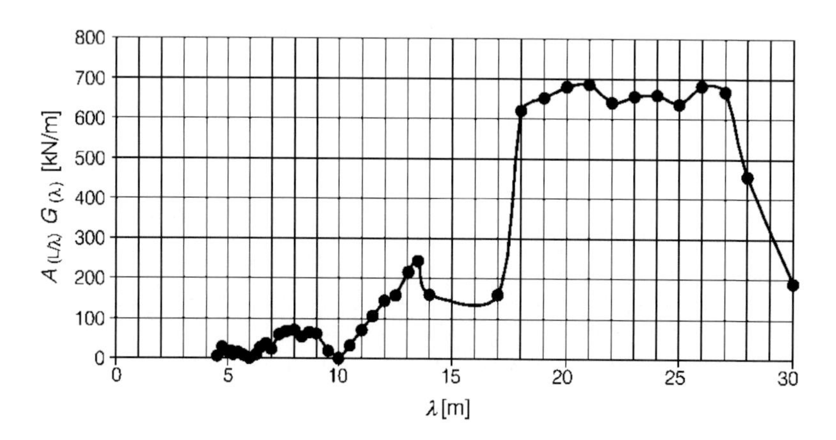

Bild E.7 — Aggressivität $A_{(L/\lambda)}G_{(\lambda)}$ als Funktion der Wellenlänge der Anregung λ für einen einfachen Balken von L = 15,0 m und Dämpfungsverhältnis ζ = 0,01

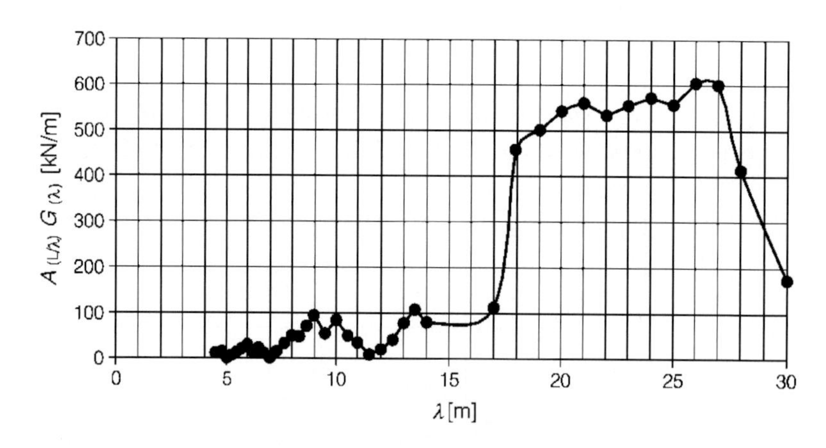

Bild E.8 — Aggressivität $A_{(L/\lambda)}G_{(\lambda)}$ als Funktion der Wellenlänge der Anregung λ für einen einfachen Balken von L = 17,5 m und Dämpfungsverhältnis ζ = 0,01

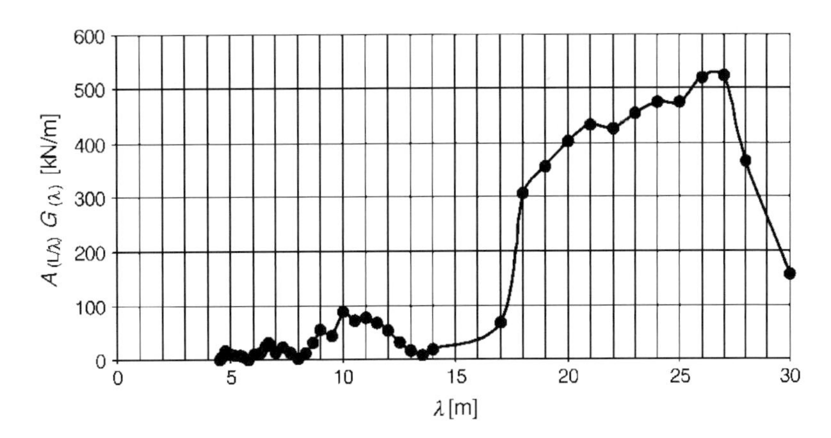

Bild E.9 — Aggressivität $A_{(L/\lambda)}G_{(\lambda)}$ als Funktion der Wellenlänge der Anregung λ für einen einfachen Balken von L = 20,0 m und Dämpfungsverhältnis ζ = 0,01

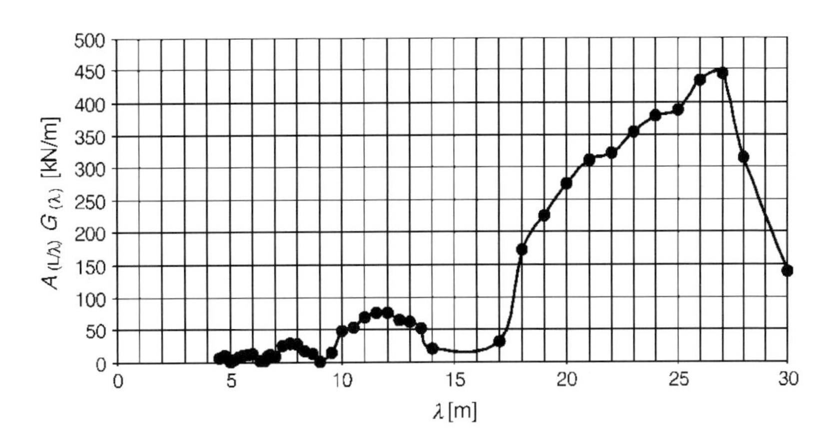

Bild E.10 — Aggressivität $A_{(L/\lambda)}G_{(\lambda)}$ als Funktion der Wellenlänge der Anregung λ für einen einfachen Balken von L = 22,5 m und Dämpfungsverhältnis ζ = 0,01

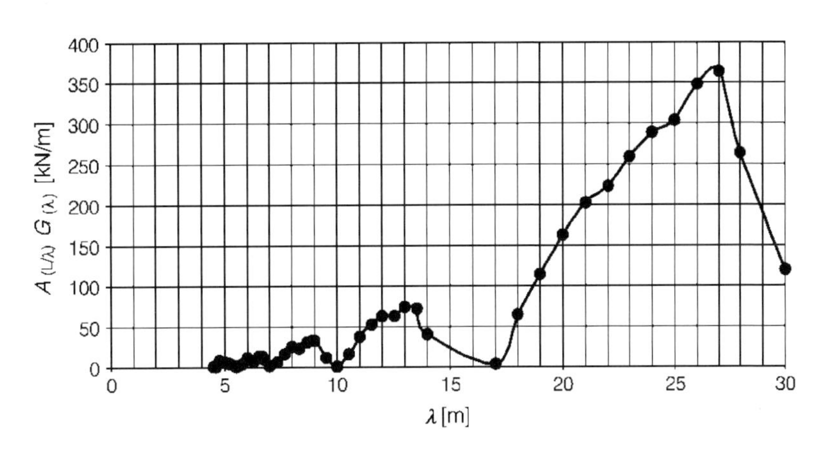

Bild E.11 — Aggressivität $A_{(L/\lambda)}G_{(\lambda)}$ als Funktion der Wellenlänge der Anregung λ für einen einfachen Balken von L = 25,0 m und Dämpfungsverhältnis ζ = 0,01

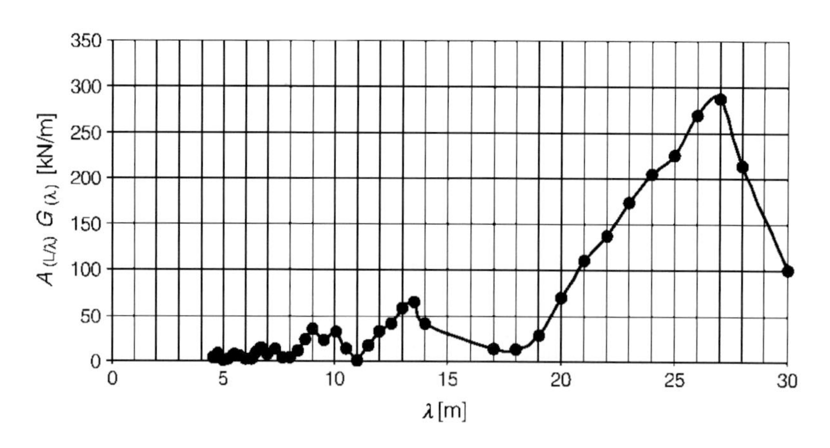

Bild E.12 — Aggressivität $A_{(L/\lambda)}G_{(\lambda)}$ als Funktion der Wellenlänge der Anregung λ für einen einfachen Balken von L = 27,5 m und Dämpfungsverhältnis ζ = 0,01

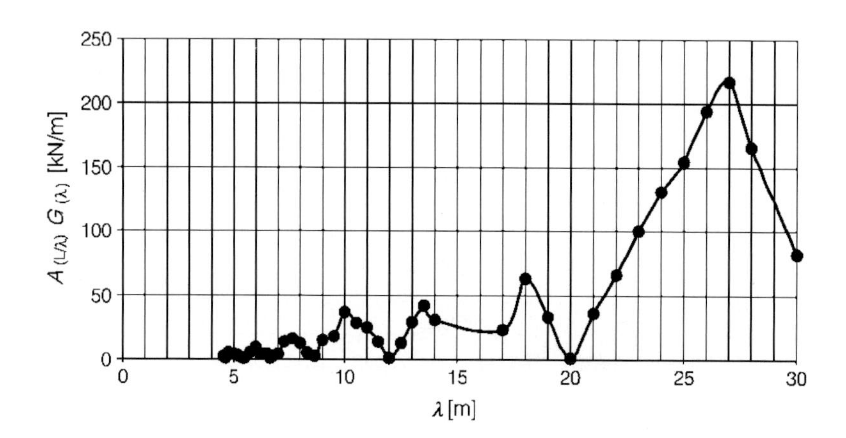

Bild E.13 — Aggressivität $A_{(L/\lambda)}G_{(\lambda)}$ als Funktion der Wellenlänge der Anregung λ für einen einfachen Balken von L = 30,0 m und Dämpfungsverhältnis ζ = 0,01

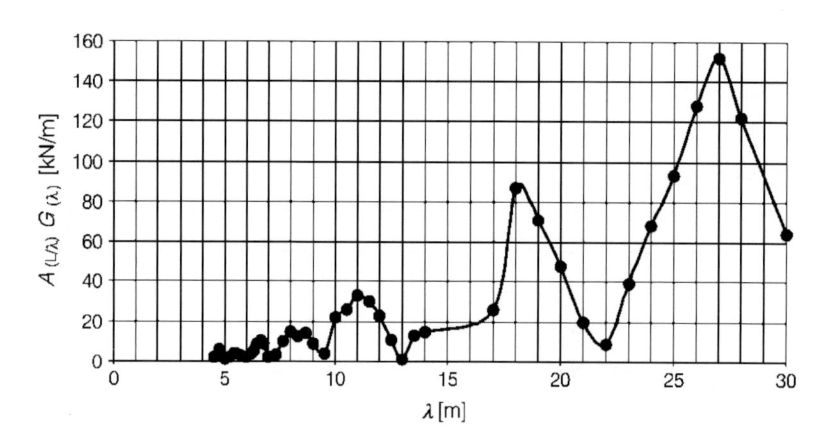

Bild E.14 — Aggressivität $A_{(L/\lambda)}G_{(\lambda)}$ als Funktion der Wellenlänge der Anregung λ für einen einfachen Balken von L = 32,5 m und Dämpfungsverhältnis ζ = 0,01

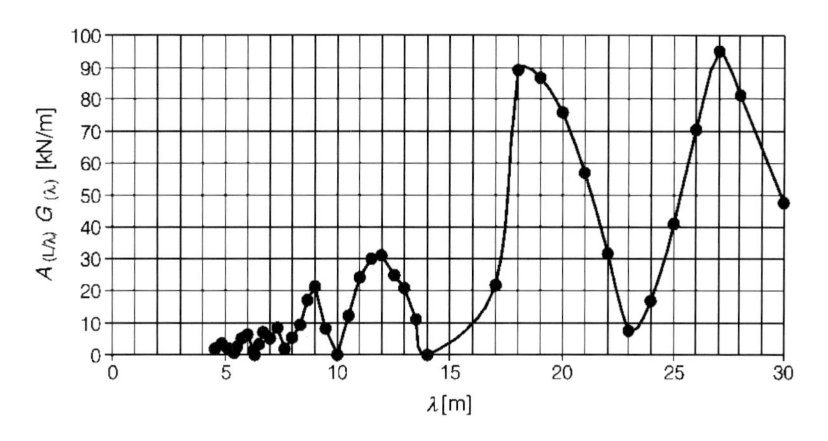

Bild E.15 — Aggressivität $A_{(L/\lambda)}G_{(\lambda)}$ als Funktion der Wellenlänge der Anregung λ für einen einfachen Balken von L = 35,0 m und Dämpfungsverhältnis ζ = 0,01

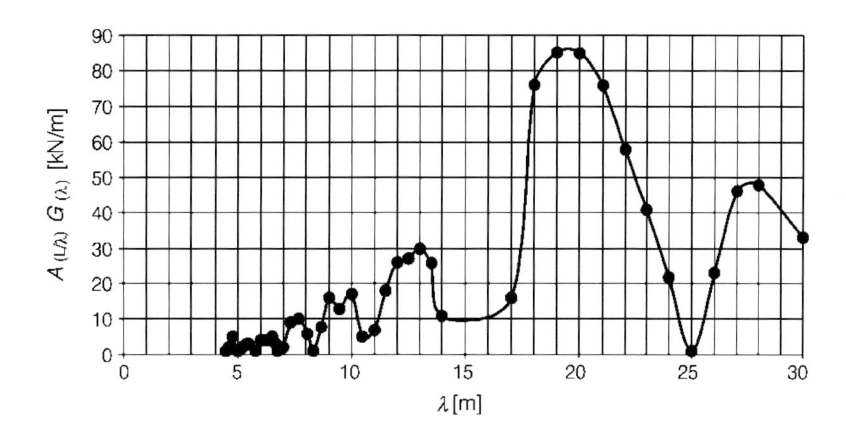

Bild E.16 — Aggressivität $A_{(L/\lambda)}G_{(\lambda)}$ als Funktion der Wellenlänge der Anregung λ für einen einfachen Balken von L = 37,5 m und Dämpfungsverhältnis ζ = 0,01

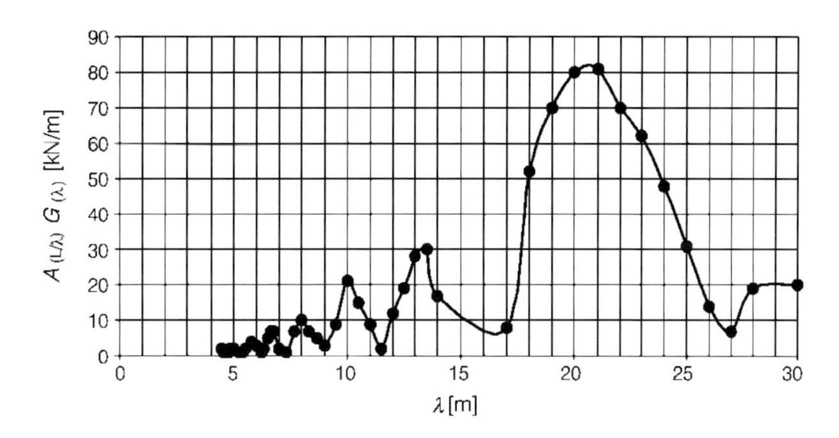

Bild E.17 — Aggressivität $A_{(L/\lambda)}G_{(\lambda)}$ als Funktion der Wellenlänge der Anregung λ für einen einfachen Balken von L = 40,0 m und Dämpfungsverhältnis ζ = 0,01

(5) Der kritische Modellzug im HSLM-A ist in Bild E18 definiert:

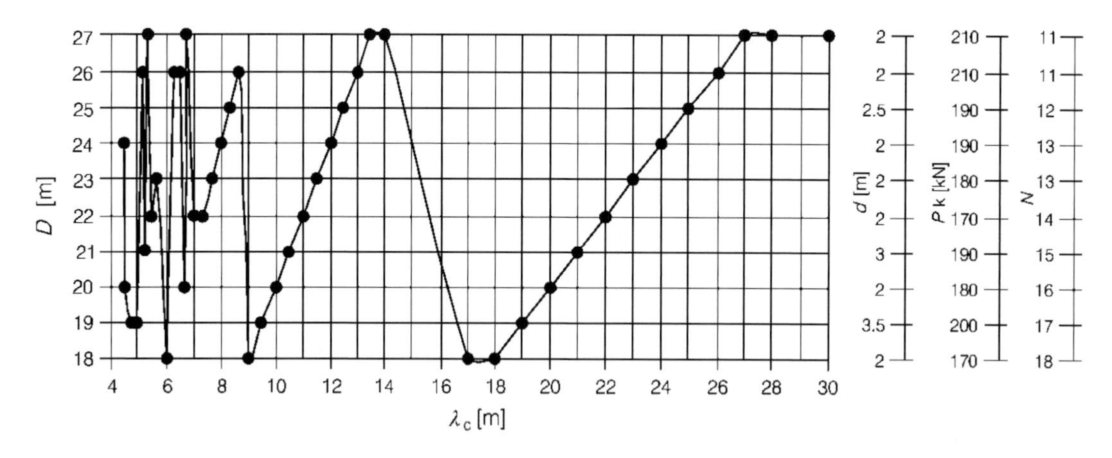

Bild E.18 — Parameter zur Definition des kritischen Modellzugs im HSLM-A als Funktion der kritischen Wellenlänge der Anregung in m Parameter zur Definition des kritischen Modellzugs im HSLM-A als Funktion der kritischen Wellenlänge der Anregung λ_C in m

ANMERKUNG Für Werte von $\lambda_C < 7$ m wird empfohlen, dass eine dynamische Berechnung durchgeführt wird mit den Modellzügen A1 bis einschließlich A10 nach Tabelle 6.3.

Dabei ist

D die Länge der Mittel- und Endwagen, definiert in Bild 6.12, in m;

d der Abstand der Drehgestellachsen bei Mittel- und Endwagen, definiert in Bild 6.12, in m;

N die Anzahl der Mittelwagen, definiert in Bild 6.12;

P_k die Einzelkraft an jeder Achsposition bei Mittel- und Endwagen und in jedem Triebwagen wie in Bild 6.12, in kN, definiert;

λ_C die kritische Wellenlänge der Anregung, angegeben in E.2 (4), in m.

(6) Alternativ ist die Aggressivität $A_{(L/\lambda)} G_{(\lambda)}$ in kN/m durch die Gleichungen (E.4) und (E.5) definiert:

$$A_{\left(L/\lambda\right)} = \left| \frac{\cos\left(\frac{\pi L}{\lambda}\right)}{\left(\frac{2L}{\lambda}\right)^2 - 1} \right| \tag{E.4}$$

$$G_{(\lambda)} \cong \underset{i=0 \text{ to } M-1}{\text{MAX}} \frac{1}{\zeta X_i} \sqrt{\left(\sum_{k=0}^{i} P_k \cos\left(\frac{2\pi x_k}{\lambda}\right)\right)^2 + \left(\sum_{k=0}^{i} P_k \sin\left(\frac{2\pi x_k}{\lambda}\right)\right)^2} \left(1 - \exp\left(-2\pi\zeta \frac{X_i}{\lambda}\right)\right) \tag{E.5}$$

wobei i von 0 bis (M–1) läuft, um alle Einzelzüge einschließlich des Gesamtzugs zu erfassen.

Dabei ist

L die Spannweite, in m;

M die Anzahl der Einzellasten im Zug;

P_k die Last der Achse k, in kN;

X_i die Länge des Einzelzugs mit i Achsen;

x_k der Abstand der Einzellast P_k von der ersten Einzellast P_0 im Zug, in m;

λ die Wellenlänge der Anregung, in m;

ζ das Dämpfungsmaß.

Anhang F
(informativ)

Kriterien, die bei Verzicht auf eine dynamische Berechnung zu erfüllen sind

ANMERKUNG Anhang F ist nicht anwendbar für das Lastmodell HSLM. Anhang F ist anwendbar für Züge angegeben in F (4).

(1) Bei Einfeldträgerbrücken, die die Maximalwerte von $(v/n_0)_{\text{lim}}$ nach Tabellen F.1 und F.2 erfüllen und bei denen:

— die maximalen dynamischen Lastauswirkungen (Spannungen, Verformungen usw.) und

— die Ermüdungsbelastung bei Hochgeschwindigkeit (außer wenn die häufig auftretende Betriebsgeschwindigkeit mit einer Resonanzgeschwindigkeit korrespondiert und in diesen Fällen nach 6.4.6 eine besondere dynamische Berechnung und ein Ermüdungsnachweis durchgeführt werden sollten nach 6.4.6),

— die Werte nicht $\Phi_2 \times$ Lastmodell 71 überschreiten und keine weitere dynamische Berechnung notwendig ist, und

— die zugehörige maximale Beschleunigung des Überbaus kleiner als 3,50 m/s^2 oder 5,0 m/s^2 ist.

Tabelle F.1 — Maximalwert von $(v/n_0)_{lim}$ für einfach gelagerte Balken oder Platten und einer maximal erlaubten Beschleunigung von a_{max} < 3,50 m/s²

Masse m 10^3 kg/m		≥ 5,0 < 7,0	≥ 7,0 < 9,0	≥ 9,0 < 10,0	≥ 10,0 < 13,0	≥ 13,0 < 15,0	≥ 15,0 < 18,0	≥ 18,0 < 20,0	≥ 20,0 < 25,0	≥ 25,0 < 30,0	≥ 30,0 < 40,0	≥ 40,0 < 50,0	≥ 50,0
Spannweite $L \in [a;b]$ [m][a]	ζ %	v/n_0 m	v/n_0 m	v/n_0 m	v/n_0 m	v/n_0 m	v/n_0 m	v/n_0 m	v/n_0 m	v/n_0 m	v/n_0 m	v/n_0 m	v/n_0 m
[5,00;7,50]	2	1,71	1,78	1,88	1,88	1,93	1,93	2,13	2,13	3,08	3,08	3,54	3,59
	4	1,71	1,83	1,93	1,93	2,13	2,24	3,03	3,08	3,38	3,54	4,31	4,31
[7,50;10,00]	2	1,94	2,08	2,64	2,64	2,77	2,77	3,06	5,00	5,14	5,20	5,35	5,42
	4	2,15	2,64	2,77	2,98	4,93	5,00	5,14	5,21	5,35	5,62	6,39	6,53
[10,0;12,5]	1	2,40	2,50	2,50	2,50	2,71	6,15	6,25	6,36	6,36	6,45	6,45	6,57
	2	2,50	2,71	2,71	5,83	6,15	6,25	6,36	6,36	6,45	6,45	7,19	7,29
[12,5;15,0]	1	2,50	2,50	3,58	3,58	5,24	5,24	5,36	5,36	7,86	9,14	9,14	9,14
	2	3,45	5,12	5,24	5,24	5,36	5,36	7,86	8,22	9,53	9,76	10,36	10,48
[15,0;17,5]	1	3,00	5,33	5,33	5,33	6,33	6,33	6,50	6,50	6,50	7,80	7,80	7,80
	2	5,33	5,33	6,33	6,33	6,50	6,50	10,17	10,33	10,33	10,50	10,67	12,40
[17,5;20,0]	1	3,50	6,33	6,33	6,33	6,50	6,50	7,17	7,17	10,67	12,80	12,80	12,80
[20,0;25,0]	1	5,21	5,21	5,42	7,08	7,50	7,50	13,54	13,54	13,96	14,17	14,38	14,38
[25,0;30,0]	1	6,25	6,46	6,46	10,21	10,21	10,21	10,63	10,63	12,75	12,75	12,75	12,75
[30,0;40,0]	1				10,56	18,33	18,33	18,61	18,61	18,89	19,17	19,17	19,17
≥ 40,0	1				14,73	15,00	15,56	15,56	15,83	18,33	18,33	18,33	18,33

ANMERKUNG 1 Tabelle F.1 enthält einen Sicherheitsbeiwert von 1,2 bei $(v/n_0)_{lim}$ für Beschleunigung, Verformung und Festigkeitskriterien sowie einen Sicherheitsbeiwert von 1,0 bei $(v/n_0)_{lim}$ für Ermüdung.

ANMERKUNG 2 Tabelle F.1 für Gleisfehler mit $(1+\varphi''/2)$.

[a] $L \in [a;b]$ bedeutet $a \leq L < b$

Tabelle F.2 – Maximalwert von $(v/n_0)_{lim}$ für einfach gelagerte Balken oder Platten und einer maximal erlaubten Beschleunigung von a_{max} < 5,0 m/s²

Masse m 10^3 kg/m		**≥ 5,0 < 7,0**	**≥ 7,0 < 9,0**	**≥ 9,0 < 10,0**	**≥ 10,0 < 13,0**	**≥ 13,0 < 15,0**	**≥ 15,0 < 18,0**	**≥ 18,0 < 20,0**	**≥ 20,0 < 25,0**	**≥ 25,0 < 30,0**	**≥ 30,0 < 40,0**	**≥ 40,0 < 50,0**	**≥ 50,0**
Spannweite $L \in [a;b]$ [m][a]	ζ %	v/n_0 m	v/n_0 m	v/n_0 m	v/n_0 m	v/n_0 m	v/n_0 m	v/n_0 m	v/n_0 m	v/n_0 m	v/n_0 m	v/n_0 m	v/n_0 m
[5,00;7,50]	2	1,78	1,88	1,93	1,93	2,13	2,13	3,08	3,08	3,44	3,54	3,59	4,13
	4	1,88	1,93	2,13	2,13	3,08	3,13	3,44	3,54	3,59	4,31	4,31	4,31
[7,50;10,0]	2	2,08	2,64	2,78	2,78	3,06	5,07	5,21	5,21	5,28	5,35	6,33	6,33
	4	2,64	2,98	4,86	4,93	5,14	5,21	5,35	5,42	6,32	6,46	6,67	6,67
[10,0;12,5]	1	2,50	2,50	2,71	6,15	6,25	6,36	6,36	6,46	6,46	6,46	7,19	7,19
	2	2,71	5,83	6,15	6,15	6,36	6,46	6,46	6,46	7,19	7,19	7,75	7,75
[12,5;15,0]	1	2,50	3,58	5,24	5,24	5,36	5,36	7,86	8,33	9,14	9,14	9,14	9,14
	2	5,12	5,24	5,36	5,36	7,86	8,22	9,53	9,64	10,36	10,36	10,48	10,48
[15,0;17,5]	1	5,33	5,33	6,33	6,33	6,50	6,50	6,50	7,80	7,80	7,80	7,80	7,80
	2	5,33	6,33	6,50	6,50	10,33	10,33	10,50	10,50	10,67	10,67	12,40	12,40
[17,5;20,0]	1	6,33	6,33	6,50	6,50	7,17	10,67	10,67	12,80	12,80	12,80	12,80	12,80
[20,0;25,0]	1	5,21	7,08	7,50	7,50	13,54	13,75	13,96	14,17	14,38	14,38	14,38	14,38
[25,0;30,0]	1	6,46	10,20	10,42	10,42	10,63	10,63	12,75	12,75	12,75	12,75	12,75	12,75
[30,0;40,0]	1				18,33	18,61	18,89	18,89	19,17	19,17	19,17	19,17	19,17
≥ 40,0	1				15,00	15,56	15,83	18,33	18,33	18,33	18,33	18,33	18,33

ANMERKUNG 1 Tabelle F.2 enthält einen Sicherheitsbeiwert von 1,2 bei $(v/n_0)_{lim}$ für Beschleunigung, Verformung und Festigkeitskriterien und einem Sicherheitsbeiwert von 1,0 bei $(v/n_0)_{lim}$ für Ermüdung.

ANMERKUNG 2 Tabelle F.2 enthält einen Abminderung von $(1+\varphi''/2)$ für Gleisfehler.

[a] $L \in [a;b]$ bedeutet $a \leq L < b$

Dabei ist

L die Spannweite der Brücke, in m;

m die Masse der Brücke, in 10^3 kg/m;

ζ die kritische Dämpfung, in %;

v die Streckenhöchstgeschwindigkeit und im Allgemeinen die örtlich zulässige Geschwindigkeit. Eine verringerte Geschwindigkeit kann für den Nachweis der Betriebslastenzüge mit deren zulässigen Fahrzeuggeschwindigkeit verwendet werden, in m/s;

n_0 die erste Eigenfrequenz des Überbaus, in Hz.

Φ_2 und φ'' sind in 6.4.5.2 und Anhang C definiert.

(2) Tabellen F.1 und F.2 sind gültig für:

— einfach gelagerte Brücken mit geringfügiger Schräge, die als Einfeldträger oder Platte auf steifen Lagern modelliert werden können. Die Tabellen F.1 und F.2 sind nicht anwendbar für Trog- und Fachwerkbrücken mit dünnen Fahrbahntafeln oder anderen komplexen Bauwerken, die nicht durch Einfeldträger oder Platte hinreichend dargestellt werden können,

— Brücken, bei denen Gleis und die Höhe des Tragwerks von Schwerachse zu Überbauoberkante ausreichend ist, um die Achseinzellasten über eine Länge von mindestens 2,50 m zu verteilen,

— die in F (4) aufgelisteten Zugtypen,

— Bauwerke, die für die charakteristischen Werte der Vertikallasten oder klassifizierten Vertikallasten mit $\alpha \geq 1$ nach 6.3.2 bemessen wurden,

— besonders instand gehaltene Gleise,

— Felder mit einer Eigenfrequenz n_0 unterhalb der oberen Grenze nach Bild 6.10,

— Bauwerke mit Torsionsfrequenz n_T, die die Bedingung $n_T > 1{,}2 \times n_0$ erfüllt.

(3) Falls die oben erwähnten Kriterien nicht erfüllt werden können, sollte eine dynamische Berechnung nach 6.4.6 durchgeführt werden.

(4) Die folgenden Betriebszüge wurden zur Entwicklung der Kriterien in 6.4 und Anhang F genutzt (außer Lastmodell HSLM, das auf den Zugtypen entsprechend den Interoperabilitätskriterien basiert).

Typ A

$\Sigma Q = 6936\text{kN}$ $V = 350\text{km/h}$ $L = 350{,}52\text{m}$ $q = 19{,}8\text{kN/m'}$

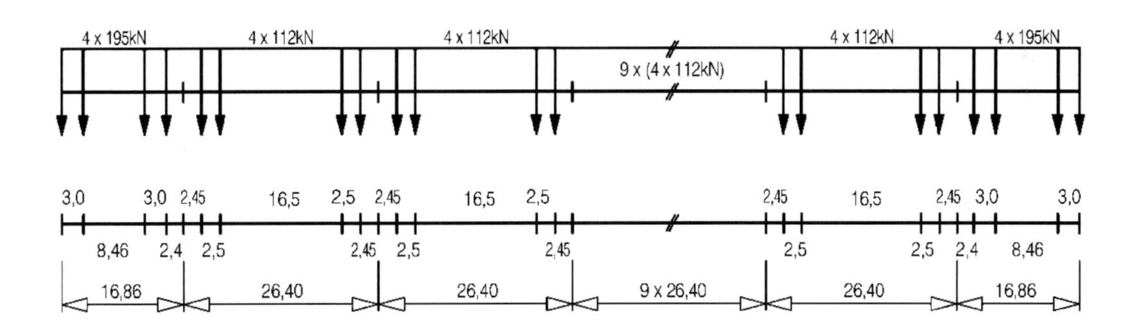

Typ B

$\Sigma Q = 8784\text{kN}$ $V = 350\text{km/h}$ $L = 393{,}34\text{m}$ $q = 22{,}3\text{kN/m'}$

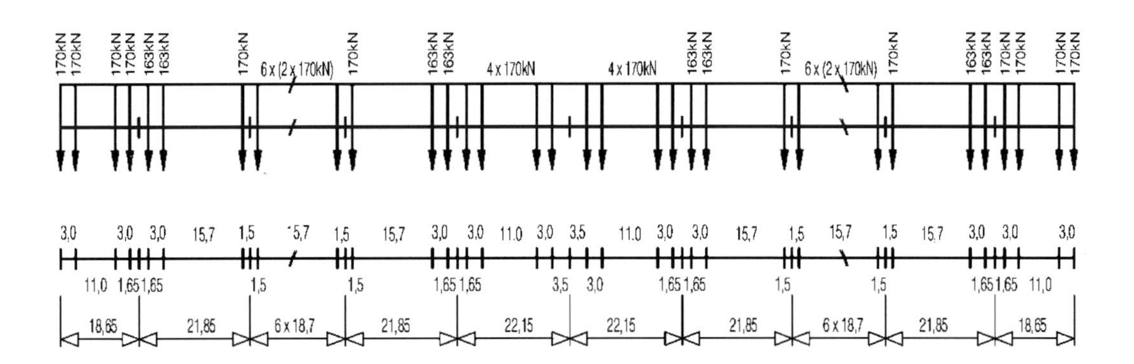

Typ C

$\Sigma\, Q = 8160\text{kN} \quad V = 350\text{km/h} \quad L = 386{,}67\text{m} \quad q = 21{,}1\text{kN/m}'$

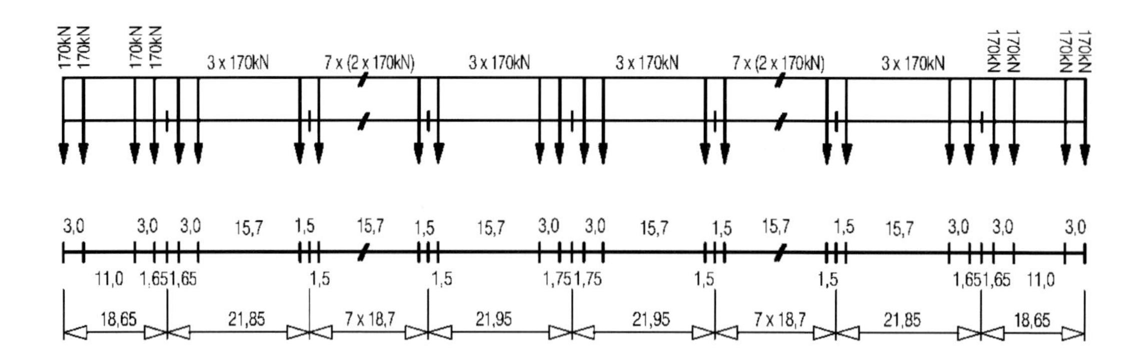

Typ D

$\Sigma\, Q = 6296\text{kN} \quad V = 350\text{km/h} \quad L = 295{,}70\text{m} \quad q = 21{,}3\text{kN/m}'$

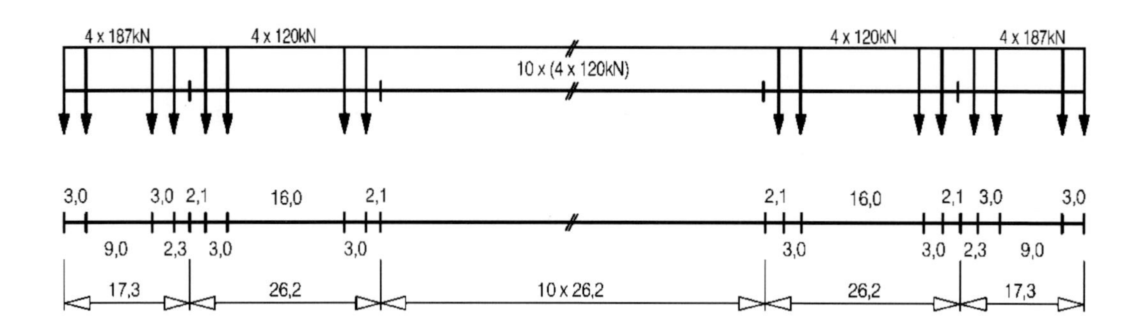

Typ E

$\Sigma\, Q = 6800\text{kN} \quad V = 350\text{km/h} \quad L = 356{,}05\text{m} \quad q = 19{,}1\text{kN/m}'$

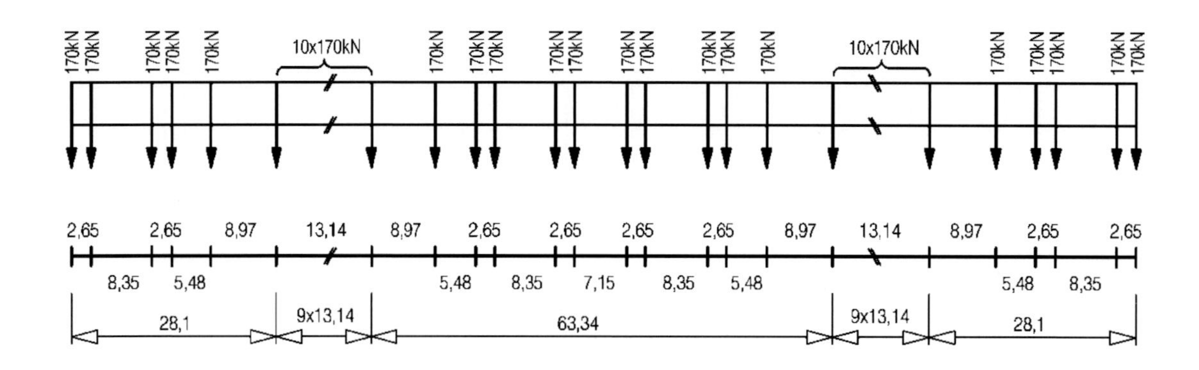

Typ F

$\Sigma\, Q = 7480\text{kN}$ $V = 350\text{km/h}$ $L = 258{,}70\text{m}$ $q = 28{,}9\text{kN/m'}$

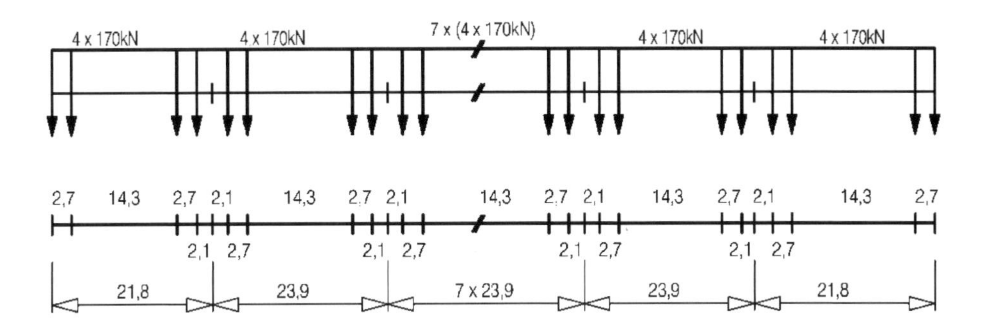

Anhang G
(informativ)

Verfahren zur Bestimmung der gemeinsamen Antwort von Bauwerk und Gleis auf veränderliche Einwirkungen

G.1 Einleitung

(1) Ein Verfahren zur Bestimmung der gemeinsamen Antwort von Tragwerk und Gleis auf veränderliche Einwirkungen ist im Folgenden angegeben für:

— einfach unterstützte oder durchlaufende Tragwerke bestehend aus einem Überbau (G.3),

— Bauwerke bestehend aus einer Folge von einfach unterstützten Überbauten (G.4),

— Bauwerke bestehend aus einer Folge durchlaufender Einzelüberbauten (G.4).

(2) In jedem Fall werden Anforderungen gegeben für:

— die Bestimmung der zulässigen Auszugslänge L_{TP}, die mit den zulässigen zusätzlichen Schienenspannungen aus 6.5.4.5.1 (1) korrespondiert oder der höchsten zulässigen Verformung des Tragwerks nach 6.5.4.5.2 (1) aus Anfahren und Bremsen und 6.5.4.5.2 (2) aus den Vertikalverkehrseinwirkungen. Falls die vorgesehene Auszugslänge L_T die zulässige Auszugslänge L_{TP} überschreitet, sollten Schienenauszüge vorgesehen werden oder eine genauere Berechnung nach den Anforderungen in 6.5.4.1 bis 6.5.4.5 durchgeführt werden;

— die Bestimmung der Längskräfte auf Festlager aus:

  — Anfahren und Bremsen,

  — Temperaturänderungen,

  — Endverdrehung des Überbaus aus Vertikalverkehrslasten.

(3) In allen Fällen sollte ein getrennter Nachweis geführt werden zur Einhaltung der maximalen Vertikalverschiebung der Oberkante des Überbaus nach 6.5.4.5.2 (3).

G.2 Gültigkeitsgrenzen des Berechnungsverfahrens

(1) Oberbaubauart:

— Schiene UIC 60 mit einer Mindestzugfestigkeit von 900 N/mm^2,

— schwere Betonschwellen mit maximalem Schwellenabstand von 65 cm oder gleichwertige Oberbaubauart,

— mindestens 30 cm gut verdichtetem Schotter unter der Schwelle,

— gerades Gleis oder Gleisbogenhalbmesser $r \geq 1\,500$ m.

(2) Brückenkonfiguration:

— Auszugslänge L_T:

  — für Stahlbauwerke: $L_T \leq 60$ m,

  — Massiv- und Verbundbauwerke: $L_T \leq 90$ m.

(3) Längsverschiebewiderstand k des Gleises beträgt:

unbelastetes Gleis: $k = 20$ bis 40 kN je m Gleis,

belastetes Gleis: $k = 60$ kN je m Gleis.

(4) Vertikale Verkehrslast:

— Lastmodell 71 (und falls erforderlich Lastmodell SW/0) mit $\alpha = 1$ nach 6.3.2 (3),

— Lastmodell SW/2.

ANMERKUNG Das Verfahren gilt für Werte von α, sofern die Belastungsauswirkungen aus $\alpha \times$ LM71 kleiner oder gleich derjenigen aus SW/2 sind.

(5) Einwirkungen aus Bremsen:

— für Lastmodell 71 (und falls erforderlich Lastmodell SW/0) und Lastmodell HSLM:

$q_{\text{lbk}} = 20$ kN/m, begrenzt auf $Q_{\text{lbk}} = 6\,000$ kN,

— für Lastmodell SW/2:

$q_{\text{lbk}} = 35$ kN/m.

(6) Einwirkungen aus Anfahren:

— $q_{\text{lak}} = 33$ kN/m, begrenzt auf $Q_{\text{lak}} = 1\,000$ kN.

(7) Einwirkungen aus Temperatur:

— Temperaturänderung ΔT_{D} des Überbaus: $\Delta T_{\text{D}} \leq 35$ K,

— Temperaturänderung ΔT_{R} der Schiene: $\Delta T_{\text{R}} \leq 50$ K,

— maximale Temperaturdifferenz zwischen Schiene und Überbau:

$$|\Delta T_{\text{D}} - \Delta T_{\text{R}}| \leq 20 \text{ K} \qquad \text{(G.1)}$$

G.3 Bauwerke bestehend aus einem Überbau

(1) Zu Anfang sollten folgende Werte bestimmt werden unter Vernachlässigung der gemeinsamen Antwort von Tragwerk und Gleis auf veränderliche Einwirkungen:

— Auszugslänge L_{T} und Nachweis $L_{\text{T}} \leq \max L_{\text{T}}$ nach G.2 (2) und Bild 6.17,

— Steifigkeit K der Bauteile je Gleis nach 6.5.4.2,

— Längsverschiebung der Oberkante des Überbaus aus Überbauverformung:

$$\delta = \Theta H \text{ [mm]} \qquad \text{(G.2)}$$

Dabei ist

Θ die Endverdrehung des Überbaus, in rad;

H die Höhe zwischen (horizontaler) Rotationsachse des (Fest-)Lagers und der Überbauoberfläche, in mm.

(2) Für die Wertepaare (unbelastetes/belastetes Gleis) des Längsverschiebewiderstandes des Gleises $k = 20/60$ kN je m Gleis und $k = 40/60$ kN je m Gleis und des linearen Temperaturkoeffizients $\alpha_{\text{T}} = 10\text{E-}6$ 1/K oder $\alpha_{\text{T}} = 12\text{E-}6$ 1/K ist die entsprechende zulässige Auszugslänge L_{TP} in [m] in Bild G.1 bis G.4 angegeben.

Falls der Schnittpunkt (L_T,δ), der die Auszugslänge des Überbaus und die Längsverschiebung des Überbauendes aufgrund vertikaler Verkehrseinwirkungen beschreibt, unter der zugehörigen oder interpolierten Kurve liegt, die mit der Längssteifigkeit des Unterbaus K korrespondiert, sind die höchstzulässigen zusätzlichen Schienenspannungen aus 6.5.4.5.1 (1) und die erlaubten Verformungen des Tragwerks nach 6.5.4.5.2 (1) aus Anfahren und Bremsen und 6.5.4.5.2 (2) aus den vertikalen Verkehrseinwirkungen erfüllt.

Alternativ kann, falls die Bedingung nicht erfüllt wird, eine Berechnung durchgeführt werden nach den Anforderungen in 6.5.4.2 bis 6.5.4.5 oder Schienenauszüge sollten vorgesehen werden.

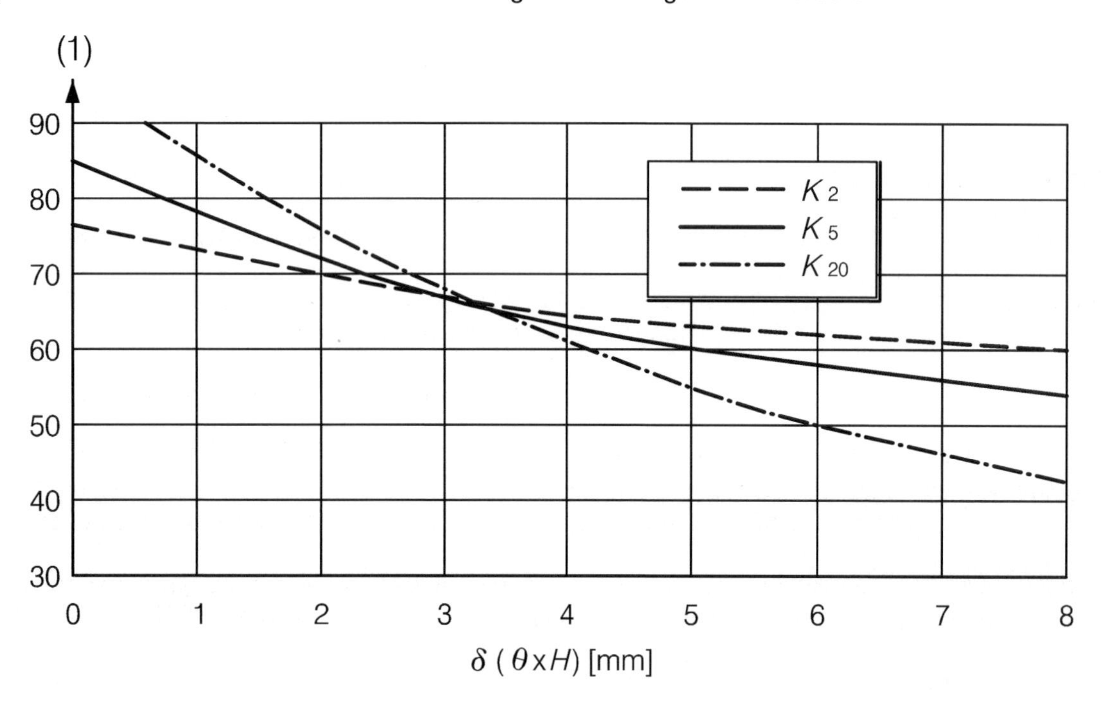

Legende

(1) Maximal zulässige Auszugslänge L_{TP} in m

k Längsverschiebewiderstand in kN je m Gleis:

für unbelastete Gleise:

— k_{20} = 20 kN je m Gleis und k_{40} = 40 kN je m Gleis,

für belastete Gleise:

— k_{60} = 60 kN je m Gleis.

K Steifigkeit der Unterkonstruktion des Gleises je m Überbau (d. h. Unterbausteifigkeit geteilt durch Zahl der Gleise und durch Überbaulänge) in kN/m:

K_2 = 2E3 kN/m

K_5 = 5E3 kN/m

K_{20} = 20E3 kN/m

α_T Linearer Temperaturkoeffizient in 1/K.

$\delta(\Theta H)$ Horizontalverschiebung der Oberkante des Überbaus aus Endverdrehung in mm.

Bild G.1 — Erlaubter Bereich der Schienenspannungen bei einfach gelagerten Brückenüberbauten für α_T = 10E-6 1/K, ΔT = 35 K, k_{20}/k_{60} = 20/60 kN/m

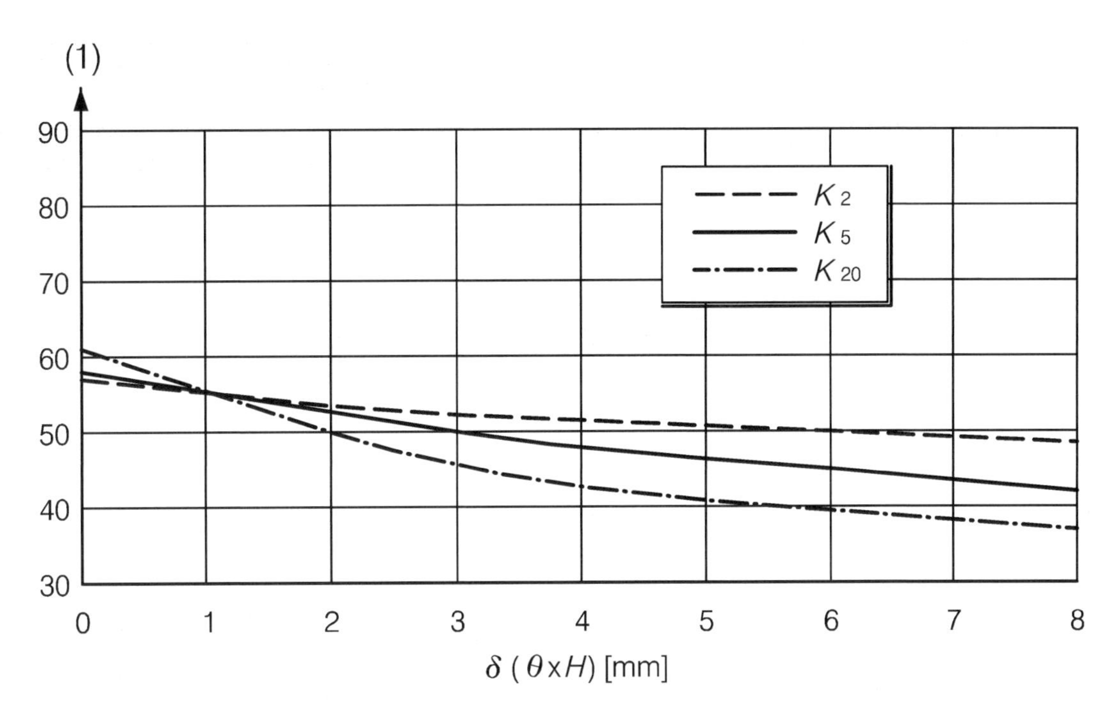

Legende

(1) Maximal zulässige Auszugslänge L_{TP} in m

k Längsverschiebewiderstand in kN je m Gleis:

für unbelastete Gleise:

— $k_{20} = 20$ kN je m Gleis und $k_{40} = 40$ kN je m Gleis,

für belastete Gleise:

— $k_{60} = 60$ kN je m Gleis.

K Steifigkeit der Unterkonstruktion des Gleises je m Überbau (d. h. Unterbausteifigkeit geteilt durch Zahl der Gleise und durch Überbaulänge) in kN/m:

$K_2 = 2$E3 kN/m

$K_5 = 5$E3 kN/m

$K_{20} = 20$E3 kN/m

α_T Linearer Temperaturkoeffizient in 1/K.

$\delta(\Theta H)$ Horizontalverschiebung der Oberkante des Überbaus aus Endverdrehung in mm.

Bild G.2 — Erlaubter Bereich der Schienenspannungen bei einfach gelagerten Brückenüberbauten für α_T = 10E-6 1/K, ΔT = 35 K, k_{40}/k_{60} = 40/60 kN/m

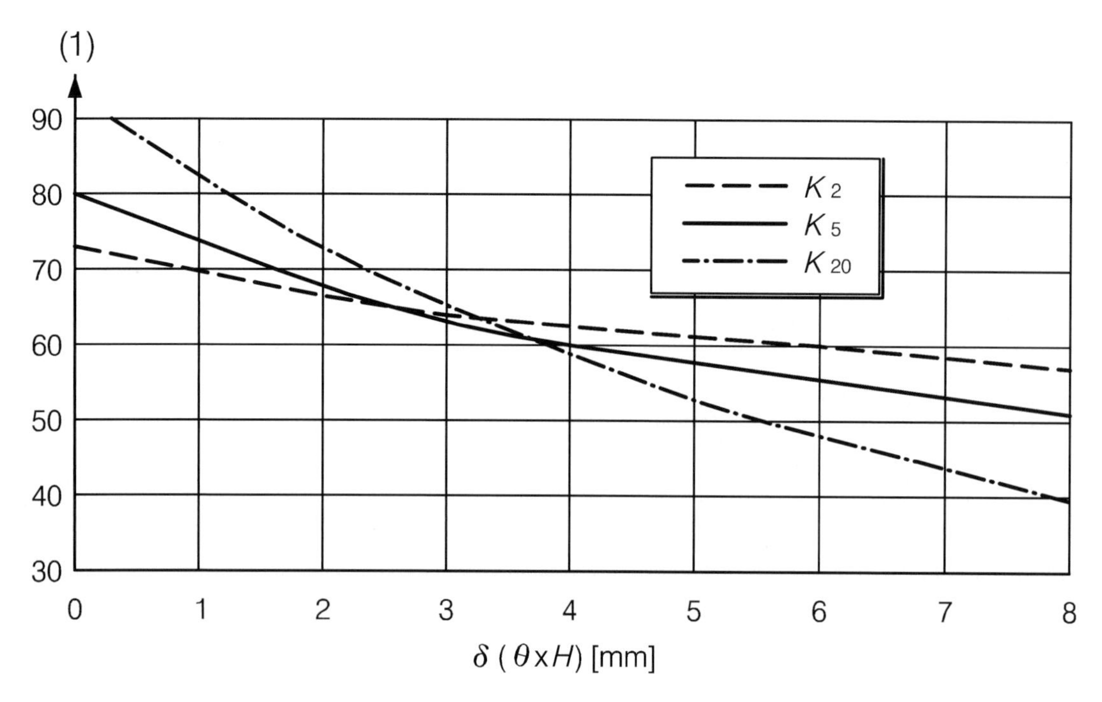

Legende

(1) Maximal zulässige Auszugslänge L_{TP} in m

k Längsverschiebewiderstand in kN je m Gleis:

für unbelastete Gleise:

— $k_{20} = 20$ kN je m Gleis und $k_{40} = 40$ kN je m Gleis,

für belastete Gleise:

— $k_{60} = 60$ kN je m Gleis.

K Steifigkeit der Unterkonstruktion des Gleises je m Überbau (d. h. Unterbausteifigkeit geteilt durch Zahl der Gleise und durch Überbaulänge) in kN/m:

$K_2 = 2E3$ kN/m

$K_5 = 5E3$ kN/m

$K_{20} = 20E3$ kN/m

α_T Linearer Temperaturkoeffizient in 1/K.

$\delta(\Theta H)$ Horizontalverschiebung der Oberkante des Überbaus aus Endverdrehung in mm.

Bild G.3 — Erlaubter Bereich der Schienenspannungen bei einfach gelagerten Brückenüberbauten für α_T = 12E-6 1/K, ΔT = 35 K, k_{20}/k_{60} = 20/60 kN/m

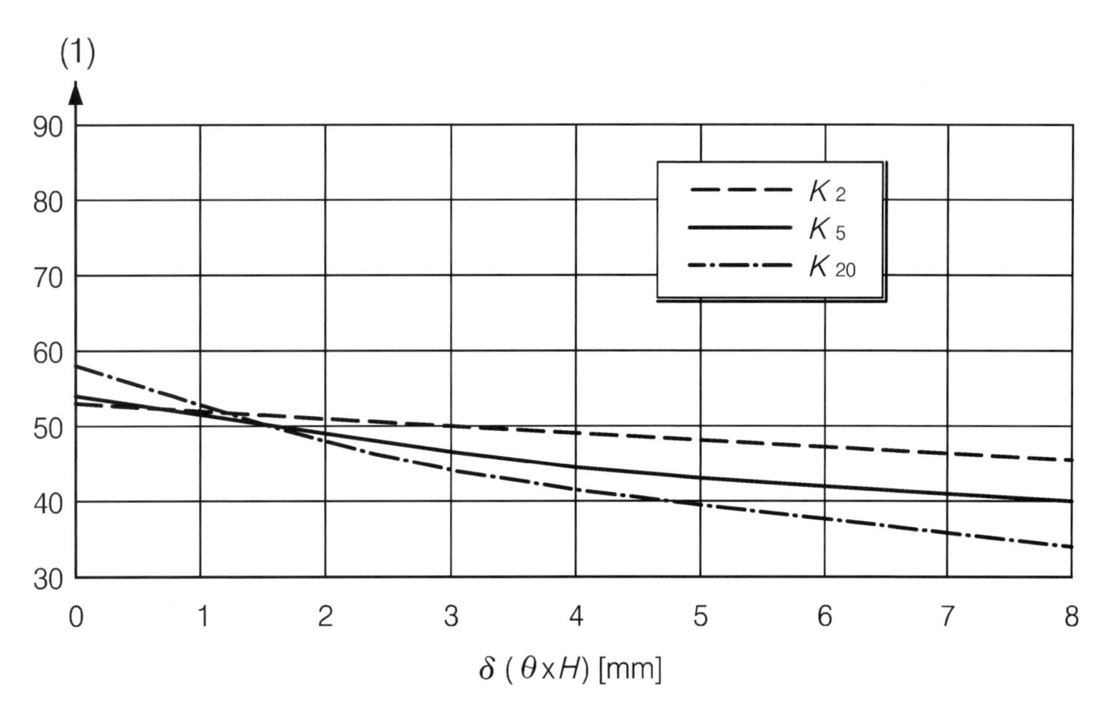

Legende

(1) Maximal zulässige Auszugslänge L_{TP} in m

k Längsverschiebewiderstand in kN je m Gleis:

für unbelastete Gleise:

— $k_{20} = 20$ kN je m Gleis und $k_{40} = 40$ kN je m Gleis,

für belastete Gleise:

— $k_{60} = 60$ kN je m Gleis.

K Steifigkeit der Unterkonstruktion des Gleises je m Überbau (d. h. Unterbausteifigkeit geteilt durch Zahl der Gleise und durch Überbaulänge) in kN/m:

$K_2 = 2E3$ kN/m

$K_5 = 5E3$ kN/m

$K_{20} = 20E3$ kN/m

α_T Linearer Temperaturkoeffizient in 1/K.

$\delta(\Theta H)$ Horizontalverschiebung der Oberkante des Überbaus aus Endverdrehung in mm.

Bild G.4 — Erlaubter Bereich der Schienenspannungen bei einfach gelagerten Brückenüberbauten für $\alpha_T = 12E\text{-}6$ 1/K, $\Delta T = 35$ K, $k_{40}/k_{60} = 40/60$ kN/m

(3) Einwirkungen in Brückenlängsrichtung auf Festlager aus Anfahren und Bremsen, aus Temperaturänderung und aus Überbauverformung unter Vertikallasten sollten mit den Gleichungen aus Tabelle G.1 bestimmt werden. Die Gleichungen gelten für ein Gleis. Für zwei oder mehr Gleise mit einer Lagersteifigkeit von K_U können die Einwirkungen auf Festlager durch Annahme einer Lagersteifigkeit $K = K_U/2$ bestimmt werden und Multiplizieren der Ergebnisse der Gleichung für ein Gleis mit 2.

Tabelle G.1 — Einwirkungen auf Festlager in Brückenlängsrichtung[a]

Lastfall	Gültigkeits-grenzen	durchgehend geschweißtes Gleis	mit einem Schienenauszug
Bremsen[e]	$L \geq 50$ m[d]	$82{,}10^{-3} \times L^{0{,}9} \times K^{0{,}4}$ [b]	$2{,}26 \times L^{1{,}1} \times K^{0{,}1}$ [b]
	$L \leq 30$ m[d]	$126{,}10^{-3} \times L^{0{,}9} \times K^{0{,}4}$	$3{,}51 \times L^{1{,}1} \times K^{0{,}1}$
Temperatur	$20 \leq k$ [kN/m] ≤ 40	$(0{,}34 + 0{,}013k)L^{0{,}95} \times K^{0{,}25}$ [c]	$800 + 0{,}5L + 0{,}01\ K/L$[c] für $L \geq 60$ m $20L$ für $L \leq 40$ m interpolierte Werte für $40 \leq L \leq 60$ m
Endver-drehung	Deckbrücke	$0{,}11L^{0{,}22} \times K^{0{,}5} \times (1{,}1-\beta) \times \theta H^{0{,}86}$	wie durchgehend geschweißtes Gleis
	Trogbrücken	$0{,}11L^{0{,}22} \times K^{0{,}5} \times (1{,}1-\beta) \times \theta H$	wie durchgehend geschweißtes Gleis

[a] Falls Schienenauszüge an beiden Überbauenden vorgesehen werden, sind alle Anfahr- und Bremskräfte auf die Festlager zu leiten. Einwirkungen auf Festlager aus Temperaturänderung und Endverdrehung aus Vertikalverformung hängen vom Bauwerkssystem und den zugehörigen Auszugslängen ab.

[b] Die auf die Festlager wirkende Bremskraft ist auf einen Höchstwert von 6 000 kN je Gleis begrenzt.

[c] Die auf die Festlager wirkende Kraft aus Temperaturauswirkungen ist auf 1 340 kN begrenzt, wenn Schienenauszüge an einem Überbauende bei allen Schienen vorgesehen sind.

[d] Für Werte von L im Bereich $30 < L < 50$ m kann linear interpoliert werden, um Bremsauswirkungen abzuschätzen.

[e] Die Gleichung für Bremsen berücksichtigt auch das Anfahren.

Dabei ist

K die Lagersteifigkeit wie oben definiert, in kN/m;

L hängt ab von der Bauwerkskonfiguration und der Art der veränderlichen Einwirkungen wie folgt, in m:

— für einen einfach gelagerten Überbau mit Festlager an einem Ende: $L = L_T$,

— für einen Durchlaufträgerüberbau mit Festlager an einem Ende:

für „Bremsen“:

$L = L_{Deck}$ (Gesamtlänge des Überbaus),

für „Temperatur“:

$L = L_T$,

für „Endverdrehung aufgrund vertikaler Verkehrslasten“:

L = Länge des Feldes am Festlager,

— für einen Durchlaufträgerüberbau mit Festlager auf einem Mittelpfeiler:

für „Bremsen“:

$L = L_{Deck}$ (Gesamtlänge des Überbaus),

für „Temperatur“:

die Einwirkungen aufgrund von Temperaturveränderung können ermittelt werden aus der Addition der Lagerreaktionen der zwei statischen Zustände, die durch Teilung des Überbaus am Festlager entstehen, wobei jeder Überbau sein Festlager auf einem Mittelpfeiler hat,

für „Endverdrehung aufgrund vertikaler Verkehrslasten“:

L = Länge des längsten Feldes am Festlager,

β das Verhältnis des Abstandes zwischen der Schwerachse und der Oberfläche des Überbaus relativ zur Höhe H.

G.4 Bauwerke mit einer Folge von Überbauten

(1) Zusätzlich zu den Gültigkeitsgrenzen nach G.3 sind die Folgenden anzuwenden:

— das Gleis besteht auf der Brücke und mindestens 100 m beiderseits auf dem Erdkörper aus durchgehend geschweißten Schienen ohne Schienenauszug,

— alle Überbauten sind gleichermaßen statisch gelagert (Festlager am gleichen Ende und nicht auf dem gleichen Pfeiler),

— ein Festpunktlager liegt auf einem Widerlager,

— die Länge jedes Überbaus differiert um nicht mehr als 20 % vom Durchschnittswert der Überbaulängen,

— die Auszugslänge L_T jedes Überbaus ist kleiner als 30 m bei ΔT_D = 35 K, oder kleiner als 60 m bei ΔT_D = 20 K und die Möglichkeit gefrorenen Schotters ist vernachlässigbar (falls die maximale Temperaturänderung der Überbauten zwischen 20 K und 35 K liegt, bei Vernachlässigung gefrorenen Schotters kann der Grenzwert von L_T zwischen 30 m und 60 m interpoliert werden),

— die Steifigkeit der Festlager ist größer als 2E3 × L_T [m] [KN/lfdm Gleis je Gleis] für L_T = 30 m und 3E3 × L_T [m] [kN/lfdm Gleis je Gleis] für L_T = 60 m multipliziert mit der Anzahl der Gleise, wobei L_T in m ist,

— die Steifigkeit jedes Festlagers (mit Ausnahme des Festlagers am Widerlager) darf nicht mehr als 40 % vom Durchschnittswert aller Lagersteifigkeiten abweichen,

— die maximale Längsverschiebung aufgrund von Überbauverformung an Oberkante Tragplatte am Überbauende in Bezug auf das zugehörige Widerlager, berechnet ohne Berücksichtigung der gemeinsamen Antwort von Brücke und Gleis auf veränderliche Lasten, ist kleiner als 10 mm,

— die Summe der absoluten Verschiebungen aufgrund von Überbauverformung an Oberkante Tragplatte zweier aufeinanderfolgender Überbauenden, berechnet ohne Berücksichtigung der gemeinsamen Antwort von Brücke und Gleis auf veränderliche Lasten, ist kleiner als 15 mm.

(2) Die Längskräfte auf Unterstützungen F_{Lj} aufgrund von Temperaturänderungen, Anfahren und Bremsen sowie Überbauverformung können wie folgt bestimmt werden:

Einwirkung F_{L0} auf das Festlager (j = 0) am Widerlager:

— aufgrund von Temperaturänderungen:

F_{L0} (ΔT) bestimmt unter Annahme eines Einzelüberbaus mit der Länge L_1 des ersten Überbaus;

— aufgrund von Bremsen und Beschleunigen:

$$F_{L0} = \kappa \cdot q_{lbk} (q_{lak}) \cdot L_1. \tag{G.3}$$

Dabei ist

$\kappa = 1$ wenn die Steifigkeit des Widerlagers gleich der der Pfeiler ist;

$\kappa = 1{,}5$ wenn die Steifigkeit des Widerlagers mindestens fünfmal so groß ist wie die der Pfeiler;

κ kann für Zwischenwerte der Steifigkeit interpoliert werden;

$q_{\text{lak}}, q_{\text{lbk}}$ die Einwirkungen aufgrund von Anfahren und Bremsen nach G.2 (5) und G.2 (6);

L_1 die Länge des mit dem festen Lager verbundenen Überbaus, in m.

— Aufgrund der Überbauverformung:

$$F_{\text{L0}}(q_{\text{V}}) = F_{\text{L0}}(\Theta H) \quad \text{(G.4)}$$

bestimmt nach G.3 für Einfeldträgerbrücken mit ΘH, in mm.

Letztlich sollen die Einwirkungen auf Festlagern bei Pfeilern nach Tabelle G.2 bestimmt werden.

Tabelle G.2 – Gleichungen zur Berechnung der Lagerkräfte bei einer Folge von Überbauten

Unterstützung $j = 0 \ldots n$	**Temperaturänderung** $F_{\text{Lj}}(\Delta T)$	**Anfahren/Bremsen** $F_{\text{Lj}}(q_{\text{L}})$	**Überbauverformung** $F_{\text{Lj}}(\Theta H)$
Widerlager mit erstem Festlager $j = 0$	$F_{\text{L0}}(\Delta T)$	$F_{\text{L0}}(q_{\text{L}}) = \kappa\, q_{\text{L}}\, L_0$	$F_{\text{L0}}(\Theta H)$
Erster Pfeiler $j = 1$	$F_{\text{L1}}(\Delta T) = 0{,}2\, F_{\text{L0}}(\Delta T)$	$F_{\text{L2}}(q_{\text{L}}) = q_{\text{L}}\, L_1$	$F_{\text{L1}}(\Theta H) = 0$
Mittelpfeiler $j = \text{m}$	$F_{\text{Lm}}(\Delta T) = 0$	$F_{\text{Lm}}(q_{\text{L}}) = q_{\text{L}}\, L_{\text{m}}$	$F_{\text{Lm}}(\Theta H) = 0$
(n-1)ter Pfeiler $j = (\text{n-1})$	$F_{\text{L(n-1)}}(\Delta T) = 0{,}1\, F_{\text{L0}}(\Delta T)$	$F_{\text{L(n-1)}}(q_{\text{L}}) = q_{\text{L}}\, L_{(\text{n-1})}$	$F_{\text{L(n-1)}}(\Theta H) = 0$
(n)ter Pfeiler $j = \text{n}$	$F_{\text{Ln}}(\Delta T) = 0{,}5\, F_{\text{L0}}(\Delta T)$	$F_{\text{Ln}}(q_{\text{L}}) = q_{\text{L}}\, L_{\text{n}}$	$F_{\text{Ln}}(\Theta H) = 0{,}5\, F_{\text{L0}}(\Theta H)$

ANMERKUNG 1 Die Gleichung für Bremsen berücksichtigt auch Einwirkungen aus Anfahren.

ANMERKUNG 2 Die auf die Festlager wirkende Bremskraft ist auf ein Maximum von 6 000 kN je Gleis begrenzt.

ANMERKUNG 3 Die auf die Festlager wirkende Kraft aus Temperatur ist auf 1 340 kN bei Anordnung eines Schienenauszugs begrenzt.

Anhang H
(informativ)

Lastmodelle für Eisenbahnverkehrslasten für vorübergehende Bemessungssituationen

Bei der Überprüfung der Bemessung für vorübergehende Bemessungssituationen aufgrund von Gleis- oder Brückeninstandhaltung sollten die charakteristischen Werte der Lastmodelle 71, SW/0, SW/2, „unbeladener Zug“ und HSLM sowie der zugehörigen Eisenbahnverkehrslasten gleich zu den charakteristischen Werten der zugehörigen Belastungen aus Abschnitt 6 für dauerhafte Bemessungssituation verwendet werden.

Kapitel IV

Windeinwirkungen (Vereinfachtes Verfahren)

Kräfte in x-Richtung — Vereinfachtes Verfahren

NDP zu 8.3.2 (1), Anmerkung

In Deutschland ist das vereinfachte Verfahren zur Ermittlung der Windkraft in x-Richtung für Brücken in Anhang NA.N geregelt.

Inhalt

DIN EN 1991-1-4 einschließlich Nationaler Anhang – Auszug –

NCI

Anhang NA.A*)
(normativ)
Windzonenkarte

A.1 Allgemeines

(1) In der Windzonenkarte sind Grundwerte der Basiswindgeschwindigkeiten $v_{b,0}$ und zugehörige Geschwindigkeitsdrücke $q_{b,0}$ nach DIN EN 1991-1-4:2010-12, 1.6.1, angegeben. Die Werte gelten für Geländekategorie II nach Anhang NA.B.

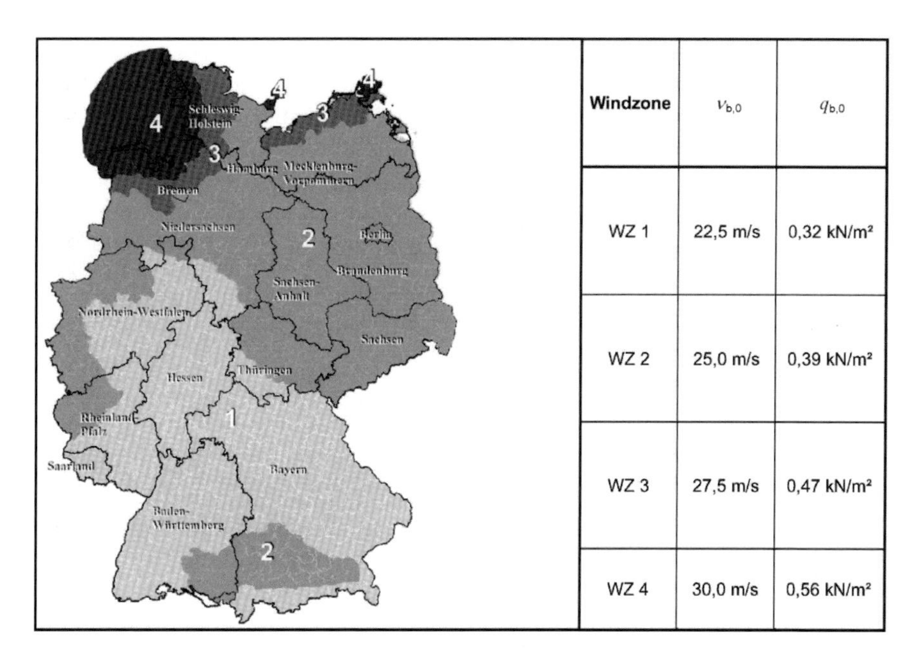

Windzone	$v_{b,0}$	$q_{b,0}$
WZ 1	22,5 m/s	0,32 kN/m²
WZ 2	25,0 m/s	0,39 kN/m²
WZ 3	27,5 m/s	0,47 kN/m²
WZ 4	30,0 m/s	0,56 kN/m²

Bild NA.1 — Windzonenkarte für das Gebiet der Bundesrepublik Deutschland

A.2 Einfluss der Meereshöhe

(1) Der Geschwindigkeitsdruck ist zu erhöhen, wenn der Bauwerksstandort oberhalb einer Meereshöhe von 800 m über NN liegt.

(2) Der Erhöhungsfaktor beträgt $(0{,}2 + H_s/1\,000)$, wobei H_s die Meereshöhe in m bezeichnet.

(3) Für Kamm- und Gipfellagen der Mittelgebirge sowie oberhalb $H_s = 1\,100$ m sind besondere Überlegungen erforderlich.

*) Auszug aus Anhang NA.A

NCI

Anhang NA.B*)
(normativ)

Einfluss von Geländerauigkeit, Topographie und vorübergehenden Zuständen auf die Windeinwirkungen

NA.B.1 Festlegung der Geländekategorien

(1) Die Profile der mittleren Windgeschwindigkeit und der zugehörigen Turbulenzintensität hängen von der Bodenrauigkeit und der Topographie in der Umgebung des Bauwerksstandortes ab.

(2) Für baupraktische Zwecke ist es sinnvoll, die weite Spanne von in der Natur vorkommenden Bodenrauigkeiten in Geländekategorien zusammenzufassen. Es werden vier Geländekategorien nach Tabelle NA.B.1 sowie zwei Mischprofile unterschieden. Das Mischprofil Küste beschreibt die Verhältnisse in einem Übergangsbereich zwischen den Geländekategorien I und II. Das Mischprofil Binnenland beschreibt die Verhältnisse in einem Übergangsbereich zwischen den Geländekategorien II und III.

*) Auszug aus Anhang NA.B

Tabelle NA.B.1 — Geländekategorien

Geländekategorie I Offene See; Seen mit mindestens 5 km freier Fläche in Windrichtung; glattes, flaches Land ohne Hindernisse Rauigkeitslänge $z_0 = 0{,}01$ m Profilexponent $\alpha = 0{,}12$	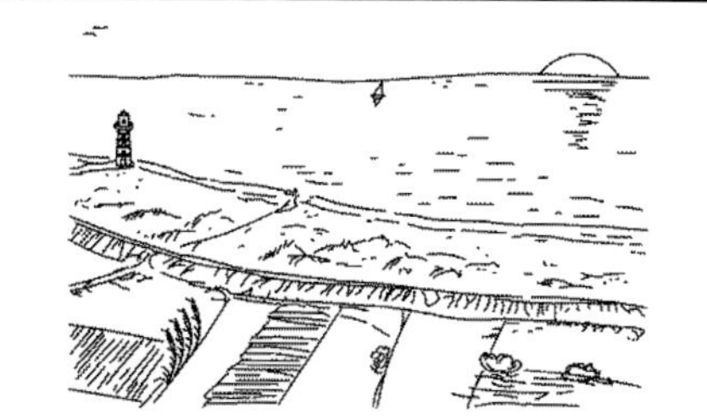
Geländekategorie II Gelände mit Hecken, einzelnen Gehöften, Häusern oder Bäumen, z. B. landwirtschaftliches Gebiet Rauigkeitslänge $z_0 = 0{,}05$ m Profilexponent $\alpha = 0{,}16$	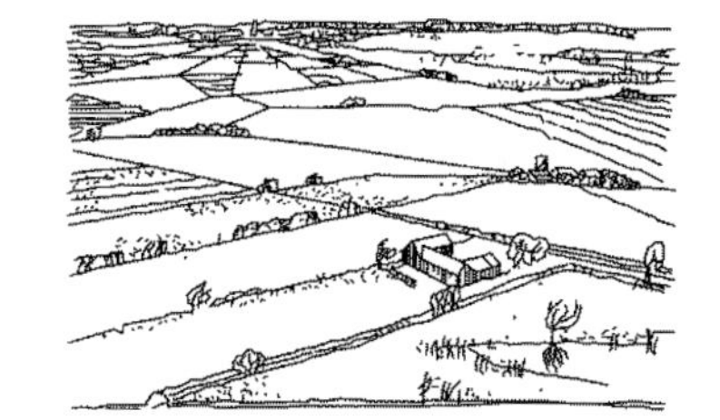
Geländekategorie III Vorstädte, Industrie- oder Gewerbegebiete; Wälder Rauigkeitslänge $z_0 = 0{,}30$ m Profilexponent $\alpha = 0{,}22$	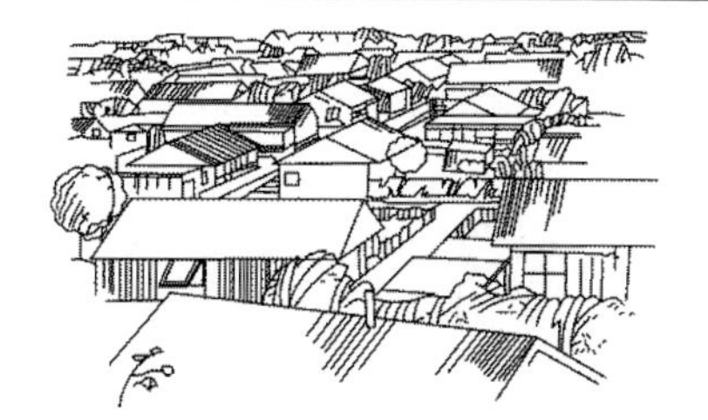
Geländekategorie IV Stadtgebiete, bei denen mindestens 15 % der Fläche mit Gebäuden bebaut sind, deren mittlere Höhe 15 m überschreitet Rauigkeitslänge $z_0 = 1{,}05$ m Profilexponent $\alpha = 0{,}30$	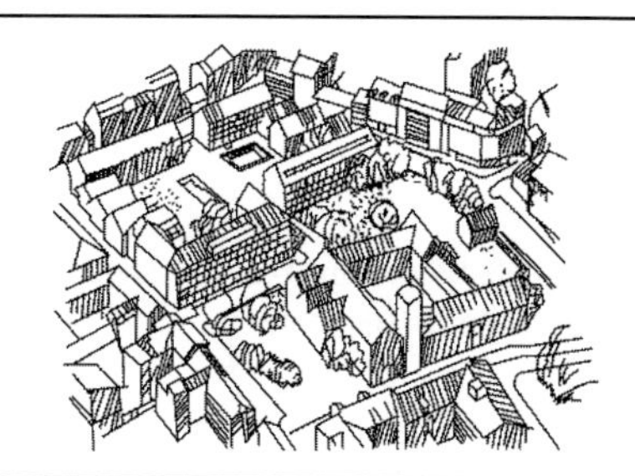

(3) In Tabelle NA.B.2 finden sich die Profile der mittleren Geschwindigkeit, der Turbulenzintensität und des Böengeschwindigkeitsdruckes für die 4 Geländekategorien. Der Böengeschwindigkeitsdruck wird in der Regel für die Windlastermittlung bei nicht schwingungsanfälligen Konstruktionen benutzt

(4) Auf der sicheren Seite liegend kann in den küstennahen Gebieten sowie auf den Nord- und Ostseeinseln die Geländekategorie I, im Binnenland die Geländekategorie II zu Grunde gelegt werden.

NCI

Anhang NA.N
(informativ)

Windeinwirkungen auf Brücken

NA.N.1 Allgemeines

(1) Die nachfolgend angegebenen Einwirkungen aus Wind auf Brücken (Tabelle NA.N.5 bis Tabelle NA.N.8) beruhen auf DIN EN 1991-1-4:2010-12, insbesondere Abschnitt 8. Die Angaben dienen einer vereinfachten Anwendung der Norm bei nicht schwingungsanfälligen Deckbrücken und Bauteilen.

(2) Die unter Tabelle NA.N.5 bis Tabelle NA.N.8 aufgeführten Werte gelten für Höhen bis 100 m. Für Höhen über 100 m sollte eine verfeinerte Untersuchung durchgeführt werden.

(3) Als entscheidende Einflüsse können bedeutsam sein:

— der Einfluss der Höhenlage des Bauwerkes;

— der Einfluss von Aufbauten auf den Brückenquerschnitten auf den c_f-Wert und die kürzer anzunehmende Wiederkehrperiode des rechnerischen Staudruckes bei Bauzuständen.

(4) Bei der Ermittlung der Werte der Tabellen NA.N.5 bis Tabelle NA.N.8 wurden folgende Annahmen mit Bezug auf DIN EN 1991-1-4:2010-12 zugrunde gelegt.

Windzonen

In der Windzonenkarte für Deutschland nach Anhang NA.A werden jeweils zwei Windzonen zusammengefasst. Dabei wird für

— Windzonen 1 und 2 $v_{ref} = 25$ m/s bzw. $q_{ref} = 0{,}39$ kN/m^2 und für

— Windzonen 3 und 4 $v_{ref} = 30$ m/s bzw. $q_{ref} = 0{,}56$ kN/m^2 angenommen.

Bezogene Windeinwirkung

Nach Gleichung (8.2) in DIN EN 1991-1-4:2010-12 ist die Windkraft in x-Richtung:

$$F_w = q_p(z_e) \times c_{1,x} A_{ref,x} \tag{NA.N.1}$$

Daraus ergibt sich die bezogene Windkraft zu

$$w = \frac{F_w}{A_{ref,x}} = q(z) \times c_{fx} = q(z) \times c_{fx,0} \times \psi_{3D} \tag{NA.N.2}$$

Dabei ist

$A_{ref,x} = d \times \ell$	die Bezugsfläche für das Brückendeck;
$A_{ref,x} = b \times \ell$	die Bezugsfläche für Stützen und Pfeiler;
$c_{fx,0}$	aerodynamischer Grundkraftbeiwert für unendlich große Schlankheit;
ψ_{3D}	Abminderungsfaktor zur Erfassung dreidimensionaler Strömungseffekte.

Geschwindigkeitsdruck im Binnenland

Es gilt das Mischprofil der Geländekategorien II und III nach Anhang NA.B. Das zugehörige Profil des Böengeschwindigkeitsdruckes ist nach Anhang NA.B:

für 7 m $< z \leq$ 50 m: $$q(z) = 1{,}7 \times q_{\text{ref}} \times \left(\frac{z}{10}\right)^{0{,}37} \quad \text{(NA.N.3)}$$

für 50 m $< z \leq$ 300 m: $$q(z) = 2{,}1 \times q_{\text{ref}} \times \left(\frac{z}{10}\right)^{0{,}24} \quad \text{(NA.N.4)}$$

Daraus ergibt sich $q(z)$ nach folgender Tabelle NA.N.1:

Tabelle NA.N.1 — Geschwindigkeitsdruck Binnenland

z in m	$q(z)$ WZ 1 + 2	$q(z)$ WZ 3 + 4
20	0,86	1,23
50	1,20	1,73
100	1,42	2,23

Geschwindigkeitsdruck in küstennahen Gebieten sowie auf den Inseln der Ostsee

Es gilt das Mischprofil der Geländekategorien I und II nach Anhang NA.B. Das zugehörige Profil des Böengeschwindigkeitsdruckes ist nach Anhang NA.B:

für 4 m $< z \leq$ 50 m: $$q(z) = 2{,}3 \times q_{\text{ref}} \times \left(\frac{z}{10}\right)^{0{,}27} \quad \text{(NA.N.5)}$$

für 50 m $< z \leq$ 300 m: $$q(z) = 2{,}6 \times q_{\text{ref}} \times \left(\frac{z}{10}\right)^{0{,}19} \quad \text{(NA.N.6)}$$

Daraus ergibt sich $q(z)$ nach folgender Tabelle NA.N.2:

Tabelle NA.N.2 — Geschwindigkeitsdruck Küste

z in m	$q(z)$ WZ 1 + 2	$q(z)$ WZ 3 + 4
20	1,08	1,55
50	1,39	1,99
100	1,57	2,26

Aerodynamische Beiwerte c_{f0}

Tabelle NA.N.3 enthält die Grundkraftbeiwerte $c_{f,0}$ für Brücken bei unendlich großer Schlankheit nach DIN EN 1991-1-4:2010-12, Bild 8.3, in Abhängigkeit der Brückenabmessungen b/d

— für Brücken im Bauzustand oder mit offenem Geländer,

— für Brücken mit Brüstung oder Lärmschutzwand (Lsw) oder Verkehr.

Dabei ist b die Breite, d die Höhe des Überbaus nach NA.N.2 (1).

Tabelle NA.N.3 — Aerodynamische Grundkraftbeiwerte für Brücken

b/d	$c_{f,0}$	
	ohne Verkehr und ohne Lsw	**mit Verkehr oder mit Lsw**
$\leq 0,5$	2,4	2,4
4	1,3	1,3
≥ 5	1,3	1,0

Tabelle NA.N.4 enthält die Grundkraftbeiwerte $c_{f,0}$ für unendlich schlanke, scharfkantige Rechteckquerschnitte (Pfeiler) nach DIN EN 1991-1-4:2010-12, Bild 7.23. Dabei ist b die Breite des Pfeilerquerschnitts orthogonal zur Windrichtung, d seine Abmessung parallel zur Windrichtung nach NA.N.2 (1).

Tabelle NA.N.4 — Aerodynamische Grundkraftbeiwerte für Brückenpfeiler

d/b	$c_{f,0}$
$\leq 0,5$	2,3
≥ 5	1,0

Aerodynamische Beiwerte c_{fx}

Die Berücksichtigung dreidimensionaler Umströmungseffekte an Stützen und Auflagern erfolgt in Abhängigkeit vom effektiven Schlankheitsgrad λ:

— Annahme für Überbauten ohne Verkehr und ohne Lärmschutzwand:

$$\frac{\ell}{d} \leq 70 \Rightarrow \text{gewählt } \lambda = 40 \Rightarrow \psi_{3D} = 0{,}85 \Rightarrow c_{fx} = \psi_{3D} \times c_{fx,0} = 0{,}85 \times c_{fx,0} \qquad \text{(NA.N.7)}$$

— Annahme für Überbauten mit Verkehr oder mit Lärmschutzwand:

$$\frac{\ell}{d} \leq 70 \Rightarrow \text{gewählt } \lambda = 10 \Rightarrow \psi_{3D} = 0{,}70 \Rightarrow c_{fx} = \psi_{3D} \times c_{fx,0} = 0{,}70 \times c_{fx,0} \qquad \text{(NA.N.8)}$$

— Annahme für Stützen und Pfeiler:

$$\frac{\ell}{d} \leq 70 \Rightarrow \text{gewählt } \lambda = 40 \Rightarrow \psi_{3D} = 0{,}85 \Rightarrow c_{fx} = \psi_{3D} \times c_{fx,0} = 0{,}85 \times c_{fx,0} \qquad \text{(NA.N.9)}$$

NA.N.2 Anzusetzende Windeinwirkungen

(1) Die bezogenen Windeinwirkungen ergeben sich nach folgenden Gleichungen und Tabellen:

— Überbau ohne Verkehr und ohne Lärmschutzwand

$$w = q(z_e) \times c_{fx,0} \times \psi_{3D} = q(z_e) \times c_{fx,0} \times 0{,}85 \quad \text{(NA.N.10)}$$

— Überbau mit Verkehr oder mit Lärmschutzwand

$$w = q(z_e) \times c_{fx,0} \times \psi_{3D} = q(z_e) \times c_{fx,0} \times 0{,}70 \quad \text{(NA.N.11)}$$

— Stützen und Pfeiler

$$w = q(z_e) \times c_{fx,0} \times \psi_{3D} = q(z_e) \times c_{fx,0} \times 0{,}85 \quad \text{(NA.N.12)}$$

Tabelle NA.N.5 — Windeinwirkungen w in kN/m² auf Brücken für Windzonen 1 und 2 (Binnenland)

1	2	3	4	5	6	7
	Ohne Verkehr und ohne Lärmschutzwand			**Mit Verkehr[a] oder mit Lärmschutzwand**		
	auf Überbauten					
b/d[b]	$z_e \leq 20$ m	20 m $< z_e \leq 50$ m	50 m $< z_e \leq 100$ m	$z_e \leq 20$ m	20 m $< z_e \leq 50$ m	50 m $< z_e \leq 100$ m
$\leq 0{,}5$	1,75	2,45	2,90	1,45	2,05	2,40
$= 4$	0,95	1,35	1,60	0,80	1,10	1,30
≥ 5	0,95	1,35	1,60	0,60	0,85	1,00
	auf Stützen und Pfeilern[c]					
d/b[b]	$z_e \leq 20$ m		20 m $< z_e \leq 50$ m		50 m $< z_e \leq 100$ m	
$\leq 0{,}5$	1,70		2,35		2,80	
≥ 5	0,75		1,05		1,25	

[a] Es gilt der Kombinationsbeiwert $\psi_0 = 0{,}55$ (Windzonen 1+2). Für Eisenbahnbrücken gilt der Kombinationsbeiwert $\psi_0 = 0{,}6$.

[b] Bei Zwischenwerten kann linear interpoliert werden.

[c] Bei quadratischen Stützen- oder Pfeilerquerschnitten mit abgerundeten Ecken, bei denen das Verhältnis $r/d \geq 0{,}20$ beträgt, können die Windeinwirkungen auf Pfeiler und Stützen um 50 % reduziert werden. Für $0 < r/d < 0{,}2$ darf linear interpoliert werden. Hierbei ist r = Radius der Ausrundung.

Tabelle NA.N.6 — Windeinwirkungen w in kN/m^2 auf Brücken für Windzonen 3 und 4 (Binnenland)

1	2	3	4	5	6	7
	Ohne Verkehr und ohne Lärmschutzwand			Mit Verkehr[a] oder mit Lärmschutzwand		
	auf Überbauten					
b/d[b]	$z_e \leq 20$ m	20 m $< z_e \leq$ 50 m	50 m $< z_e \leq$ 100 m	$z_e \leq 20$ m	20 m $< z_e \leq$ 50 m	50 m $< z_e \leq$ 100 m
$\leq 0{,}5$	2,55	3,55	4,20	2,10	2,95	3,45
$= 4$	1,40	1,95	2,25	1,15	1,60	1,90
≥ 5	1,40	1,95	2,25	0,90	1,25	1,45
	auf Stützen und Pfeilern[c]					
d/b[b]	$z_e \leq 20$ m		20 m $< z_e \leq$ 50 m		50 m $< z_e \leq$ 100 m	
$\leq 0{,}5$	2,40		3,40		4,00	
≥ 5	1,05		1,50		1,75	

[a] Es gilt der Kombinationsbeiwert $\psi_0 = 0{,}4$ (Windzonen 3+4). Für Eisenbahnbrücken gilt der Kombinationsbeiwert $\psi_0 = 0{,}6$.

[b] Bei Zwischenwerten kann linear interpoliert werden.

[c] Bei quadratischen Stützen- oder Pfeilerquerschnitten mit abgerundeten Ecken, bei denen das Verhältnis $r/d \geq 0{,}20$ beträgt, können die Windeinwirkungen auf Pfeiler und Stützen um 50 % reduziert werden. Für $0 < r/d < 0{,}2$ darf linear interpoliert werden. Hierbei ist r = Radius der Ausrundung.

Tabelle NA.N.7 — Windeinwirkungen w in kN/m^2 auf Brücken für Windzonen 1 und 2 (Küstennähe)

1	2	3	4	5	6	7
	Ohne Verkehr und ohne Lärmschutzwand			Mit Verkehr[a] oder mit Lärmschutzwand		
	auf Überbauten					
b/d[b]	$z_e \leq 20$ m	20 m $< z_e \leq$ 50 m	50 m $< z_e \leq$ 100 m	$z_e \leq 20$ m	20 m $< z_e \leq$ 50 m	50 m $< z_e \leq$ 100 m
$\leq 0{,}5$	2,20	2,85	3,20	1,85	2,35	2,65
$= 4$	1,20	1,55	1,75	1,00	1,30	1,45
≥ 5	1,20	1,55	1,75	0,80	1,00	1,10
	auf Stützen und Pfeilern[c]					
b/d[b]	$z_e \leq 20$ m		20 m $< z_e \leq$ 50 m		50 m $< z_e \leq$ 100 m	
$\leq 0{,}5$	2,15		2,75		3,10	
≥ 5	0,95		1,20		1,35	

[a] Es gilt der Kombinationsbeiwert $\psi_0 = 0{,}55$ (Windzonen 1+2). Für Eisenbahnbrücken gilt der Kombinationsbeiwert $\psi_0 = 0{,}6$.

[b] Bei Zwischenwerten kann linear interpoliert werden.

[c] Bei quadratischen Stützen- oder Pfeilerquerschnitten mit abgerundeten Ecken, bei denen das Verhältnis $r/d \geq 0{,}20$ beträgt, können die Windeinwirkungen auf Pfeiler und Stützen um 50 % reduziert werden. Für $0 < r/d < 0{,}2$ darf linear interpoliert werden. Hierbei ist r = Radius der Ausrundung.

Tabelle NA.N.8 — Windeinwirkungen w in kN/m² auf Brücken für Windzonen 3 und 4 (Küstennähe)

1	2	3	4	5	6	7
	Ohne Verkehr und ohne Lärmschutzwand			Mit Verkehr [a] oder mit Lärmschutzwand		
	auf Überbauten					
b/d [b]	$z_e \leq 20$ m	20 m $< z_e \leq 50$ m	50 m $< z_e \leq 100$ m	$z_e \leq 20$ m	20 m $< z_e \leq 50$ m	50 m $< z_e \leq 100$ m
$\leq 0,5$	3,20	4,10	4,65	2,60	3,35	3,80
$= 4$	1,75	2,20	2,50	1,45	1,85	2,10
≥ 5	1,75	2,20	2,50	1,10	1,40	1,60
	auf Stützen und Pfeilern [c]					
b/d [b]	$z_e \leq 20$ m		20 m $< z_e \leq 50$ m		50 m $< z_e \leq 100$ m	
$\leq 0,5$	3,05		3,90		4,45	
≥ 5	1,35		1,70		1,95	

[a] Es gilt der Kombinationsbeiwert $\psi_0 = 0,4$ (Windzonen 3+4). Für Eisenbahnbrücken gilt der Kombinationsbeiwert $\psi_0 = 0,6$.

[b] Bei Zwischenwerten kann linear interpoliert werden.

[c] Bei quadratischen Stützen- oder Pfeilerquerschnitten mit abgerundeten Ecken, bei denen das Verhältnis $r/d \geq 0,20$ beträgt, können die Windeinwirkungen auf Pfeiler und Stützen um 50 % reduziert werden. Für $0 < r/d < 0,2$ darf linear interpoliert werden. Hierbei ist r = Radius der Ausrundung.

Erläuterungen zu den Tabellen.NA.N.5 bis NA.N.8:

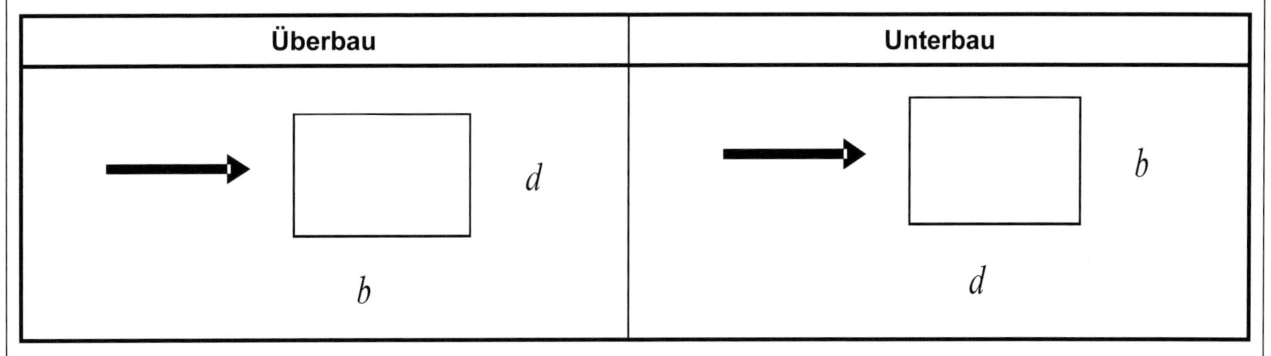

Dabei ist

b Überbau: Gesamtbreite der Deckbrücke,
Unterbau: Stützen- bzw. Pfeilerabmessungen orthogonal zur Windrichtung.

d Überbau:
— Bei Brücken ohne Verkehr und ohne Lärmschutzwand:
Höhe von Oberkante Kappe einschließlich ggf. vorhandener Brüstung oder Gleitwand bis Unterkante Tragkonstruktion. Bei Eisenbahnbrücken, wenn ungünstiger, von Schienenoberkante bis Unterkante Tragkonstruktion.
— Bei Brücken mit Verkehrsband oder mit Lärmschutzwand:
Höhe von Oberkante Verkehrsband bzw. Lärmschutzwand bis Unterkante Tragkonstruktion.

Unterbau:
— Stützen- bzw. Pfeilerabmessung parallel zur Windrichtung.

z_e größte Höhe der Windlastresultierenden über der Geländeoberfläche oder über dem mittleren Wasserstand. Für Höhen $z < z_{min}$ ist $z_e = z_{min}$ anzunehmen.

(2) Die Angaben gelten nur für nicht schwingungsanfällige Deckbrücken sowie nicht schwingungsanfällige Bauteile. NA.C.2 enthält Kriterien zur Beurteilung der Schwingungsanfälligkeit. Die Tabellen NA.N.5 bis NA.N.8 gelten nicht für Sonderbrückenkonstruktionen, wie z. B. bewegliche Brücken und überdachte Brücken.

Für Fachwerk- und Stabbogenbrücken gelten die Angaben sinngemäß; die außerhalb der Fahrbahnkonstruktion liegenden Bauteile (Fachwerkstäbe bzw. Bögen und Hänger) sind gesondert zu erfassen.

(3) Für zeitlich begrenzte Bauzustände gilt:

1) bei Bauzuständen, die nicht länger als 1 Tag dauern, dürfen die charakteristischen Werte der Tabellen NA.N.5 und NA.N.7 mit dem Faktor 0,55 und die charakteristischen Werte der Tabellen NA.N.6 und NA.N.8 mit dem Faktor 0,4 multipliziert werden.

2) bei Bauzuständen, die nicht länger als 1 Woche dauern, dürfen die charakteristischen Werte der Tabellen NA.N.5 und NA.N.7 mit dem Faktor 0,80 und die charakteristischen Werte der Tabellen NA.N.6 und NA.N.8 mit dem Faktor 0,55 multipliziert werden.

Voraussetzung ist, dass sichergestellt wird, dass die Windgeschwindigkeiten folgende Werte nicht überschreiten:

— Im Fall (1): $v < 18$ m/s,

— im Fall (2): $v < 22$ m/s.

Hierzu ist es notwendig, die Wetterlage festzustellen, den Wetterverlauf zu beobachten und rechtzeitig durchführbare Sicherungsmaßnahmen für den Fall vorzusehen, dass die Windgeschwindigkeit den o. g. Wert übersteigt.

Kapitel V

Temperatureinwirkungen

Inhalt

DIN EN 1991-1-5 einschließlich Nationaler Anhang – Auszug –

Seite

1 Allgemeines

1.1 Geltungsbereich

(1) EN 1991-1-5 gibt Prinzipien und Festlegungen zur Berechnung von Temperatureinwirkungen auf Gebäude, Brücken und anderen Tragwerken einschließlich ihrer Einzelbauteile an. Festlegungen für Fassadenverkleidungen und andere Ausbauten von Gebäuden sind ebenfalls angegeben.

(2) Dieser Teil beschreibt die Temperatureinwirkungen auf Bauteile. Es werden die charakteristischen Werte für Temperatureinwirkungen angegeben, die für die Bemessung von Tragwerken benutzt werden können, die durch tägliche und jahreszeitliche Temperaturwechsel beansprucht werden. Die Temperatureinwirkungen brauchen nicht berücksichtigt zu werden, wenn das Tragwerk keinen klimatischen Temperatureinwirkungen ausgesetzt ist.

(3) Tragwerke, bei denen sich die Temperatureinwirkungen hauptsächlich aus ihrer Nutzung ergeben (z. B. Kühltürme, Silos, Tanks, warme und kalte Lagereinrichtungen, Wärmekammer und Kühlhäuser), werden in Abschnitt 7 behandelt. Schornsteine werden in EN 13084-1 behandelt.

1.2 Normative Verweisungen

Diese Europäische Norm enthält durch datierte oder undatierte Verweisungen Festlegungen aus anderen Publikationen. Diese normativen Verweisungen sind an den jeweiligen Stellen im Text zitiert, und die Publikationen sind nachstehend aufgeführt. Bei datierten Verweisungen gehören spätere Änderungen oder Überarbeitungen dieser Publikationen nur zu dieser Europäischen Norm, falls sie durch Änderung oder Überarbeitung eingearbeitet sind. Bei undatierten Verweisungen gilt die letzte Ausgabe der in Bezug genommenen Publikation (einschließlich Änderungen).

EN 1990:2002, *Eurocode: Grundlagen der Tragwerksplanung*

prEN 1991-1-6, *Eurocode 1: Einwirkungen auf Tragwerke — Teil 1.6: Allgemeine Einwirkungen — Einwirkungen während der Bauausführung*

EN 13084-1, *Frei stehende Industrieschornsteine — Teil 1: Allgemeine Anforderungen*

ISO 2394, *General principles on reliability for structures*

ISO 3898, *Basis of design of structures — Notations. General symbols*

ISO 8930, *General principles on reliability for structures; List of equivalent terms Trilingual edition*

1.3 Annahmen

(1)P Die grundsätzlichen Annahmen von EN 1990 gelten auch in diesem Teil.

1.4 Unterscheidung zwischen Prinzipien und Anwendungsregeln

(1)P Die Regelungen in EN 1990:2002, 1.4, gelten auch für diesen Teil.

1.5 Begriffe und Definitionen

Für die Anwendung dieser Europäischen Norm gelten die folgenden und in EN 1990, ISO 2394, ISO 3898 und ISO 8930 angegebenen Definitionen.

1.5.1
Temperatureinwirkungen
Temperatureinwirkungen auf Tragwerke oder Bauteile sind solche Einwirkungen, die sich aus Änderungen der Temperaturverteilung innerhalb eines bestimmten Zeitintervalls ergeben

1.5.2
Außenlufttemperatur
Außenlufttemperatur ist die Temperatur, die mit einem Thermometer gemessen wird, das in einer weiß gestrichenen mit Luftschlitzen versehenen Holzbox angebracht ist („Stevenson screen")

1.5.3
maximale Außenlufttemperatur T_{max}
Wert der maximalen Außenlufttemperatur mit einer jährlichen Überschreitenswahrscheinlichkeit von 0,02 (entspricht einer Wiederkehrperiode von 50 Jahren), basierend auf stündlichen Messwerten

1.5.4
minimale Außentemperatur T_{min}
Wert der minimalen Außenlufttemperatur mit einer jährlichen Wahrscheinlichkeit von 0,02 (entspricht einer Wiederkehrperiode von 50 Jahren), basierend auf stündlichen Messwerten

1.5.5
Aufstelltemperatur T_0
Aufstelltemperatur eines Bauteils zur Bestimmung seiner Zwängung (Fertigstellung)

1.5.6
Fassadenverkleidung
Teil eines Gebäudes, das die wetterfeste Hülle bildet. Im Allgemeinen trägt die Fassadenverkleidung nur Eigengewicht und/oder Windeinwirkungen

1.5.7
konstanter Temperaturanteil
Temperatur, die über dem Querschnitt konstant ist und die zu einer Ausdehnung oder Verkürzung eines Bauteils oder Tragwerks führt (bei Brücken wird diese oft als „wirksame Temperatur" festgelegt, aber die Bezeichnung „konstant" wurde in diesem Teil des Eurocodes übernommen)

1.5.8
veränderlicher Temperaturanteil
Anteil der Temperaturverteilung in einem Bauteil, das den Temperaturunterschied zwischen der Außenseite des Bauteils und jedem innenliegenden Punkt darstellt

1.6 Symbole

(1) Für die Anwendung dieses Teils von Eurocode 1 gelten die folgenden Symbole:

ANMERKUNG Die hier benutzten Bezeichnungen basieren auf ISO 3898.

(2) Eine grundlegende Liste mit Bezeichnungen ist in der EN 1990 enthalten und die zusätzlich unten angegebenen Bezeichnungen sind speziell für diesen Teil.

Lateinische Großbuchstaben

R	Wärmedurchlasswiderstand des Bauteils
R_{in}	Wärmedurchlasswiderstand an der Innenseite
R_{out}	Wärmedurchlasswiderstand an der Außenseite
T_{max}	maximale Außenlufttemperatur mit einer jährlichen Wahrscheinlichkeit von 0,02 (entspricht einer Wiederkehrperiode von 50 Jahren)
T_{min}	minimale Außenlufttemperatur mit einer jährlichen Wahrscheinlichkeit von 0,02 (entspricht einer Wiederkehrperiode von 50 Jahren)
$T_{max,p}$	maximale Außenlufttemperatur mit einer jährlichen Wahrscheinlichkeit von p (entspricht einer gemittelten Wiederkehrperiode von $1/p$)
$T_{min,p}$	minimale Außenlufttemperatur mit einer jährlichen Wahrscheinlichkeit von p (entspricht einer gemittelten Wiederkehrperiode von $1/p$)
$T_{e.max}$	maximaler konstanter Temperaturanteil für Brücken
$T_{e.min}$	minimaler konstanter Temperaturanteil für Brücken
T_0	Aufstelltemperatur des Bauteils zur Bestimmung seiner Zwängung
T_{in}	Lufttemperatur der inneren Umgebung
T_{out}	Temperatur der äußeren Umgebung
ΔT_1, ΔT_2, ΔT_3, ΔT_4	Werte für Temperaturunterschiede bei Erwärmung (Abkühlung)
ΔT_U	konstanter Temperaturanteil
$\Delta T_{N, exp}$	maximale positive Änderung des konstanten Temperaturanteils für Brücken ($T_{e.max} \geq T_0$)
$\Delta T_{N, con}$	maximale negative Änderung des konstanten Temperaturanteils für Brücken ($T_0 \geq T_{e.min}$)
ΔT_N	gesamter Schwankungsbereich des konstanten Temperaturanteils bei Brücken
ΔT_M	linear veränderlicher Temperaturanteil
$\Delta T_{M,heat}$	linear veränderlicher Temperaturanteil (Erwärmung)
$\Delta T_{M,cool}$	linear veränderlicher Temperaturanteil (Abkühlung)
ΔT_E	nicht-linear veränderlicher Temperaturanteil
ΔT	Summe der linear veränderlichen Temperaturanteile und der nicht-linear veränderlichen Temperaturanteile
ΔT_p	Temperaturunterschied zwischen den verschiedenen Bauteilen eines Tragwerks, angegeben durch die unterschiedlichen Durchschnittstemperaturen dieser Bauteile

Lateinische Kleinbuchstaben

h Höhe des Querschnitts

k_1, k_2, k_3, k_4 Koeffizienten zur Berechnung der maximalen (minimalen) Außenlufttemperaturen, die von einer jährlichen Wahrscheinlichkeit von $p = 0{,}02$ abweichen

k_{sur} Faktor zur Berücksichtigung der Oberbelagsdicke bei Bestimmung des linear veränderlichen Temperaturanteils

p Wahrscheinlichkeit für die jährlich erreichte maximale (minimale) Außenlufttemperatur (entspricht einer mittleren Wiederkehrperiode von $1/p$ Jahren)

u, c Positions- und Skalierungsparameter für die jährliche maximale (minimale) Außenlufttemperaturverteilung

Griechische Kleinbuchstaben

α_T Temperaturkoeffizient (1/°C)

λ Wärmeleitfähigkeit

ω_N Faktor zur Reduzierung des konstanten Temperaturanteils für die Kombination mit veränderlichen Temperaturanteilen

ω_M Faktor zur Reduzierung des veränderlichen Temperaturanteils für die Kombination mit dem konstanten Temperaturanteil

2 Klassifizierung der Einwirkungen

(1)P Temperatureinwirkungen sind als veränderliche und indirekte Einwirkungen zu klassifizieren, siehe EN 1990:2002, 1.5.3 und 4.1.1.

(2) Alle in dieser Norm angegebenen Werte der Temperatureinwirkungen sind charakteristische Werte, wenn dies nicht anders festgelegt ist.

(3) Die in dieser Norm für die Temperatureinwirkungen angegebenen charakteristischen Werte beziehen sich auf eine Überschreitenswahrscheinlichkeit von 0,02, wenn dies nicht anders festgelegt ist, z. B. für vorübergehende Bemessungssituationen.

ANMERKUNG Für vorübergehende Bemessungssituationen dürfen die zugehörigen Werte der Temperatureinwirkungen abgeleitet werden, indem das in Anhang A, A.2 angegebene Berechnungsverfahren verwendet wird.

3 Bemessungssituation

(1)P Temperatureinwirkungen sind in Übereinstimmung mit EN 1990 für jede maßgebende Bemessungssituation festzulegen.

ANMERKUNG Tragwerke, die nicht täglichen und jahreszeitlichen klimatischen oder betriebsbedingten Temperaturwechseln ausgesetzt sind, brauchen hinsichtlich Temperatureinwirkungen nicht betrachtet zu werden.

(2)P Bauteile von lastabtragenden Konstruktionen sind zu überprüfen, um sicherzustellen, dass keine Überbeanspruchungen im Tragwerk auftreten, die durch Verformungen infolge Temperatureinwirkungen hervorgerufen werden. Es sind entweder bewegliche Anschlüsse vorzusehen, oder die Beanspruchungen sind bei der Tragwerksbemessung berücksichtigt.

4 Beschreibung der Einwirkungen

(1) Tägliche und jahreszeitliche Schwankungen der Außenlufttemperatur, Sonneneinstrahlung, Rückstrahlung usw. führen zu einer Veränderung der Temperaturverteilung in den betroffenen Bauteilen eines Tragwerks.

(2) Die Größe der Temperatureinwirkungen ist von den lokalen klimatischen Bedingungen, zusammen mit der Ausrichtung des Tragwerks, seiner Beschaffenheit der Außenflächen, Ausbauten (Fassadenverkleidung) und bei Gebäuden vom Heizung- und Klimasystem und dem Wärmedämmsystem abhängig.

(3) Die Temperaturverteilung innerhalb eines einzelnen Bauteils darf in die folgenden vier wesentlichen einzelnen Anteile aufgeteilt werden, wie in Bild 4.1 dargestellt:

a) Konstanter Temperaturanteil, ΔT_{u};

b) Linear veränderlicher Temperaturanteil über die z-z-Achse, ΔT_{MY};

c) Linear veränderlicher Temperaturanteil über die y-y-Achse, ΔT_{MZ};

d) Nicht-linear veränderlicher Temperaturanteil ΔT_{E}. Dies führt zu einem System von Eigenspannung, die im Gleichgewicht für das Bauteil keine äußere Beanspruchung erzeugt.

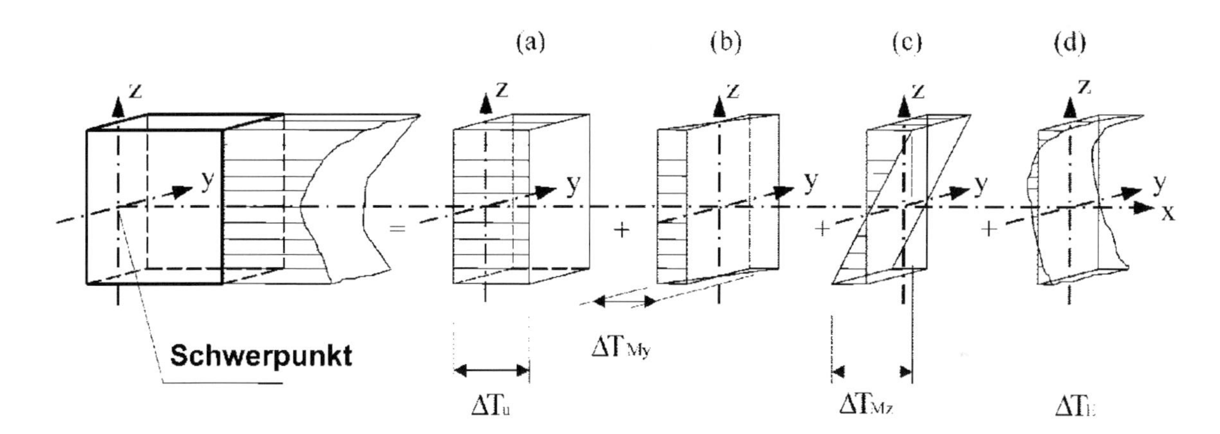

Bild 4.1 — Diagramm zur Darstellung der einzelnen Anteile eines Temperaturprofils

(4) Die Dehnungen und daher jede daraus resultierende Spannung sind von der Geometrie und den Lagerbedingungen des betrachteten Bauteils sowie von den physikalischen Eigenschaften des verwendeten Materials abhängig. Wenn Materialien mit unterschiedlichen Temperaturkoeffizienten im Verbund verwendet werden, sollten hierbei die Auswirkungen aus Temperatur berücksichtigt werden.

(5) Um die Temperatureinwirkungen zu ermitteln, sollten die linearen Temperaturkoeffizienten eines Materials verwendet werden.

ANMERKUNG Der Temperaturkoeffizient ist im Anhang C für eine Auswahl von üblicherweise verwendeten Materialien angegeben.

6 Temperaturunterschiede bei Brücken

6.1 Brückenüberbauten

6.1.1 Arten von Brückenüberbauten

(1) Für die Anwendung dieses Teils werden die Brückenüberbauten wie folgt eingeteilt:

Typ 1	Stahlkonstruktion	— Hohlkastenträger aus Stahl — Fachwerkträger oder Blechträger
Typ 2	Verbundkonstruktion	
Typ 3	Betonkonstruktion	— Betonplatte — Betonträger — Hohlkastenträger

ANMERKUNG 1 Siehe auch Bild 6.2.

ANMERKUNG 2 Andere Werte für den konstanten Temperaturanteil und für die veränderlichen Temperaturanteile für andere Brückenarten dürfen im Nationalen Anhang festlegt werden.

NDP zu 6.1.1 (1)

Es gelten die empfohlenen Werte.

6.1.2 Berücksichtigung von Temperatureinwirkungen

(1) Für die Temperatureinwirkungen sollten repräsentative Werte in Form des konstanten Temperaturanteils (siehe 6.1.3) und des veränderlichen Temperaturanteils (siehe 6.1.4) festgelegt werden.

(2) Der vertikale Temperaturunterschied, nach 6.1.4, sollte im Allgemeinen den nicht-linear veränderlichen Anteil, siehe 4(3), enthalten. Entweder sollte das Verfahren 1 (siehe 6.1.4.1) oder das Verfahren 2 (siehe 6.1.4.2) angewendet werden.

ANMERKUNG Die Wahl des Verfahrens, das in einem Land anzuwenden ist, darf im Nationalen Anhang festgelegt werden.

NDP zu 6.1.2 (2)

Es ist Verfahren 1 anzuwenden.

(3) Wo ein horizontaler Temperaturunterschied zu berücksichtigen ist, darf ein linear veränderlicher Temperaturanteil angenommen werden, wenn keine anderen Informationen vorliegen (siehe 6.1.4.3).

6.1.3 Konstanter Temperaturanteil

6.1.3.1 Allgemeines

(1) Der konstante Temperaturanteil hängt von der minimalen und maximalen Temperatur ab, die in einer Brücke erreicht wird. Dies führt zu einer Reihe von konstanten Temperaturwechseln, die in einem zwangsfreien Tragwerk Bauteillängenänderungen hervorrufen.

(2) Die folgenden Auswirkungen sind zu berücksichtigen, wo notwendig:

— Zwang infolge zugehöriger Ausdehnung oder Verkürzung aufgrund des Konstruktionstyp (z. B. Portalrahmen, Bogen, Elastomerlager),

— Reibung an Rollen- oder Gleitlagern,

— nicht-lineare geometrische Einflüsse (Theorie 2. Ordnung),

— bei Eisenbahnbrücken können die Einflüsse der Interaktion zwischen Gleis und Brücke aufgrund von Temperaturschwankungen im Überbau und in den Schienen zusätzliche horizontale Kräfte in den Lagern (und zusätzliche Kräfte in den Schienen) verursachen.

ANMERKUNG Für weitere Informationen siehe EN 1991-2.

(3)P Die minimale Außenlufttemperatur (T_{min}) und die maximale Außenlufttemperatur (T_{max}) am Errichtungsort sind mit den Isothermen nach 6.1.3.2 zu bestimmen.

(4) Der minimale und maximale konstante Temperaturanteil der Brücke $T_{e.min}$ und $T_{e.max}$ sollte ermittelt werden.

ANMERKUNG Der Nationale Anhang darf $T_{e.min}$ und $T_{e.max}$ festlegen. Das Bild 6.1 enthält empfohlene Werte.

NDP zu 6.1.3.1 (4)

Es gelten die empfohlenen Werte.

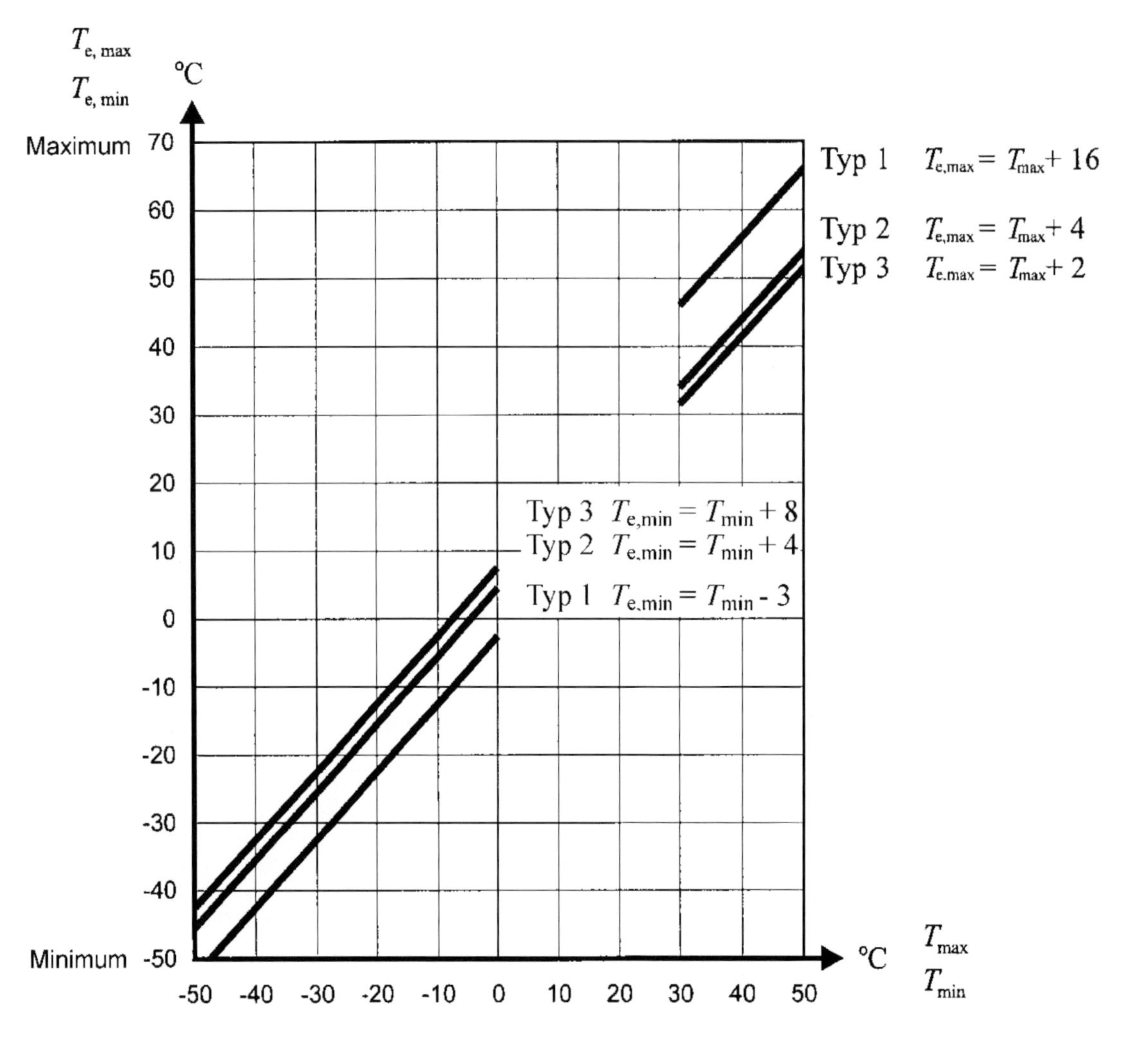

ANMERKUNG 1 Die Werte in Bild 6.1 basieren auf täglichen Temperaturschwankungen von 10 °C. Dieser Bereich kann für die meisten Mitgliedstaaten als ausreichend angenommen werden.

ANMERKUNG 2 Für Fachwerke aus Stahl und Blechträger dürfen die maximalen Werte für Typ 1 um 3 °C reduziert werden.

Bild 6.1 — Korrelation zwischen minimaler/maximaler Außenlufttemperatur (T_{min}/T_{max}) und minimalem/maximalem konstantem Temperaturanteil für Brücken ($T_{e.min}/T_{e.max}$)

6.1.3.2 Außenlufttemperatur

(1)P Charakteristische Werte für die minimale und maximale Außenlufttemperatur sind für die geographische Lage des Bauwerks zum Beispiel aus nationalen Isothermenkarten zu entnehmen.

ANMERKUNG Informationen (z. B. Isothermenkarten) über minimale und maximale Außenlufttemperaturen, die in einem Land zu verwenden sind, dürfen im Nationalen Anhang festgelegt werden.

NDP zu 6.1.3.2 (1)

Die minimale Außenlufttemperatur T_{min} beträgt −24 °C und die maximale Außenlufttemperatur T_{max} beträgt +37 °C.

(2) Diese charakteristischen Werte sollten die Außenlufttemperaturen für mittlere Geländehöhen über dem Meeresspiegel auf dem offenen Land mit einer jährlichen Wahrscheinlichkeit von 0,02 repräsentieren. Für andere jährliche Überschreitenswahrscheinlichkeiten (p anders als 0,02), bei Geländehöhen über dem Meeresspiegel und örtliche Bedingungen (Kaltluftsee) dürfen die Werte in Übereinstimmung mit Anhang A angepasst werden.

(3) Wo die jährliche Wahrscheinlichkeit von 0,02 ungeeignet erscheint, sollte die minimale und maximale Außenlufttemperatur in Übereinstimmung mit Anhang A angepasst werden.

6.1.3.3 Änderungen des konstanten Temperaturanteils bei Brücken

(1)P Die Werte der minimalen und maximalen konstanten Temperaturanteile zur Bestimmung der Zwangskräfte sind in Abhängigkeit von der minimalen (T_{min}) und maximalen (T_{max}) Außenlufttemperatur (siehe 6.1.3.1(3) und 6.1.3.1(4)) zu bestimmen.

(2) Die Aufstelltemperatur der Brücke T_0, bei der die Zwängung des Tragwerks eintritt, darf zur Berechnung der Verkürzung infolge des minimalen konstanten Temperaturanteils und der Ausdehnung infolge des maximalen konstanten Temperaturanteils dem Anhang A entnommen werden.

(3) Daher sollte der charakteristische Wert der maximalen negativen Änderung (Verkürzung) des konstanten Temperaturanteils der Brücke $\Delta T_{N,con}$ zu

$$\Delta T_{N,con} = T_0 - T_{e.min} \qquad (6.1)$$

angenommen werden und der charakteristische Wert der maximalen positiven Änderung (Ausdehnung) des konstanten Temperaturanteils der Brücke $\Delta T_{N,exp}$ sollte zu

$$\Delta T_{N,exp} = T_{e.max} - T_0 \qquad (6.2)$$

angenommen werden.

ANMERKUNG 1 Die gesamte Schwankung des konstanten Temperaturanteils der Brücke ist

$$\Delta T_N = T_{e.max} - T_{e.min}$$

ANMERKUNG 2 Für Lager und Brückenübergänge darf der Nationale Anhang die maximale positive Änderung (Ausdehnung) des konstanten Temperaturanteils der Brücke und die maximale negative Änderung (Verkürzung) des konstanten Temperaturanteils der Brücke festlegen, wenn keine weiteren Anforderungen notwendig sind. Die empfohlenen Werte sind ($\Delta T_{N,exp} + 20$) °C und ($\Delta T_{N,con} + 20$) °C. Falls die Temperatur, bei denen die Lager und Übergänge eingesetzt werden, festgelegt ist, sind die empfohlenen Werte ($\Delta T_{N,exp} + 10$) °C und ($\Delta T_{N,con} + 10$) °C.

NDP zu 6.1.3.3 (3)

Die Anmerkung 2 ist nicht anzuwenden. Es gilt DIN EN 1990/NA/A1:2012-08, NA.E.5.2.2.*)

ANMERKUNG 3 Für die Bemessung von Lagern und Übergängen sind die Werte für die Temperaturkoeffizienten im Anhang C angegeben. Tabelle C.1 darf angepasst werden, falls alternative Werte durch Versuche und weitere genauere Untersuchungen nachgewiesen werden.

NDP zu 6.1.3.3 (3)

Es gelten die empfohlenen Werte für ΔT_N.

In Tabelle C.1 wird α_T für folgende Materialien angepasst bzw. ergänzt:

Nichtrostender Stahl	$18 \cdot 10^{-6}$/°C
Baustahl, Schmiede- und Gusseisen	$12 \cdot 10^{-6}$/°C
Beton, Zuschlag aus Kalkstein	$9 \cdot 10^{-6}$/°C

*) Ergänzung der nationalen Festlegung durch Veröffentlichung der DIN EN 1990/NA/A1.

6.1.4 Veränderliche Temperaturanteile

(1) Während einer vorgegebenen Zeitspanne verursacht die Erwärmung und Abkühlung des oberen Beitrags des Brückenüberbaus eine maximale Temperaturveränderung infolge Erwärmung (Oberseite wärmer) und eine maximale Temperaturveränderung infolge Abkühlung (Unterseite wärmer).

(2) Der vertikale Temperaturunterschied kann innerhalb eines Tragwerks Beanspruchungen hervorrufen, durch:

— Behinderung der freien Krümmung aufgrund der Tragwerksform (z. B. Portalrahmen, Durchlaufträger usw.),

— Reibung an Drehlagern,

— nichtlineare geometrische Einflüsse (Theorie 2. Ordnung).

(3) Im Falle von Brückenträgern im Freivorbau kann es für deren Zusammenschluss erforderlich sein, einen anfänglichen Temperaturunterschied zu berücksichtigen.

ANMERKUNG Werte für den anfänglichen Temperaturunterschied dürfen im Nationalen Anhang festgelegt werden.

NDP zu 6.1.4 (3)

Hierzu werden keine Angaben gemacht.

6.1.4.1 Vertikale linear veränderliche Anteile (Verfahren 1)

(1) Die Beanspruchungen aus vertikalen Temperaturunterschieden sollten berücksichtigt werden, indem ein konstanter linearer Temperaturanteil (siehe 6.1.2(2)) mit $\Delta T_{M,heat}$ und $\Delta T_{M,cool}$ benutzt wird. Diese Werte sollten zwischen der Ober- und Unterseite des Brückenüberbaus angewendet werden.

ANMERKUNG Werte für $\Delta T_{M,heat}$ und $\Delta T_{M,cool}$, die in einem Land anzuwenden sind, können in seinem Nationalen Anhang gefunden werden. In Tabelle 6.1 werden Werte für $\Delta T_{M,heat}$ und $\Delta T_{M,cool}$ empfohlen.

NDP zu 6.1.4.1 (1)

Die empfohlenen Werte werden übernommen.

Tabelle 6.1 — Empfehlung von linear veränderlichen Temperaturanteilen für unterschiedliche Überbauarten von Straßen-, Fußgänger- und Eisenbahnbrücken

Überbautyp	Oberseite wärmer als Unterseite	Unterseite wärmer als Oberseite
	$\Delta T_{M,heat}$ (°C)	$\Delta T_{M,cool}$ (°C)
Typ 1: Stahlkonstruktion	18	13
Typ 2: Verbundkonstruktion	15	18
Typ 3: Betonkonstruktion: — Hohlkasten — Träger — Platte	 10 15 15	 5 8 8

ANMERKUNG 1 Für repräsentative Beispiele der Brückengeometrie stellen die in der Tabelle angegebenen Werte obere Grenzwerte für den linear veränderlichen Temperaturanteil dar.

ANMERKUNG 2 Die in der Tabelle angegebenen Werte basieren auf einer Dicke des oberen Belags von 50 mm für Straßen- und Eisenbahnbrücken. Für andere Dicken von Belägen sollten diese Werte mit dem Faktor k_{sur} multipliziert werden. Empfehlungen für die Werte des Faktors k_{sur} enthält Tabelle 6.2.

Tabelle 6.2 — Empfehlungen für die Werte von k_{sur} zur Berücksichtigung unterschiedlicher Oberbelagsdicken*)

Straßen-, Fußgänger- und Eisenbahnbrücken						
Dicke des Oberbelags	Typ 1		Typ 2		Typ 3	
	Oben wärmer als unten	Unten wärmer als oben	Oben wärmer als unten	Unten wärmer als oben	Oben wärmer als unten	Unten wärmer als oben
[mm]	k_{sur}	k_{sur}	k_{sur}	k_{sur}	k_{sur}	k_{sur}
wasser-geschützt[1)]	0,7	0,9	0,9	1,0	0,8	1,1
ohne Belag	1,6	0,6	1,1	0,9	1,5	1,0
50	1,0	1,0	1,0	1,0	1,0	1,0
100	0,7	1,2	1,0	1,0	0,7	1,0
150	0,7	1,2	1,0	1,0	0,5	1,0
Schotter (750 mm)	0,6	1,4	0,8	1,2	0,6	1,0

1) Diese Werte stellen den oberen Grenzwert für dunkle Farben dar.

*) Redaktionell: korrigiert

6.1.4.2 Vertikale Temperaturanteile mit nichtlinearen Einflüssen (Verfahren 2)*)

6.1.4.3 Horizontaler Anteil

(1) Im Allgemeinen ist ein veränderlicher Temperaturanteil nur in vertikaler Richtung zu berücksichtigen. In bestimmten Fällen (z. B. wenn die Ausrichtung oder die Gestaltung der Brücke dazu führt, dass eine Seite stärker der Sonneneinstrahlung ausgesetzt ist als die andere) sollte jedoch auch ein horizontaler Temperaturanteil berücksichtigt werden.

ANMERKUNG Zahlenwerte für den Temperaturunterschied dürfen im Nationalen Anhang festgelegt werden. Falls keine anderen Informationen verfügbar sind und keine Hinweise für höhere Werte vorhanden sind, wird ein linearer veränderlicher Temperaturunterschied von 5 °C zwischen den äußeren Rändern der Brücke unabhängig von der Brückenbreite empfohlen.

NDP zu 6.1.4.3 (1)
Es gelten die empfohlenen Werte.

6.1.4.4 Temperaturunterschied innerhalb der Wände von Hohlkastenquerschnitten aus Beton

(1) Vorsicht ist bei der Bemessung von Brücken mit großen Hohlkastenquerschnitten geboten, da zwischen den inneren und äußeren Stegwänden dieser Konstruktionen ein erheblicher Temperaturunterschied auftreten kann.

ANMERKUNG Zahlenwerte für den Temperaturunterschied dürfen im Nationalen Anhang angegeben werden. Der empfohlene Wert für den linear veränderlichen Temperaturunterschied beträgt 15 °C.

NDP zu 6.1.4.4 (1)
Der linear veränderliche Temperaturunterschied ist im Allgemeinen zu null zu setzen.

6.1.5 Gleichzeitige Berücksichtigung von konstanten und veränderlichen Temperaturanteilen

(1) Für den Fall, dass die beiden Temperaturanteile $\Delta T_{M,heat}$ (oder $\Delta T_{M,cool}$) und die maximale Änderung des konstanten Temperaturanteils der Brücke $\Delta T_{N,exp}$ (oder $\Delta T_{N,con}$) gleichzeitig anzunehmen sind (z. B. für Rahmentragwerke), darf der folgende Ausdruck verwendet werden (der als Lastkombination interpretiert werden kann):

$$\Delta T_{M,heat} \text{ (oder } \Delta T_{M,cool}) + \omega_N \, \Delta T_{N,exp} \text{ (oder } \Delta T_{N,con}) \qquad (6.3)$$

oder

$$\omega_M \, \Delta T_{M,heat} \text{ (oder } \Delta T_{M,cool}) + \Delta T_{N,exp} \text{ (oder } \Delta T_{N,con}) \qquad (6.4)$$

wobei der Ausdruck mit der ungünstigsten Auswirkung gewählt werden sollte.

ANMERKUNG 1 Zahlenwerte für ω_N und ω_M dürfen im Nationalen Anhang festgelegt werden. Falls keine anderen Informationen verfügbar sind, werden die folgenden Werte für ω_N und ω_M empfohlen:

ω_N = 0,35

ω_M = 0,75.

ANMERKUNG 2 Wenn beide lineare und nicht lineare vertikale Temperaturanteile verwendet werden (siehe 6.1.4.2), sollte ΔT_M durch ΔT, das ΔT_M und ΔT_E einschließt, ersetzt werden.

---

*) Nach NA zu 6.1.2(2) ist das Verfahren 1 anzuwenden. Kapitel 6.1.4.2 ist nicht abgedruckt.

NDP zu 6.1.5 (1)

Es gelten die empfohlenen Werte.

6.1.6 Konstanter Temperaturunterschied zwischen verschiedenen Bauteilen

(1) In Tragwerken, in denen die für verschiedene Bauteile zu berücksichtigenden unterschiedlichen konstanten Temperaturanteile zu ungünstigen Beanspruchungen führen, sollten diese Beanspruchungen berücksichtigt werden.

ANMERKUNG Werte für die konstanten Temperaturanteile dürfen im Nationalen Anhang festgelegt werden. Es werden die folgenden Werte empfohlen:

— 15 °C für Bauteile des Haupttragwerks (z. B. Zugband und Bogen); und

— 10 °C und 20 °C für helle und dunkle Farben beziehungsweise zwischen Hänger/Schrägkabel und Überbauten (oder Pylon).

NDP zu 6.1.6 (1)

Unterschiede der konstanten Temperaturanteile sollten mit einer Erhöhung um 15 K berücksichtigt werden.

(2) Diese Beanspruchungen sollten zusätzlich zu den Beanspruchungen berücksichtigt werden, die sich aus einer konstanten Temperaturbeanspruchung aller Bauteile, bestimmt nach 6.1.3, ergeben.

6.2 Brückenpfeiler

6.2.1 Berücksichtigung der Temperatureinwirkungen

(1)P Temperaturunterschiede zwischen den äußeren Seiten von Brückenpfeilern, hohl oder massiv, müssen bei der Bemessung berücksichtigt werden.

ANMERKUNG Das in einem Land zu verwendende Bemessungsverfahren darf im Nationalen Anhang festgelegt werden. Falls kein Verfahren angegeben ist, kann ein äquivalenter linearer Temperaturunterschied angenommen werden.

NDP Zu 6.2.1 (1)P

Es wird kein Verfahren angegeben.

(2) Die insgesamt für Pfeiler vorhandenen Temperatureinwirkungen sollten berücksichtigt werden, wenn dadurch Zwangskräfte oder Bewegungen in den anschließenden Tragwerken hervorgerufen werden.

6.2.2 Temperaturunterschiede

(1) Für Betonpfeiler (hohl oder massiv) sollte ein linear veränderlicher Temperaturunterschied zwischen den gegenüberliegenden Außenflächen berücksichtigt werden.

ANMERKUNG Werte für den linear veränderlichen Temperaturunterschied dürfen im Nationalen Anhang festlegt werden. Falls keine genauen Informationen vorliegen wird ein Wert von 5 °C empfohlen.

NDP zu 6.2.2 (1)

Es gelten die empfohlenen Werte.

(2) Für Wände sollte ein linear veränderlicher Temperaturunterschied zwischen Innenseite und Außenseite berücksichtigt werden.

ANMERKUNG 1 Werte für den linear veränderlichen Temperaturunterschied dürfen im Nationalen Anhang festlegt werden. Falls keine genauen Informationen vorliegen wird ein Wert von 15 °C empfohlen.

ANMERKUNG 2 Wenn Temperaturunterschiede für Stahlstützen zu berücksichtigen sind, kann die Hinzuziehung von einschlägigen Fachleuten erforderlich werden.

NDP zu 6.2.2 (2)

Es gelten die empfohlenen Werte.

Anhang A
(normativ)

Isotherme von nationalen minimalen und maximalen Außenlufttemperaturen

A.1 Allgemeines

(1) Die Werte für die jährliche minimale und maximale Außenlufttemperatur stellen Werte dar, die einer jährlichen Überschreitenswahrscheinlichkeit von 0,02 entsprechen.

ANMERKUNG 1 Informationen (z. B. Karten oder Tabellen mit Isothermen) für die jährlichen maximalen und minimalen Außenlufttemperaturen, die in einem Land zu benutzen sind, dürfen im Nationalen Anhang festgelegt werden.

NDP zu A.1 (1) (Anmerkung 1)

Die minimale Außenlufttemperatur T_{min} beträgt −24 °C und die maximale Außenlufttemperatur T_{max} beträgt +37 °C.

ANMERKUNG 2 Es kann erforderlich sein, diese Werte für Geländehöhen über dem Meeresspiegel anzupassen. Das Anpassungsverfahren wird im Nationalen Anhang angegeben. Falls keine Informationen verfügbar sind, dürfen die Werte für die Außenlufttemperaturen für Geländehöhen über dem Meeresspiegel angepasst werden, indem 0,5 °C je 100 m Höhe für die minimale Außenlufttemperatur und 1,0 °C je 100 m Höhe für die maximale Außenlufttemperatur abgezogen wird.

NDP zu A.1 (1) (Anmerkung 2)

Es gelten die empfohlenen Werte.

(2) In Gegenden, bei denen die minimalen Werte von den angegebenen Werten abweichen, wie z. B. Kaltluftseen und geschützte niedrig liegende Gebiete, wo das Minimum wesentlich kleiner ist, oder in großen Ballungsgebieten und Küstengebieten, wo das Minimum höher sein kann, als in den maßgebenden Karten angegeben, sollten diese Abweichungen unter Betrachtung der lokalen meteorologischen Daten berücksichtigt werden.

(3) Die Aufstelltemperatur T_0 sollte als die Temperatur des Bauteils angenommen werden, bei der die Zwängung eintritt (Fertigstellung). Falls dies nicht vorhersagbar ist, sollte die während der Tragwerkserrichtung vorherrschende Durchschnittstemperatur verwendet werden.

ANMERKUNG Der Wert von T_0 darf im Nationalen Anhang oder projektabhängig festgelegt werden. Falls keine Informationen verfügbar sind, kann T_0 zu 10 °C angenommen werden.

Bei Unsicherheiten hinsichtlich der Empfindlichkeit der Brücke gegenüber T_0 wird empfohlen, eine Unter- und Obergrenze für das für T_0 zu erwartende Intervall festzulegen.

NDP zu A.1 (3)

Es gelten die empfohlenen Werte.

A.2 Maximale und minimale Werte für die Außenlufttemperatur, die nicht einer jährlichen Wahrscheinlichkeit p von 0,02 entsprechen

(1) Falls der maximale (oder minimale) Wert der Außenlufttemperatur $T_{max,p}$ ($T_{min,p}$) auf einer jährlichen Überschreitenswahrscheinlichkeit beruht, die nicht 0,02 entspricht, kann das Verhältnis $T_{max,p}/T_{max}$ ($T_{min,p}/T_{min}$) mit Bild A.1 bestimmt werden.

(2) Im Allgemeinen kann $T_{max,p}$ (oder $T_{min,p}$) aus der folgenden Gleichung, die auf einer Extremwertverteilung des Typs I basiert, hergeleitet werden:

— für das Maximum: $T_{max,p} = T_{max} \{k_1 - k_2 \ln [- \ln (1-p)] \}$ (A.1)

— für das Minimum: $T_{min,p} = T_{min} \{k_3 + k_4 \ln [- \ln (1-p)] \}$ (A.2)

Dabei ist

T_{max} (T_{min}) der Wert der maximalen (minimalen) Außenlufttemperatur mit einer jährlichen Überschreitenswahrscheinlichkeit von 0,02;

$$k_1 = (u,c) / \{ (u,c) + 3{,}902 \} \quad \text{(A.3)}$$

$$k_2 = 1 / \{ (u,c) + 3{,}902 \} \quad \text{(A.4)}$$

Dabei ist

u,c die Positions- und Skalierungsparameter der jährlichen maximalen Außenlufttemperaturverteilung

$$k_3 = (u,c) / \{ (u,c) - 3{,}902 \} \quad \text{(A.5)}$$

$$k_4 = 1 / \{ (uc) - 3{,}902 \} \quad \text{(A.6)}$$

Die Parameter u und c sind abhängig vom Mittelwert m und der Standardverteilung σ der Extremwertverteilung des Typs I:

für das Maximum $u = m - 0{,}577\ 22/c$

$c = 1{,}282\ 5/\sigma$ (A.7)

für das Minimum $u = m + 0{,}577\ 22/c$

$c = 1{,}282\ 5/\sigma$ (A.8)

Die Verhältnisse $T_{max,p}/T_{max}$ und $T_{min,p}/T_{min}$ können dann aus Bild A.1 entnommen werden, das auf den empfohlenen Werten für $k_1 - k_4$ nach ANMERKUNG 1 beruht.

ANMERKUNG 1 Werte für die Koeffizienten k_1, k_2, k_3 und k_4 basierend auf den Werten für die Faktoren u und c dürfen im Nationalen Anhang festgelegt werden. Falls keine anderen Informationen vorliegen, werden die folgenden Werte empfohlen:

$k_1 = 0{,}781$;

$k_2 = 0{,}056$;

$k_3 = 0{,}393$;

$k_4 = -0{,}156$.

ANMERKUNG 2 Gleichung (A.2) und Bild A.1 können nur verwendet werden, wenn T_{min} negativ ist.

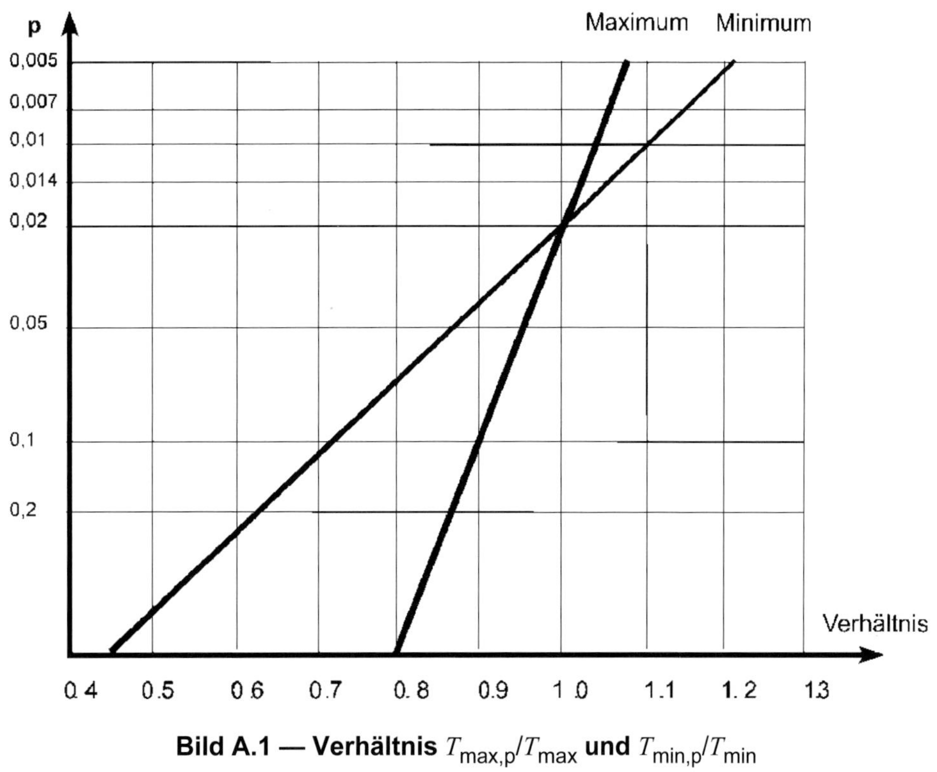

Bild A.1 — Verhältnis $T_{max,p}/T_{max}$ und $T_{min,p}/T_{min}$

NDP zu A.2 (2)
Es gelten die empfohlenen Werte.

Anhang B*)
(normativ)

Temperaturunterschied für verschiedene Dicken des oberen Belags

*) Nach NA zu 6.1.2(2) ist das Verfahren 1 anzuwenden. Anhang B ist in Verbindung mit Verfahren 2 anzuwenden. Anhang B nicht abgedruckt.

Anhang C
(informativ)
Temperaturkoeffizienten

NDP zu Anhang C

Anhang C gilt in Deutschland verbindlich (normativ).

(1) In Tabelle C.1 sind für eine Auswahl von üblicherweise verwendeten Materialien die Zahlenwerte der Temperaturkoeffizienten angegeben, die zur Bestimmung der Beanspruchungen infolge Temperatureinwirkungen verwendet werden dürfen.

Tabelle C.1 — Temperaturkoeffizienten

Material	α_T (× 10^{-6}/°C)
Aluminium, Aluminiumlegierungen	24
Nichtrostender Stahl	16
Baustahl, Schmiede- oder Gusseisen	12 (siehe Anmerkung 6)
Beton	10
Beton mit Leichtzuschlag	7
Mauerwerk	6 bis 10 (siehe Anmerkungen)
Glas	(siehe Anmerkung 4)
Holz, in Faserrichtung	5
Holz, quer zur Faserrichtung	30 bis 70 (siehe Anmerkung)

ANMERKUNG 1 Für andere Materialien sollten spezielle Angaben erfragt werden.

ANMERKUNG 2 Die obigen Werte sollten für die Ermittlung der Temperatureinwirkungen verwendet werden, wenn keine niedrigeren Werte aus Versuchen oder genaueren Untersuchungen vorliegen.

ANMERKUNG 3 Die Werte für Mauerwerk schwanken in Abhängigkeit vom Typ des Steinverbandes. Die Werte für die Querrichtung von Holz schwanken wesentlich in Abhängigkeit von der Holzart.

ANMERKUNG 4 Für genauere Informationen siehe:

EN 572-1: Glas im Bauwesen — Basiserzeugnisse aus Kalk-Natronglas — Teil 1: Definitionen und allgemeine physikalische und mechanische Eigenschaften

prEN 1748-1-1: Glas im Bauwesen — Spezielle Basiserzeugnisse — Teil 1-1: Borosilicatglas, Definitionen und Beschreibung

prEN 1748-2-1: Glas im Bauwesen — Spezielle Basiserzeugnisse — Teil 2-1: Definitionen und Beschreibung

prEN 14178-1: Glas im Bauwesen — Basiserzeugnisse aus Erdalkalisilikatglas — Teil 1: Floatglas

ANMERKUNG 5 Für einige Baustoffe wie Mauerwerk und Holz dürfen andere Parameter (z. B. Feuchtegehalt) verwendet werden. Siehe EN 1995 bzw. EN 1996.

ANMERKUNG 6 Für Verbundkonstruktionen kann der Koeffizient für die lineare Ausdehnung des Stahlanteils angenommen werden zu 10 × 10^{-6}/°C, um Zwängungen durch unterschiedliche α_T-Werte zu verhindern.

Kapitel VI

Außergewöhnliche Einwirkungen

Inhalt

DIN EN 1991-1-7 einschließlich Nationaler Anhang – Auszug –

Seite

1 Allgemeines

1.1 Anwendungsbereich

(1) EN 1991-1-7 enthält Strategien und Regelungen für die Sicherung von Hochbauten und anderen Ingenieurbauwerken gegen identifizierbare und nicht-identifizierbare außergewöhnliche Einwirkungen.

(2) EN 1991-1-7 liefert:

— Strategien bei identifizierten außergewöhnlichen Einwirkungen;

— Strategien für die Begrenzung lokalen Versagens.

(3) Die folgenden Punkte werden in dieser Norm behandelt;

— Begriffe und Bezeichnungen (Abschnitt 1);

— Klassifizierung der Einwirkungen (Abschnitt 2);

— Bemessungssituationen (Abschnitt 3);

— Anprall (Abschnitt 4);

— Explosion (Abschnitt 5);

— Robustheit im Hochbau — Bemessung für die Folgen lokalen Versagens ohne spezifizierte Ursache (informativer Anhang A);

— Hinweise zu Risikoabschätzungen (informativer Anhang B);

— dynamische Bemessung für Anprall (informativer Anhang C);

— Explosionen in Gebäuden (informativer Anhang D).

(4) Regelungen zu Staubexplosionen in Silos sind in EN 1991-4 enthalten.

(5) Regelungen für Anpralllasten aus Fahrzeugen auf einer Brücke sind in EN 1991-2 zu finden.

(6) EN 1991-1-7 behandelt keine außergewöhnlichen Einwirkungen aus Explosionen außerhalb von Gebäuden und aus Kriegs- und terroristischen Handlungen. Die Resttragfähigkeit von Hochbauten oder anderen Ingenieurbauwerken, die durch seismische Einwirkungen oder Brand beschädigt wurden, wird ebenfalls nicht behandelt.

ANMERKUNG Siehe auch 3.1.

1.2 Normative Verweisungen

(1) Diese Norm enthält durch datierte oder undatierte Verweisungen Festlegungen aus anderen Publikationen. Diese normativen Verweisungen sind an den jeweiligen Stellen im Text zitiert, und die Publikationen sind nachstehend aufgeführt. Bei datierten Verweisungen gehören spätere Änderungen oder Überarbeitungen dieser Publikationen nur zu dieser Norm, falls sie durch Änderung oder Überarbeitung eingearbeitet sind. Bei undatierten Verweisungen gilt die letzte Ausgabe der in Bezug genommenen Publikation (einschließlich Änderung).

ANMERKUNG Die Eurocodes werden als EN-Normen veröffentlicht. Auf die folgenden Europäischen Normen, die veröffentlicht sind oder sich in Vorbereitung befinden, wird im normativen Text oder in Anmerkungen zum normativen Text verwiesen.

NCI zu 1.2

NA DIN EN 1991-4/NA, *Nationaler Anhang — National festgelegte Parameter — Eurocode 1: Einwirkungen auf Tragwerke — Teil 4: Einwirkung auf Silos und Flüssigkeitsbehälter*

EN 1990 *Eurocode: Grundlagen der Tragwerksplanung*

EN 1991-1-1 *Eurocode 1: Einwirkungen auf Tragwerke — Teil 1-1: Wichten, Eigengewicht, Nutzlasten im Hochbau*

EN 1991-1-6 *Eurocode 1: Einwirkungen auf Tragwerke — Teil 1-6: Einwirkungen während der Bauausführung*

EN 1991-2 *Eurocode 1: Einwirkungen auf Tragwerke — Teil 2: Verkehrslasten auf Brücken*

EN 1991-4 *Eurocode 1: Einwirkungen auf Tragwerke — Teil 4: Silos und Tankbauwerke*

EN 1992 *Eurocode 2: Bemessung und Konstruktion von Stahlbetonbauten*

EN 1993 *Eurocode 3: Bemessung und Konstruktion von Stahlbauten*

EN 1994 *Eurocode 4: Bemessung und Konstruktion von Stahl-Beton-Verbundbauten*

EN 1995 *Eurocode 5: Bemessung und Konstruktion von Holzbauten*

EN 1996 *Eurocode 6: Bemessung und Konstruktion von Mauerwerksbauten*

EN 1997 *Eurocode 7: Entwurf, Berechnung und Bemessung in der Geotechnik*

EN 1998 *Eurocode 8: Auslegung von Bauwerken gegen Erdbeben*

EN 1999 *Eurocode 9: Bemessung und Konstruktion von Aluminiumkonstruktionen*

1.3 Annahmen

(1)P Die allgemeinen Annahmen in EN 1990, 1.3 gelten auch für diesen Teil der EN 1991.

1.4 Unterscheidung nach Grundsätzen und Anwendungsregeln

(1)P Die Regelungen in EN 1990, 1.4 gelten auch für diesen Teil von EN 1991.

1.5 Begriffe

(1) Für die Anwendung dieser Europäischen Norm gelten die Begriffe nach EN 1990, 1.5 sowie die folgenden Begriffe.

1.5.1
Verbrennungsgeschwindigkeit
Verhältnis der Flammausbreitgeschwindigkeit zur Geschwindigkeit des unverbrandten Staubs, Gases oder Dampfes vor der Flamme

1.5.2
Schadensfolgeklasse
Klassifizierung nach Schadensfolgen bei Tragwerksversagen

1.5.3
Deflagration
Verbrennungswelle infolge einer Explosion, die sich im Unterschallbereich ausbreitet

1.5.4
Detonation
Verbrennungswelle infolge einer Explosion, die sich im Überschallbereich ausbreitet

1.5.5
dynamische Kraft
Kraft im Kraft-Zeitverlauf, der eine dynamische Bauwerksreaktion zur Folge haben kann. Bei Anprall ist die dynamische Kraft mit einer Kontaktfläche an der Anprallstelle verbunden (siehe Bild 1.1)

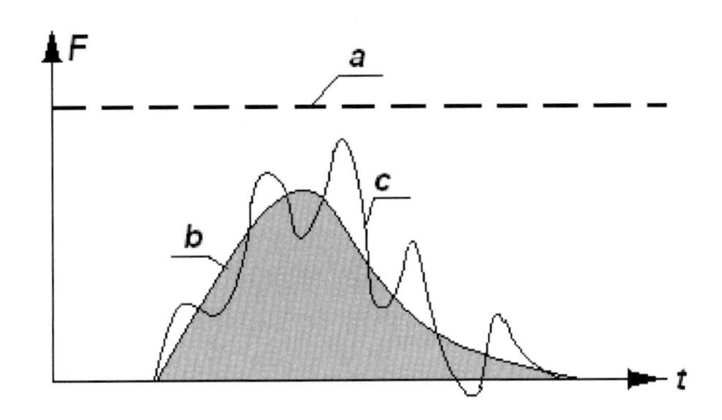

Legende

a statisch äquivalente Kraft
b dynamische Kraft
c Bauwerksantwort

Bild 1.1

1.5.6
statisch äquivalente Kraft
Darstellung für eine dynamische Kraft, die die dynamische Bauwerksreaktion einschließt (siehe Bild 1.1)

1.5.7
Flammgeschwindigkeit
Geschwindigkeit der Flammenfront relativ zu einem festen Bezugspunkt

1.5.8
Entflammgrenze
Mindest- oder Höchstkonzentration brennbaren Materials in einem homogenen Gemisch mit gasförmigem Oxidiermittel, das die Flamme vorantreibt

1.5.9
Anprallobjekt
Objekt, das Anprall verursacht (d. h. Fahrzeug, Schiff usw.)

1.5.10
Haupttragelement
Bauelement, dessen Versagen das Versagen des Resttragwerkes verursacht

1.5.11
tragende Wandkonstruktion
Wandkonstruktion aus Mauerwerk ohne Ausfachung, die hauptsächlich vertikale Lasten abträgt. Dazu gehören auch Leichtbau-Paneelbauweisen aus vertikalen Ständern aus Holz oder Stahl mit Spanplatten, Streckmetall- oder anderen Verschalungen

1.5.12
lokales Versagen
örtlich durch eine außergewöhnliche Einwirkung ausgefallenes oder schwer beeinträchtigtes Tragwerksteil

1.5.13
Risiko
Maß für das Zusammenwirken (üblicherweise als Produkt) von Auftretenswahrscheinlichkeit einer definierten Gefährdung und der Größe der Schadensfolge

1.5.14
Robustheit
Eigenschaft eines Tragwerks, Ereignisse wie Brand, Explosion, Anprall oder Folgen menschlichen Versagens so zu überstehen, dass keine Schäden entstehen, die in keinem Verhältnis zur Schadensursache stehen

1.5.15
Unterbau
Teil eines Bauwerks, der die Überbauung stützt. Bei Hochbauten üblicherweise die Gründung und weitere Bauwerksteile, die sich unter dem Geländeniveau befinden. Bei Brücken die Gründungen, Widerlager, Pfeiler, Stützen usw.

1.5.16
Überbauung
Teil des Bauwerks, der von dem Unterbau getragen wird. Bei Hochbauten ist dies üblicherweise das Bauwerk über Gelände. Bei Brücken ist dies normalerweise der Brückenüberbau

1.5.17
Öffnungselement
nicht tragender Teil der Gebäudehülle (Wand, Boden oder Decken), der infolge begrenzter Beanspruchbarkeit bei Druckentstehung infolge Deflagration nachgeben soll, um den Druck auf Tragwerksteile zu begrenzen

1.6 Symbole

(1) Für die Anwendung dieser Norm gelten die folgenden Symbole (siehe auch EN 1990).

Lateinische Großbuchstaben

F Anprallkraft

F_{dx} Bemessungswert der horizontalen statisch äquivalenten oder dynamischen Kraft an der Vorderseite des stützenden Unterbaus (Kraft in Verkehrsrichtung des anprallenden Objekts)

F_{dy} Bemessungswert der horizontalen statisch äquivalenten oder dynamischen Kraft an der Seite des stützenden Unterbaus (Kraft quer zur Verkehrsrichtung des anprallenden Objekts)

F_R Reibungskraft

K_{St} Deflagrationsindex einer Staubwolke

P_{max} maximaler Druck, der sich bei Deflagration unter Abschluss bei einem optimalen Gemisch entwickelt

P_{red} abgeminderter Druck, der sich bei Deflagration mit Öffnung entwickelt

P_{stat} statischer Aktivierungsdruck, der ein Öffnungselement öffnet, wenn der Druck langsam gesteigert wird.

Lateinische Kleinbuchstaben

a Höhe der Angriffsfläche einer Anpralllast

b Breite eines Hindernisses (z. B. Brückenpfeilers)

d Abstand des Bauteils von der Mittellinie der Verkehrsspur oder des Gleises

h — Durchfahrtshöhe gemessen zwischen Straßenoberkante bis Unterkante Brückenkonstruktion,

— Höhe der Anprallkraft über der Fahrbahn

ℓ Schiffslänge

r_{F} Abminderungsbeiwert

s Abstand des Bauteils von dem Punkt, an dem das Fahrzeug den Fahrstreifen verlässt

m Masse

v_{v} Geschwindigkeit

Griechische Kleinbuchstaben

μ Reibungsbeiwert

2 Klassifizierung der Einwirkungen

(1)P Einwirkungen nach dem Anwendungsbereich dieser Norm sind als außergewöhnliche Einwirkungen im Sinne von EN 1990, 4.1.1 einzustufen.

ANMERKUNG Tabelle 2.1 legt die maßgebenden Abschnitte in EN 1990 fest, die bei der Bemessung von Tragwerken, auf die außergewöhnlichen Einwirkungen wirken, zu berücksichtigen sind.

Tabelle 2.1 — Abschnitte in EN 1990, die auf außergewöhnliche Einwirkungen hinweisen

Gegenstand	Abschnitte
Begriffe	1.5.2.5, 1.5.3.5, 1.5.3.15
Grundlegende Anforderungen	2.1(4), 2.1(5)
Bemessungssituationen	3.2(2)P
Klassifizierung von Einwirkungen	4.1.1(1)P, 4.1.1(2), 4.1.2(8)
Andere repräsentative Werte veränderlicher Einwirkungen	4.1.3(1)P
Lastkombination für außergewöhnliche Bemessungssituationen	6.4.3.3
Bemessungswerte von Einwirkungen in außergewöhnlichen und seismischen Bemessungssituationen	A1.3.2

(2) Außergewöhnliche Einwirkungen auf Anprall sollten, soweit nicht anders geregelt, als freie Einwirkungen behandelt werden.

ANMERKUNG Im Nationalen Anhang oder im Einzelfall dürfen Abweichungen von der Behandlung außergewöhnlicher Einwirkungen als freie Einwirkungen festgelegt werden.

NDP zu 2(2)

Es gelten die empfohlenen Regelungen.

3 Bemessungssituationen

3.1 Allgemeines

(1)P Tragwerke sind für die maßgebenden außergewöhnlichen Bemessungssituationen zu bemessen, die in EN 1990, 3.2(2)P klassifiziert sind.

(2) Die Strategien, die in Betracht zu ziehen sind, gehen aus Bild 3.1 hervor.

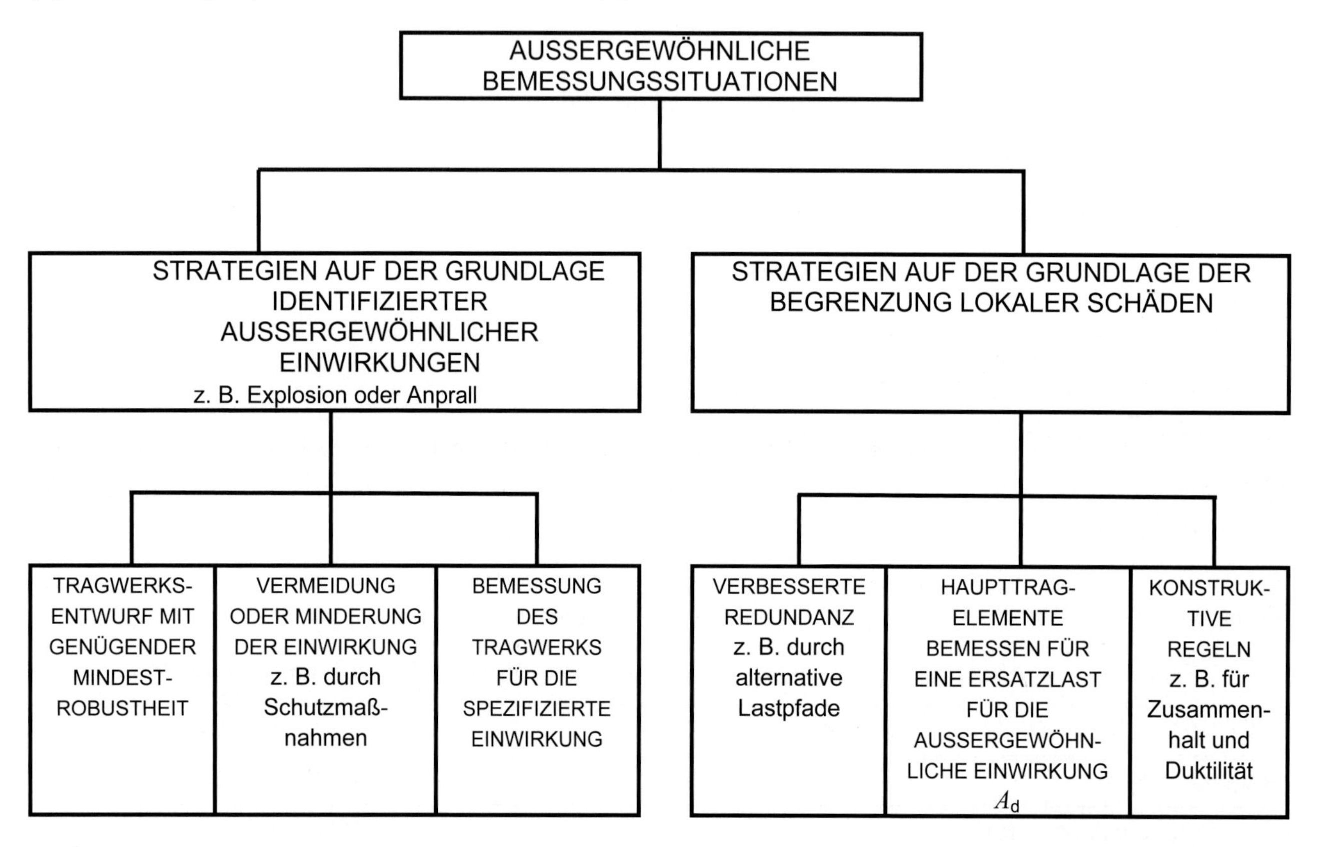

Bild 3.1 — Strategien zur Behandlung außergewöhnlicher Bemessungssituationen

ANMERKUNG 1 Die erforderlichen Strategien und Regeln werden im Einzelfall mit dem Bauherrn und der zuständigen Behörde abgestimmt.

ANMERKUNG 2 Außergewöhnliche Einwirkungen können identifizierte oder nicht identifizierte Einwirkungen sein.

ANMERKUNG 3 Strategien auf der Grundlage nicht identifizierter außergewöhnlicher Einwirkungen decken eine große Anzahl möglicher Ereignisse ab. Sie zielen auf die Begrenzung lokaler Schäden hin. Die Strategien dürfen zu ausreichender Robustheit auch für identifizierte außergewöhnliche Einwirkungen nach 1.1(6) oder für jede andere Einwirkung ohne spezifizierte Ursache führen. Hinweise für Hochbauten sind im Anhang A enthalten.

ANMERKUNG 4 Ersatzlasten für identifizierte außergewöhnliche Einwirkungen in dieser Norm sind Vorschläge. Die Werte dürfen im Nationalen Anhang oder im Einzelfall verändert und mit dem Bauherrn und der zuständigen Behörde vereinbart werden.

NDP zu 3.1(2), Anmerkung 4: Lasten

In diesem Nationalen Anhang sind Werte für außergewöhnliche Einwirkungen als dynamische Lasten oder als statische Ersatzlasten angegeben. Abweichungen von diesen Werten dürfen bei entsprechendem begründetem Nachweis mit dem Bauherrn und der zuständigen Behörde vereinbart werden.

ANMERKUNG 5 Für bestimmte Bauwerke (z. B. für Bauten, bei denen keine Personengefährdung besteht und wirtschaftliche, soziale und Umweltfolgen vernachlässigbar sind) darf bei außergewöhnlichen Einwirkungen der Einsturz des Tragwerks in Kauf genommen werden. Die Bedingungen dafür dürfen im Einzelfall mit dem Bauherrn und der zuständigen Behörde vereinbart werden.

3.2 Außergewöhnliche Bemessungssituationen — Strategien bei identifizierten außergewöhnlichen Einwirkungen

(1) Die Größen der außergewöhnlichen Einwirkungen hängen von Folgendem ab:

— Maßnahmen zur Vermeidung oder Minderung der Auswirkungen außergewöhnlicher Einwirkungen;

— Auftretenswahrscheinlichkeit der identifizierten außergewöhnlichen Einwirkungen;

— mögliche Schadensfolgen identifizierter außergewöhnlicher Einwirkungen;

— öffentliche Einschätzung;

— Größe des akzeptablen Risikos.

ANMERKUNG 1 Siehe auch EN 1990, 2.1(4)P, Anmerkung 1.

ANMERKUNG 2 In der Praxis können die Auftretenswahrscheinlichkeit und die Schadensfolge außergewöhnlicher Einwirkungen mit einem bestimmten Risikoniveau verknüpft werden. Wird dieses Niveau nicht akzeptiert, sind zusätzliche Maßnahmen erforderlich. Ein Nullrisiko kann jedoch kaum erreicht werden; meistens muss ein bestimmtes Risikoniveau akzeptiert werden. Solch ein Risikoniveau wird durch bestimmte Faktoren bestimmt, z. B. der möglichen Anzahl von Unfallopfern, wirtschaftlichen Folgen, Kosten von Sicherheitsmaßnahmen usw.

ANMERKUNG 3 Das akzeptierbare Risikoniveau darf im Nationalen Anhang als nicht widersprüchliche ergänzende Information enthalten sein.

NDP zu 3.2(1), Anmerkung 3: Risikoniveau

Werden Nachweise auf der Grundlage von Wahrscheinlichkeitsbetrachtungen geführt, ist der repräsentative Wert der außergewöhnlichen Einwirkung mit einer Überschreitungswahrscheinlichkeit von $p \leq 10^{-4}$/a festzulegen.

(2) Lokales Versagen infolge außergewöhnlicher Einwirkungen darf akzeptiert werden, wenn die Stabilität des Tragwerks nicht gefährdet wird, die Gesamttragfähigkeit erhalten bleibt und diese erlaubt, die notwendigen Sicherungsmaßnahmen durchzuführen.

ANMERKUNG 1 Im Hochbau dürfen solche Sicherungsmaßnahmen die sichere Evakuierung der Personen vom Grundstück und aus der Umgebung bedeuten.

ANMERKUNG 2 Im Brückenbau dürfen solche Sicherungsmaßnahmen das Sperren der Straßenstrecke oder Eisenbahnlinie innerhalb eines bestimmten Zeitraumes bedeuten.

(3) Die Maßnahmen zur Risikominderung von außergewöhnlichen Einwirkungen sollten je nach Fall eine oder mehrere folgender Strategien einschließen:

a) Vermeiden der Einwirkung (z. B. durch geeignete lichte Höhen zwischen Fahrzeug und Bauwerk bei Brücken) oder Reduzierung der Auftretenswahrscheinlichkeit und/oder Größe der Einwirkung auf ein akzeptables Niveau durch geeignete Konstruktionen (z. B. bei Gebäuden durch verlorene Öffnungselemente mit geringer Masse und Festigkeit, die Explosionswirkungen reduzieren);

b) Schutz des Tragwerkes gegen Überbelastung durch Reduktion der außergewöhnlichen Einwirkung (z. B. durch Poller oder Schutzplanken);

c) Vorsehen ausreichender Robustheit mittels folgender Maßnahmen:

1) Bemessung von bestimmten Bauwerksteilen, von denen die Stabilität des Tragwerks abhängt, als Haupttragelemente (siehe 1.5.10), um die Überlebenswahrscheinlichkeit nach außergewöhnlichen Einwirkungen zu vergrößern.

2) Bemessung von Bauteilen und Auswahl von Materialien, um mit genügender Duktilität die Energie aus der Einwirkung ohne Bruch absorbieren zu können.

3) Vorsehen ausreichender Tragwerksredundanzen, um im Falle außergewöhnlicher Ereignisse alternative Lastpfade zu ermöglichen.

ANMERKUNG 1 Es ist möglich, dass ein Tragwerk durch Verminderung der Auswirkungen einer (außergewöhnlichen) Einwirkung nicht zu schützen oder das Auftreten einer (außergewöhnlichen) Einwirkung nicht zu verhindern ist. Die Einwirkungen können nämlich von Faktoren abhängen, die nicht notwendigerweise Teil der für die Nutzungsdauer gedachten Bemessungsannahmen sind. Präventative Maßnahmen dürfen regelmäßige Inspektionen und Unterhaltungsmaßnahmen während der Nutzungsdauer umfassen.

ANMERKUNG 2 Zum Entwurf von Bauteilen mit ausreichender Duktilität siehe Anhänge A und C zusammen mit EN 1992 bis EN 1999.

(4)P Die außergewöhnlichen Einwirkungen sind je nach Fall zusammen mit den gleichzeitig wirkenden ständigen und veränderlichen Einwirkungen nach EN 1990, 6.4.3.3 anzusetzen.

ANMERKUNG Zu den ψ-Werten, siehe EN 1990, Anhang A.

(5)P Auch die Sicherheit des Tragwerks unmittelbar nach Eintreffen der außergewöhnlichen Einwirkung ist zu berücksichtigen.

ANMERKUNG Dies schließt die Möglichkeit progressiven Einsturzes (Reißverschlusseffekt) ein, siehe Anhang A.

3.3 Außergewöhnliche Bemessungssituationen — Strategien zur Begrenzung lokalen Versagens

(1)P Beim Entwurf ist darauf zu achten, dass mögliches Versagen aus unspezifizierter Ursache klein bleibt.

(2) Dabei sollten folgende Strategien verwendet werden:

a) Bemessung der Haupttragelemente, von denen die Sicherheit des Tragwerks abhängt, für ein bestimmtes Modell der außergewöhnlichen Einwirkungen A_d;

ANMERKUNG 1 Der Nationale Anhang darf ein Modell für den Bemessungswert A_d als verteilte Last oder Einzellast angeben. Die Empfehlung für das Modell für Hochbauten ist eine gleichmäßig verteilte Ersatzbelastung aus einer rechnerischen Druckwelle in jeder Richtung auf das Haupttragteil und die angeschlossenen Bauelemente (z. B. Fassaden usw.) wirkend. Empfohlen wird im Hochbau eine gleichmäßig verteilte Belastung von 34 kN/m^2. Siehe A.8.

NDP zu 3.3(2), Anmerkung 1: Festgelegte außergewöhnliche Einwirkung für Hochbauten

Über die bauartspezifischen Regelungen in DIN EN 1992 bis DIN EN 1999 hinaus sind keine weiteren Robustheitsanforderungen rechnerisch nachzuweisen.

b) Tragwerksentwurf mit erhöhter Redundanz, so dass bei lokalem Versagen (z. B. Einzelbauteilversagen) kein Einsturz des Tragwerks oder eines wichtigen Tragwerkteils möglich ist;

ANMERKUNG 2 Der Nationale Anhang darf den akzeptablen geometrischen Umfang des „lokalen Versagens" angeben. Empfohlen wird im Hochbau eine Begrenzung auf nicht mehr als 100 m^2 oder 15 % der Deckenfläche von zwei benachbarten Decken, die durch den Ausfall einer beliebigen Stütze, Pfeiler oder Wand entstanden sein kann.

Dies führt wahrscheinlich zu einem Tragwerk mit genügender Robustheit unabhängig davon, ob eine identifizierte außergewöhnliche Einwirkung berücksichtigt wurde.

NDP zu 3.3(2), Anmerkung 2: Begrenzung lokalen Versagens

„Lokales Versagen" bei Ingenieurtragwerken und Hochbauten darf unter außergewöhnlichen Einwirkungen einen Umfang annehmen, der nicht zum Ausfall eines Haupttragelementes führt. Anmerkung 2 gilt unverändert.

c) Anwendung von Bemessungs- und Konstruktionsregeln, die eine annehmbare Robustheit des Tragwerks bewirken (z. B. Zugverankerungen in allen 3 Richtungen, um einen zusätzlichen Zusammenhalt zu gewährleisten, oder ein Mindestmaß an Duktilität von Bauteilen, die von Anprall betroffen sind).

ANMERKUNG 3 Der Nationale Anhang darf für verschiedene Tragwerke die erforderlichen Strategien nach 3.3 festlegen.

NDP zu 3.3(2), Anmerkung 3: Wahl der Sicherheitsstrategie

Primäre Strategie ist die Bemessung von Haupttragelementen für die angegebenen Einwirkungen. Daneben werden für einzelne Einwirkungen Bemessungs- und Konstruktionsregeln angegeben. In Einzelfällen wird das Prinzip des Tragwerksentwurfs mit erhöhter Redundanz verfolgt. Anmerkung 3 gilt unverändert.

3.4 Außergewöhnliche Bemessungssituationen — Anwendung der Schadensfolgeklassen

(1) Die Strategien für außergewöhnliche Bemessungssituationen dürfen folgende Schadensfolgeklassen, die in EN 1990 aufgeführt sind, nutzen.

— CC1 Geringe Versagensfolgen

— CC2 Mittlere Versagensfolgen

— CC3 Hohe Versagensfolgen

ANMERKUNG 1 EN 1990, Anhang B liefert weitere Informationen.

ANMERKUNG 2 Unter Umständen ist es zweckmäßig, verschiedene Teile des Tragwerks unterschiedlichen Schadensfolgeklassen zuzuordnen, z. B. bei einem niedrig geschossigen Seitenflügel eines Hochhauses, der von den Funktionen her weniger kritisch als das Hauptgebäude ist.

ANMERKUNG 3 Die Wirkung verhindernder oder schützender Maßnahmen liegt in der Beseitigung oder Verminderung der Schadenswahrscheinlichkeit. Beim Entwurf führt dies manchmal zur Zuordnung in eine geringere Schadensfolgeklasse. Zweckmäßiger erscheint eine Abminderung der Lasten auf das Tragwerk.

ANMERKUNG 4 Der Nationale Anhang darf eine Kategorisierung von Tragwerken in Schadensfolgeklassen nach 3.4(1) enthalten. Ein Vorschlag für Schadensfolgeklassen für den Hochbau ist in Anhang A angegeben.

NDP zu 3.4(1), Anmerkung 4: Versagensfolgeklassen

Für Hochbauten gelten folgende Versagensfolgeklassen:

Tabelle NA.1–A.1 – Zuordnung zu Versagensfolgeklassen

Versagensfolge-klasse	Gebäudetypen[a]
CC1	— Gebäude mit einer Höhe[b] bis zu 7 m; — land- und forstwirtschaftlich genutzte Gebäude.
CC2.1	— Gebäude mit einer Höhe[b] von mehr als 7 m bis zu 13 m
CC2.2	— Gebäude, die nicht den Versagensfolgeklassen 1, 2.1 und 3 zuzurechnen sind, sowie die in der Versagensfolgeklasse 3 genannten Gebäude mit einer Höhe[b] bis zu 13 m
CC3	— Hochhäuser (Gebäude mit einer Höhe[b] von mehr als 22 m), — folgende Gebäude mit einer Höhe[b] von mehr als 13 m: — Verkaufsstätten, deren Verkaufsräume und Ladenstraßen eine Grundfläche von insgesamt mehr als 2 000 m^2 haben, — Gebäude für mehr als 200 Personen, ausgenommen Wohn- und Bürogebäude, — Sonstige, öffentlich zugängliche Gebäude, in denen aufgrund ihrer Nutzung zeitweilig mit großen Menschenansammlungen zu rechnen ist, und mit mehr als 1 600 m^2 Grundfläche des Geschosses mit der größten Ausdehnung, — Gebäude mit Räumen, deren Nutzung durch Umgang oder Lagerung von Stoffen mit Explosions- oder erhöhter Brandgefahr verbunden ist.

[a] Sofern die in der Tabelle genannten Gebäude mehreren Versagensfolgeklassen zugeordnet werden können, ist die jeweils höchste maßgebend.

[b] Höhe ist das Maß der Oberkante des fertigen Fußbodens des höchstgelegenen Geschosses, in dem ein Aufenthaltsraum möglich ist, über der Geländeoberfläche im Mittel.

Für Ingenieurbauten darf in Abstimmung mit der zuständigen Behörde im Einzelfall eine Kategorisierung nach Versagensfolgeklassen vorgenommen werden.

(2) Außergewöhnliche Bemessungssituationen dürfen für verschiedene Schadensfolgeklassen nach 3.4(1) in folgender Weise behandelt werden:

— CC1: Eine spezielle Berücksichtigung von außergewöhnlichen Einwirkungen über die Robustheits- und Stabilitätsregeln in EN 1992 bis EN 1999 hinaus ist nicht erforderlich.

— CC2: Abhängig vom Einzelfall des Tragwerks darf eine vereinfachte Berechnung mit statisch äquivalenten Ersatzlasten durchgeführt werden oder es dürfen Bemessungs- bzw. Konstruktionsregeln angewendet werden.

— CC3: Der Einzelfall sollte besonders untersucht werden, um das erforderliche Zuverlässigkeitsniveau und die Tiefe der Tragwerksberechnung zu bestimmen. Das kann eine Risikoanalyse erfordern, ebenso die Anwendung weitergehender Methoden wie eine dynamische Berechnung, nichtlineare Modelle und die Berücksichtigung der Interaktion von Einwirkung und Tragwerk.

ANMERKUNG Der Nationale Anhang darf für höhere oder niedrigere Schadensfolgeklassen Hinweise zu geeigneten Entwurfsmethoden als widerspruchsfreie, ergänzende Information liefern.

NDP zu 3.4(2), Anmerkung: Entwurfsmethoden

Die Regelungen von DIN EN 1991-1-7 gelten für den Neubau von Tragwerken, deren wesentlichen Umbau oder Erneuerung sowie der Änderung in der Tragstruktur. Ein Umbau ist wesentlich, wenn z. B. bei Brücken Überbauten und/oder Pfeiler erneuert werden.

Entwurfsmethoden für Tragwerke in Abhängigkeit von Versagensfolgeklassen sind ggf. in den entsprechenden Abschnitten des NA zu finden.

4 Anprall

4.1 Anwendungsbereich

(1) Dieser Abschnitt behandelt außergewöhnliche Einwirkungen für die folgenden Ereignisse:

— Anprall von Straßenfahrzeugen (ausgenommen Kollisionen mit Leichtbautragwerken) (siehe 4.3);

— Anprall von Gabelstaplern (siehe 4.4);

— Anprall von Eisenbahnfahrzeugen (ausgenommen Kollisionen mit Leichtbautragwerken) (siehe 4.5);

— Anprall von Schiffen (siehe 4.6);

— harte Landung von Helikoptern auf Dächern (siehe 4.7).

ANMERKUNG 1 Außergewöhnliche Einwirkungen auf Leichtbautragwerke (z. B. Gerüste, Beleuchtungsmasten, Fußgängerbrücken) dürfen im Nationalen Anhang als widerspruchsfreie, zusätzliche Information in Bezug genommen werden.

NDP zu 4.1(1), Anmerkung 1: Außergewöhnliche Einwirkungen für Leichtbauten

Für außergewöhnliche Einwirkungen auf Leichttragwerke (z. B. Gerüste, Beleuchtungsmasten, Fußgängerbrücken) gelten folgende Festlegungen:

— Fußgängerbrücken im Einwirkungsbereich einer außergewöhnlichen Einwirkung sind für die Anpralllasten in 4.3 bis 4.6 zu bemessen.

— Leichtbauwerke, wie z. B. Gerüste oder Beleuchtungsmaste, sind dann nach 4.3 bis 4.7 gegen Anpralllasten zu bemessen, wenn durch deren Versagen eine Gefahr für die öffentliche Sicherheit und Ordnung besteht.

ANMERKUNG 2 Zu Anpralllasten auf Schrammborde oder Geländer, siehe EN 1991-2.

ANMERKUNG 3 Der Nationale Anhang darf als widerspruchsfreie, zusätzliche Information Hinweise zu der Übertragung der Anpralllasten in die Tragwerksfundamente geben. Siehe EN 1990, 5.1.3(4).

NDP zu 4.1(1), Anmerkung 3: Hinweise zur Übertragung von Anpralllasten auf Fundamente

Bei Ingenieurbauwerken sind Anpralllasten bis in die Tragwerksfundamente weiterzuverfolgen. Bei Hochbauten hängt die Weiterleitung der außergewöhnlichen Einwirkung von den in das Tragwerkfundament durch sie übertragenen Kräften ab; in der Regel ist eine Weiterleitung nicht maßgebend.

(2)P Im Hochbau sind Anpralllasten in folgenden Fällen anzusetzen:

— Parkhäuser;

— Bauwerke mit zugelassenem Verkehr von Fahrzeugen oder Gabelstaplern und

— Bauwerke, die an Straßenverkehr oder Schienenverkehr angrenzen.

(3) Bei Brücken sollten die Anpralllasten und die vorgesehenen Schutzmaßnahmen u. a. die Art des Verkehrs auf und unter der Brücke und die Folgen des Anpralls berücksichtigt werden.

(4)P Anpralllasten aus Helikoptern sind bei Gebäuden mit Landeplattform auf dem Dach anzusetzen.

4.2 Darstellung der Einwirkungen

(1) Anpralllasten sind mit einer dynamischen Analyse zu ermitteln oder als äquivalente statische Kraft festzulegen.

ANMERKUNG 1 Die Kräfte auf die Grenzflächen zwischen dem Anprallobjekt und dem Tragwerk hängen von dem Zusammenwirken von Anprallobjekt und Tragwerk ab.

ANMERKUNG 2 Die Basisvariablen für eine Anprallanalyse sind die Geschwindigkeit des Anprallobjektes und die Masseverteilung, das Verformungsverhalten und die Dämpfungscharakteristik des Anprallobjektes und des Tragwerks. Auch die Berücksichtigung anderer Faktoren wie des Anprallwinkels, der Konstruktion des Anprallobjektes und der Bewegung des Anprallobjektes nach der Kollision kann notwendig sein.

ANMERKUNG 3 Anhang C gibt weitere Informationen.

(2) Es darf angenommen werden, dass nur das Anprallobjekt die gesamte Energie absorbiert.

ANMERKUNG Diese Annahme liefert im Allgemeinen Ergebnisse auf der sicheren Seite.

(3) Für die Stoffeigenschaften des Anprallobjektes und des Tragwerks sollten, sofern maßgebend, untere und obere charakteristische Werte verwendet werden. Wirkungen der Dehnungsgeschwindigkeit sind bei Bedarf zu berücksichtigen.

(4) Für die Bemessung dürfen die Anpralllasten als äquivalente statische Kräfte aufgrund äquivalenter Wirkungen auf das Tragwerk dargestellt werden. Dieses vereinfachte Modell darf für den Nachweis des statischen Gleichgewichtes, die Festigkeitsnachweise und die Bestimmung der Verformungen des Tragwerks unter Anprall verwendet werden.

(5) Werden Tragwerke für die Absorption der Anprallenergie durch elastisch-plastische Verformungen der Bauteile (sogenannter weicher Stoß) bemessen, dürfen die äquivalenten statischen Lasten mit der Annahme plastischer Festigkeiten in Verbindung mit der Deformationskapazität der Bauteile ermittelt werden.

ANMERKUNG Für weitere Hinweise, siehe Anhang C.

(6) Bei Tragwerken, bei denen die Energieabsorption im Wesentlichen beim Anprallobjekt liegt (sogenannter harter Stoß), dürfen die dynamischen oder äquivalenten statischen Kräfte 4.3 bis 4.7 entnommen werden.

ANMERKUNG Hinweise zu Bemessungswerten für Massen und Geschwindigkeiten kollidierender Objekte für dynamische Berechnungen gibt es im Anhang C.

4.3 Außergewöhnliche Einwirkungen aus dem Anprall von Straßenfahrzeugen

4.3.1 Anprall auf stützende Unterbauten

(1) Die Bemessungswerte von Anpralllasten auf stützende Unterbauten (z. B. Stützen und Wände von Brücken oder Hochbauten) an Straßen unterschiedlicher Kategorie sind zu spezifizieren.

ANMERKUNG 1 Die Bemessungswerte für harten Stoß (siehe 4.2(6)) aus Straßenverkehr dürfen im Nationalen Anhang angegeben werden.

Anhaltswerte für äquivalente statische Anpralllasten dürfen der Tabelle 4.1*) entnommen werden. Die Entscheidung für den Bemessungswert darf von den Anprallfolgen, der Art und Stärke des Verkehrs und eventuellen Schutzmaßnahmen abhängig gemacht werden, siehe EN 1991-2 und Anhang C. Hinweise zur Risikoanalyse sind in Anhang B enthalten.

---

*) Tabelle 4.1 ist nicht abgedruckt.

NDP zu 4.3.1(1), Anmerkung 1: Bemessungswerte für Fahrzeuganpralllasten

Sind stützende Bauteile (z. B. Pfeiler, tragende Stützen, Rahmenstiele, Wände, Endstäbe von Fachwerkträgern oder dergleichen) für Anprall von Kraftfahrzeugen zu bemessen, so sind die in Tabelle NA.2–4.1 angegebenen statisch äquivalenten Anprallkräfte anzusetzen.

Tabelle NA.2–4.1 — Statisch äquivalente Anprallkräfte aus Straßenfahrzeugen

	1	2	3
	Kategorie	**Statisch äquivalente Anprallkraft** in MN	
		F_{dx} **in Fahrtrichtung**	F_{dy} **rechtwinklig zur Fahrtrichtung**
1	Straßen außerorts	1,5	0,75
2	Straßen innerorts bei $v \geq 50$ km/h[a]	1,0	0,5
	Straßen innerorts bei $v < 50$ km/h[a,b]		
3	— an ausspringenden Gebäudeecken	0,5	0,5
4	— in allen anderen Fällen	0,25	0,25
5	Für Lkw befahrbare Verkehrsflächen (z. B. Hofräume) bzw. Gebäude mit Pkw-Verkehr > 30 kN	0,1	0,1
6	Für Pkw befahrbare Verkehrsflächen	0,050	0,025
7	— bei Geschwindigkeitsbeschränkung für $v \leq 10$ km/h	0,015	0,008
8	Tankstellenüberdachungen[b,c]	0,1	0,1
	Parkgaragen für Pkw ≤ 30 kN[b]		
9	— Einzel-/Doppel-Garage, Carports	0,01	0,01
10	— in allen anderen Fällen	0,04	0,025

[a] Nur anzusetzen, wenn stützende Bauteile der unmittelbaren Gefahr des Anpralls von Straßenfahrzeugen ausgesetzt sind, d. h. im Allgemeinen im Abstand von weniger als 1 m von der Bordschwelle.

[b] Nur anzusetzen, wenn bei Ausfall der stützenden Bauteile die Standsicherheit von Gebäude/Überdachung/Decke gefährdet ist.

[c] Nur anzusetzen, wenn die stützenden Bauteile nicht am fließenden Verkehr liegen, sonst wie Zeilen 1 bis 4.

NCI zu 4.3.1(1), Anmerkung 1: Bemessungswerte für Fahrzeuganpralllasten

Die statisch äquivalenten Anprallkräfte dürfen abweichend von Tabelle NA.2–4.1 festgelegt werden:

- anhand von zuvor durchgeführten Risikostudien,
- wenn genauere Untersuchungen über die Interaktionen zwischen anprallendem Fahrzeug und angefahrenem Bauteil durchgeführt werden, z. B. durch elastisch-plastisches Verhalten des Bauteils.

Die Stützen und Pfeiler von Straßen- bzw. Eisenbahnbrücken über Straßen sind zusätzlich zur Bemessung auf Anprall von Kraftfahrzeugen durch besondere Maßnahmen zu sichern. Als besondere Maßnahmen gelten abweisende Leiteinrichtungen, die in mindestens 1 m Abstand von den zu schützenden Bauteilen vorzusehen sind, oder Betonsockel unter den zu schützenden Bauteilen, die mindestens 0,8 m hoch sind und parallel zur Fahrtrichtung mindestens 2 m und rechtwinklig dazu mindestens 0,5 m über die Außenkante dieser Bauteile hinausragen.

NCI zu 4.3.1(1), Anmerkung 1: Bemessungswerte für Fahrzeuganpralllasten

Besondere Maßnahmen sind nicht erforderlich:*)

— in bzw. neben Straßen innerhalb geschlossener Ortschaften mit Geschwindigkeitsbeschränkung auf 50 km/h und weniger,

— neben Gemeinde- und Hauptwirtschaftswegen.

Es gelten zusätzlich die Regelungen und Festlegungen der Richtlinie für passive Schutzeinrichtungen an Straßen (RPS).

Montagestützen und Lehrgerüste sind durch angemessene konstruktive Maßnahmen vor Fahrzeuganprall zu sichern.

Werden die Stoß-Einwirkungen in einer Parkgarage von einem absturzsichernden, umschließenden Bauteil allein nicht aufgenommen, so sind sie durch besondere geeignete bauliche Maßnahmen, z. B. Bordschwellen, die ein Überfahren der Fahrzeuge verhindern, oder z. B. ausreichend verformbare Schutzeinrichtungen, aufzunehmen. Schutzeinrichtungen haben eine Mindesthöhe von 1,25 m. Bordschwellen und Schutzeinrichtungen sind für jeweils statisch äquivalente Kräfte als Einzelkraft mit 40 kN oder als Streckenlast mit 14 kN/m zu bemessen, die jeweils 0,05 m unter der Oberkante der Bordschwelle oder der Schutzeinrichtung anzuordnen ist. Der Einzelkraft ist eine Anprallenergie von 5,5 kNm gleichwertig.

ANMERKUNG 2 Der Nationale Anhang darf die Anprallkraft abhängig vom Abstand s des Bauteils von dem Punkt, an dem das Fahrzeug den Fahrstreifen verlässt, und vom Abstand d des Bauteils von der Mittellinie der Verkehrsspur oder des Gleises festlegen. Hinweise zur Wirkung des Abstandes s, sofern zutreffend, enthält Anhang C.

NDP zu 4.3.1(1), Anmerkung 2: Anpralllasten abhängig vom Abstand zu den Fahrspuren

Abminderungen von Anprallkräften aus Straßenfahrzeugen in Abhängigkeit vom Abstand des Bauwerksteils zu Fahrspuren werden nicht vorgenommen.

ANMERKUNG 3 Der Nationale Anhang darf angeben, unter welchen Bedingungen Fahrzeuganprall nicht berücksichtigt zu werden braucht.

NDP zu 4.3.1(1), Anmerkung 3: Tragwerke und Tragwerksteile, für die keine Anpralllast berücksichtigt werden muss

Es ist immer eine Bemessung für eine Anprallkraft durchzuführen.

ANMERKUNG 4 Bei Anprallkräften aus Verkehr auf Brücken ist EN 1991-2 zu beachten.

ANMERKUNG 5 Hinweise zu außergewöhnlichen Einwirkungen aus Straßenverkehr an Eisenbahnbrücken liefert UIC-Merkblatt 777.1R.

(2) Die Anwendung der Kräfte F_{dx} und F_{dy} sollte spezifiziert werden.

ANMERKUNG Regeln für die Anwendung von F_{dx} und F_{dy} dürfen im Nationalen Anhang spezifiziert oder im Einzelfall festgelegt werden. Es wird empfohlen, die Kräfte F_{dx} und F_{dy} nicht gleichzeitig wirkend anzusetzen.

NDP zu 4.3.1(2): Alternative Regeln für Anpralllasten

Es gelten die empfohlenen Regelungen.

*) Berichtigung entsprechend DIN-Fachbericht 101, Ausgabe 2009

(3) Bei Anprall auf tragende Bauteile sollte die Angriffsfläche der resultierenden Anprallkraft F spezifiziert werden.

ANMERKUNG Der Nationale Anhang darf die Bedingungen für den Anprall von Straßenfahrzeugen spezifizieren. Empfohlen werden folgende Bedingungen (siehe Bild 4.1):

— Die Anprallkraft F von Lkws auf Stützkonstruktionen darf in einer Höhe h zwischen 0,5 m und 1,5 m über Straßenoberkante angesetzt werden. Bei Schutzplanken gelten größere Werte. Die empfohlene Anprallfläche ist a = 0,5 m hoch und so breit wie das Bauteil, maximal 1,5 m breit.

— Die Anprallkraft F von Pkws darf in einer Höhe h = 0,5 m über Straßenoberkante angesetzt werden. Die empfohlene Anprallfläche ist 0,25 m hoch und so breit wie das Bauteil, maximal 1,50 m breit.

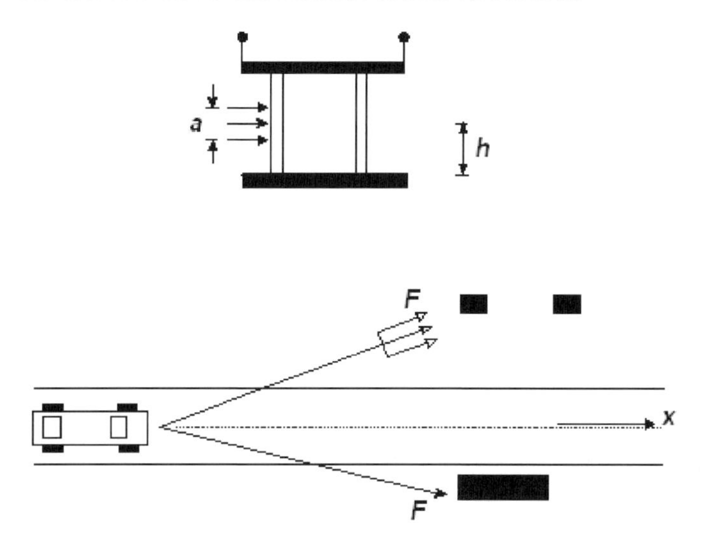

Legende

a empfohlene Höhe der Anprallfläche; liegt zwischen 0,25 m (für Pkws) und 0,50 m (für Lkws)

h Angriffshöhe der Anprallkraft über Straßenoberkante; liegt zwischen 0,5 m (für Pkws) und 1,5 m (für Lkws)

x Mittellinie der Fahrspur

Bild 4.1 — Anprallkraft auf Stützkonstruktion neben Fahrspuren

NDP zu 4.3.1(3), Bedingungen für den Anprall infolge Straßenfahrzeugen

Die statisch äquivalenten Anprallkräfte wirken bei Lkw in einer Höhe h = 1,25 m und bei Pkw in h = 0,5 m über der Fahrbahnoberfläche. Die Anprallflächen betragen maximal $b \times h$ = 0,5 m × 0,2 m.

4.3.2 Anprall auf Überbauungen

(1) Anpralllasten auf Überbauungen aus dem Anprall von Lkws oder deren Ladegut sind zu spezifizieren, wenn diese nicht durch ausreichende Durchfahrtshöhen oder wirksame Schutzmaßnahmen verhindert werden können.

ANMERKUNG 1 Bemessungswerte für den Anprall in Verbindung mit Werten für eine ausreichende Durchfahrtshöhe und geeigneten Schutzmaßnahmen dürfen im Nationalen Anhang spezifiziert werden. Empfohlen wird ein Wert für die ausreichende Durchfahrtshöhe, unter Beachtung eventueller Straßendeckenerhöhungen für Straßenverkehr, unter einer Brücke zwischen 5,0 m und 6,0 m. Anhaltswerte zu der äquivalenten statischen Anprallkraft sind in Tabelle 4.2 angegeben.

NDP zu 4.3.2(1), Anmerkung 1: Durchfahrtshöhen, Schutzmaßnahmen und Bemessungswerte für Überbau

Es gelten die empfohlenen Regelungen.

Tabelle 4.2 — Anhaltswerte für äquivalente Anprallkräfte auf Überbauten

Kategorie	Äquivalente statische Ersatzkraft F_{dx} [a] kN
Autobahnen und Bundesstraßen	500
Landstraßen außerhalb von Ortschaften	375
Innerstädtische Straßen	250
Privatstraßen und Parkgaragen	75

[a] x = in Fahrtrichtung

ANMERKUNG 2 Die Entscheidung für den Bemessungswert darf von den Anprallfolgen, der Art und erwarteten Stärke des Verkehrs und eventuellen Sicherungs- und Schutzmaßnahmen abhängig gemacht werden.

ANMERKUNG 3 Die Anpralllasten auf vertikale Flächen sind mit denen in Tabelle 4.2 identisch. Bei $h_0 \leq h \leq h_1$ können die Anpralllasten mit dem Abminderungsbeiwert r_F abgemindert werden. Der Nationale Anhang darf Werte für r_F, h_0 und h_1 festlegen. Empfehlungen zu den Werten r_F, h_0 und h_1 sind Bild 4.2 zu entnehmen.

NDP zu 4.3.2(1), Anmerkung 3: Abminderungsbeiwert r_F für Anpralllast Überbau

Es gelten die empfohlenen Regelungen.

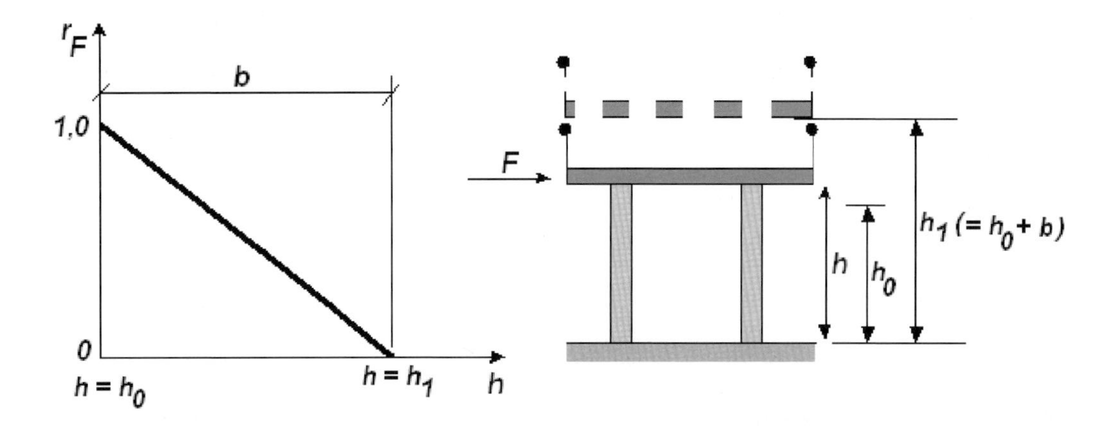

Legende

b Höhenunterschied zwischen h_1 und h_0; $b = h_1 - h_0$. Der empfohlene Wert ist b = 1,0 m. Die Reduktion von F ist möglich bei Werten b zwischen 0 m und 1 m; d. h. zwischen h_0 und h_1.

h lichter Abstand zwischen der Straßenoberkante und der Brückenunterkante am Aufprallpunkt.

h_0 Mindestabstand zwischen der Straßenoberkante und der Brückenunterkante, unterhalb dessen der Anprall auf den Überbau voll berücksichtigt werden muss: Der empfohlene Wert ist h_0 = 5,0 m (+ Zuschläge für Gradienten, Brückendurchbiegung und voraussichtliche Setzungen.

h_1 der Wert des lichten Abstandes zwischen der Straßenoberkante und der Brückenunterkante, von dem ab die Anprallkraft nicht berücksichtigt werden muss. Der empfohlene Wert ist h_1 = 6,0 m + Zuschläge für zukünftige Fahrbahndecken-Erneuerungen, Gradienten, Brückendurchbiegung und voraussichtliche Setzungen.

Bild 4.2 — Empfehlungen für den Abminderungsbeiwert r_F für Anpralllasten auf Überbauungen von Straßen, abhängig von der Durchfahrtshöhe h

ANMERKUNG 4 Auf der Unterseite der Brücke dürfen die gleichen Anpralllasten wie auf vertikalen Flächen in schräger Richtung eingesetzt werden. Der Nationale Anhang darf die Bedingungen festlegen. Empfohlen wird eine Neigung der Kräfte von 10°, siehe Bild 4.3.

NDP zu 4.3.2(1), Anmerkung 4: Anpralllasten auf die Brückenunterseite

Es gelten die empfohlenen Regelungen.

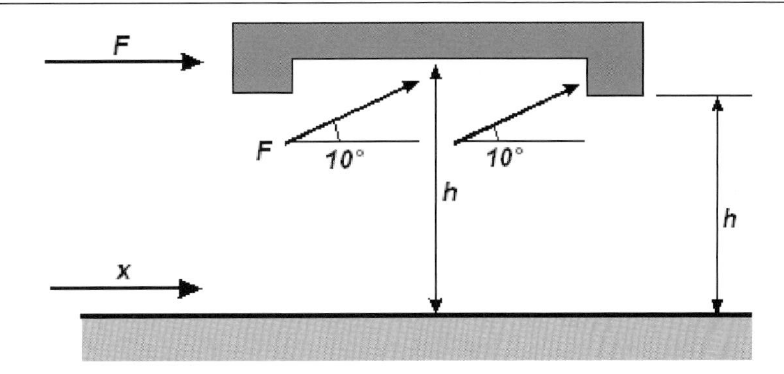

Legende

x Fahrtrichtung

h Abstand der Straßenoberkante von der Unterkante der Brücke

Bild 4.3 — Anpralllast auf Bauteile des Überbaus

ANMERKUNG 5 Bei der Bestimmung der Höhe h sollten zukünftige eventuelle Veränderungen z. B. durch Deckenerhöhung der Straße berücksichtigt werden.

(2) Sofern notwendig, sollten auch Anprallkräfte F_{dy} quer zur Fahrtrichtung berücksichtigt werden.

ANMERKUNG Die Anwendung von F_{dy} darf im Nationalen Anhang oder im Einzelfall festgelegt werden. Es wird empfohlen, F_{dy} nicht gleichzeitig mit F_{dx} anzusetzen.

NDP zu 4.3.2(2), Anwendung von F_{dy}

Kräfte F_{dy} sind nicht anzusetzen.

(3) Die Anprallfläche für die Anprallkraft F auf Bauteile des Überbaus ist zu spezifizieren.

ANMERKUNG Der Nationale Anhang darf die Lage und die Abmessungen der Anprallfläche festlegen. Als Anprallfläche wird ein Quadrat mit der Seitenlänge 0,25 m empfohlen.

NDP zu 4.3.2(3), Abmessungen und Anordnung der Anprallfläche

Es gelten die empfohlenen Regelungen.

4.5 Außergewöhnliche Einwirkungen infolge Entgleisung von Eisenbahnfahrzeugen auf Bauwerke neben oder über Gleisen

(1) Die außergewöhnlichen Einwirkungen infolge Zugverkehr sind zu spezifizieren.

ANMERKUNG Der Nationale Anhang darf die Art des Zugverkehrs festlegen, für die die Regeln in diesem Abschnitt gelten.

NDP zu 4.5(1), Art des Zugverkehrs

Für die Eisenbahnen des Bundes erfolgt keine Unterteilung nach Arten des Zugverkehrs.

NCI zu 4.5

Außergewöhnliche Einwirkungen infolge Entgleisungen von Eisenbahnfahrzeugen auf Bauwerke neben oder über Gleisen.

4.5.1 Tragwerke neben oder über Gleisanlagen

4.5.1.1 Allgemeines

(1) Anprallkräfte auf Stützkonstruktionen (z. B. Stützen oder Pfeiler) bei Entgleisung von Zügen, die unter oder neben Bauwerken verkehren, sollten festgelegt sein, siehe 4.5.1.2. Die Entwurfsplanung kann auch andere Vorbeuge- oder Schutzmaßnahmen zur Verringerung der Anprallkräfte auf die Stützkonstruktionen enthalten. Die gewählten Werte sollten von der Bauwerksklassifizierung abhängen.

ANMERKUNG 1 Lasten aus Entgleisungen, die auf einer Brücke stattfinden, sind in EN 1991-2 geregelt.

ANMERKUNG 2 Weiterführende Hinweise zu außergewöhnlichen Einwirkungen aus Zugverkehr sind im UIC-Merkblatt 777-2 zu finden.

4.5.1.2 Bauwerksklassifizierung

(1) Tragwerke, die aus Entgleisungen anprallgefährdet sind, sind nach Tabelle 4.3 zu klassifizieren..

Tabelle 4.3 — Bauwerksklassifizierung für Anprallnachweise aus Entgleisung

Klasse A	Bauwerke über oder neben Gleisanlagen, die dem ständigen Aufenthalt von Menschen dienen oder in denen zeitweise Menschenansammlungen stattfinden, sowie mehrgeschossige Anlagen, die nicht dem ständigen Aufenthalt von Menschen dienen.
Klasse B	Massive Tragwerke über Gleisanlagen, wie Brücken mit Straßenverkehr oder einstöckige Hochbauten, die nicht dem dauernden Aufenthalt von Menschen dienen.

ANMERKUNG 1 Die Zuordnung von Bauwerken in die Klassen A und B darf im Nationalen Anhang oder für das einzelne Projekt erfolgen.

ANMERKUNG 2 Der Nationale Anhang darf auch ergänzende Hinweise zur Klassifizierung temporärer Bauwerke, wie z. B. temporärer Fußgängerbrücken oder ähnlicher Anlagen für den öffentlichen Verkehr oder für Behelfskonstruktionen, als widerspruchsfreie, zusätzliche Information liefern, siehe EN 1991-1-6.

NDP zu 4.5.1.2(1), Anmerkungen 1 und 2: Klassifizierung von Tragwerken für Anpralllasten

Für die Klassifizierung der Bauwerke, die im Folgenden als Überbauungen bezeichnet werden, gelten die Absätze in Abhängigkeit von der Anordnung und Ausbildung der Stützkonstruktionen.

Die Regelungen gelten auch für Baubehelfe und temporäre Überbauungen.

Die Festlegungen nach diesem Abschnitt gelten nicht für

— Treppenanlagen zu Überbauungen, wenn bei Ausfall der Treppenkonstruktion die Tragfähigkeit der Überbauung selbst erhalten bleibt,

— Tunnel in offener Bauweise, wenn die Lasten aus Überbauungen unabhängig von der Tunnelkonstruktion abgetragen werden,

— Oberleitungsmaste und andere Tragkonstruktionen für Oberleitungen,

— Signalträger, einschließlich Signalausleger und -brücken,

— Bahnsteigdachstützen.

Die Anforderungen an die Stützkonstruktion hängen ab von der Nutzung der Überbauung, den Folgen bei Anprall von Eisenbahnfahrzeugen und den öffentlichen Sicherheitsbedürfnissen.

Bei Überbauungen von Bahnanlagen wird daher nach Art der Nutzung, in

- Überbauungen ohne Aufbauten,
- Überbauungen mit Aufbauten,

und nach Sicherheitsanforderungen im Bereich der Überbauungen, in

- üblich,
- erhöht

unterschieden.

Zu den Bauwerken Klasse A gehören Überbauungen mit Aufbauten,

- die dem ständigen Aufenthalt von Menschen dienen (z. B. Büro-, Geschäfts- und Wohnräume),
- in denen zeitweise Menschenansammlungen stattfinden (z. B. Theater- und Kinosäle),
- die mehrgeschossig sind und nicht dem ständigen Aufenthalt von Menschen dienen (z. B. mehrgeschossige Parkhäuser und Lagerhallen).

Zu den Bauwerken Klasse B gehören Überbauungen ohne Aufbauten

- Eisenbahn-, Straßen-, Fußweg-, Radwegbrücken und ähnliche Verkehrsflächen sowie
- eingeschossige Anlagen, die nicht dem dauernden Aufenthalt von Menschen dienen (z. B. Parkflächen, Lagerhallen).

Kriterien für die Zuordnung von Überbauungen in solche mit üblichen und erhöhten Sicherheitsanforderungen sind Tabelle NA.3 zu entnehmen.

Tabelle NA.3 — Kriterien für die Einteilung von Überbauungen nach Sicherheitsanforderungen

Art und Lage der Überbauung	übliche Sicherheitsanforderungen	erhöhte Sicherheitsanforderungen
Überbauungen ohne Aufbauten (Klasse B)		
— über Bahnsteigen	wenn $v \leq 120$ km/h[c]	wenn $v > 120$ km/h[c]
— über Bahnhofsbereichen[a] außerhalb von Bahnsteigen	wenn $v \leq 160$ km/h[c]	wenn $v > 160$ km/h[c]
— außerhalb von Bahnhofsbereichen[a]	Keine Unterscheidung, siehe zu 4.5.1.2, zu 4.5.1.4 und Tabelle NA.4	
Überbauungen mit Aufbauten (Klasse A)		
Alle Arten unabhängig von der Lage	—	alle Überbauungen mit Aufbauten; zusätzliche Bedingung: $v \leq 120$ km/h[b]

[a] Bahnhofsbereiche sind die Bereiche zwischen den Einfahrtsignalen.

[b] Bei $v > 120$ km/h ist ein Sicherheitskonzept aufzustellen.

[c] v ist die örtlich zulässige Zuggeschwindigkeit.

NCI zu 4.5.1.2(1), Anmerkungen 1 und 2: Klassifizierung von Tragwerken für Anpralllasten

Diese Klassifizierung gilt mit den folgenden Planungs- und Konstruktionsgrundsätzen:

Im lichtem Abstand von $< 3,0$ m von der Gleisachse sind in der Regel keine Stützkonstruktionen anzuordnen.

Lassen sich Unterstützungen im lichten Abstand von $< 3,0$ nicht vermeiden, gilt:

- Bei Überbauungen ohne Aufbauten außerhalb von Bahnhofsbereichen sind die statisch äquivalenten Kräfte nach Tabelle NA.5 anzusetzen.
- Bei übrigen Überbauungen sind von den Eisenbahnen des Bundes in Abstimmung mit dem Eisenbahn-Bundesamt auf den Einzelfall bezogene Regelungen (Zustimmung im Einzelfall) zu treffen. Die in Tabelle NA.6 angegebenen statisch äquivalenten Kräfte sind Anhaltswerte.
- Es sind immer Führungen im Gleis und zugehörige Fangvorrichtungen einzubauen. Führungen müssen 5 m vor der Unterstützung beginnen.

Die Abstandsgrenze von 3,0 m gilt für Gleisradien $R \geq 10\,000$ m und ist bei $R < 10\,000$ m auf 3,2 m zu vergrößern.

Stützkonstruktionen mit einem lichten Abstand von $< 5,0$ m von der Gleisachse sind in der Regel als durchgehende Wände, gegebenenfalls auch mit Durchbrüchen, als wandartige Scheiben oder als Stützenreihen auszubilden. Für Wände mit Durchbrüchen gelten die Mindestmaße nach Bild NA.1. Für wandartige Scheiben betragen die Mindestmaße $L : B \geq 4 : 1$ mit $L \geq H/2$, $B \geq 0,6$ m bei üblichen Sicherheitsanforderungen und $B \geq 0,8$ m bei erhöhten Sicherheitsanforderungen (L: Länge, B: Breite, H: Höhe der Scheibe).

Stützkonstruktionen dürfen bei einem lichten Abstand $< 5,0$ m von der Gleisachse auch als Einzelstützen oder Stützenreihen ausgebildet werden, wenn sie auf massiven Bahnsteigen oder erhöhten Fundamenten mit Höhen von mindestens 0,55 m über Schienenoberkante stehen. Rechtwinklig zur Gleisachse muss der Abstand zwischen Außenrand einer Einzelstütze und der Außenkante des zugehörigen Fundaments mindestens 0,8 m betragen. Bei gleisnahen Stützkonstruktionen ist der Bereich A des Regellichtraums nach § 9 EBO zu beachten. Diese erhöhten Fundamente müssen mindestens 5,0 m vor den Stützen beginnen und an ihrem Ende fahrzeugablenkend ausgebildet sein. Die Anordnung auf Bahnsteigen gegenüber dem Bahnsteigende ist im größten möglichen Abstand zu wählen, jedoch mindestens wie bei erhöhten Fundamenten.

Falls bei erhöhten Sicherheitsanforderungen Stützen ohne erhöhte Fundamente im lichten Abstand von < 5,0 m von der Gleisachse unbedingt erforderlich sind, ist ein starrer Anprallblock oder eine energieverzehrende Anprallschutzkonstruktion vor Einzelstützen oder vor der ersten Stütze von Stützenreihen anzuordnen. Anprallschutzkonstruktionen sind so auszubilden, dass sie die Bewegungsrichtung entgleister Fahrzeuge von der Stütze ablenken können. Anprallschutzkonstruktionen sind nicht erforderlich vor Stützen, die auf Anprall nicht untersucht zu werden brauchen (siehe Tabelle NA.5).

Die Anprallschutzkonstruktionen sind so zu gründen, dass im Fall eines Anpralls die Tragfähigkeit der Stütze auch nicht über die Gründung beeinträchtigt wird. Die Mindestmaße und -abstände sind in Bild NA.2 beispielhaft dargestellt.

Maße in Meter

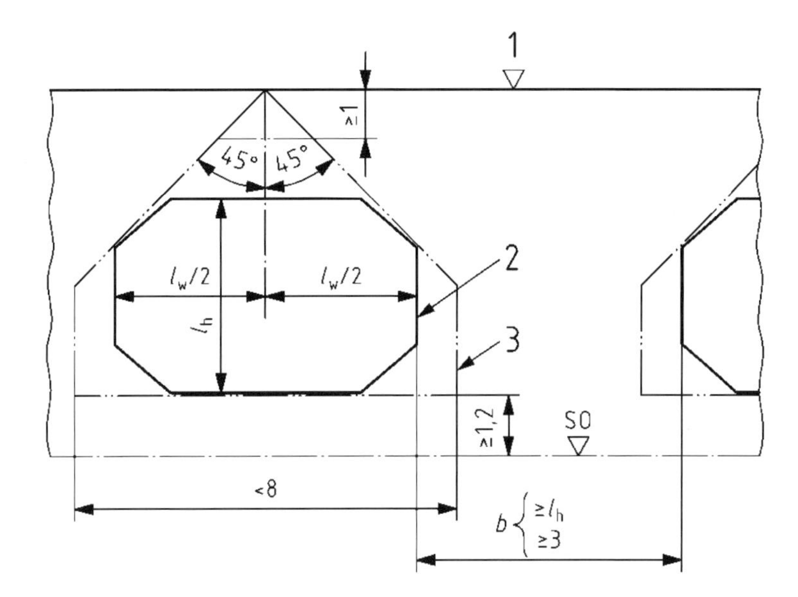

Legende

1 UK Decke
2 Beispiel eines Durchbruchs
3 äußere Begrenzung des Durchbruchs
l_w Lichte Weite
l_h Lichte Höhe
SO Schienenoberkante

Bild NA.1 — Durchbrüche in Wänden; zulässige Abmessungen, Beispiel

Maße in Meter

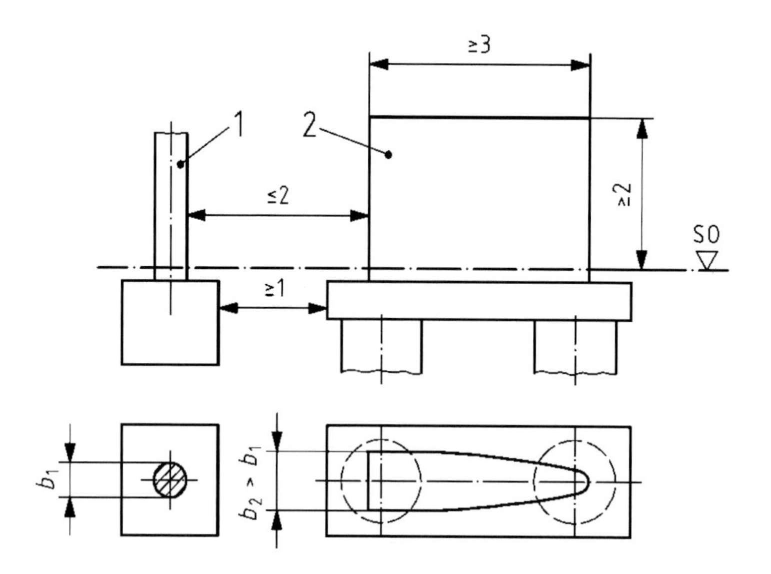

Legende

1 Stütze
2 Anprallschutz

Bild NA.2 — Anprallschutzkonstruktionen vor Unterstützungen, Mindestabmessung, Beispiel

In Stützenreihen gelten Stützen mit einem lichten Abstand von mehr als 8,0 m als Einzelstützen.

Als Stützkonstruktionen sollen in der Regel keine Pendelstützen gewählt werden. Im lichten Abstand von < 15,0 m von der Gleisachse dürfen keine Pendelstützen stehen. Diese Regelung gilt nicht für Lehrgerüste/ Baubehelfe oder temporäre Brücken nach Tabelle NA.4.

NDP zu 4.5.1.2(1), Anmerkung 2: Klassifizierung von temporären Bauwerken und Behelfskonstruktionen

Bei Unterstützungen von Baubehelfen, z. B. Lehrgerüststützen, in einem Abstand von ≥ 3,0 (3,2) m brauchen die Forderungen nach durchgehenden Wänden o. Ä. und Lagerung auf erhöhten Fundamenten nicht erfüllt zu werden.

Bei Unterstützungen von temporären Fuß- und Radwegbrücken oder ähnlichen Überbauungen mit öffentlicher Nutzung braucht die Forderung nach durchgehenden Wänden o. Ä. bei einem lichten Abstand ≥ 3,0 (3,2) m nicht erfüllt zu werden, wenn die Zuggeschwindigkeit $v \leq 120$ km/h beträgt. Bei Zuggeschwindigkeiten $v > 120$ km/h sind in Abstimmung mit dem Eisenbahn-Bundesamt Anforderungen in Anlehnung an die Regelungen für Überbauungen festzulegen.

Auf die Nachweise „Stützenanprall" und „Stützenausfall" darf verzichtet werden,

— bei Baubehelfen, z. B. Lehrgerüsten, — unabhängig vom Abstand der Stützen von der Gleisachse —, wenn die Zuggeschwindigkeit v ≤ 120 km/h beträgt und bei lichten Abständen von < 3,0 (3,2) m,

— wenn Führungsschienen und Fangvorrichtungen vorhanden sind,

— bei temporären Fuß- und Radwegbrücken oder ähnlichen Überbauungen mit öffentlicher Nutzung, wenn der lichte Abstand ≥ 3,0 (3,2) m ist, die Stützen auf Bahnsteigen oder bahnsteigähnlichen Fundamenten stehen und die Zuggeschwindigkeit $v \leq 120$ km/h beträgt.

Die Regelungen für temporäre Überbauungen von Bahnanlagen sind in folgender Tabelle NA.4 zusammengefasst:

Tabelle NA.4 — Übersicht über die Bedingungen für Stützkonstruktionen bei temporären Überbauungen

Art der temporären Überbauung	Abstand a der Stützkonstruktion von der Gleisachse	Bedingungen	Anprallersatzlast
Baubehelfe, z. B. Lehrgerüste,	$a < 3$ m (3,2 m)[a]	zulässig bei $v \leq 120$ km/h und Führungsschienen und Fangvorrichtungen	keine
	$a \geq 3$ m (3,2 m)[a]	keine	keine
Temporäre Fuß- und Radwegbrücken oder ähnliche Überbauungen mit öffentlicher Nutzung	$a < 3$ m (3,2 m)[a]	nicht zulässig	—
	$a \geq 3$ m (3,2 m)[a]	zulässig bei $v \leq 120$ km/h und Stützenlagerung auf Bahnsteigen	keine

[a] Die Abstandsgrenze $a = 3{,}0$ m gilt für Gleisradien $R \geq 10\,000$ m. Bei $R < 10\,000$ m ist die Abstandsgrenze auf $a = 3{,}2$ m zu vergrößern.

ANMERKUNG 3 Zum Hintergrund und weiteren Hinweisen zur Bauwerksklassifizierung wird auf die entsprechenden UIC-Dokumente hingewiesen.

4.5.1.3 Außergewöhnliche Bemessungssituationen und Bauwerksklassen

(1) Entgleisungen unter oder neben einem Bauwerk, das in Klasse A oder B klassifiziert ist, sind als außergewöhnliche Bemessungssituationen nach EN 1990, 3.2 zu behandeln.

(2) Aus Entgleisungen unter oder neben einem Bauwerk braucht in der Regel kein Anprall auf die Überbauung berücksichtigt zu werden.

4.5.1.4 Bauwerke der Klasse A

(1) Für Bauwerke der Klasse A, bei denen Geschwindigkeiten 120 km/h nicht übersteigen, sind Bemessungswerte für die statisch äquivalenten Kräfte auf Stützkonstruktionen (z. B. Pfeiler, Wände) zu spezifizieren.

ANMERKUNG Die statisch äquivalenten Lasten und ihre Zuordnung dürfen im Nationalen Anhang angegeben werden. Anhaltswerte sind in Tabelle 4.4 zu finden.

NDP zu 4.5.1.4(1), Bemessungswerte für Anpralllasten aus Entgleisung

Stützkonstruktionen für Überbauungen von Bahnanlagen sind für die in den Tabellen NA.5 und NA.6 angegebenen statisch äquivalenten Anprallkräfte F_{dx} und F_{dy} für Anprall von Eisenbahnfahrzeugen zu bemessen. Die Anprallkräfte sind mit F_{dx} in Gleisrichtung und mit F_{dy} rechtwinklig zur Gleisrichtung anzusetzen.

Bei erhöhten Sicherheitsanforderungen ist im Bereich der Überbauungen zusätzlich zur außergewöhnlichen Bemessungssituation nachzuweisen, dass die Stützkonstruktionen, die für Anprall zu bemessen sind, innerhalb außergewöhnlicher Bemessungssituationen ständige und veränderliche Einwirkungen, jedoch ohne die außergewöhnliche Einwirkung (entspricht dem Zustand nach dem außergewöhnlichen Ereignis), mit dem reduzierten Querschnitt aufnehmen können:

— bei Wänden und wandartigen Scheiben mit Breiten $B < 1$ m ist mit völliger Zerstörung des Wandkopfes auf 2 m Länge zu rechnen,

— bei Stützen ist mit Zerstörung des halben Querschnitts zu rechnen.

Die Tragfähigkeit der Tragkonstruktion bei Ausfall einzelner Stützen ist nachzuweisen,

— wenn Stützen im Bereich erhöhter Sicherheitsanforderungen neben Gleisen ohne Weichen oder in Weichenbereichen mit technisch gesicherten Weichenstraßen im Abstand $a \leq 5{,}0$ m angeordnet werden,

— wenn Stützen — unabhängig von den Sicherheitsanforderungen — neben Weichenstraßen ohne technische Sicherung, z. B. in Bahnhofsbereichen, im Abstand $a \leq 6{,}0$ m angeordnet werden.

Weichenbereiche sind in Bild NA.3 dargestellt.

Maße in Meter

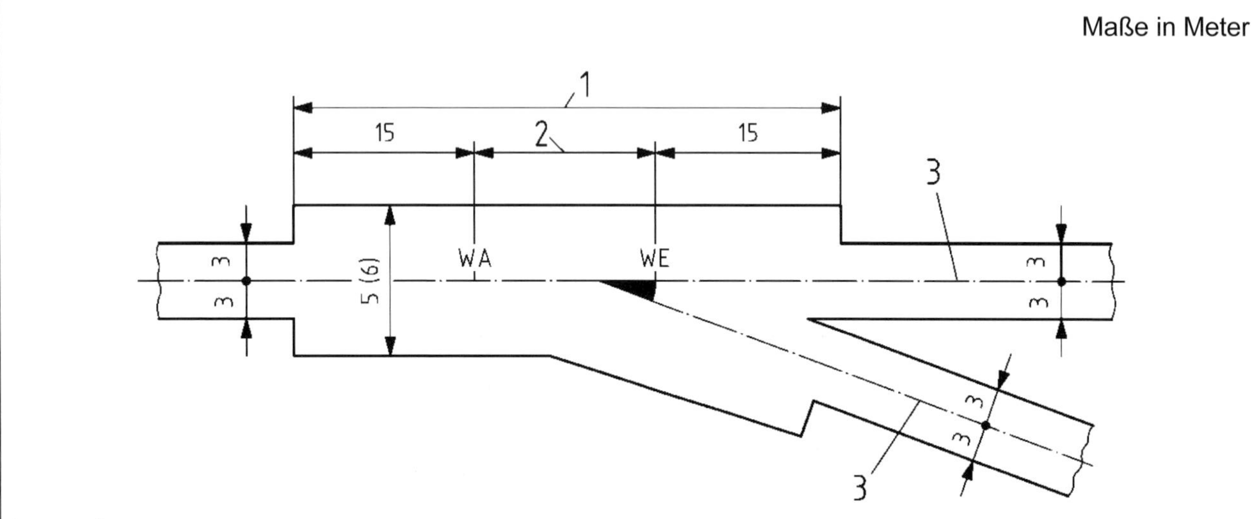

Legende

1 Bereich der Weiche
2 Weichenlänge
3 Gleisachse
WA Weichenanfang
WE Weichenende

Bild NA.3 — Darstellung des Weichenbereichs

Auf den Nachweis „Stützenausfall" darf verzichtet werden,

— wenn Gleise nur mit Zuggeschwindigkeiten $v \leq 25$ km/h befahren werden oder

— wenn die Stützkonstruktion als Stahlbetonscheibe mit der Länge $L \geq 3{,}0$ m und der Breite $B \geq 1{,}2$ m und ggf. mit Zerschellschicht (Bilder NA.4 und NA.5) ausgeführt wird.

Auf den Nachweis „Stützenanprall" und „Stützenausfall" darf verzichtet werden,

— wenn die Stützkonstruktion als Stahlbetonscheibe mit der Länge $L \geq 6{,}0$ m und der Breite $B \geq 1{,}2$ m und mit Zerschellschicht (Bilder NA.4 und NA.5) ausgeführt wird,

— bei Überbauungen ohne Aufbauten außerhalb von Bahnhofsbereichen, wenn der lichte Abstand der Unterstützungen von der Gleisachse $\geq 3{,}0$ (3,2) m (ohne Weichen) und $\geq 5{,}0$ m (mit Weichen) ist.

Stützen, Pfeiler und Wandscheibenenden, die durch Fahrzeuganprall beschädigt werden können, müssen im Anprallbereich mit einer Zerschellschicht von $\geq 0{,}1$ m Dicke nach Bild NA.4 und zweilagiger Bewehrung nach Bild NA.5 ausgebildet werden. Die Zerschellschicht ist zusätzlich zum Querschnitt der Unterstützung anzuordnen, der aus Einwirkungen der ständigen Bemessungssituationen statisch erforderlich ist. Bei der Bemessung für außergewöhnliche Einwirkungen ist die Zerschellschicht für den maßgebenden Querschnitt nicht zu berücksichtigen.

Als Anprallbereich ist eine Höhe von 4,0 m über Schienenoberkante anzunehmen und

— in Fahrtrichtung die ganze Länge der Stützkonstruktion, jedoch nicht mehr als $L = 3{,}0$ m,

— rechtwinklig zur Fahrtrichtung die ganze Breite der Stützkonstruktion (siehe Bild NA.4).

Bei Überbauungen von Bahnanlagen außerhalb von Bahnhofsbereichen darf auf die Zerschellschicht an Stützkonstruktionen verzichtet werden.

Maße in Meter

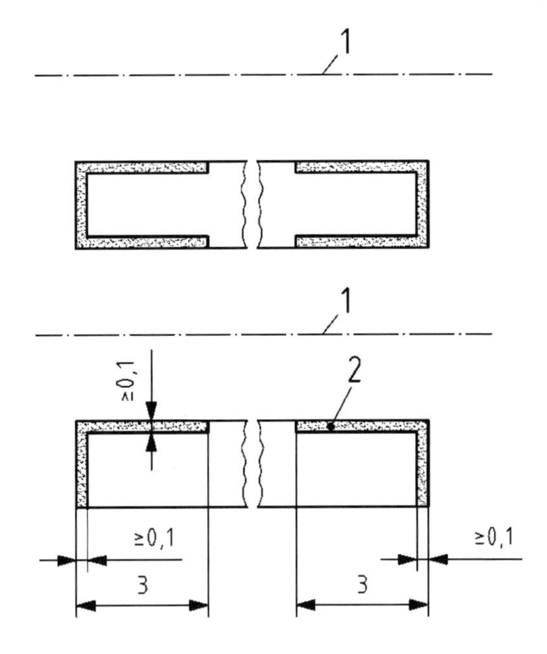

Legende

1 Gleisachse
2 Zerschellschicht

Bild NA.4 — Anordnung und Abmessungen

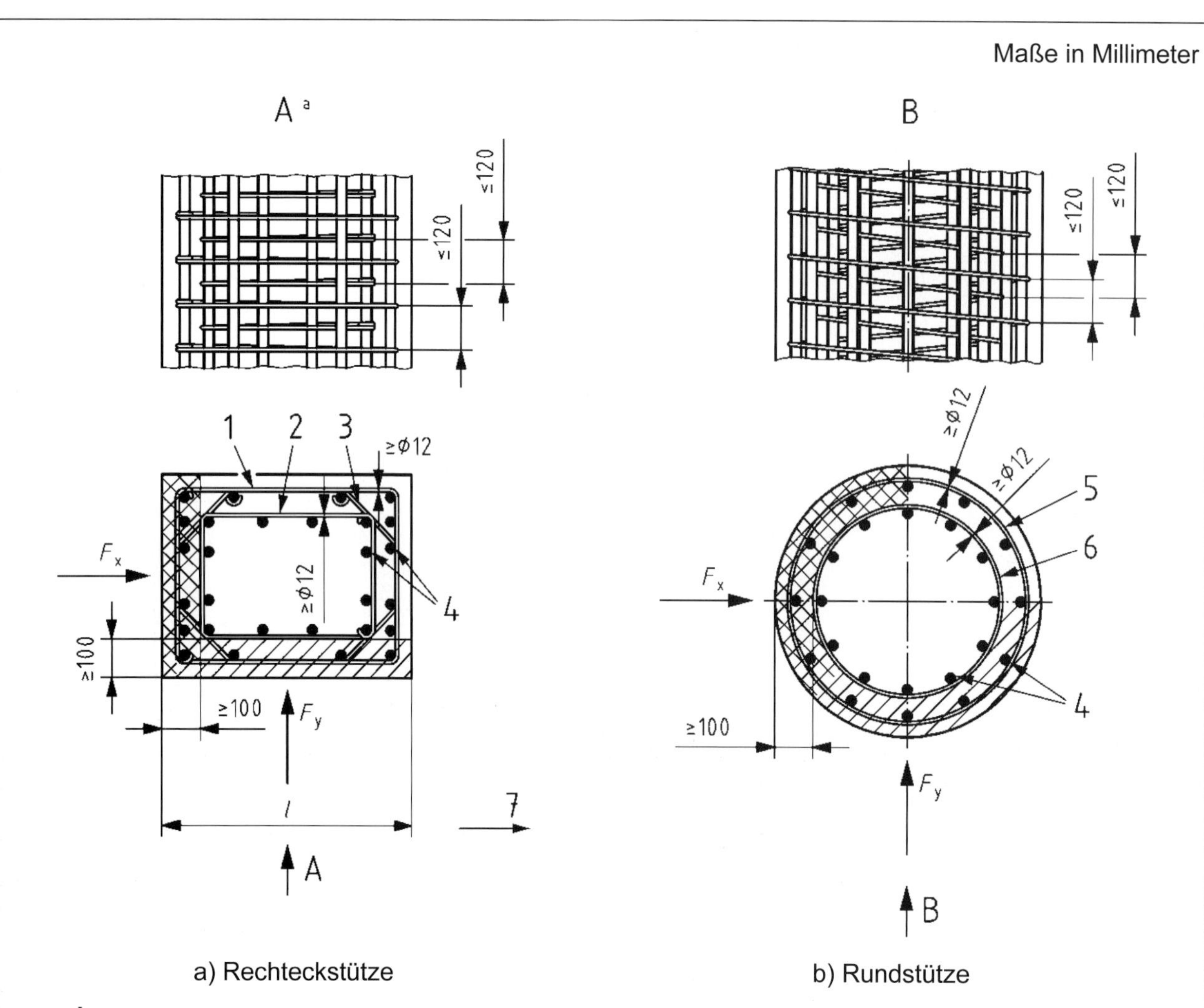

a) Rechteckstütze

b) Rundstütze

Legende

1, 2, 3 Bügel
4 Längsbewehrung
5 äußere Wendel
6 innere Wendel
7 Weichenlänge

Bild NA.5 — Ausbildung der Zerschellschicht

Die statisch äquivalenten Kräfte für den Anprall von Eisenbahnfahrzeugen sind in Abhängigkeit

— vom Abstand der Stützkonstruktion von der Gleisachse,

— von der Art und Lage der Stützkonstruktion und

— von den Sicherheitsanforderungen im Bereich der Überbauung

in den Tabellen NA.5 und NA.6 angegeben.

Tabelle NA.5 — Statisch äquivalente Anprallkräfte für Überbauungen ohne Aufbauten außerhalb von Bahnhofsbereichen

Gleis-bereich	Lichter Abstand a der Stützkonstruktion von der Gleisachse	Art der Stützkonstruktion (Bedingungen)	Statisch äquivalente Kraft	
			F_{dx} in MN	F_{dy} in MN
ohne Weichen	$a < 3{,}0$ m (3,2 m)[a]	Alle Arten, wenn — die Zuggeschwindigkeit $v \leq 120$ km/h beträgt, und — die Stützkonstruktion durch Führungen im Gleisbereich gesichert ist.	—	—
		— Einzelstützen — Außenstützen[b] von Stützenreihen — Zwischenstützen[b] in Stützenreihen mit lichtem Stützenabstand $a_S > 8{,}0$ m — Endbereiche von Wandscheiben (2 m in Längsrichtung)	2,0	1,0
		Zwischenstützen[b] in Stützenreihen mit lichtem Stützenabstand $a_S \leq 8{,}0$ m	1,0	0,5
		Mittenbereiche von Wandscheiben	—	0,5
	$a \geq 3{,}0$ m (3,2 m)[a]	alle Arten	—	—
mit Weichen	$a < 3{,}0$ m (3,2 m)[a]	nicht zulässig	—	—
	3,0 m (3,2 m) $\leq a < 5{,}0$ m	— Einzelstützen — Außenstützen[b] von Stützenreihen — Zwischenstützen[b] in Stützenreihen mit lichtem Stützenabstand $a_S > 8{,}0$ m — Endbereiche von Wandscheiben (2 m in Längsrichtung)	2,0	1,0
		Zwischenstützen[b] in Stützenreihen mit lichtem Stützenabstand $a_S \leq 8{,}0$ m	1,0	0,5
		Mittenbereiche von Wandscheiben	—	0,5
	$a \geq 5{,}0$ m	alle Arten	—	—

[a] Die Abstandsgrenze $a = 3{,}0$ m gilt für Gleisradien $R \geq 10\,000$ m. Bei $R < 10\,000$ m ist die Abstandsgrenze auf $a = 3{,}2$ m zu vergrößern.

[b] Der Ausfall je einer Stütze ist zusätzlich zu untersuchen.

Tabelle NA.6 — Statisch äquivalente Anprallkräfte für Überbauungen mit Aufbauten und Überbauungen in Bahnhofsbereichen

Abstand a der Stützkonstruktion von der Gleisachse	Art der Stützkonstruktion	Sicherheitsanforderung üblich (ü.S.)		Sicherheitsanforderung erhöht (e.S.)	
		Statisch äquivalente Kraft			
		F_{dx} in MN	F_{dy} in MN	F_{dx} in MN	F_{dy} in MN
$a < 3,0$ m (3,2 m)[a]	— Wandscheibenenden, wenn kein Anprallblock vorhanden — Anprallblock	4,0	2,0	10,0	4,0
	— Wandscheibenenden oder Stützen hinter Anprallblock	2,0	1,0	4,0	2,0
	— Mittenbereiche von Wandscheiben (Abstand > 2 m vom Wandende)	—	1,0	—	2,0
3,0 m (3,2 m)[a] $\leq a < 5,0$ m (6,0 m)[b]	— Wandscheibenenden, wenn kein Anprallblock vorhanden — Anprallblock	2,0	1,0	4,0	2,0
	— Wandscheibenenden oder Stützen hinter Anprallblock — Zwischenstützen von Stützenreihen mit lichtem Stützenabstand ≤ 8 m ohne erhöhte Fundamente — Wandscheibenenden und Stützen auf Bahnsteigen oder auf Fundamenten mit $h \geq 0,55$ m über Schienenoberkante	1,0	0,5	2,0	1,0
	— Mittenbereiche von Wandscheiben (Abstand > 2 m vom Wandende)	—	0,5	—	1,0
5,0 m (6,0 m)[b] $\leq a < 7,0$ m	Wandenden, Stützen	kein Anprall		2,0	1,0
$a \geq 7,0$ m	alle Arten	kein Anprall			

[a] Die Abstandsgrenze $a = 3,0$ m gilt für Gleisradien $R \geq 10\,000$ m. Bei $R < 10\,000$ m ist die Abstandsgrenze auf $a = 3,2$ m zu vergrößern.

[b] Die Abstandsgrenze $a = 5,0$ m gilt für Gleise ohne Weichen und für Weichenbereiche mit technisch gesicherten Weichenstraßen. Für Weichenstraßen ohne technische Sicherung, z. B. in Bahnhofsbereichen, ist die Abstandsgrenze auf $a = 6,0$ m zu vergrößern. Weichenbereiche sind in Bild NA.3 definiert.

Tabelle 4.4 — Anhaltswerte für horizontale statisch äquivalente Anprallkräfte auf Bauwerke der Klasse A über oder neben Gleisanlagen

Abstand „d“ des Hindernisses von der Gleisachse des nächstliegenden Gleises m	Kraft F_{dx}[a] kN	Kraft F_{dy}[a] kN
Bauelement: $d < 3$ m	Im Einzelfall zu spezifizieren. Weitere Hinweise liefert der Anhang B	Im Einzelfall zu spezifizieren. Weitere Hinweise liefert der Anhang B
Bei durchlaufenden Wänden und wandähnlichen Konstruktionen: 3 m $\leq d \leq$ 5 m	4 000	1 500
$d > 5$ m	0	0

[a] x = in Fahrtrichtung; y = quer zur Fahrtrichtung.

(2) Werden Stützen durch massive Sockel oder Bahnsteige geschützt, dürfen die Anpralllasten abgemindert werden.

ANMERKUNG Abminderungen dürfen im Nationalen Anhang angegeben werden.

NDP zu 4.5.1.4(2), Abminderung der Anpralllasten

Zulässige Abminderungen sind in Tabelle NA.6 angegeben.

(3) Die Kräfte F_{dx} und F_{dy} sind in festgelegter Höhe über der Gleisebene anzusetzen, siehe Tabelle 4.4. Die Kräfte sind unabhängig voneinander zu berücksichtigen.

ANMERKUNG Der Angriffspunkt der Kraft darf im Nationalen Anhang spezifiziert sein. Empfohlen wird der Wert 1,8 m.

NDP zu 4.5.1.4(3), Angriffspunkt der Anpralllasten

Die statisch äquivalenten Anprallkräfte F_{dx} und F_{dy} sind für Stützkonstruktionen in 1,8 m, für Anprallblöcke in 1,5 m Höhe über Schienenoberkante wirkend anzunehmen. Die Anprallfläche darf mit $b \times h = 2{,}0$ m × 1,0 m angesetzt werden, jedoch nicht mit mehr als der geometrisch vorhandenen Fläche (b: Breite; h: Höhe).

(4) Beträgt die maximale Zuggeschwindigkeit nicht mehr als 50 km/h, dürfen die Kräfte der Tabelle 4.4 reduziert werden.

ANMERKUNG Die Reduzierung darf im Nationalen Anhang angegeben sein, die empfohlene Reduzierung ist 50 %. Weitere Hinweise liefert das Merkblatt UIC 777-2.

NDP zu 4.5.1.4(4), Statisch äquivalente Anpralllast

Eine Reduzierung der in den Tabellen NA.5 und NA.6 angegebenen Anprallkräfte ist nicht zulässig.

(5) Liegt die maximale Zuggeschwindigkeit über 120 km/h, sollten die horizontalen statisch äquivalenten Kräfte zusammen mit zusätzlichen Vorbeuge- oder Schutzmaßnahmen nach den Annahmen für die Schadensfolgeklasse CC3 ermittelt werden, siehe 3.4(1).

ANMERKUNG Die Kräfte F_{dx} und F_{dy} dürfen, ggf. unter Berücksichtigung zusätzlicher vorbeugender oder schützender Maßnahmen, im Nationalen Anhang angegeben sein oder im Einzelfall bestimmt werden.

NDP zu 4.5.1.4(5), Anpralllasten bei Geschwindigkeiten größer als 120 km/h

Für die Anprallkräfte gelten die Werte in den Tabellen NA.5 und NA.

4.5.1.5 Bauwerke der Klasse B

(1) Bei Bauwerken der Klasse B sind besondere Anforderungen zu spezifizieren.

ANMERKUNG Hinweise dürfen im Nationalen Anhang angegeben sein oder im Einzelfall festgelegt werden. Die besonderen Anforderungen dürfen auf der Grundlage einer Risikoabschätzung bestimmt werden. Hinweise zu den zu berücksichtigenden Faktoren und Maßnahmen sind im Anhang B zu finden.

NDP zu 4.5.1.5(1), Anforderungen an Tragwerke der Klasse B

Siehe 4.5.1.4(1).

NCI NA.4.5.1.6 Oberleitungsbruch

Die auf das Tragwerk einwirkende Belastung als Folge eines Fahrleitungsbruchs ist als statische Belastung in Richtung des intakten Teils der Fahrleitung zu berücksichtigen. Diese außergewöhnliche Belastung ist mit einem Bemessungswert von 20 kN zu berücksichtigen.

Es ist anzunehmen, dass für

— 1 Gleis 1 Tragseil und Fahrdraht,

— 2 bis 6 Gleise 2 Tragseile und Fahrdrähte,

— mehr als 6 Gleise 3 Tragseile und Fahrdrähte

gleichzeitig brechen können.

Es ist anzunehmen, dass diejenigen Fahrdrähte brechen, die die ungünstigste Einwirkung erzeugen.

4.5.2 Bauwerke hinter dem Gleisende

(1) Das Überfahren eines Gleisendes (z. B. in Kopfbahnhöfen) ist nach EN 1990 als außergewöhnliche Bemessungssituation zu berücksichtigen, wenn sich das Tragwerk oder die Stütze unmittelbar hinter dem Gleisende befinden.

ANMERKUNG Der Bereich hinter dem Gleisende, der zu berücksichtigen ist, darf im Nationalen Anhang angegeben sein oder im Einzelfall entschieden werden.

NDP zu 4.5.2(1), Bereiche an Gleisenden

Im Bereich hinter Gleisabschlüssen sollten in der Regel keine Stützkonstruktionen angeordnet werden. Falls sie sich nicht vermeiden lassen, sind hierfür von den Eisenbahnen des Bundes in Abstimmungen mit dem Eisenbahn-Bundesamt auf den Einzelfall bezogene Regelungen (Zustimmung im Einzelfall) zu treffen.

(2) Maßnahmen zur Begrenzung des Risikos sollten den Bereich hinter dem Gleisende einbeziehen und die Wahrscheinlichkeit des Überfahrens der Gleisenden reduzieren.

(3) Stützen von Bauwerken sollten grundsätzlich nicht im Bereich hinter Gleisenden angeordnet werden.

(4) Müssen Stützen im Bereich der Gleisenden angeordnet werden, ist trotz eines Prellbocks zusätzlich eine Anpralleinrichtung vorzusehen. Werte für statische Ersatzlasten infolge Anprall gegen eine Anprallvorrichtung sollten für den jeweiligen Einzelfall festgelegt werden.

ANMERKUNG Besondere Maßnahmen und alternative Bemessungswerte für statisch äquivalente Anprallkräfte dürfen im Nationalen Anhang oder im Einzelfall festgelegt werden. Empfohlen wird eine statisch äquivalente Anprallkraft $F_{dx} = 5\ 000$ kN für Personenzüge und $F_{dx} = 10\ 000$ kN für Güterzüge. Diese Kräfte sind horizontal und in einer Höhe von 1,0 m über Gleisoberkante anzuordnen.

NDP zu 4.5.2(4), Bemessungswerte für Anpralllasten auf Anprallwände

Für die Anprallkräfte auf Anpralleinrichtungen gelten die Werte in der Tabelle NA.6.

4.6 Außergewöhnliche Einwirkungen aus Schiffsverkehr

4.6.1 Allgemeines

(1) Die außergewöhnlichen Einwirkungen aus Schiffskollisionen sind unter Berücksichtigung u. a. folgender Punkte zu bestimmen:

— Typ der Wasserstraße;

— Wasserstands- und Fließbedingungen;

— Schiffstiefgänge, Schiffstypen und deren Anprallverhalten;

— Tragwerkstyp und dessen Energiedissipationsverhalten.

(2) Die Schiffstypen auf Binnengewässern sollten für Schiffsanprall nach dem CEMT-Klassifizierungssystem klassifiziert werden.

ANMERKUNG Das CEMT-Klassifizierungssystem ist in Tabelle C.3 im Anhang C angegeben.

(3) Bei Seeschiffen sind die Kennwerte der Schiffe für Schiffsanprall zu spezifizieren.

ANMERKUNG 1 Der Nationale Anhang darf die Klassifizierung von Schiffen auf Seewasserstraßen festlegen. Anhaltswerte für Seeschiffe sind in Tabelle C.4 im Anhang C enthalten.

NDP zu 4.6.1(3), Anmerkung 1: Klassifizierung von Seeschiffen

Es gelten die empfohlenen Regelungen.

ANMERKUNG 2 Hinweise zur probabilistischen Modellbildung für Schiffskollisionen liefert Anhang B.

(4) Bei der Bestimmung der Lasten aus Schiffsstoß mit weitergehenden Methoden ist die mitwirkende hydrodynamische Masse mit zu berücksichtigen.

(5) Der Schiffsstoß sollte durch zwei nicht gleichzeitig wirkende Kräfte bestimmt werden:

— eine frontal wirkende Kraft F_{dx} (in Fahrtrichtung, gewöhnlich quer zur Längsachse der Überbauung bzw. des Brückenüberbaus);

— eine lateral wirkende Kraft mit der Komponente F_{dy} senkrecht zu F_{dx} und der Reibungskomponente F_R in Richtung von F_{dx}.

(6) Bauwerke, die einen Schiffsanlegestoß planmäßig aufnehmen müssen (z. B. Kaimauern und Dalben), liegen außerhalb des Anwendungsbereichs dieses Teils von EN 1991.

4.6.2 Anprall von Binnenschiffen

(1) Frontale und laterale dynamische Anprallkräfte von Binnenschiffen sind, sofern erforderlich, festzulegen.

ANMERKUNG Frontale und laterale dynamische Anprallkräfte dürfen im Nationalen Anhang oder im Einzelfall festgelegt werden. Angaben sind in Anhang C (Tabelle C.3) für eine Reihe von Standardfällen einschließlich mitwirkender hydraulischer Masse und auch für Schiffe mit anderen Massen zu finden.

NDP zu 4.6.2(1) Bemessungswerte für Anpralllasten bei Binnenschiffen

Es gelten die empfohlenen Regelungen in DIN EN 1991-1-7:2010-12, Anhang C, Tabelle C.3. Die dynamischen Stoßkraft-Werte sind probabilistisch hinterlegt und berücksichtigen typische Situationen in deutschen Wasserstraßen und gelten für feste und bewegliche Brücken.

Die Stoßlast-Werte nach Tabelle C.3 dürfen für Pfeiler, die in einem Abstand vom Fahrrinnenrand der Wasserstraße im Bereich der Brücke entfernt angeordnet werden, durch Multiplikation mit dem Reduktionsfaktor nach Bild NA.6 abgemindert werden.

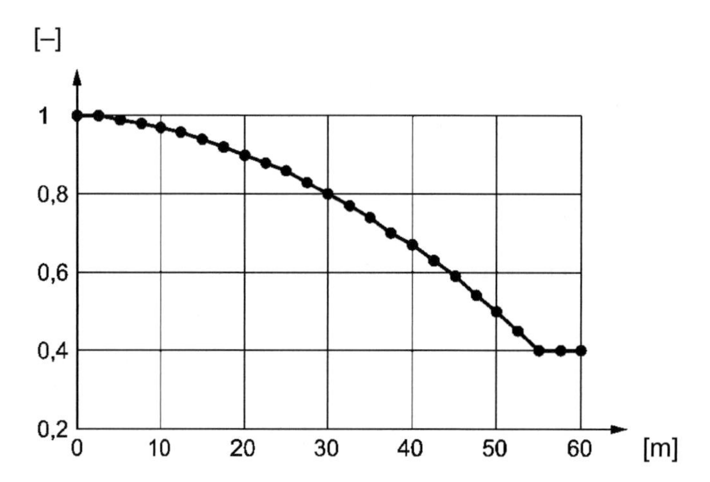

Bild NA.6 — Reduktionsbeiwert zur Berücksichtigung des Abstandes Fahrrinnenrand zu Pfeiler

Der maßgebende Wasserstand ist in der Regel der höchste Schifffahrtswasserstand.

Die Stoßlasten für Flanken- und Reibungsstoß sind jeweils als horizontale, wandernde Einzellast zu berücksichtigen.

NCI zu 4.6.2(1), Bemessungswerte für Anpralllasten bei Binnenschiffen

Die Angaben zu den Massen in Tabelle C.3 haben informativen Charakter; sofern für das Projekt nicht näher spezifiziert, darf der Wert eines Drittels zwischen dem unteren und oberen Wert der angegebenen Bandbreite für Ermittlungen der Stoßkraft-Zeitfunktion nach C.4.3 angenommen werden.

Sofern nicht genauer ermittelt, dürfen für dynamische Untersuchungen die in Tabelle NA.7 angegebenen Schiffsanprall-Geschwindigkeiten angesetzt werden:

Tabelle NA.7 — Schiffsanprall-Geschwindigkeiten für dynamische Nachweise

CEMT-Klasse (siehe Tabelle C.3)	I	II	III	IV	Va – Vb	VIa – VIc	VII
Anprall-Geschwindigkeit in km/h	6	7	8	10	12	13	15

Eine Vergrößerung der dynamischen Anprallkräfte nach C.4.1(3) ist nicht vorzunehmen.

Für durch Schiffsanprall gefährdete Pfeiler bzw. Widerlager auf einer Uferböschung bzw. an einer Ufermauer (einschließlich eines Bereichs von 3 m landseitig der Böschungsbruchkante bzw. der Uferkante) dürfen Anprall-Kräfte in Höhe von 40 % der Kräfte F_{dx} bzw. F_{dy} aus Tabelle C.3 angesetzt werden.

Sofern bei Brücken über Flüssen für Pfeiler im Bereich der Vorländer ein Schiffsanprall zu berücksichtigen ist, dürfen Anprall-Kräfte in Höhe von 20 % der Kräfte F_{dx} bzw. F_{dy} aus Tabelle C.3 angesetzt werden.

(2) Die Reibungskraft F_R, die gleichzeitig mit der Anprallkraft F_{dy} wirkt, sollte aus Gleichung (4.1) bestimmt werden:

$$F_R = \mu F_{dy} \qquad (4.1)$$

Dabei ist

μ der Reibungsbeiwert.

ANMERKUNG Der Reibungsbeiwert darf im Nationalen Anhang angegeben sein. Der empfohlene Wert ist $\mu = 0,4$.

NDP Zu 4.6.2(2), Reibungsbeiwert

Es gelten die empfohlenen Regelungen.

(3) Die Anpralllasten sollten abhängig vom Tiefgang des beladenen oder leeren Schiffes in einer bestimmten Höhe über dem höchsten schiffbaren Wasserstand angesetzt werden. Die Angriffshöhe und die Angriffsfläche $b \times h$ der Anprallkraft sollten festgelegt werden.

ANMERKUNG 1 Die Angriffshöhe und die Angriffsfläche $b \times h$ der Anprallast dürfen im Nationalen Anhang oder im Einzelfall festgelegt werden. Liegen keine genaueren Angaben vor, darf die Kraft in Höhe von 1,50 m über dem maßgebenden Wasserstand angesetzt werden. Die Anprallflächen $b \times h$ dürfen mit $b = b_{Pfeiler}$ und $h = 0,5$ m für Frontalstoß und mit $b = 1,0$ m und $h = 0,5$ m für den Seitenstoß angenommen werden. $b_{Pfeiler}$ ist die Breite des Hindernisses in der Wasserstraße, z. B. des Brückenpfeilers.

NDP zu 4.6.2(3), Anmerkung 1: Angriffshöhe und Angriffsfläche der Anpralllast von Binnenschiffen

Es gelten die empfohlenen Regelungen.

ANMERKUNG 2 In bestimmten Fällen darf angenommen werden, dass das Schiff erst durch ein Widerlager oder einen Gründungsblock so angehoben wird, dass es an Stützen anprallt.

(4) Sofern erforderlich, ist der Brückenüberbau für eine äquivalente statische Kraft aus Schiffsanprall zu bemessen, die senkrecht zur Brückenlängsachse wirkt.

ANMERKUNG Der Wert der äquivalenten statischen Kraft darf im Nationalen Anhang oder im Einzelfall festgelegt werden. Ein Anhaltswert ist 1 MN.

NDP zu 4.6.2(4), Anprallasten von Binnenschiffen auf Brückenüberbauten

Es gilt die Empfehlung in DIN EN 1991-1-7; sie gilt auch für bewegliche Brücken, wenn ein Schiffsverkehr unter der geschlossenen Brücke stattfindet. Die zu berücksichtigende Anprallfläche beträgt $b \times h = 1{,}0$ m $\times$ 0,5 m. Die statisch äquivalente Anprallkraft ist nicht anzusetzen, wenn die lichte Höhe zwischen maßgebendem Wasserstand und Konstruktionsunterkante des Brückenüberbaus das 1,5fache des für die Wasserstraße unteren Werts der Brückendurchfahrtshöhe nach CEMT, 1992, beträgt. Als der zur Anprallkraft äquivalenten Anprallenergie darf $E = 10$ kNm angesetzt werden.

Ein Überbau darf durch konstruktive Maßnahmen bei entsprechender Bemessung gegen eine horizontale Verschiebung gesichert werden.

NCI zu 4.6.2(4), Anprallasten von Binnenschiffen auf Brückenüberbauten

Die bei neu herzustellenden Brücken über der eigentlichen Fahrrinne erforderliche Lichtraumhöhe ist für den maßgebenden Wasserstand über dem gesamten Fahrwasser einzuhalten.

Der Ansatz einer Stoßbelastung auf Überbauten bestehender Brücken darf nach risikoanalytischen Überlegungen entschieden werden. Für Anprall und Auswirkung dürfen Schadens-Szenarien erstellt werden. Dabei darf — mit Ausnahme von Fußgängerbrücken und Rohrbrücken — von einer Bemessung oder Sicherung abgesehen werden, wenn die jährliche Wahrscheinlichkeit eines Anpralls auf einen Brückenüberbau geringer ist als $p_a = 10^{-5}$/je Jahr. Ist eine Bemessung erforderlich, so gilt die o. a. statische Ersatzlast von $F = 1$ MN bzw. die äquivalente Anprallenergie, sofern nicht eine detaillierte Untersuchung erfolgt.

4.6.3 Anprall von Seeschiffen

(1) Frontal anzusetzende statisch äquivalente Anprallasten aus Seeschiffen sollten festgelegt werden.

ANMERKUNG Zahlenwerte der frontal anzusetzenden dynamischen Anprallasten dürfen im Nationalen Anhang oder im Einzelfall festgelegt werden. Anhaltswerte sind in Tabelle C.4 enthalten. Interpolationen sind gestattet. Die Werte gelten für typische Schifffahrtswege und dürfen außerhalb dieses Bereichs abgemindert werden. Für kleinere Schiffe dürfen die Kräfte nach Anhang C.4 ermittelt werden.

NDP zu 4.6.3(1), Bemessungswerte für Anprallasten von Seeschiffen

Da generelle Klassifizierungen von Seeschifffahrtsstraßen hinsichtlich Schiffstypen in Deutschland weite Streuungen aufweisen würden, ist eine Einzelfall-Betrachtung vorzunehmen.

(2) Der Anprall des Buges, Hecks und der Breitseite sollte, sofern notwendig, berücksichtigt werden. Buganprall sollte in der Hauptfahrtrichtung mit einer Winkelabweichung von max. 30° angesetzt werden.

(3) Die Reibungskraft F_R, die gleichzeitig mit der seitlichen Anprallkraft wirkt, sollte nach Gleichung (4.2) bestimmt werden :

$$F_R = \mu F_{dy} \quad (4.2)$$

Dabei ist

μ der Reibungsbeiwert.

ANMERKUNG μ darf im Nationalen Anhang angegeben sein. Der empfohlene Wert ist $\mu = 0{,}4$.

NDP zu 4.6.3(3), Reibungsbeiwert

Es gelten die empfohlenen Regelungen.

(4)P Der Angriffspunkt und die Angriffsfläche der Anpralllast hängen von den Abmessungen des Tragwerks und der Größe und Ausbildung des Schiffes (z. B. mit oder ohne Bugwulst), seinem Tiefgang und Trimm und den Gezeiten ab. Der Bereich der Angriffshöhe sollte von ungünstigsten Annahmen für die Schiffsbewegung ausgehen.

ANMERKUNG Der Bereich des Anpralls darf im Nationalen Anhang angegeben sein. Für die Höhe wird 0,05 ℓ und für die Breite 0,1 ℓ empfohlen (ℓ = Schiffslänge). Der Angriffspunkt kann im Bereich von 0,05 ℓ über und unter den Bemessungswasserständen angesetzt werden, siehe Bild 4.4.

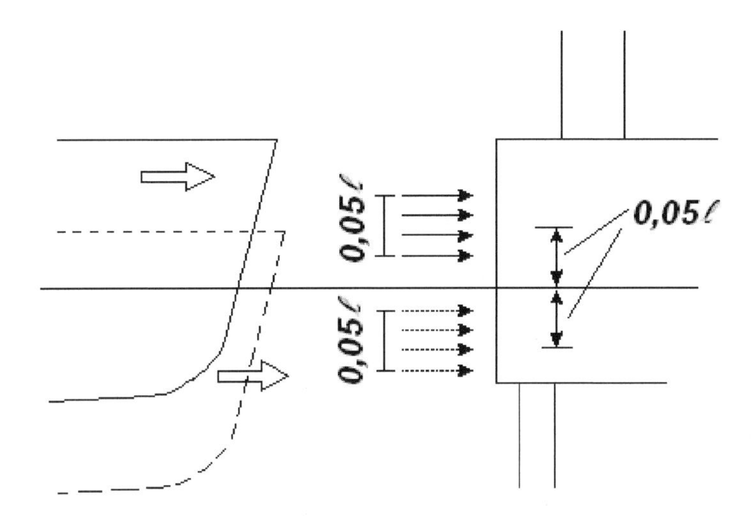

Bild 4.4 — Angaben zu Stoßflächen für Schiffsanprall

NDP zu 4.6.3(4), Größe und Lage von Anprallflächen bei Seeschiffen

Es gelten die empfohlenen Regelungen.

(5) Kräfte auf den Überbau sollten unter Berücksichtigung der Durchfahrtshöhe und des erwarteten Schiffstyps festgelegt werden. Im Allgemeinen wird die Kraft auf den Überbau durch die plastischen Verformungen der Schiffsaufbauten beschränkt.

ANMERKUNG 1 Die Anpralllast darf im Nationalen Anhang oder im Einzelfall festgelegt werden. Die Größenordnung von 5 % bis 10 % der Buganpralllast kann als Anhalt dienen.

NDP zu 4.6.3(5), Anmerkung 1: Anpralllast von Seeschiffen auf Brückenüberbauten

Als statisch äquivalente Anprallkraft eines Schiffsaufbaus auf einen Brückenüberbau sind 10 % der Frontalstoßkraft anzunehmen, sofern eine genauere Untersuchung nicht erfolgt. Ansonsten gelten die empfohlenen Regelungen in DIN EN 1991-1-7.

ANMERKUNG 2 Wenn nur der Mast an den Überbau anprallen kann, gilt eine Anpralllast von 1 MN als Anhaltswert.

NCI zu 4.6.4, Anprall von Booten

In nicht-klassifizierten Wasserstraßen, vergleiche Tabelle C.3 oder C.4, werden Anprallkräfte von Booten, da deren Struktur-Steifigkeit geringer als die von Güterschiffen ist, bis zu einer Verdrängung $< 250\ \text{m}^3$ über die empirische, nicht dimensionsgetreue Gleichung wie folgt berechnet:

$$F_{\text{Stat}} = 0{,}03 \times (D \times E_{\text{Def}})^{1/3} \qquad \text{(NA.1)}$$

Dabei ist

F_{Stat} die statisch äquivalente Kraft in MN;

D die Verdrängung in m^3;

E_{Def} die Deformations- bzw. Anprallenergie in kNm.

Die anzusetzende Anprallenergie für Flankenstoß ergibt sich nach DIN EN 1991-1-7:2010-12, Gleichung (C.10). Eine Reibungskraft ist analog DIN EN 1991-1-7:2010-12, Gleichung (4.1), zu berücksichtigen.

Die Angriffshöhe der Anpralllast liegt bei $h = 1{,}5$ m über dem maßgebenden Wasserstand, der in der Regel dem Höchsten Schiffbaren Wasserstand HSW entspricht; die Anprallfläche beträgt $b \times h = 0{,}5 \times 0{,}25$ m.

Für einen Schiffs-Anprall an Überbauten von Brücken über nicht-klassifizierte Wasserstraßen gilt NDP zu 4.6.2(4) sinngemäß. Sofern eine Anprall-Kraft zu berücksichtigen ist, darf eine statisch äquivalente Kraft in Höhe von $F = 0{,}2$ MN, alternativ eine Anprallenergie von $E_{\text{Def}} = 0{,}005$ MNm, angesetzt werden.

Anhang B
(informativ)
Hinweise zur Risikoanalyse

NCI zu Anhang B, Hinweise zur Risikoanalyse

Der informative Anhang B ist in Deutschland nicht verbindlich. Risikoanalysen dürfen, sofern sie nicht einschlägig als Stand von Wissenschaft und Technik referenziert sind, nur in Abstimmung mit der zuständigen Behörde durchgeführt werden. Risikoanalysen empfehlen sich insbesondere bei Nachweisen für bestehende Bauwerke.

Anhang C
(informativ)
Dynamische Anprallberechnung

NCI zu Anhang C, Dynamische Anprallberechnung

Der informative Anhang C ist in Deutschland nicht verbindlich. Die in C.2 beschriebene Stoßdynamik ist in der Regel nur für eine Vorbemessung geeignet.

C.1 Allgemeines

(1) Der Anprall ist ein Interaktionsphänomen zwischen einem bewegten Objekt und einem Tragwerk, bei dem die kinetische Energie des Objektes plötzlich in Deformationsenergie umgewandelt wird. Um die dynamischen Interaktionskräfte zu bestimmen, sollten die mechanischen Eigenschaften des Objektes und des Tragwerks bestimmt werden. Bei der Bemessung werden gewöhnlich statisch äquivalente Kräfte verwendet.

(2) Weitergehende Tragwerksberechnungen für den Anprallnachweis dürfen eine oder beide der folgenden Aspekte enthalten:

— dynamische Wirkungen;

— nichtlineares Baustoffverhalten.

Nur die dynamischen Wirkungen werden in diesem Anhang behandelt.

ANMERKUNG Zu probabilistischen Aspekten und zur Untersuchung von Schadensfolgen, siehe Anhang B.

(3) Dieser Anhang liefert Hinweise für eine näherungsweise dynamische Berechnung von Tragwerken für Anprall aus Straßenfahrzeugen, Eisenbahnfahrzeugen und Schiffen, auf der Basis vereinfachter oder empirischer Modelle.

ANMERKUNG 1 Die Modelle im Anhang C lassen sich im Allgemeinen eher im Rahmen der Bemessung umsetzen als die Modelle im Anhang B, die im Einzelfall zu einfach sein könnten.

ANMERKUNG 2 Analoge Einwirkungen können Anprall in Tunnels, auf Schutzplanken (siehe EN 1317) usw. sein. Ähnliche Phänomene ergeben sich auch aus Explosionen (siehe Anhang D) und anderen dynamischen Einwirkungen.

C.2 Stoßdynamik

(1) Anprall wird als „harter Stoß“ bezeichnet, wenn die Energie hauptsächlich durch das Anprallobjekt dissipiert wird, oder als „weicher Stoß“, wenn sich das Tragwerk deformieren kann und Stoßenergie absorbiert.

C.2.1 Harter Stoß

(1) Bei hartem Stoß dürfen äquivalente statische Kräfte nach 4.3 bis 4.7 entnommen werden. Alternativ darf eine dynamische Näherungsberechnung mit den vereinfachten Modellen in C.2.1(2) und (3) durchgeführt werden.

(2) Bei hartem Stoß wird angenommen, dass das Tragwerk starr und unbeweglich ist und das Anprallobjekt sich während des Anpralls linear verformt. Die maximale dynamische Interaktionskraft wird durch Gleichung (C.1) ausgedrückt:

$$F = v_{\mathrm{r}}\sqrt{km} \tag{C.1}$$

Dabei ist

v_r Geschwindigkeit des Objektes bei Anprall;

k äquivalente elastische Steifigkeit des Anprallobjektes (d. h. Verhältnis der Kraft F zur Gesamtverformung);

m Masse des Anprallobjektes.

Der Anprallvorgang kann als Rechteckimpuls auf der Oberfläche des Tragwerks angesehen werden. Damit folgt die Stoßdauer aus:

$$F\,\Delta t = mv \quad \text{oder} \quad \Delta t = \sqrt{m/k} \tag{C.2}$$

Falls notwendig, kann eine definierte Anstiegszeit eingeführt werden (siehe Bild C.1).

Wird das Anprallobjekt als ein äquivalenter Körper mit gleichmäßigem Querschnitt modelliert (siehe Bild C.1), dann können die Gleichungen (C.3) und (C.4) benutzt werden:

$$k = EA/L \tag{C.3}$$

$$m = \rho AL \tag{C.4}$$

Dabei ist

L die Länge des Anprallkörpers;

A der Querschnittsfläche;

E das E-Modul;

ρ die Massendichte des Anprallkörpers.

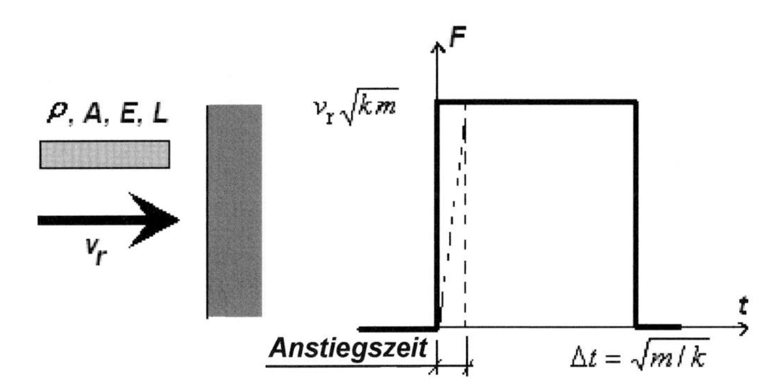

Bild C.1 — Anprall-Modell, F = dynamische Interaktionskraft

(3) Die Gleichung (C.1) liefert den Maximalwert der dynamischen Kraft auf die Anprallfläche des Tragwerks. Die dynamischen Kräfte verursachen dynamische Tragwerksantworten. Eine obere Grenze dieser Antworten kann mit der Annahme bestimmt werden, dass das Tragwerk elastisch ist und die Last als Schrittfunktion (d. h. eine Funktion, die plötzlich auf ihren Endwert anwächst und dann konstant bleibt) definiert wird. In diesem Fall ist der dynamische Vergrößerungsfaktor (d. h. das Verhältnis von dynamischer zu statischer Antwort) $\varphi_{dyn} = 2{,}0$. Wenn die natürliche Impulsfunktion der Last (d. h. die kurze Zeit ihres Angriffs) berücksichtigt werden sollte, liefern Berechnungen einen Vergrößerungsfaktor φ_{dyn} zwischen 1,0 und 1,8 abhängig von den dynamischen Kennwerten des Tragwerks und des Anprallobjekts. Eine direkte dynamische Analyse zur Bestimmung von φ_{dyn} mit den Lasten, die in diesem Anhang spezifiziert sind, wird empfohlen.

C.2.2 Weicher Stoß

(1) Wird das Tragwerk als elastisch und das Anprallobjekt als starr angenommen, gelten die Gleichungen in Abschnitt C.2.1, indem für k die Steifigkeit des Tragwerks eingesetzt wird.

(2) Soll das Tragwerk die Anprallenergie mit plastischen Verformungen absorbieren, ist die Duktilität so einzustellen, dass die gesamte kinetische Energie $\frac{1}{2} m v_r^2$ des Anprallobjektes absorbiert wird.

(3) Im Grenzfall starr-plastischer Bauwerksantwort wird die obige Anforderung durch die Bedingung in Gleichung (C.5) erfasst.

$$\frac{1}{2} m v_r^2 \leq F_o y_o \quad \text{(C.5)}$$

Dabei ist

F_o die plastische Tragfähigkeit des Tragwerks, d. h. der Grenzwert der Kraft F unter statischer Belastung;

y_o die Verformungskapazität, d. h. die Verschiebung am Angriffspunkt des Anpralls, die das Tragwerk erreichen kann.

ANMERKUNG Analoge Überlegungen gelten für Bauteile oder andere Schutzkonstruktionen, die speziell entworfen werden, um ein Tragwerk vor Anprall zu schützen (siehe z. B. EN 1317 „Straßenbegrenzungssysteme").

C.3 Anprall von abirrenden Straßenfahrzeugen

(1) Bei einem Lkw, der an ein Bauteil anprallt, sollte die Anprallgeschwindigkeit v_r im Ausdruck (C.1) mit der Gleichung (C.6) berechnet werden.

$$v_r = \sqrt{(v_0^2 - 2as)} = v_0 \sqrt{1 - d/d_b} \quad (\text{mit } d < d_b) \quad \text{(C.6)}$$

Dabei ist (siehe auch Bild C.2)

v_0 die Geschwindigkeit des Lkws beim Verlassen des Fahrstreifens;

a der mittlere Verzögerung des Lkws nach Verlassen des Fahrstreifens;

s der Abstand des Punktes, an dem der Lkw den Fahrstreifen verlässt, von dem Bauteil (siehe Bild C.2);

d der Abstand der Mittellinie des Fahrstreifens von dem Bauteil;

d_b der Bremsabstand $d_b = (v_0^2/2a) \sin \varphi$, wobei φ der Winkel zwischen dem Fahrstreifen und dem Kurs des anprallenden Lkws ist.

(2) Probabilistische Informationen zu den Basisvariablen, die teils auf statistischen Daten und teils auf Ingenieurabschätzungen beruhen, sind als Anhalt in Tabelle C.1 angegeben.

ANMERKUNG Siehe auch Anhang B.

Table C.1 — Anhaltswerte für probabilistische Berechnungen der Anpralllasten

Variable	Bezeichnung	Wahrscheinlich-keitsverteilung	Mittelwert	Standard-abweichung
v_0	Fahrzeuggeschwindigkeit — Autobahn — Stadtstraße — Einfahrt — Parkhaus	 Lognormal Lognormal Lognormal Lognormal	 80 km/h 40 km/h 15 km/h 5 km/h	 10 km/h 8 km/h 5 km/h 5 km/h
a	Verzögerung	Lognormal	4,0 m/s^2	1,3 m/s^2
m	Fahrzeugmasse – Lkw	Normal	20 000 kg	12 000 kg
m	Fahrzeugmasse – Pkw	—	1 500 kg	—
k	Fahrzeugsteifigkeit	Deterministisch	300 kN/m	—
φ	Winkel	Rayleigh	10°	10°

(3) Mit Hilfe der Tabelle C.1 kann der folgende Näherungswert der dynamischen Interaktionskraft infolge Anprall bestimmt werden (C.7).

$$F_d = F_0\sqrt{1-d/d_b} \tag{C.7}$$

Dabei ist

F_0 die Anprallkraft;

d und d_b wie in Absatz (1).

Anhaltswerte für F_0 und d_b sind in Tabelle C.2 zusammen mit Bemessungswerten für m und v angegeben. Alle diese Werte entsprechen näherungsweise den Mittelwerten zuzüglich oder abzüglich einer Standardabweichung, wie in Tabelle C.1 angegeben.

Liegen in Sonderfällen genauere Informationen vor, dürfen andere Bemessungswerte gewählt werden, die von der angestrebten Sicherheit, der Verkehrsdichte und der Unfallhäufigkeit abhängig gemacht werden.

ANMERKUNG 1 Das vorgestellte Modell ist eine grobe schematische Abschätzung und vernachlässigt viele Detaileinflüsse, die eine bedeutende Rolle spielen können, wie z. B. den Einfluss von Schrammborden, Büschen, Zäunen und der Ursache des Zwischenfalls. Es wird angenommen, dass die Streuung der Verzögerung zum Teil Wirkungen dieser detaillierten Einflüsse enthält.

ANMERKUNG 2 Die Berechnung der dynamischen Anpralllast (F_d) nach Gleichung (C.7) darf auf der Grundlage einer Risikoanalyse verbessert werden. Dieses berücksichtigt die möglichen Folgen des Anpralls, die Verzögerungsrate, die Tendenz des Fahrzeugs, aus der Fahrtrichtung auszuscheren, die Wahrscheinlichkeit, den Fahrstreifen zu verlassen, und die Wahrscheinlichkeit, das Bauteil zu treffen.

(4) Bei Fehlen dynamischer Berechnungen darf der dynamische Vergrößerungsfaktor für die elastische Bauwerksantwort mit 1,4 angesetzt werden.

ANMERKUNG Die in diesem Anhang abgeleiteten Kräfte können für eine elastisch-plastische Bauwerksberechnung verwendet werden.

Tabelle C.2 — Bemessungswerte für Fahrzeugmasse, Geschwindigkeit und dynamische Anprallkraft F_0

Straßentyp	Masse m kg	Geschwindigkeit v_0 km/h	Verzögerung a m/s²	Anprallkraft F_0 berechnet mit (C.1) und $v_r = v_0$ kN	Abstand d_b [a] m
Autobahnen	30 000	90	3	2 400	20
Stadtstraßen [b]	30 000	50	3	1 300	10
Einfahrten					
— nur Pkws	1 500	20	3	120	2
— alle Fahrzeuge	30 000	15	3	500	2
Parkhäuser					
— nur Pkws	1 500	10	3	60	1

[a] Straßenbereiche mit Geschwindigkeitsbeschränkung auf 50 km/h.

[b] Der Wert d_b darf bei Böschungen mit 0,6 und bei Abhängen mit 1,6 multipliziert werden (siehe Bild C.2).

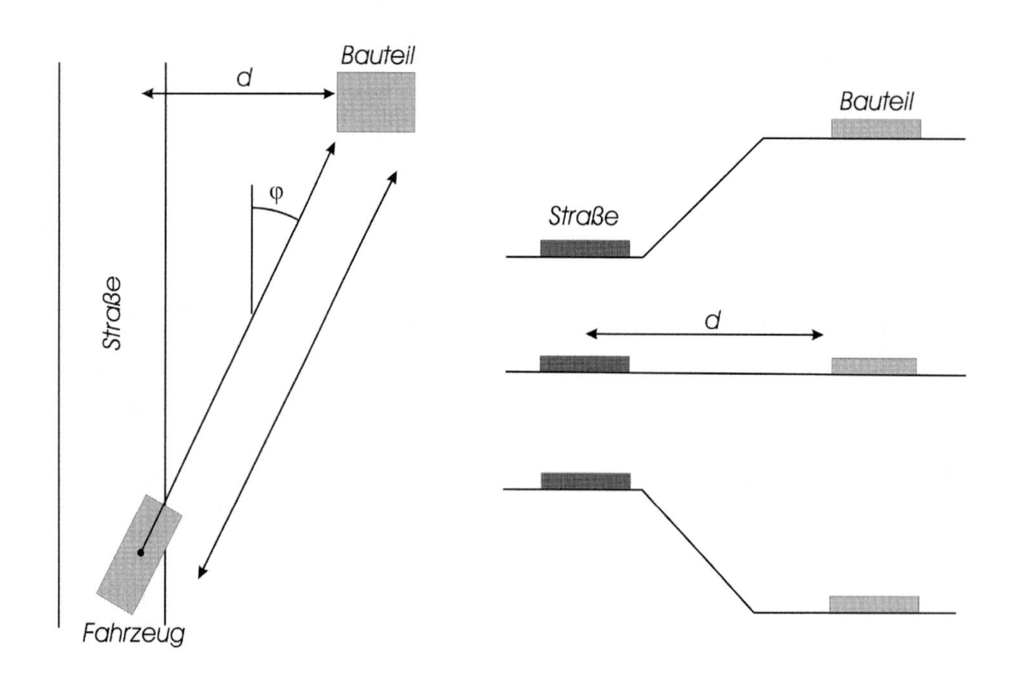

Bild C.2 — Situationsskizze zu Fahrzeuganprall (Aufsicht und Querschnitte bei Böschung, flachem Terrain und Abhang)

C.4 Schiffsanprall

C.4.1 Schiffsanprall auf Binnenwasserstraßen

(1) Schiffsanprall auf massive Bauwerke in Binnenwasserstraßen ist in der Regel als harter Stoß anzusehen, bei dem die kinetische Energie durch elastische oder plastische Verformungen des Schiffes selbst dissipiert wird.

(2) Werden schiffsdynamische Berechnungen nicht durchgeführt, liefert die Tabelle C.3 Anhaltswerte für Kräfte aus Schiffsanprall auf Binnenwasserstraßen.

Tabelle C.3 — Anhaltswerte für dynamische Kräfte aus Schiffsanprall auf Binnenwasserstraßen

CEMT[a] Klasse	Bezugtyp des Schiffes	Länge ℓ m	Masse m t[b]	Kraft F_{dx}[c] kN	Kraft F_{dy}[c] kN
I		30 bis 50	200 bis 400	2 000	1 000
II		50 bis 60	400 bis 650	3 000	1 500
III	„Gustav König"	60 bis 80	650 bis 1 000	4 000	2 000
IV	„Europa" Klasse	80 bis 90	1 000 bis 1 500	5 000	2 500
Va	Großmotorschiff	90 bis 110	1 500 bis 3 000	8 000	3 500
Vb	Schubschiff + 2 Leichter	110 bis 180	3 000 bis 6 000	10 000	4 000
VIa	Schubschiff + 2 Leichter	110 bis 180	3 000 bis 6 000	10 000	4 000
VIb	Schubschiff + 4 Leichter	110 bis 190	6 000 bis 12 000	14 000	5 000
VIc	Schubschiff + 6 Leichter	190 bis 280	10 000 bis 18 000	17 000	8 000
VII	Schubschiff + 9 Leichter	300	14 000 bis 27 000	20 000	10 000

[a] CEMT: Europäische Konferenz der Verkehrsminister, Klassifikationsvorschlag vom 19. Juni 1992, angenommen vom Rat der EU am 29. Oktober 1993.

[b] Die Masse m in t (1 t = 1 000 kg) enthält die Gesamtmasse des Schiffes aus Schiffskonstruktion, Fracht und Treibstoff. Sie wird auch Verdrängungstonnage genannt.

[c] Die Kräfte F_{dx} und F_{dy} enthalten die Wirkung der hydrodynamischen Massen. Sie beruhen auf Hintergrunduntersuchungen unter Berücksichtigung der für alle Wasserstraßenklassen erwarteten Bedingungen.

(3) Die dynamischen Anhaltswerte in Tabelle C.3 dürfen abhängig von den Versagensfolgen eines Schiffsanpralls angepasst werden. Es wird empfohlen, diese dynamischen Werte bei hohen Versagensfolgen zu vergrößern und bei niedrigen zu reduzieren, siehe 3.4.

(4) Bei Fehlen dynamischer Berechnungen für das getroffene Bauwerk wird empfohlen, die dynamischen Anhaltswerte in Tabelle C.3 mit einem geeigneten dynamischen Vergrößerungsfaktor zu versehen. Die Werte in Tabelle C.3 enthalten die dynamischen Wirkungen des Anprallobjekts, aber nicht die des Tragwerks. Hinweise zu dynamischen Berechnungen liefert Abschnitt C.4.3. Anhaltswerte für den dynamischen Vergrößerungsfaktor sind 1,3 für den Frontalstoß und 1,7 für den Lateralstoß.

(5) Im Hafenbereich dürfen die Kräfte in Tabelle C.3 mit dem Faktor 0,5 reduziert werden.

C.4.2 Schiffsanprall auf Seewasserstraßen

(1) Werden schiffsdynamische Berechnungen nicht durchgeführt, gibt Tabelle C.4 Anhaltswerte für Kräfte aus Schiffsanprall auf Seewasserstraßen.

Tabelle C.4 — Anhaltswerte für dynamische Interaktionskräfte aus Schiffsanprall auf Seewasserstraßen

Schiffsklasse	Länge ℓ m	Masse m^{a} t	Kraft F_{dx}[b,c] kN	Kraft F_{dy}[b,c] kN
Klein	50	3 000	30 000	15 000
Mittel	100	10 000	80 000	40 000
Groß	200	40 000	240 000	120 000
Sehr groß	300	100 000	460 000	230 000

[a] Die Masse (t = 1 000 kg) enthält die Gesamtmasse des Schiffes aus Schiffskonstruktion, Fracht und Treibstoff. Sie wird auch Verdrängungstonnage genannt.

[b] Die angegebenen Kräfte berücksichtigen eine Geschwindigkeit von etwa 5,0 m/s. Sie enthalten die Effekte aus mitwirkenden hydraulischen Massen.

[c] Gegebenenfalls sollten die Wirkungen des Wulst-Bugs berücksichtigt werden.

(2) Bei Fehlen dynamischer Berechnungen für das Tragwerk unter Stoßbelastung wird empfohlen, die dynamischen Anhaltswerte in Tabelle C.4 mit einem geeigneten dynamischen Vergrößerungsfaktor zu vergrößern. Die dynamischen Werte enthalten die dynamischen Wirkungen auf das Anprallobjekt, aber nicht auf das Tragwerk. Hinweise zu dynamischen Berechnungen liefert C.4.3. Anhaltswerte für den dynamischen Vergrößerungsfaktor sind 1,3 für den Frontalstoß und 1,7 für den Seitenstoß.

(3) Im Hafenbereich dürfen die Kräfte in Tabelle C.4 mit dem Faktor 0,5 reduziert werden.

(4) Für Lateral- und Heckanprall wird empfohlen, die Kräfte in Tabelle C.4 wegen der reduzierten Geschwindigkeit mit dem Faktor 0,3 zu multiplizieren. Lateralanprall kann in engen Fahrrinnen maßgebend werden, wenn ein Frontalstoß nicht möglich ist.

C.4.3 Weitergehende Anpralluntersuchung für Schiffe auf Binnenwasserstraßen

(1) Die dynamische Anprallkraft F_d darf mit den Gleichungen (C.8) bis (C.13) bestimmt werden. In diesem Fall wird die Verwendung des Mittelwertes der Masse für die maßgebende Schiffsklasse nach Tabelle C.3 und eine Bemessungsgeschwindigkeit $v_{rd} = 3$ m/s, vergrößert um die Strömungsgeschwindigkeit, vorgeschlagen.

(2) Muss die hydrodynamische Masse berücksichtigt werden, werden dafür 10 % der verdrängten Wassermasse für den Frontalstoß und 40 % für den Lateralstoß empfohlen.

(3) Bei elastischen Verformungen (bei $E_{def} \leq 0{,}21$ MNm) darf die dynamische Anprallkraft mit Gleichung (C.8) berechnet werden:

$$F_{dyn,el} = 10{,}95 \cdot \sqrt{E_{def}} \text{ [MN]} \tag{C.8}$$

(4) Bei plastischen Verformungen (bei $E_{def} > 0{,}21$ MNm) darf die dynamische Anprallkraft mit Gleichung (C.9) berechnet werden

$$F_{dyn,pl} = 5{,}0 \cdot \sqrt{1 + 0{,}128 \cdot E_{def}} \text{ in MN} \tag{C.9}$$

Die Verformungsenergie E_{def} MNm entspricht der am Anprallort verfügbaren kinetischen Energie E_{a} bei Frontalstoß, während im Fall von Lateralstoß mit einem Winkel $\alpha < 45°$ ein Anprall mit Gleitreibung angenommen werden und die Verformungsenergie mit

$$E_{\mathrm{def}} = E_{\mathrm{a}} (1 - \cos \alpha) \tag{C.10}$$

angesetzt werden darf.

(5) Werden für die Bestimmung der Anprallkräfte probabilistische Methoden angewendet, können Informationen zu probabilistischen Modellen der Basisvariablen benutzt werden, die die Verformungsenergie oder das Anprallverhalten des Schiffs bestimmen.

(6) Wird eine dynamische Bauwerksanalyse durchgeführt, sollten die Anprallkräfte mit halbsinusförmigem Zeitverlauf bei $F_{\mathrm{dyn}} < 5$ MN (elastischer Stoß) und mit trapezförmigem Zeitverlauf bei $F_{\mathrm{dyn}} > 5$ MN (plastischer Stoß) angesetzt werden. Die Belastungsdauer und andere Details sind in Bild C.3 dargestellt.

elastischer Stoß ($F_{\mathrm{dyn}} \leq 5$ MN)

$t_{\mathrm{a}} = 2 \cdot \sqrt{m^*/c} = 2 \cdot t_{\mathrm{r}}$

plastischer Stoß ($F_{\mathrm{dyn}} > 5$ MN)

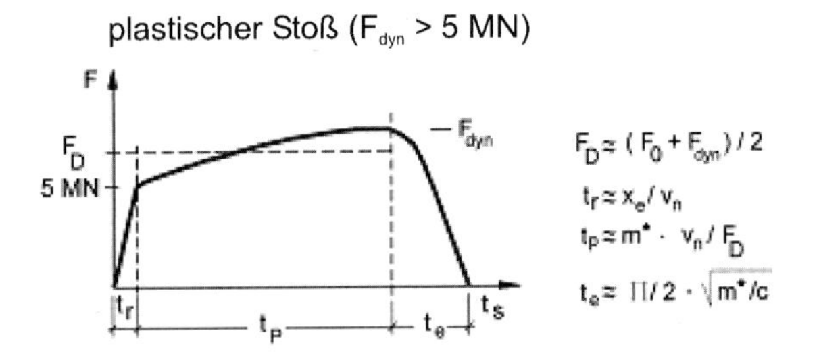

Legende

t_{r} elastische Anstiegszeit, in s;

t_{p} plastische Stoßzeit, in s;

t_{e} elastische Rückfederzeit, in s;

t_{a} äquivalente Stoßdauer, in s;

t_{s} gesamte Stoßzeit [s] für die plastische Stoßzeit; $t_{\mathrm{s}} = t_{\mathrm{r}} + t_{\mathrm{p}} + t_{\mathrm{e}}$

c elastische Steifigkeit des Schiffes (= 60 MN/m);

F_0 elastisch-plastische Grenzkraft = 5 MN;

x_{e} elastische Verformung ($\approx$ 0,1 m);

v_{n} a) die Anfahrgeschwindigkeit v_{r} bei Frontalstoß;
b) Geschwindigkeit des anprallenden Schiffes senkrecht zum Stoßpunkt, $v_{\mathrm{n}} = v_{\mathrm{r}} \sin \alpha$ bei Seitenstoß.

Bei Frontalstoß entspricht die zu berücksichtigende Masse m^* der Gesamtmasse des anprallenden Schiffes; bei Seitenstoß: $m^* = (m_1 + m_{\mathrm{hydr}})/3$, wobei m_1 die Masse des direkt am Stoß beteiligten Schiffes und m_{hyd} die hydrodynamische Zusatzmasse sind

Bild C.3 — Last-Zeitfunktion für Schiffsanprall bei elastischer und plastischer Schiffsantwort

(7) Ist die Anprallkraft gegeben, z. B. aus Tabelle C.3, und ist die Stoßzeit gefragt, darf die Masse m^* wie folgt berechnet werden:

— bei $F_{dyn} > 5$ MN: mit Gleichsetzen von E_{def}, nach Gleichung (C.9), zur kinetischen Energie $E_a = 0{,}5\ m^*\ v_n^2$,

— bei $F_{dyn} \leq 5$ MN: direkt mit $m^* = (F_{dyn}/v_n)^2 * (1/c)$ MNs²/m

(8) Wenn keine genaueren Angaben vorliegen, wird eine Bemessungsgeschwindigkeit $v_{rd} = 3$ m/s, vergrößert um die Strömungsgeschwindigkeit, empfohlen; in Häfen darf die Geschwindigkeit mit 1,5 m/s angesetzt werden. Der Winkel α darf mit 20° angenommen werden.

C.4.4 Weitergehende Anprallluntersuchung für Schiffe auf Seewasserstraßen

(1) Die dynamische Anprallkraft für seegängige Güterschiffe mit 500 DWT bis 300 000 DWT (Dead Weight Tons) darf mit Gleichung (C.11) ermittelt werden.

$$F_{bow} = \begin{cases} F_o \cdot \overline{L} \left[\overline{E}_{imp} + (5{,}0 - \overline{L})\, \overline{L}^{1.6} \right]^{0.5} & \text{bei } \overline{E}_{imp} \geq \overline{L}^{2.6} \\ 2{,}24 \cdot F_o \left[\overline{E}_{imp} \overline{L} \right]^{0.5} & \text{bei } \overline{E}_{imp} < \overline{L}^{2.6} \end{cases} \tag{C.11}$$

Dabei gilt

$$\overline{L} = L_{pp} / 275\,\text{m}$$

$$\overline{E}_{imp} = E_{imp} / 1\,425\,\text{MNm}$$

$$E_{imp} = \frac{1}{2} m_x v_r^2$$

und

F_{bow} maximale Buganpralllast, in MN;

F_o Bezugswert der Anpralllast = 210 MN;

E_{imp} Energie, die durch plastische Verformungen zu absorbieren ist;

L_{pp} Länge des Schiffes, in m;

m_x Masse plus Zusatzmasse bei Längsbewegung, in 10^6 kg;

v_r Anfangsgeschwindigkeit des Schiffes, $v_r = 5$ m/s (in Häfen: 2,5 m/s).

(2) Für die Bestimmung der Anpralllasten mit probabilistischen Methoden dürfen probabilistische Modelle der Basisvariablen benutzt werden, die die Verformungsenergie oder das Anprallverhalten des Schiffes bestimmen.

(3) Aus der Energiebilanz wird mit Hilfe von Gleichung (C.12) die größte Schiffsverformung s_{max} bestimmt:

$$s_{max} = \frac{\pi\, E_{imp}}{2\, F_{bow}} \tag{C.12}$$

(4) Die zugehörige Stoßzeit T_o wird durch Gleichung (C.13) bestimmt:

$$T_o \approx 1{,}67 \frac{s_{max}}{v_r} \tag{C.13}$$

(5) Wenn keine genaueren Angaben vorliegen, wird die Bemessungsgeschwindigkeit v_{rd} = 5 m/s vergrößert um die Strömungsgeschwindigkeit empfohlen; in Häfen kann die Geschwindigkeit mit 1,5 m/s angesetzt werden.

Anhang D*)
(informativ)
Innenraumexplosionen

*) Anhang D ist nicht abgedruckt.

NCI

Anhang NA.E
(normativ)
Einwirkungen aus Trümmern

Überbauungen von Bahnanlagen mit Aufbauten sind zusätzlich mit statisch äquivalenten Einwirkungen zu bemessen. Hierfür sind die Einwirkungen nach Tabelle NA.E.1 anzusetzen.

Tabelle NA.E.1 — Einwirkungen aus Trümmern

		Anzahl n der Vollgeschosse	
		$n \leq 5$	$n > 5$
Trümmereinwirkungen		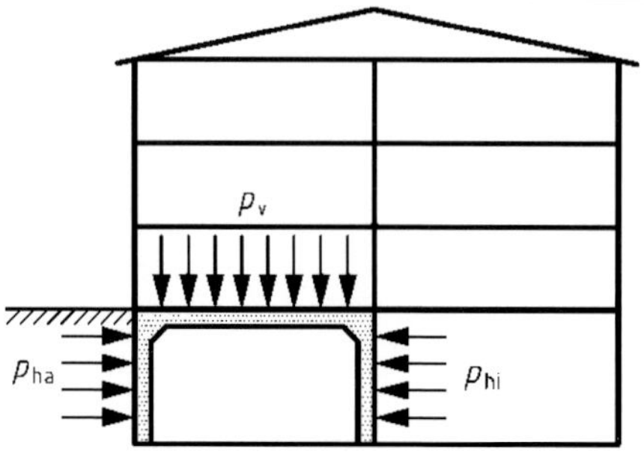 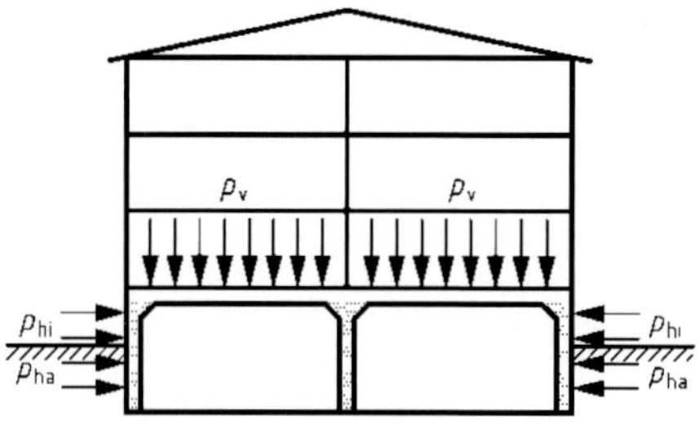	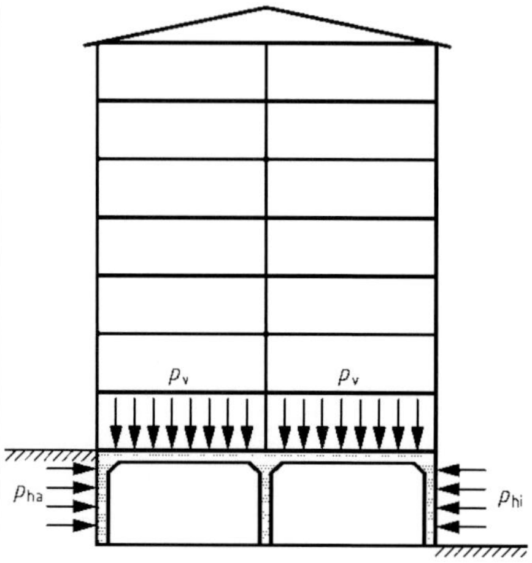
Vertikale gleichmäßig verteilte Last auf Decken	p_v	10,0 kN/m²	15,0 kN/m²
Horizontale gleichmäßig verteilte Last für nicht erdberührte Umfassungswände	p_{hi}	10,0 kN/m²	15,0 kN/m²
Horizontale gleichmäßig verteilte Last für erdberührte Umfassungswände, abhängig von der Bodenart:			
Sand und Kies	p_{ha}	4,5 kN/m²	6,75 kN/m²
Lehm mittlerer Konsistenz	p_{ha}	6,0 kN/m²	9,0 kN/m²
Lehm von weicher Konsistenz und Ton	p_{ha}	7,5 kN/m²	11,25 kN/m²
Böden im Grundwasser	p_{ha}	10,0 kN/m²	15,0 kN/m²
Diese Einwirkungen sind zusätzlich zu ständigen und/oder veränderlichen Einwirkungen (z. B. Eigengewicht, Nutz- und Verkehrslasten, Erddruck, ggf. Wasserdruck) des zu bemessenden Bauteils zur Freihaltung der Verkehrswege nach dem Verkehrssicherstellungsgesetz (VSG) gemäß der Bekanntmachung der Bautechnischen Grundsätze für Hausschutzräume des Grundschutzes, Fassung Mai 1991 — veröffentlicht in der Beilage zum Bundesanzeiger Nr. 184a und 185b vom 8.7.1991 — zu berücksichtigen.			

NCI Literaturhinweise

[1] CEMT, 1992, *Europäische Konferenz der Verkehrsminister, Klassifizierungsvorschlag vom 19. Juni 1992, angenommen vom Rat der EU am 29. Oktober 1993*

[2] EBO *Eisenbahn-Bau- und Betriebsordnung (EBO), vom 08. Mai 1967 (BGBl. II S. 1563), zuletzt geändert durch Gesetz vom 21. Juni 2005 (BGBl. I S. 1818)*[1)]

[3] RPS *Richtlinie für passiven Schutz an Straßen durch Fahrzeug-Rückhaltesysteme*[2)]

1) Zu beziehen bei: Beuth Verlag GmbH, 10772 Berlin.

2) Zu beziehen bei: FGSV Verlag GmbH, Wesselinger Straße 17.